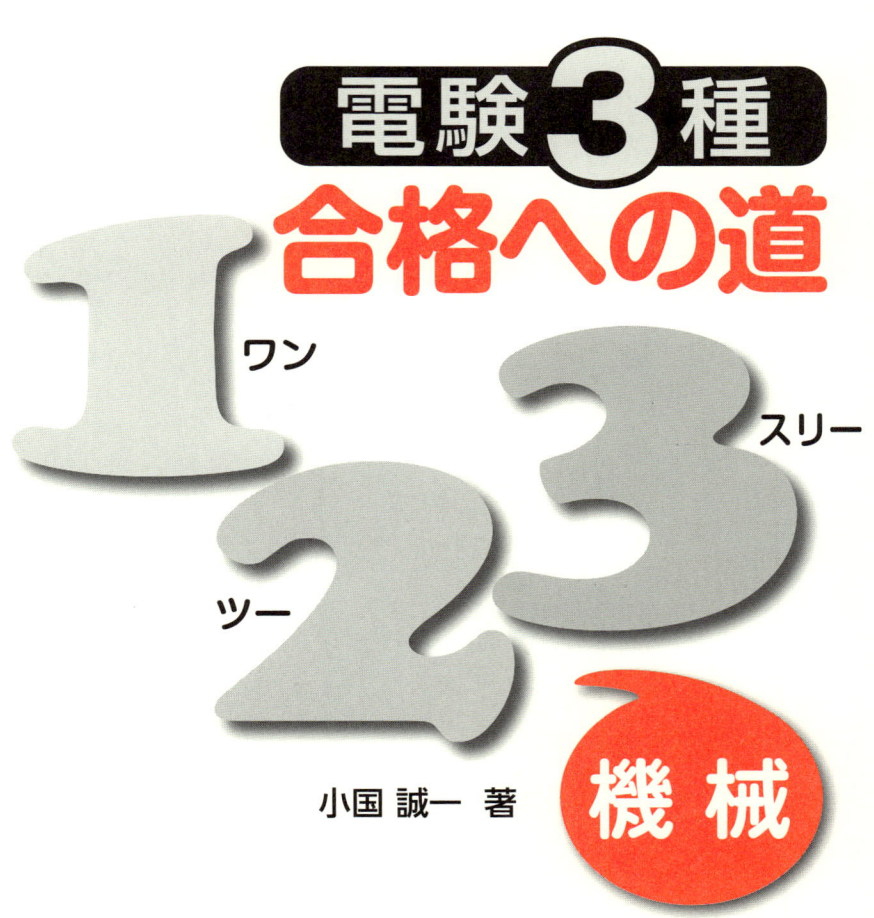

電験3種
合格への道

1 ワン
2 ツー
3 スリー

機械

小国 誠一 著

電気書院

はじめに

　理論，電力，機械および法規を1冊に収録した4科目本は，試験直前に全体を見渡して整理するとき，忘れかけているところなどを復習するには便利です．1冊にまとめられているから持ち運びに便利で，電車に乗ったときなど降車駅までの10分，15分の空き時間を有効活用して，鞄から出して重要事項を確認できます．4科目が1冊にまとめられているから，電験の勉強を始めようとする初心者が最初に購入したり，教材費を安く抑えるため，電験講座のテキストにも採用されているようです．

　しかし勉強を始めて間もない初心者は，重要事項の要点だけが並べてある4科目本を見ても内容が分からないのが普通です．そのため電験合格を目指す賢明な初心者は，急がば回れの格言に従い，基礎から詳しく書かれた本で勉強するのが理解の早道だと気づき，基礎から詳しく書かれた1科目本を買い直して勉強を続けるようです．

　機械は出題分野が広いから，どのようにして勉強するかで実力向上に大きな差が出てきます．広い出題分野を浅く見ただけで，勉強をした気分になっただけでは問題は解けません．広い出題分野の勉強方法は，まず得意な自信のある分野を確立し，その得意分野の自信を原動力として，不得意分野を駆逐して得意分野にしていくのが一般的なようです．機械では，直流機，交流機および電動力応用を包括する回転機と，静止器である変圧器に自信が持てれば，他の出題分野は制覇できると思います．

　この機械のテキストは，毎年2問は出題され回転機の基礎である直流機を第1章に配置して，これならできるという自信が持てるようにしてあります．直流機は形式に応じた図が描ければ解ける，簡単だ，という自信を持てれば第2章以降も得意分野になっていきます．

　　平成25年8月　　　　　　　　　　　　　　　　　　　　　　小国誠一

本書の特長

本書は，はじめて電験を受験される方など初学者向けのテキストです．「機械」に含まれる内容を，11 のテーマ，11 章に大別し，各章をいくつかの Lesson に分けました．さらに，各 Lesson のなかを次のように構成しています．

○ **STEP0　事前に知っておくべき事項**

その Lesson を勉強するにあたって，知っておいた方がよい予備知識を簡単にまとめています．Lesson の勉強の最初にご一読ください．

○ **覚えるべき重要ポイント**

その Lesson での特に重要な事項，覚えるべき重要なポイントをまとめています．STEP1, STEP2 の学習をひと通り終えたら，その Lesson のキーワードや公式を覚えているかチェックするのに活用できます．

○ **STEP1，STEP2**

試験に出題される要点を解説しています．各 STEP のあとに練習問題を配し，その STEP での内容を理解したか確認できるようになっています．

STEP1，STEP2 に分けましたが，難易度の違いではなく，STEP1 を学習した後に STEP2 を勉強した方が理解しやすいため階段を上がるように段階を踏んで学習が進められるようになっています．

重要な語句や公式については赤字になっているので付属の赤シートで要点を理解できたかチェックしながら進めましょう．

○ **練習問題**

穴埋め問題や計算問題など各 STEP で学んだ内容が理解できているか確認しましょう．

○ **STEP3**

各章の総まとめとして，Lesson をまたがった問題や B 問題相当のレベルの問題を用意しました．

試験概要

○ **試験科目**

表に示す 4 科目について行われます．

科目	試験時間	出題内容	解答数
理論	90 分	電気理論，電子理論，電気計測，電子計測	A 問題 14 問 B 問題 3 問*
電力	90 分	発電所および変電所の設計および運転，送電線路および配電線路（屋内配線を含む）の設計および運用，電気材料	A 問題 14 問 B 問題 3 問
機械	90 分	電気機器，パワーエレクトロニクス，電動機応用，照明，電熱，電気化学，電気加工，自動制御，メカトロニクス，電力システムに関する情報伝送および処理	A 問題 14 問 B 問題 3 問*
法規	65 分	電気法規（保安に関するものに限る），電気施設管理	A 問題 10 問 B 問題 3 問

*理論・機械の B 問題は選択問題 1 問を含む

○ **出題形式**

A 問題と B 問題で構成されており，マークシートに記入する多肢選択式の試験です．A 問題は，一つの問に対して一つを解答，B 問題は，一つの問の中に小問が二つ設けられ，小問について一つを解答する形式です．

○ **試験実施時期**

毎年 9 月上旬

○ **受験申込みの受付時期**

平成 25 年は，郵便受付が 5 月中旬～6 月上旬，インターネット受付が 5 月中旬～6 月中旬です．

試験概要

○科目合格制度

試験は科目ごとに合否が決定され，4科目すべてに合格すれば第3種電気主任技術者試験に合格したことになります．一部の科目のみ合格した場合は，科目合格となり，翌年度および翌々年度の試験では，申請により合格している科目の試験が免除されます．つまり，3年以内に4科目合格すれば，第3種電気主任技術者合格となります．

○受験資格

受験資格に制限はありません．どなたでも受験できます．

○受験手数料（平成25年）

郵便受付の場合5,200円，インターネット受付の場合4,850円です．

○試験結果の発表

例年，10月中旬にインターネット等にて合格発表され，下旬に通知書が全受験者に発送されています．

詳細は，受験案内もしくは，一般財団法人　電気技術者試験センターにてご確認ください．

もくじ

第1章　直流機 …… 1
- Lesson 1　発電機の原理 …… 2
- Lesson 2　電動機の原理 …… 6
- Lesson 3　直流機の構造 …… 9
- Lesson 4　直流機の種類 …… 16
- Lesson 5　直流機の特性 …… 24
- Lesson 6　直流機の運転 …… 30

第2章　誘導機 …… 39
- Lesson 1　誘導電動機の原理 …… 40
- Lesson 2　誘導機の構造 …… 43
- Lesson 3　誘導電動機の等価回路 …… 49
- Lesson 4　誘導電動機の計算 …… 55
- Lesson 5　誘導電動機の運転 …… 60
- Lesson 6　誘導機の速度制御 …… 70

第3章　同期機 …… 77
- Lesson 1　同期機の原理 …… 78
- Lesson 2　同期機の構造 …… 82
- Lesson 3　同期発電機 …… 88
- Lesson 4　同期電動機 …… 94
- Lesson 5　同期機の特性 …… 99

第4章　電動機応用 …… 107
- Lesson 1　回転体の特性 …… 108
- Lesson 2　揚水ポンプ用電動機 …… 113
- Lesson 3　クレーン用電動機 …… 117
- Lesson 4　エレベータ用電動機 …… 121
- Lesson 5　送風機用電動機 …… 125
- Lesson 6　電車用電動機 …… 128

第5章　変圧器 ……………………………………… 135
- Lesson 1　変圧器の原理 …………………………… 136
- Lesson 2　変圧器の構造 …………………………… 141
- Lesson 3　変圧器の等価回路 ……………………… 147
- Lesson 4　変圧器の仕様 …………………………… 152
- Lesson 5　変圧器の結線 …………………………… 161
- Lesson 6　変圧器の運転 …………………………… 167

第6章　パワーエレクトロニクス ……………… 179
- Lesson 1　電力変換素子 …………………………… 180
- Lesson 2　整流回路 ………………………………… 190
- Lesson 3　インバータ ……………………………… 198
- Lesson 4　チョッパ ………………………………… 204
- Lesson 5　パワーエレクトロニクスの応用 ……… 210

第7章　照明 ………………………………………… 225
- Lesson 1　光の性質 ………………………………… 226
- Lesson 2　光源の種類 ……………………………… 230
- Lesson 3　照明の基本事項 ………………………… 240
- Lesson 4　各種光源の照明計算 …………………… 245
- Lesson 5　照明設計 ………………………………… 254

第8章　電熱 ………………………………………… 261
- Lesson 1　熱の性質 ………………………………… 262
- Lesson 2　電気加熱 ………………………………… 267
- Lesson 3　電気炉 …………………………………… 276
- Lesson 4　ヒートポンプ …………………………… 284

第9章　電気化学 …………………………………… 293
- Lesson 1　電気化学の基礎事項 …………………… 294
- Lesson 2　電気分解 ………………………………… 299
- Lesson 3　電池 ……………………………………… 305
- Lesson 4　二次電池 ………………………………… 311
- Lesson 5　電解化学工業 …………………………… 314

第10章　自動制御 ………………………………………… 325
　　Lesson 1　自動制御の基礎事項 ……………………………… 326
　　Lesson 2　電気回路のブロック図 …………………………… 331
　　Lesson 3　一次遅れ要素の特性 ……………………………… 337
　　Lesson 4　伝達関数の合成 …………………………………… 344
　　Lesson 5　制御系の応答 ……………………………………… 352
　　Lesson 6　制御系の安定判別 ………………………………… 360
第11章　情報 ……………………………………………… 371
　　Lesson 1　コンピュータ ……………………………………… 372
　　Lesson 2　数体系 ……………………………………………… 377
　　Lesson 3　論理回路 …………………………………………… 384
　　Lesson 4　論理計算 …………………………………………… 391
　　Lesson 5　フリップフロップ回路 …………………………… 395
総合問題の解答・解説 …………………………………………… 409
索引 ………………………………………………………………… 454

第1章
直流機

第1章 Lesson 1 発電機の原理

STEP 0 事前に知っておくべき事項

- オームの法則
- キルヒホッフの法則

覚えるべき重要ポイント

- 誘導起電力
- フレミングの右手の法則
- 整流子とブラシ

STEP 1

(1) 直線導体の誘導起電力

第1.1図に示すように，長さ l 〔m〕の導体を，磁束密度 B 〔T〕の磁界中に垂直に配置し，磁束を垂直に切るように上方に速度 v 〔m/s〕で動かすと，導体には①式で表される誘導起電力 e 〔V〕が発生します．

$$e = Blv \text{〔V〕} \tag{①}$$

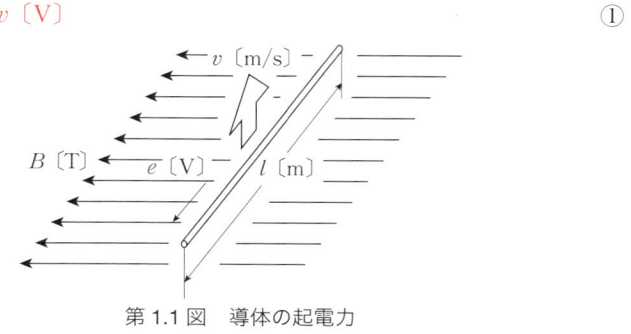

第1.1図 導体の起電力

誘導起電力の方向は，フレミングの右手の法則により，第1.2図に示すように中指の方向になります．

誘導起電力 e 〔V〕は，第1.1図において導体を上方に直線的に速度 v 〔m/s〕で動かすときに発生するものであり，導体を動かすのをやめると誘導起電力

は零になります．磁束を切るように導体を直線的に無限に動かして，誘導起電力を長時間にわたって得ることは現実にはできません．そこで実際の発電機では，導体を回転運動によって動かして磁束を切るようにして，連続的に誘導起電力を発生させるようにします．

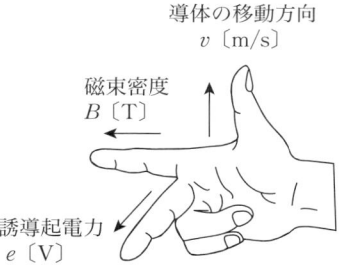

第1.2図　誘導起電力の方向

(2) 回転導体の誘導起電力

連続的に誘導起電力を発生させるために，線状導体を折り曲げて形成した回転導体を，第1.3図に示します．回転導体は，永久磁石が発生する磁束中に回転可能に配置されています．回転導体は，横の長さ l 〔m〕，幅 D 〔m〕の長方形に線状導体を折り曲げて形成され，幅方向の中央部が回転中心です．一方の幅方向の中央

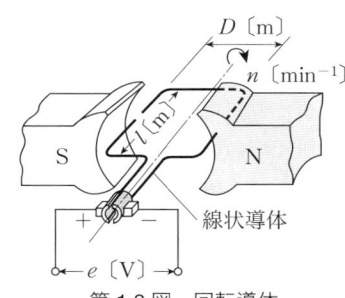

第1.3図　回転導体

部から伸ばされた線状導体の二つの口出部は，整流子に接続されています．

この回転導体を回転させれば，第1.1図のように導体を直線的に無限に動かさなくても，線状導体の二つの口出部間に連続して誘導起電力を発生させることができます．

(3) 整流子とブラシ

整流子は，回転角によって変わる回転導体の起電力を，接触しているブラシから常に同じ方向の起電力として取り出すものです．したがって，第1.3図において円筒状の整流環は，二つの半円筒状の導体である整流子片を絶縁して接合したものであり，それぞれに線状導体の口出部が接続されています．

整流子には左右に，図では明らかではありませんが若干の押圧力を持った平板である二つのブラシがしゅう動接触しており，回転導体が時計方向に回転すると回転角にかかわらず，誘導起電力は，常に左のブラシ側が＋，右のブラシ側が－になります．すなわち，第1.3図においてＳ極側の長さ l 〔m〕辺に生じる起電力の向きは，第1.2図に示すとおりですが，回転導体が時計

方向に回転して永久磁石の N 極側に入ったとき，第 1.4 図の破線で示すように起電力の向きは逆になります．このとき回転導体とともに回転している整流子片が入れ替わってブラシにしゅう動接触することになり，誘導起電力の向きが逆になっても，第 1.4 図に実線で示すように右のブラシ側に + が出力されます．

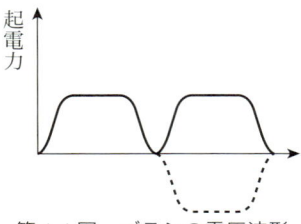

第1.4図　ブラシの電圧波形

(4) 誘導起電力の式

第 1.3 図に示す回転導体は，直径が D〔m〕，横の長さ l〔m〕として回転するものですから，回転の側面積は $\pi D l$〔m²〕です．また回転導体は，N 極と S 極の 2 極が左右に対向配置された中を回転するものであり，回転導体が垂直になったときには磁束が鎖交しない状態になります．そこで，永久磁石の磁極数を p として，磁束のない部分をなくしたと仮定します．回転導体が回転によって切る磁束の磁束密度 B〔T〕は，1 極の磁束を ϕ〔Wb〕とすると，$p\phi = B\pi Dl$ の関係になり，②式のように表されます．

$$B = \frac{p\phi}{\pi Dl} \text{〔T〕} \qquad ②$$

この磁束密度 B〔T〕のなかで，回転導体を 1 分間の回転数 n〔min⁻¹〕で回転させたとき，周速度 v〔m/s〕は，回転導体の半径 r〔m〕と角速度 ω〔rad/s〕をかけたものであるから，次のように表されます．

$$v = r\omega = \frac{D}{2} \times 2\pi \frac{n}{60} = \pi D \frac{n}{60} \text{〔m/s〕} \qquad ③$$

回転導体の l〔m〕部分に生じる誘導起電力 e〔V〕は，①式に②，③式を代入すると，④式のように表されます．

$$e = Blv = \frac{p\phi}{\pi Dl} l \pi D \frac{n}{60} = \frac{p}{60}\phi n \text{〔V〕} \qquad ④$$

Lesson 1 発電機の原理

練習問題 1

次の文章は，磁束の中に置かれた導体を動かしたときの記述である．空白箇所(ア)，(イ)および(ウ)に該当する語句を答えよ．

長さ l 〔m〕の導体を ア B 〔T〕の磁束の方向と直角に置き，速度 v 〔m/s〕で導体および磁束に直角な方向に移動すると，導体にはフレミングの イ の法則により，$e=$ ウ 〔V〕の誘導起電力が発生する．

【解答】 (ア) 磁束密度，(イ) 右手，(ウ) Blv

第1章 Lesson 2 電動機の原理

STEP 0 事前に知っておくべき事項

- 誘導起電力
- フレミングの右手の法則
- 整流子とブラシ

覚えるべき重要ポイント

- 直線導体の電磁力
- フレミングの左手の法則
- トルク

STEP 1

(1) 直線導体の電磁力

長さ l〔m〕の導体を，第1.5図に示すように磁束密度 B〔T〕の磁界と垂直に配置し，I〔A〕の電流を流すと，導体には，次式で表される電磁力 F〔N〕が生じます．

$$F = BIl \text{〔N〕}$$

電磁力の方向は，フレミングの左手の法則により，第1.6図の座標軸に示すように上方になります．

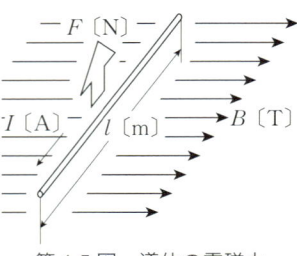

第1.5図 導体の電磁力

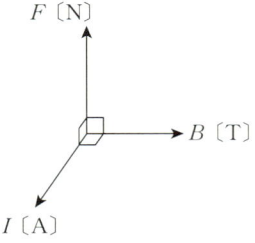

第1.6図 電磁力の方向

(2) 回転導体の電磁力

誘導起電力を説明するときに用いた第1.7図に示すような回転導体に，今度は電流 I〔A〕を流してみます．長さ l〔m〕の部分には，第1.8図の拡大図に示すように，破線で示すN極からS極に向かう仮想の磁力線に対して垂直に配置されることになります．した

がって第1.5図と同じ状態で，磁束密度 B〔T〕の磁界と垂直に配置された長さ l〔m〕の部分に，電流 I〔A〕が流れます．この結果，2か所の長さ l〔m〕の部分には，第1.8図に示すように，電磁力 F〔N〕が生じます．

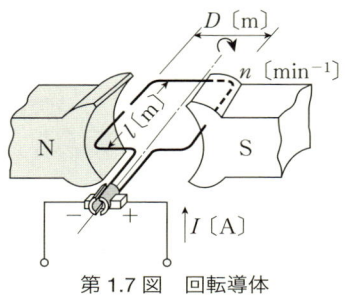
第1.7図　回転導体

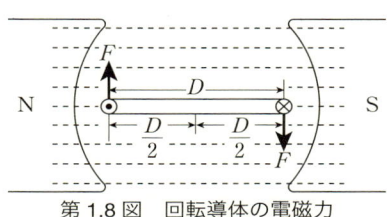
第1.8図　回転導体の電磁力

(3) 回転導体のトルク

2か所の電磁力 F〔N〕は，第1.8図から明らかなように回転導体を時計方向に回そうとするモーメント M〔N・m〕として作用します．回転導体の回転半径が $\dfrac{D}{2}$〔m〕なので，そのモーメント M〔N・m〕は，電磁力 F〔N〕と回転半径が $\dfrac{D}{2}$〔m〕をかけたものになります．

$$M = F \times \frac{D}{2} = \frac{FD}{2} \ 〔\mathrm{N \cdot m}〕$$

回転中心に対する2組のモーメント M〔N・m〕は偶力であり，回転導体を時計方向に回そうとする駆動トルク T〔N・m〕になります．このトルク T〔N・m〕は，次式のように表されます．

$$T = 2M = 2 \times F \times \frac{D}{2} = FD \ 〔\mathrm{N \cdot m}〕$$

(4) 整流子とブラシ

第1.7図に示す＋，－のブラシ間に，第1.9図に示す一定の電圧を印加していても，ブラシと整流子片の作用によって，回転導体には第1.10図に示すように電圧が印加されます．回転する整流子にしゅう動接触しているブラシは，第1.7図でいえば回転導体が垂直になったとき，接触する整流子片が切り換わり，回転導体に流れる電流の向きが反対になります．このため電

圧波形は第 1.10 図のようになるとともに，トルク T〔N・m〕は回転導体の回転角にかかわらず，常に時計回りに作用することになります．

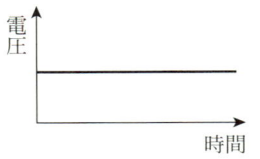
第 1.9 図　ブラシの印加電圧

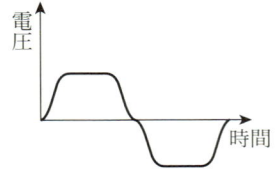
第 1.10 図　回転導体の電圧波形

(5) 回転導体の出力

回転導体がトルク T〔N・m〕で 1 分間に回転数 n〔min^{-1}〕で回っているときの出力 P〔W〕は，角速度 ω〔rad/s〕にトルク T〔N・m〕をかけたものであるから，次式のようになります．

$$P = \omega T = 2\pi \frac{n}{60} T \text{〔W〕}$$

練習問題 1

次の文章は，磁界中に置かれた導体に働く電磁力に関する記述である．空白箇所(ア)，(イ)および(ウ)に該当する語句を答えよ．

電流が流れている長さ L〔m〕の直線導体を磁束密度が一様な磁界中に置くと，フレミングの (ア) の法則に従い，導体には電流の向きにも磁界の向きにも直角な電磁力が働く．直線導体の方向を変化させて，電流の方向が磁界の方向と同じになれば，導体に働く力の大きさは (イ) となり，直角になれば，(ウ) となる．

【解答】　(ア) 左手，(イ) 零，(ウ) 最大

第1章 Lesson 3 直流機の構造

STEP 0 事前に知っておくべき事項

- 直線導体の誘導起電力
- 直線導体の電磁力

覚えるべき重要ポイント

- 電機子
- 界磁コイル
- 整流子とブラシ
- 電磁誘導作用
- 磁気相互作用

STEP 1

(1) 直流機の一例

　直流機は，1台で発電機としても，電動機としても機能させることができます．外力で回転子を回せば端子に直流電圧を発生し，端子に直流電圧を印加すると回転子が回ります．その直流機の一例を第1.11図に半断面図で示します．

　直流機は，回転子である電機子が軸受によって回転可能な状態に支持され，その電機子を一定の空げき（ギャップ）を保って囲むように界磁コイルが配置されています．

　電機子は軸にケイ素鋼板を積層して形成された電機子鉄心に，絶縁電線を束ねた複数の電機子コイルをはめ込んで形成されます．複数の電機子コイルの口出線は，整流子を構成する整流子片に接続されます．

　界磁コイルも，磁気抵抗を下げるための界磁鉄心に，絶縁電線を束ねるように巻回して形成されます．

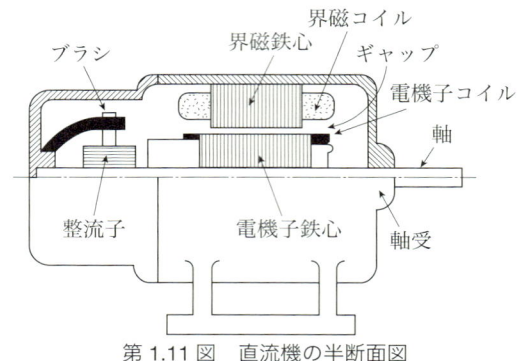

第1.11図 直流機の半断面図

(2) **電機子の作用**

発電機のとき界磁コイルが発生した磁束の中で，電機子が回されると電磁誘導作用によって電機子コイルは誘導起電力を発生します．この誘導起電力は，回転する電機子の回転角によって方向が変わりますが，整流子とブラシの作用で直流として外部に供給されます．

電動機のとき界磁コイルが発生した磁束の中に配置されている電機子コイルに，ブラシ，整流子を通して電流が流れると，電機子コイルにも磁束が形成され，界磁コイルの磁束と電機子コイルの磁束による磁気相互作用で電機子には電磁力が発生します．この電磁力は，整流子とブラシの作用で電機子コイルに流れる電流の向きが電機子の回転角によって変わるので，電機子を一定方向に回す駆動力になります．

このように電機子は，発電機のとき電磁誘導作用で機械エネルギーを電気エネルギーに変換し，電動機のとき磁気相互作用で電気エネルギーを機械エネルギーに変換します．

(3) **電機子の誘導起電力**

1本の回転導体を回転させたときの誘導起電力は④式で示されますが，1本では値が小さく実用に用いることはできません．そこで，第1.12図に示すように，＋と－のブラシ

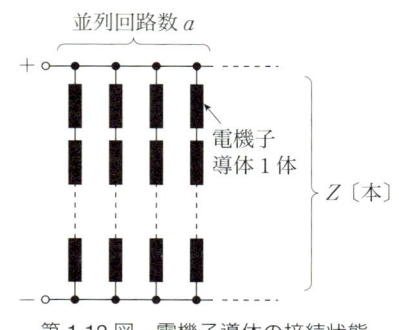

第1.12図 電機子導体の接続状態

間に直列接続する導体数をZ本にするとともに，そのZ本のものをさらにa組並列接続し，誘導起電力の値も，電流容量も大きくします．導体数をZ本，並列回路数をaとしたときの誘導起電力E〔V〕は，導体数Z本に比例し，並列回路数aに反比例することになります．誘導起電力E〔V〕は，④式の結果に，$\dfrac{Z}{a}$をかけ，比例定数をKとすると次の⑤式のように表されます．

$$E = e \times \frac{Z}{a} = \frac{p}{60}\phi n \times \frac{Z}{a} = \frac{pZ}{60a}\phi n = K\phi n \,〔V〕 \qquad ⑤$$

なお，この⑤式のE〔V〕は，電動機のときには逆起電力といいます．

(4) 電機子巻線の巻き方

電機子巻線は，製造上の便宜から複数の電機子コイルを電機子鉄心にはめ込んで形成されますが，その電機子コイルの端子である口出線を，どのように接続するかによって重ね巻と波巻に分けられます．

(a) 重ね巻

重ね巻は，第1.13図に示すように電機子コイルの口出線を，絶縁した隣の整流子片に接続するものです．第1.13図では，右側の整流子片に接続された口出線には次のピッチに進む電機子コイルの口出線も共通接続されています．この重ね巻の場合，ブラシ間の電機子コイルの並列回路数aは，磁極数pと等しい$a=p$になります．

(b) 波巻

波巻は，第1.14図に示すように電機子コイルの他方の口出線を，磁極の2極先に位置する整流子片に接続するものです．右側の整流子片に接続された口出線には，別の電機子コイルの口出線も共通接続されてい

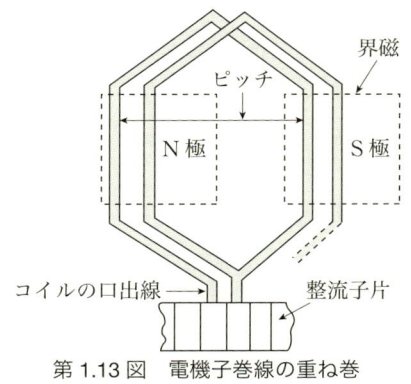

第1.13図　電機子巻線の重ね巻

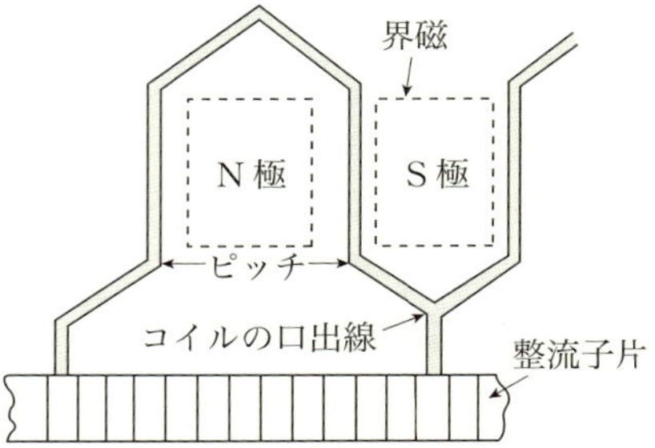

第1.14図　波巻の電機子巻線

ます．この波巻の場合，ブラシ間の電機子コイルの並列回路数 a は，磁極数 p とは関係なく $a = 2$ になります．

(5) 直流機の整流

直流機は，電機子と一体になって回転する整流子の整流子片にブラシがしゅう動接触して，回転する電機子と静止しているブラシの間の電流の導通を整流といいます．整流子片と整流子片の間は絶縁されていますので，そこをブラシが通過するとき流れる電流は一瞬零になります．第1.15図は，ブラシが整流子片に接触して $+I$ 〔A〕の電流が流れている状態から，絶縁部を通過して隣の整流子片に接触して $-I$ 〔A〕の電流が流れるまでの t 〔s〕

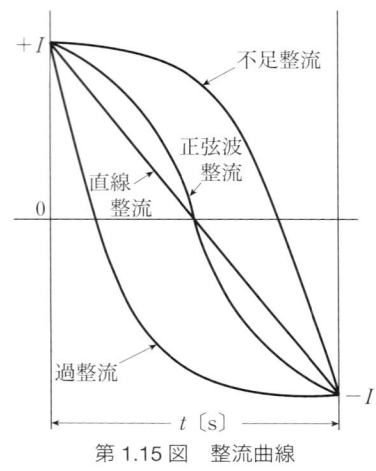

第1.15図　整流曲線

時間の状態を描いた整流曲線です．直線整流が理想的ですが，磁束や回路の状態によって，不足整流，過整流あるいは正弦波整流になります．

(a) 発電機の整流

直流発電機は，端子に直流電圧が出力されますが，電機子巻線に誘起する電圧は回転する電機子の位置によって方向が変わります．それを整流子片にしゅう動接触するブラシによって，起電力が一方向の直流電圧として重ね合わされ，端子に出力されます．

(b) 電動機の整流

直流電動機は，端子に直流電圧を印加して回転子である電機子を回転させますが，一定方向の回転力を発生させるために，電機子の回転角に応じて電機子巻線に流れる方向を変える必要があります．

ブラシが，回転子の回転によって順番に異なる整流子片にしゅう動接触することで電機子巻線に流れる方向が変わります．

(6) 直流機の電機子反作用

電機子巻線に電機子電流が流れていないとき，第1.16図(a)(b)に示すように，主磁極の磁束は乱れることなく電機子巻線を通過しています．電機子電流が

流れて，第 1.17 図(a)(b)に示すような電機子巻線の磁束が加わると，主磁極の磁束は第 1.18 図(a)(b)に示すように乱れて，電気的中性軸が時計回りに a [°] 傾くことになります．この現象を電機子反作用といい，整流子片間の電圧不均一などを生じ，運転に支障を及ぼすことになります．

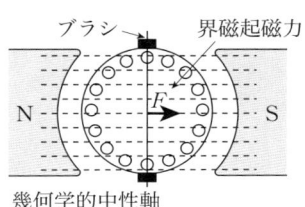
(a) 乱れのない主磁束

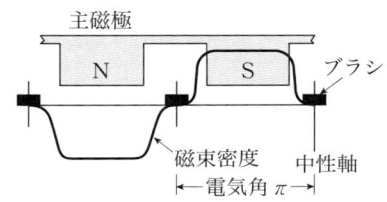
(b) 主磁束の磁束密度

第 1.16 図

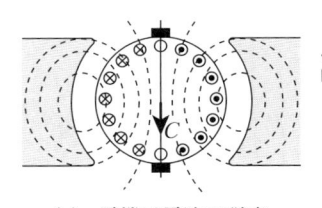
(a) 電機子電流の磁束

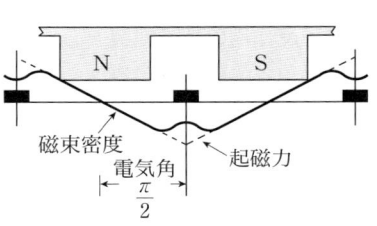
(b) 電機子電流の磁束密度

第 1.17 図

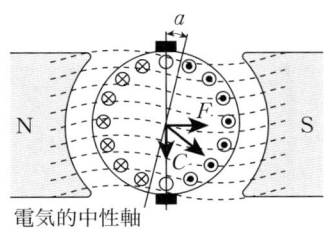
(a) 中性軸の傾いた磁束

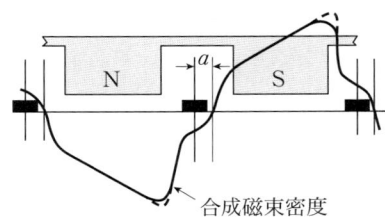
(b) 偏った磁束密度

第 1.18 図

練習問題 1

直流発電機の電機子巻線は重ね巻で，磁極数は 4，電機子の全導体数は 600 で，磁極の断面積は 0.025〔m²〕である．この発電機を回転速度 500〔min⁻¹〕で無負荷運転しているとき，端子電圧は 100〔V〕である．このときの磁極の平均磁束密度〔T〕の値を求めよ．ただし，漏れ磁束はないものとする．

【解答】　0.8〔T〕

【ヒント】　$E = \dfrac{pZ}{60a}\phi n = \dfrac{pZ}{60a}BSn$〔V〕

STEP 2

(1) 電機子反作用の軽減対策

電機子反作用を軽減する対策として，補極や補償巻線を設けて偏った磁束密度を正す方法があります．補極は，第 1.19 図に示すように幾何学的中性軸付近に設け，電機子起磁力を打ち消すようにして磁束の偏りを正します．補償巻線は，主磁極の磁極片に設け，主磁極と対面する電機子起磁力を打ち消すようにして磁束の偏りを正します．

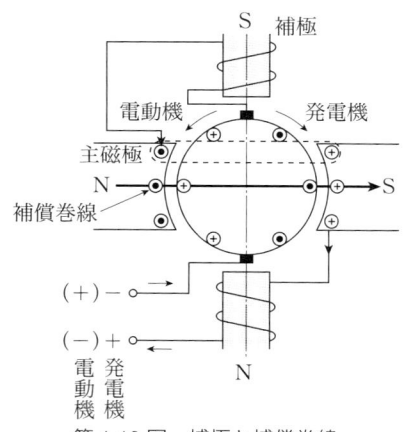

第 1.19 図　補極と補償巻線

練習問題 1

次の文章は，電機子反作用に関する記述である．空白箇所(ア)，(イ)，(ウ)および(エ)に該当する語句を答えよ．

直流発電機に負荷をつないで，電機子巻線に電流を流すと，電機子反作用により [(ア)] が移動し，整流が悪化する．この影響を防ぐために，ブラシを移動させるほか，次の方法が用いられる．

その一つは，主磁極とは別に幾何学的中性軸上に [(イ)] を設け，電機子電流に比例した磁束を発生させて，幾何学的中性軸上の電機子反作用を打ち消すとともに，整流によるリアクタンス電圧を有効に打ち消す方法である．

他の方法は，主磁極の磁極片にスロットを設け，これに巻線を施して電機子巻線に [(ウ)] に接続して電機子電流と逆向きに電流を流し，電機子の起磁力を打ち消すようにした [(エ)] による方法である．

【解答】 (ア) 電気的中性軸，(イ) 補極，(ウ) 直列，(エ) 補償巻線

第1章 Lesson 4 直流機の種類

STEP 0 事前に知っておくべき事項

- 発電機の誘導起電力
- 電動機の逆起電力

覚えるべき重要ポイント

- 他励(たれい)発電機,他励電動機
- 分巻(ぶんまき)発電機,分巻電動機
- 直巻(ちょくまき)電動機

STEP 1

(1) 直流機の分類

 起電力や電磁力を発生させるためには磁束が必要ですが,直流機はこの磁束の形成方法で分類すると,第1.20図のようになります.

第1.20図 直流機の分類

 直流機は磁束を形成する励磁回路(れいじかいろ)の接続状態によって,他励機と自励機に大別されます.励磁回路が,電機子回路に接続されていないのが他励機であり,接続されているのが自励機です.自励機は,励磁回路が電機子回路にどのように接続されているかにより,直巻機,分巻機および複巻機(ふくまきき)に分類されます.直巻機は励磁回路が電機子回路に直列に接続されているものであり,分巻機は並列に接続されているものです.

 複巻機は,磁束を発生する励磁回路を複数有しており,その励磁回路の接続方式により内分巻(うちぶんまき)と外分巻(そとぶんまき)に分けられ,さらに複数の励磁回路で発生した磁束の加わり方により,和動(わどう)と差動(さどう)に分けられます.

(2) **他励機**

他励機は，励磁電流を流して磁束を発生する励磁回路が，電機子回路と電気的には分離しています．

(a) 他励発電機

他励発電機は，機械エネルギーである外力によって電機子を回し，電気エネルギーを得るものです．電機子が回転数 n 〔min^{-1}〕で回って誘導起電力 E 〔V〕を発生しているときの状態を第1.21図に示します．電圧方程式は，端子電圧を V 〔V〕，負荷電流を I 〔A〕，電機子回路の抵抗を r_a 〔Ω〕，電機子回路の比例定数を K，とすると，次式のようになります．

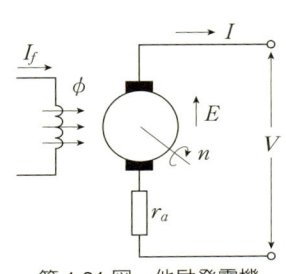

第1.21図　他励発電機

$$V = E - r_a I = K\phi n - r_a I \text{〔V〕}$$

電機子を回転数 n 〔min^{-1}〕で駆動するための機械エネルギー P_i 〔W〕と，駆動トルク T 〔N・m〕および角速度 ω 〔rad/s〕の関係は⑥式のようになります．

$$P_i = EI = \omega T = 2\pi \frac{n}{60} T \text{〔W〕} \quad\quad ⑥$$

発電機が負荷に供給できる出力 P_0 〔W〕は次式で示され，⑥式で表される発電機を駆動するための機械エネルギー P_i 〔W〕より損失があるから小さくなります．

$$P_0 = VI \text{〔W〕}$$

(b) 他励電動機

他励電動機は電圧を印加して電流を流すと，回転軸が回り機械エネルギーが発生します．端子電圧 V 〔V〕を印加して負荷電流 I 〔A〕が流れ，電機子が回転数 n 〔min^{-1}〕で回って逆起電力 E 〔V〕を発生しているときの状態を第1.22図に示します．電圧方程式は，次式のようになります．

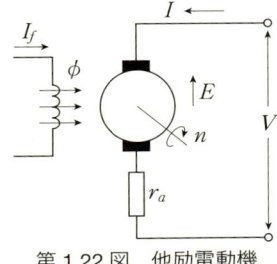

第1.22図　他励電動機

$$V = E + r_a I = K\phi n + r_a I \text{〔V〕}$$

電機子が回転数 n〔min^{-1}〕で駆動して機械エネルギー P_0〔W〕を発生しているときの，発生トルク T〔N·m〕および角速度 ω〔rad/s〕の関係は⑦式のようになります．

$$P_0 = EI = \omega T = 2\pi \frac{n}{60} T \text{〔W〕} \qquad ⑦$$

電動機が負荷を駆動できる出力 P_0〔W〕は，⑦式の通りですが，電動機を駆動するための入力である次式の電気エネルギー P_i〔W〕より小さくなります．

$$P_i = VI \text{〔W〕}$$

(3) 分巻機

分巻機は，励磁電流が流れて磁束を発生する励磁回路と，電機子回路が並列接続になっています．

(a) 分巻発電機

分巻発電機は，第1.23図に示すように，誘導起電力 E〔V〕が発生して電機子電流 I_a〔A〕が流れますが，その電機子電流 I_a〔A〕の一部が磁束 ϕ〔Wb〕を発生するための励磁電流 I_f〔A〕になります．したがって負荷電流 I〔A〕は，電機子電流 I_a〔A〕から励磁電流 I_f〔A〕を引いたものです．電圧方程式は，励磁回路の抵抗を r_f〔Ω〕とすると，⑧式のようになります．

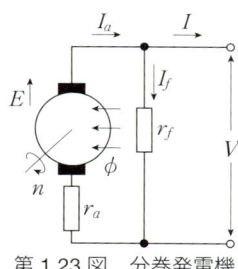

第1.23図　分巻発電機

$$V = E - r_a I_a = E - r_a(I + I_f) = K\phi n - r_a\left(I + \frac{V}{r_f}\right) \text{〔V〕} \qquad ⑧$$

電機子を回転数 n〔min^{-1}〕で駆動するための機械エネルギー P_i〔W〕と，駆動トルク T〔N·m〕および角速度 ω〔rad/s〕の関係は⑨式のようになります．

$$P_i = EI_a = \omega T = 2\pi \frac{n}{60} T \text{〔W〕} \qquad ⑨$$

発電機が負荷に供給できる出力は次式で示され，⑨式で表される発電機を駆動するための機械エネルギー P_i〔W〕より小さくなります．

$$P_0 = VI \text{〔W〕}$$

(b) 分巻電動機

　分巻電動機は，第1.24図に示すように，負荷電流 I〔A〕の一部が磁束 ϕ〔Wb〕を発生するための励磁電流 I_f〔A〕になります．したがって，電機子電流 I_a〔A〕は，負荷電流 I〔A〕から励磁電流 I_f〔A〕を引いたものです．端子電圧 V〔V〕の方が逆起電力 E〔V〕より大きく，電圧方程式は⑩式のようになります．

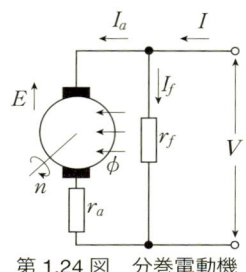

第1.24図　分巻電動機

$$V = E + r_a I_a = E + r_a(I - I_f) = K\phi n + r_a\left(I - \frac{V}{r_f}\right) 〔V〕 \qquad ⑩$$

　電機子が回転数 n〔min^{-1}〕で駆動して機械エネルギー P_0〔W〕を発生しているときの，発生トルク T〔N・m〕および角速度 ω〔rad/s〕の関係は⑪式のようになります．

$$P_0 = EI = \omega T = 2\pi \frac{n}{60} T 〔W〕 \qquad ⑪$$

　電動機が負荷を駆動できる出力は，⑪式のとおりですが，電動機を駆動するための入力である⑫式の電気エネルギー P_i〔W〕より小さくなります．

$$P_i = VI 〔W〕 \qquad ⑫$$

(4) 直巻機

　直巻機は，磁束を発生する励磁回路と，電機子回路が直列接続になっており，負荷電流が電機子電流であり，励磁電流でもあります．

(a) 直巻発電機

　直巻発電機は，第1.25図に示すように，誘導起電力 E〔V〕が誘起して電機子電流 I〔A〕が流れるが，その電機子電流 I〔A〕は磁束 ϕ〔Wb〕をつくる励磁電流であり，負荷に供給される負荷電流です．電圧方程式は，電機子回路と励磁回路が直列接続になっているから次式のようになります．

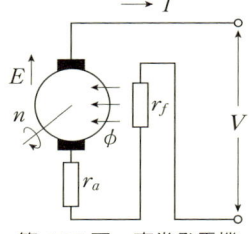

第1.25図　直巻発電機

$$V = E - (r_a + r_f)I = K\phi n - (r_a + r_f)I 〔V〕$$

　電機子を回転数 n〔min^{-1}〕で駆動するための機械エネルギー P_i〔W〕と，

駆動トルク T〔N・m〕および角速度 ω〔rad/s〕の関係は⑬式のようになります．

$$P_i = EI = \omega T = 2\pi \frac{n}{60} T \ \text{〔W〕} \quad \text{⑬}$$

発電機が負荷に供給できる出力は次式で示され，⑬式で表される発電機を駆動するための機械エネルギー P_i〔W〕より小さくなります．

$P_0 = VI$〔W〕

(b) 直巻電動機

直巻電動機は，第1.26図に示すように，端子電圧 V〔V〕を印加して負荷電流 I〔A〕が流れると，この負荷電流によって磁束 ϕ〔Wb〕が励磁回路で形成される．電機子回路の逆導起電力は $E = K\phi n$〔V〕であり，電圧方程式は，次式のようになります．

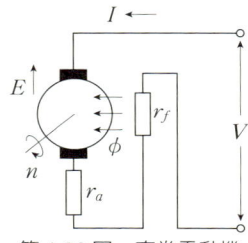

第1.26図 直巻電動機

$$V = E + (r_a + r_f)I = K\phi n + (r_a + r_f)I \ \text{〔V〕}$$

電機子が回転数 n〔min^{-1}〕で駆動して機械エネルギー P_0〔W〕を発生しているときの，発生トルク T〔N・m〕および角速度 ω〔rad/s〕の関係は⑭式のようになります．

$$P_0 = EI = \omega T = 2\pi \frac{n}{60} T \ \text{〔W〕} \quad \text{⑭}$$

直巻電動機は，負荷電流が励磁電流でもあるから，励磁回路の比例定数を K_f とすると，磁束 ϕ〔Wb〕は次式のように表されます．

$\phi = K_f I$〔Wb〕 ⑮

電動機が負荷を駆動できる出力は，⑮式のとおりですが，電動機を駆動するための入力である次式の電気エネルギー P_i〔W〕より小さくなります．

$P_i = VI$〔W〕

練習問題 1

出力 50 [kW]，端子電圧 250 [V]，回転速度 1 600 [min^{-1}] で運転中の他励直流発電機がある．この発電機の負荷電流および界磁電流を一定に保ったまま，回転速度を 1 200 [min^{-1}] に低下させた．この場合の誘導起電力 [V] の値を求めよ．ただし，電機子回路の抵抗は 0.05 [Ω] とし，電機子反作用は無視する．

【解答】 195 [V]

【ヒント】 第 1.21 図参照, $\dfrac{E_1}{E_2} = \dfrac{K\phi n_1}{K\phi n_2} = \dfrac{n_1}{n_2}$

練習問題 2

端子電圧 200 [V]，電機子電流 40 [A]，回転速度を 900 [min^{-1}] で運転中の直流分巻電動機がある．負荷が変化して電機子電流が 20 [A] になったときの回転速度 [min^{-1}] の値を求めよ．ただし，電機子回路の抵抗は 0.1 [Ω] とする．

【解答】 909 [min^{-1}]

【ヒント】 第 1.24 図参照, $\dfrac{E_1}{E_2} = \dfrac{K\phi n_1}{K\phi n_2} = \dfrac{n_1}{n_2}$

練習問題 3

直流直巻電動機が負荷電流 50 [A]，負荷トルク 400 [N・m] で全負荷運転している．負荷電流が 25 [A] に減少したときの負荷トルク [N・m] の値を求めよ．

ただし，電機子電流が 50 [A] 以下の範囲では，この電動機の磁気回路の飽和は，無視してよいものとする．

【解答】 100 [N・m]

【ヒント】 第 1.26 図参照, $\dfrac{T_1}{T_2} = \dfrac{K I_1^2}{K I_2^2} = \dfrac{I_1^2}{I_2^2}$

STEP 2

(1) 複巻機

複巻機は，磁束を発生する励磁回路を複数有しており，その励磁回路の接続方式により内分巻と外分巻に大別され，さらに複数の励磁回路で発生した磁束の加わり方により，和動と差動に分けられます．内分巻は分巻界磁回路が直巻界磁回路の内側に接続されており，外分巻は分巻界磁回路が直巻界磁回路の外側に接続されています．

(a) 複巻発電機

内分巻和動の複巻発電機は，第 1.27 図に示すように，磁束 ϕ_1 を形成する励磁回路と電機子回路は直列接続になっており，磁束 ϕ_2 を形成する励磁回路が電機子回路と並列接続になっています．内分巻の和動ですから，磁束 ϕ_1 〔Wb〕と ϕ_2 〔Wb〕は和となって電機子に作用します．したがって，電圧方程式は次式のようになります．

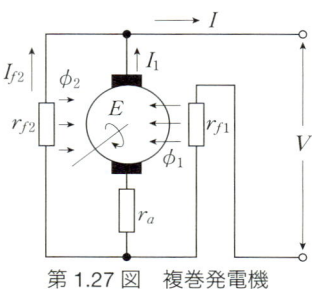

第 1.27 図　複巻発電機

$$V = E - r_a I_1 - r_{f1} I = K_1(\phi_1 + \phi_2)n - r_a\left(I - \frac{V - r_{f1}I}{r_{f2}}\right) - r_{f1}I \text{〔V〕} ⑯$$

発電機が回転数 n 〔min⁻¹〕で発電しているとき，発電機の機械入力 P_i 〔W〕，駆動トルク T 〔N・m〕および角速度 ω 〔rad/s〕の関係は次式のようになります．

$$P_i = EI_1 = \omega T = 2\pi \frac{n}{60} T \text{〔W〕}$$

(b) 複巻電動機

内分巻和動の複巻電動機も，第 1.28 図に示すように，磁束 ϕ_1 を形成する励磁回路と電機子回路は直列接続になっており，磁束 ϕ_2 を形成する励磁回路が電機子回路と並列接続になっています．内分巻の和動ですから，磁束 ϕ_1 〔Wb〕と ϕ_2 〔Wb〕は和となって電機子に作用します．したがっ

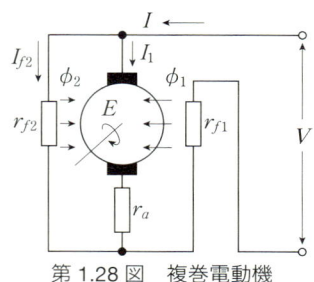

第 1.28 図　複巻電動機

て，電圧方程式は次式のようになります．

$$V = E + r_a I_1 + r_{f1} I = K_1(\phi_1 + \phi_2) n + r_a \left(I - \frac{V - r_{f1} I}{r_{f2}} \right) + r_{f1} I \ [\text{V}] \ ⑰$$

電動機が回転数 $n \ [\text{min}^{-1}]$ で駆動しているとき，電動機の機械出力 $P_0 \ [\text{W}]$，発生トルク $T \ [\text{N·m}]$ および角速度 $\omega \ [\text{rad/s}]$ の関係は次式のようになります．

$$P_0 = EI_1 = \omega T = 2\pi \frac{n}{60} T \ [\text{W}]$$

> **練習問題1**
>
> 次の文章は，複巻発電機に関する記述である．空白箇所(ア)，(イ)および(ウ)に該当する語句を答えよ．
>
> 　複巻発電機は磁束を形成する回路を ア 有している発電機である．直巻界磁巻線が形成した磁束と，分巻界磁巻線が形成した磁束が互いに和として加わるように作用するものを イ ，互いに反対方向に作用して差として加わるものを ウ という．

【解答】　(ア)　複数，(イ)　和動複巻発電機，(ウ)　差動複巻発電機

第1章 Lesson 5 直流機の特性

STEP 0　事前に知っておくべき事項

- 他励機
- 分巻機
- 直巻機
- 始動時の逆起電力は零

覚えるべき重要ポイント

- 他励電動機の特性
- 分巻電動機の特性
- 直巻電動機の特性

STEP 1

(1) 他励電動機の特性

第1.29図の他励電動機の電圧方程式は、⑱式ですが、回転数 n 〔min^{-1}〕は、この⑲式のように表されます．

$$V = E + r_a I = K_1 \phi n + r_a I \text{〔V〕} \quad ⑱$$

$$n = \frac{V - r_a I}{K_1 \phi} \text{〔min}^{-1}\text{〕} \quad ⑲$$

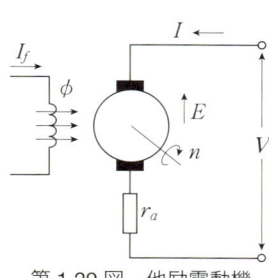

第1.29図　他励電動機

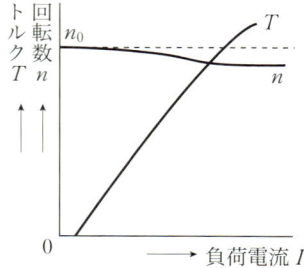

第1.30図　他励電動機の特性

この⑲式から、負荷電流 I 〔A〕に対する回転数 n 〔min^{-1}〕の特性は、第

1.30図のようになります．界磁電流 I_f〔A〕が一定であれば磁束 ϕ〔Wb〕も一定であり，端子電圧 V〔V〕も一定とすると，電機子回路の抵抗 r_a〔Ω〕は小さいから，負荷電流 I〔A〕が増加しても電機子回路の電圧降下は小さく保たれます．したがって第1.30図において，負荷電流が小さいときの回転数 n_0〔min^{-1}〕と比べても回転数 n〔min^{-1}〕の低下が小さいことがわかります．

トルク T〔N・m〕は，機械出力が $P=\omega T=EI$〔W〕の関係にあるから，⑳式のように表されます．この式から，第1.30図のように，トルク T〔N・m〕は，磁束 ϕ〔Wb〕一定であれば負荷電流 I〔A〕に比例して増加することになります．

$$T=\frac{P}{\omega}=\frac{EI}{2\pi\frac{n}{60}}=\frac{K_1\phi nI}{2\pi\frac{n}{60}}=\frac{30K_1}{\pi}\phi I=K_2I \text{〔N・m〕} \quad ⑳$$

(2) 分巻電動機の特性

第1.31図の分巻電動機の電圧方程式は，㉑式ですが，回転数 n〔min^{-1}〕は，㉒式のように表されます．

$$V=E+r_aI_a=E+r_a(I-I_f)=K\phi n+r_a\left(I-\frac{V}{r_f}\right) \text{〔V〕} \quad ㉑$$

$$n=\frac{V-r_a\left(I-\dfrac{V}{r_f}\right)}{K\phi} \text{〔min}^{-1}\text{〕} \quad ㉒$$

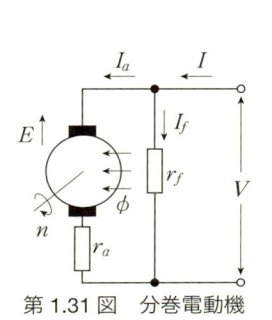

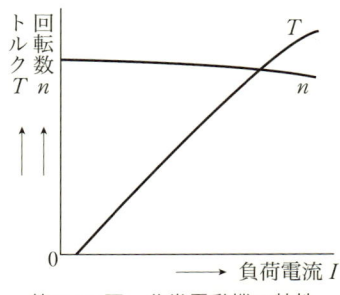

第1.31図　分巻電動機　　第1.32図　分巻電動機の特性

この㉒式から，負荷電流 I〔A〕に対する回転数 n〔min^{-1}〕の特性は，第1.32図に示すようになります．端子電圧 V〔V〕が一定であれば，磁束 ϕ

〔Wb〕も一定であるから，負荷電流 I〔A〕が増加しても，回転数 n〔min^{-1}〕は，第1.32図に示すように若干の低下があるものの，ほぼ一定に保たれます．

トルク T〔N・m〕は，端子電圧 V〔V〕が一定で磁束 ϕ〔Wb〕が一定に保たれれば，他励電動機と同じ形で㉓式のように表されます．この式から，第1.32図のように，トルク T〔N・m〕は，負荷電流 I〔A〕に比例して増加することになります．

$$T = \frac{P}{\omega} = \frac{EI}{2\pi\dfrac{n}{60}} = \frac{K_1\phi nI}{2\pi\dfrac{n}{60}} = \frac{30K_1}{\pi}\phi I = K_2 I \text{〔N・m〕} \qquad ㉓$$

(3) 直巻電動機の特性

第1.33図の直巻電動機の電圧方程式は㉔式で表され，回転数 n〔min^{-1}〕は，この㉔式から㉕式のように導かれます．

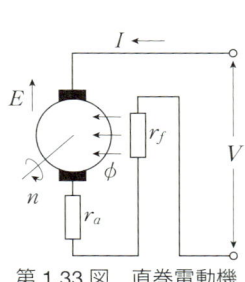

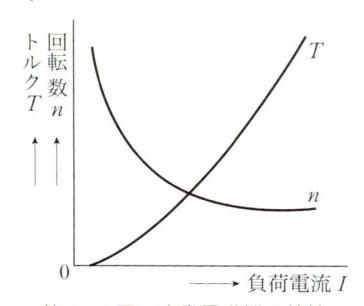

第1.33図　直巻電動機　　　第1.34図　直巻電動機の特性

$$V = E + (r_a + r_f)I = K_1\phi n + (r_a + r_f)I \text{〔V〕} \qquad ㉔$$

$$n = \frac{V - (r_a + r_f)I}{K_1\phi} = \frac{V - (r_a + r_f)I}{K_1 K_2 I} \text{〔min}^{-1}\text{〕} \qquad ㉕$$

直巻電動機は，電機子回路と励磁回路が直列に接続されており，負荷電流 I〔A〕が増えると，電圧降下が大きくなり，㉕式の分子は小さくなります．また磁束 ϕ〔Wb〕は，負荷電流 I〔A〕によって形成されるので，負荷電流 I〔A〕が増加して磁束 ϕ〔Wb〕が大きくなると，㉕式の分母は大きくなります．この結果，負荷電流 I〔A〕が増加すると，第1.34図に示すように，回転数 n〔min^{-1}〕大きく低下することになります．

発生トルク T〔N・m〕は，㉖式の結果に示すように，負荷電流 I〔A〕の2乗に比例して増加します．このため，第1.34図に示すように，トルク T〔N・m〕

は，二次関数の曲線を描いて増加することになります．

$$T = \frac{P}{\omega} = \frac{EI}{2\pi \dfrac{n}{60}} = \frac{K_1 \phi n}{2\pi \dfrac{n}{60}} = \frac{30 K_1}{\pi} \phi \cdot I$$

$$= K_1 \phi I = K_1 (K_2 I) I = K_3 I^2 \text{ (N・m)} \qquad ㉖$$

練習問題 1

次の図は直流電動機の特性を示したものである．横軸を負荷電流 I〔A〕，縦軸をトルク T〔N・m〕と回転速度 n〔min^{-1}〕としたとき，特性を正しく表示している図は次の(1)～(5)のうちどれか．

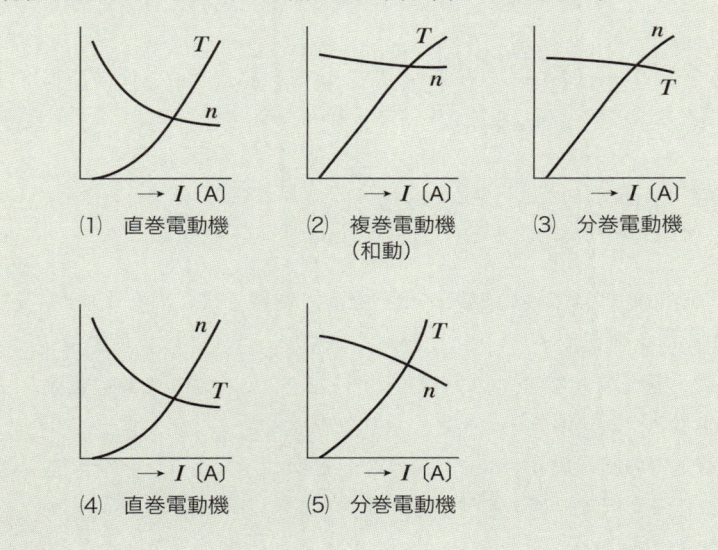

(1) 直巻電動機
(2) 複巻電動機（和動）
(3) 分巻電動機
(4) 直巻電動機
(5) 分巻電動機

【解答】 (1)

STEP 2

(1) 複巻電動機の特性

(a) 回転数特性

第1.35図の和動複巻電動機の電圧方程式は㉗式で表され，回転数 n〔min^{-1}〕は，この式から㉘式のように導かれます．

① 直流機

第1.35図　複巻電動機

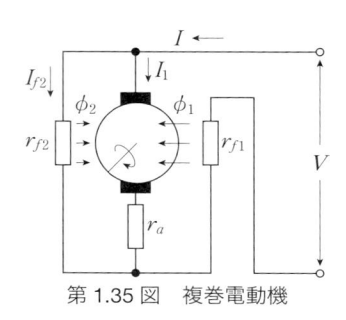

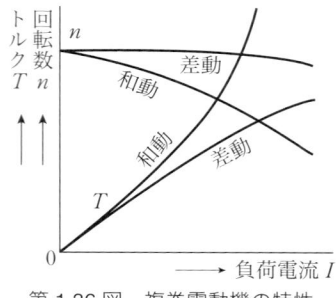

第1.36図　複巻電動機の特性

$$V = E + r_a I_1 + r_{f1} I = K_1(\phi_1 + \phi_2) n + r_a\left(I - \frac{V - r_{f1}I}{r_f}\right) + r_{f1}I \ [\text{V}] \quad ㉗$$

$$n = \frac{V - r_a\left(I - \dfrac{V - r_{f1}I}{r_{f2}}\right) - r_{f1}I}{K_1(\phi_1 + \phi_2)} \ [\text{min}^{-1}] \quad ㉘$$

$$n = \frac{V - r_a\left(I - \dfrac{V - r_{f1}I}{r_{f2}}\right) - r_{f1}I}{K_1(\phi_1 - \phi_2)} \ [\text{min}^{-1}] \quad ㉙$$

　和動複巻電動機は二つの磁束が和となって電機子に作用しますが，磁束ϕ_1〔Wb〕は負荷電流I〔A〕に比例し，磁束ϕ_2〔Wb〕は負荷電流I〔A〕から電機子電流I_1〔A〕を引いた電流に比例します．したがって負荷電流I〔A〕が増加すると，㉘式の分子は小さくなり分母は大きくなります．このため和動複巻電動機の回転数n〔min^{-1}〕は，第1.36図に示すように負荷電流I〔A〕の増加に伴って大きく低下していきます．

　差動複巻電動機は二つの磁束の差が電機子に作用しますので，回転数n〔min^{-1}〕は，この㉙式のように表されます．したがって，負荷電流I〔A〕が増加すると，㉙式の分子も分母も小さくなります．このため差動複巻電動機の回転数n〔min^{-1}〕は，第1.36図に示すように負荷電流I〔A〕が増加してもほぼ一定に保たれます．

　(b)　トルク特性

　和動複巻電動機の発生トルクT〔N・m〕は，㉗式から㉚式のように表されます．したがって負荷電流I〔A〕が増加すると，磁束ϕ_1〔Wb〕，ϕ_2〔Wb〕はともに増加しますので，発生トルクT〔N・m〕は，第1.36図に示すよう

に負荷電流 I〔A〕の増加に伴って大きく上昇します．

　差動複巻電動機は二つの磁束の差が電機子に作用しますので，発生トルク T〔N・m〕は，この㉛式のように表されます．したがって，負荷電流 I〔A〕が増加して磁束 ϕ_1〔Wb〕および ϕ_2〔Wb〕が大きくなっても差は大きくなりませんので差動複巻電動機の発生トルク T〔N・m〕は，第1.36図から明らかなように和動複巻電動機のように大きく増加することはありません．

$$T = \frac{P}{\omega} = \frac{EI}{2\pi\frac{n}{60}} = \frac{K_1(\phi_1+\phi_2)nI}{2\pi\frac{n}{60}} = \frac{30K_1}{\pi}(\phi_1+\phi_2)\cdot I$$

$$= K_2(\phi_1+\phi_2)I \quad \text{〔N・m〕} \tag{30}$$

$$T = \frac{P}{\omega} = \frac{EI}{2\pi\frac{n}{60}} = \frac{K_1(\phi_1-\phi_2)nI}{2\pi\frac{n}{60}} = \frac{30K_1}{\pi}(\phi_1-\phi_2)\cdot I$$

$$= K_2(\phi_1-\phi_2)I \quad \text{〔N・m〕} \tag{31}$$

練習問題 1

　次の文章は，複巻電動機に関する記述である．空白箇所(ア)，(イ)および(ウ)に該当する語句を答えよ．

　和動複巻電動機は，界磁磁束が (ア) と (イ) の両方によってつくられ，しかもそれらが互いに加わるように電機子に作用する．このため負荷電流に対する速度特性や (ウ) が，直巻電動機と分巻電動機の中間の特性になる．その特性を利用して，かつて和動複巻電動機はエレベータやクレーンなどの駆動用電動機として使われていた．

【解答】　(ア) 直巻界磁巻線，(イ) 和動複巻発電機，(ウ) トルク特性

第1章 Lesson 6 直流機の運転

STEP 0 事前に知っておくべき事項

- 電動機の逆起電力
- 始動時の逆起電力は零

覚えるべき重要ポイント

- 電動機の始動制御
- 電動機の速度制御
- 直流電動機の制動
- 規約効率

STEP 1

(1) 電動機の始動制御

(a) 分巻電動機の始動電流

停止状態の分巻電動機を始動するとき，第 1.37 図(a)に示す運転時の逆起電力 $E = K\phi n$ 〔V〕は，回転数が $n = 0$ 〔min^{-1}〕ですから，$E = 0$ 〔V〕になります．したがって，始動時の等価回路は第 1.37 図(b)のようになり，始動電流 I_s 〔A〕は次式のようになります．

$$I_s = I_a + I_f = \left(\frac{1}{r_a} + \frac{1}{r_f}\right)V \text{〔A〕}$$

(a) 定格運転時　　(b) 始動時　　(c) 始動制御時

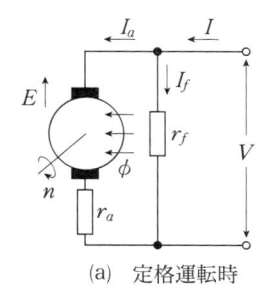

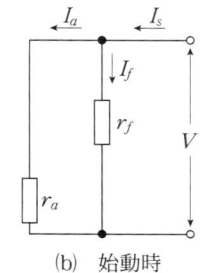

第 1.37 図

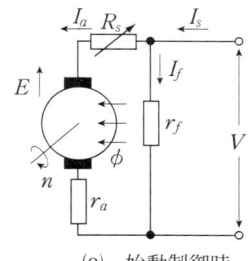

(b) 分巻電動機の始動抵抗

始動電流 I_s〔A〕は,定格運転時の負荷電流 I〔A〕と比べると大きく,電機子巻線を焼き切ってしまうおそれがあります.そこで,分巻電動機を始動するとき,第 1.37 図(c)に示すように,始動電流 I_s〔A〕を抑制するための始動抵抗 R_s〔Ω〕を電機子回路に挿入して始動します.このときの始動電流 I_s〔A〕は,次式のようになります.

$$I_s = I_a + I_f = \left(\frac{1}{r_a + R_s} + \frac{1}{r_f}\right) V \text{〔A〕}$$

回転数が上昇して逆導起電力 E〔V〕の値が大きくなってくると,可変抵抗器である始動抵抗 R_s〔Ω〕を徐々に減少させ,最後には零にして,第 1.37 図(a)に示す定格運転に入っていきます.

(2) 電動機の速度制御

(a) 速度制御の要素

第 1.38 図に示す他励電動機の電圧方程式は,次式のようになります.

$$V = E + r_a I = K\phi n + r_a I \text{〔V〕} \quad ㉜$$

この㉜式を変形すると,回転数 n〔min^{-1}〕は次式のように表されます.

$$n = \frac{V - r_a I}{K\phi} \text{〔min}^{-1}\text{〕} \quad ㉝$$

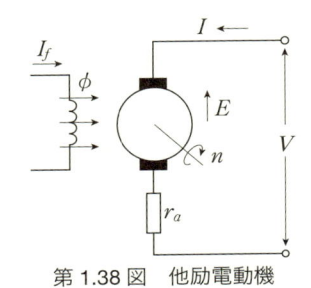

この式から,回転数 n〔min^{-1}〕を変化させる要素は,端子電圧 V〔V〕,負荷電流 I〔A〕および磁束 ϕ〔Wb〕であることがわかります.

第 1.38 図 他励電動機

(b) 電圧制御法

電圧制御法は,第 1.39 図に示すように,チョッパ回路等によって可変の直流電圧を供給して,㉝式で示される電圧 V〔V〕を変えて回転数 n〔min^{-1}〕を制御する方法です.

(c) 抵抗制御法

抵抗制御法は,第 1.40 図に示すように,

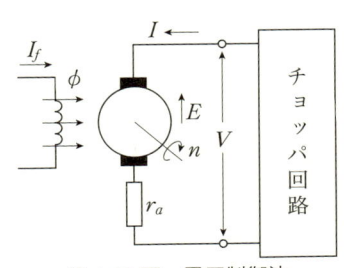

第 1.39 図 電圧制御法

他励電動機に直列に可変抵抗器を接続し，抵抗値を変化させることにより，負荷電流 I〔A〕を変えて㉝式で示される回転数 n〔min^{-1}〕を制御する方法です．

(d) 界磁制御法

界磁制御法は，第1.41図に示すように，励磁回路の励磁電流 I_f〔A〕を可変抵抗器 R で変えて，㉝式で示される回転数 n〔min^{-1}〕を制御する方法です．

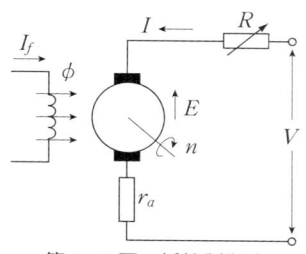

第1.40図　抵抗制御法

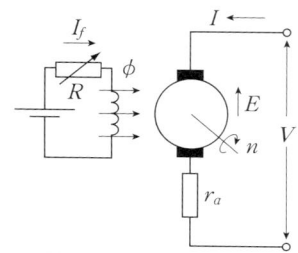

第1.41図　界磁制御法

(3) 直流電動機の制動

分巻電動機が定格状態のとき，第1.42図に示すように端子電圧 V〔V〕の供給を受けて回転数 n〔min^{-1}〕で回転しています．この分巻電動機を停止させるために，端子電圧 V〔V〕を遮断しても，回転子は運動エネルギーを蓄えているのでその運動エネルギーを放出するまで止まりません．

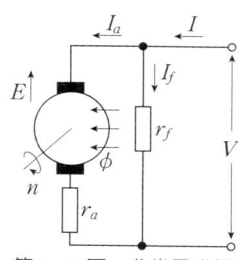

(a) 発電制動

発電制動は，分巻電動機にブレーキをかけて減速するとき，第1.43図に示すように，端子電圧 V〔V〕を遮断して切り離し，端子に抵抗 R〔Ω〕を接続します．これにより分巻電動機は，分巻発電機として機能し，蓄えている運動エネルギーを抵抗 R〔Ω〕で消費します．したがって分巻電動機は減速して回転数が早く低下します．

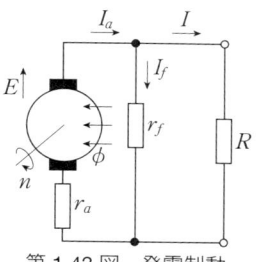

第1.42図　分巻電動機

(b) 回生制動

回生制動は，第1.44図に示すように，ブレーキをかけて減速するとき，分巻電動機を分巻発電機として機能させる点は同じですが，蓄

第1.43図　発電制動

えている運動エネルギーを抵抗で消費するのではなく，電力として電源に返

還します．電源には，ほかの負荷も接続されており，減速のときに回収された電力は，ほかの負荷の電力の一部として利用されます．

(c) 逆相制動

逆相制動は，ブレーキをかけて急速に停止させる制動法です．第1.45図に示すように，急速に停止させるとき，端子電圧 V〔V〕を遮断して切り離し，逆極性の端子電圧 V'〔V〕を印加して，逆方向から電流を流し，回転している回転子に逆方向のトルクを作用させ急速に減速させます．回転が停止したら，ただちに逆極性の端子電圧 V'〔V〕を解除して，回転子が逆方向に回転するのを防ぎます．

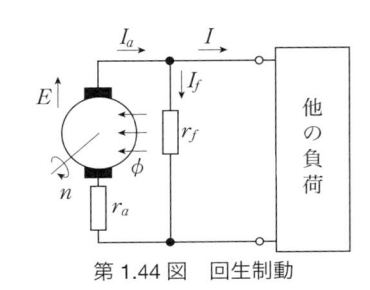

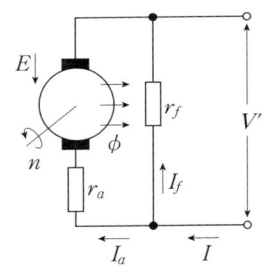

第1.44図 回生制動

第1.45図 逆相制動

練習問題 1

端子電圧 100〔V〕の直流分巻電動機の始動電流を，46〔A〕に抑えるために電機子回路に挿入する始動抵抗〔Ω〕の値を求めよ．ただし，電機子抵抗を 0.25〔Ω〕，界磁抵抗を 50〔Ω〕とする．

【解答】 2.02〔Ω〕

【ヒント】 始動時は $E = 0$〔V〕で，始動抵抗 R〔Ω〕とする電圧方程式は，

$$V = (r_a + R)\left(I - \frac{V}{r_f}\right)$$

STEP 2

(1) 損失と効率

(a) 損失の種類

直流機の損失は以下のように分類されます．

(i) 鉄損（てっそん）

電機子鉄心や界磁極片など，磁束が周期的に変化する部分に生じるヒステ

リシス損と，渦電流損を含めた損失が鉄損です．

(ⅱ) 銅損

電機子巻線，界磁巻線，ブラシ，補極や補償巻線が有している抵抗に生じる損失が銅損です．

(ⅲ) 機械損

電機子である回転子を回転自在に支持するための軸受に生じる損失や，整流子とブラシがしゅう動接触する部分の摩擦損や，回転子が空気を押しのけて回転するときの風損を合わせた損失が機械損です．

(ⅳ) 漂遊負荷損

電機子電流の交番磁束によって生ずる鉄損や，整流中のコイルの銅損など，測定や計算が困難なものの損失が漂遊負荷損です．

(b) 規約効率

発電機は，電気的な出力の測定値と，無負荷損の測定値，負荷電流と回路抵抗から計算によって求めた負荷損および漂遊負荷損の規定値から全体の損失を求め，次の式によって効率を算定します．

$$\text{発電機の規約効率} = \frac{\text{出力}}{\text{出力} + \text{損失}} \times 100 〔\%〕$$

電動機は，電気的な入力の測定値と，無負荷損の測定値，負荷電流と回路抵抗から計算によって求めた負荷損および漂遊負荷損の規定値から全体の損失を求め，次の式によって効率を算定します．

$$\text{電動機の規約効率} = \frac{\text{入力} - \text{損失}}{\text{入力}} \times 100 〔\%〕$$

(c) 実測効率

入力と出力を実測して算定した効率を実測効率といいます．

小容量の発電機は，抵抗器負荷を接続して入力と出力を実測して効率を算定します．

小容量の電動機は，ブレーキ，動力計および効率の明らかな発電機を直結し，入力と出力を実測して効率を算定します．

大容量の場合は，返還負荷法によって入力と出力を実測して，効率を算定します．

> **練習問題 1**
> 定格電圧 200〔V〕,定格出力 20〔kW〕,定格回転数 1 600〔min⁻¹〕の他励直流発電機がある.定格出力時の発電機の損失合計が 1 950〔W〕であるとして規約効率〔%〕の値を計算せよ.

【解答】 91〔%〕

【ヒント】 発電機の規約効率 $= \dfrac{\text{出力}}{\text{出力}+\text{損失}} \times 100$ 〔%〕

STEP 3 総合問題

【問題1】 端子電圧が V 〔V〕，入力電流が I 〔A〕，回転数が n 〔$\min^{-1}$〕で運転中の直流分巻電動機がある．電機子回路の抵抗が r_a 〔Ω〕，界磁回路の抵抗が r_f 〔Ω〕とすれば，発生トルク T 〔N・m〕を表す記号式は次のどれか．

(1) $\dfrac{294}{\pi n}\left\{V\left(I-\dfrac{V}{r_f}\right)-r_a\left(I-\dfrac{V}{r_f}\right)^2\right\}$
(2) $\dfrac{9.8}{\pi n}\left\{V\left(I+\dfrac{V}{r_f}\right)-r_a\left(I+\dfrac{V}{r_f}\right)^2\right\}$

(3) $\dfrac{30}{\pi n}\left\{V\left(I-\dfrac{V}{r_f}\right)-r_a\left(I-\dfrac{V}{r_f}\right)^2\right\}$
(4) $\dfrac{9.8}{\pi n}\left\{V\left(I+\dfrac{V}{r_f}\right)^2-r_a\left(I+\dfrac{V}{r_f}\right)\right\}$

(5) $\dfrac{30}{9.8\pi n}\left\{V\left(I-\dfrac{V}{r_f}\right)^2-r_a\left(I-\dfrac{V}{r_f}\right)\right\}$

【問題2】 電機子巻線の抵抗 0.5〔Ω〕，分巻巻線の抵抗 100〔Ω〕の直流分巻発電機がある．この発電機について，次の(a)および(b)に答えよ．

ただし，この発電機のブラシの全電圧降下は 2〔V〕とし，電機子反作用による電圧降下は無視できるものとする．

(a) この発電機を端子電圧 200〔V〕，出力電流 50〔A〕，回転速度 1 500〔$\min^{-1}$〕で運転しているとき，電機子誘導起電力〔V〕の値として，正しいのは次のうちどれか．

　(1) 224　(2) 225　(3) 226　(4) 227　(5) 228

(b) この発電機を入力端子電圧 200〔V〕，入力電流 50〔A〕で電動機として運転した場合の回転速度〔$\min^{-1}$〕の値として，最も近いのは次のうちどれか．

　(1) 1 145　(2) 1 158　(3) 1 316　(4) 1 327　(5) 1 500

【問題3】 定電圧源に接続された直流直巻電動機が，未飽和域でトルク T_1 を生じながら 400〔$\min^{-1}$〕で回転している．所要トルクが $\dfrac{1}{4}T_1$ に減少したら，回転数〔$\min^{-1}$〕はいくらになるか．正しい値を次のうちから選べ．ただし，電機子回路の抵抗による電圧降下は無視する．

　(1) 300　(2) 450　(3) 500　(4) 600　(5) 800

【問題4】 他励直流電動機が，端子電圧200〔V〕，電機子電流50〔A〕，回転数500〔min⁻¹〕で運転している．界磁電流を一定のまま，回転数を1/2に下げるための端子電圧〔V〕の値を次のうちから選べ．

ただし，電動機の負荷トルクは，回転数の2乗に比例し，電機子回路の抵抗は0.08〔Ω〕で，ほかの条件は無視する．
(1) 47　(2) 99　(3) 126　(4) 187　(5) 196

【問題5】 定格出力2.0〔kW〕，定格回転速度1 200〔min⁻¹〕，定格電圧100〔V〕の直流分巻電動機がある．始動時の電機子電流を全負荷時の1.5倍に抑えるために電機子巻線に直列に挿入すべき抵抗〔Ω〕の値として，最も近いのは次のうちどれか．

ただし，全負荷時の効率は80〔%〕，電機子回路の抵抗は0.15〔Ω〕，界磁電流は2〔A〕とする．
(1) 2.34　(2) 2.58　(3) 2.64　(4) 2.75　(5) 3.18

【問題6】 負荷に直結された他励直流電動機を，電機子電圧を変化させて速度制御を行う．電機子抵抗が0.4〔Ω〕，界磁磁束は界磁電流に比例するものとして，次の(a)および(b)の問に答えよ．
(a) 界磁電流をI_{f1}〔A〕とし，電動機が500〔min⁻¹〕で回転しているときの誘導起電力は190〔V〕であった．このとき電機子電流が20〔A〕一定で負荷とつりあった状態にするには，電機子電圧を何〔V〕に制御しなければならないか，最も近いものを次の(1)～(5)のうちから一つ選べ．
(1) 182　(2) 194　(3) 198　(4) 200　(5) 208
(b) 負荷はトルクが一定で回転速度に対して機械出力が比例して上昇する特性であるとして，磁気飽和，電機子反作用，機械系の損失などは無視できるものとする．

電動機の回転数を1 200〔min⁻¹〕にしたときに，界磁電流をI_{f1}〔A〕の$\frac{1}{2}$にして，電機子電流がある一定の値で負荷とつりあった状態にするには，電機子電圧を何〔V〕に制御しなければならないか，最も近いものを次の(1)～(5)のうちから一つ選べ．

(1) 216　　(2) 228　　(3) 236　　(4) 244　　(5) 256

第 2 章
誘導機

第2章 Lesson 1 誘導電動機の原理

覚えるべき重要ポイント

- アラゴの円板
- 三相交流　回転磁界
- 電磁誘導

STEP 1

(1) 誘導電動機

　直流電動機は，ブラシや整流子を通して電流を流し，回転子に電力を供給しましたが，誘導電動機は固定子から空げきを介して電磁誘導で回転子に電力を供給します．このため直流電動機と比べて構造が極めて簡単で，故障が少なく，保守も簡便で動力用電動機として，あらゆるところに使われています．固定子と回転子の関係は，同じく電磁誘導を利用するIH調理器具とのせた鍋の関係と同じです．IH調理器具に鍋をのせてスイッチを入れると鍋は加熱されますが，IH調理器具と鍋の間に電気回路としての接続はありません．鍋をのせることで磁気結合が成立し，電磁誘導によって電力が供給され，渦電流で鍋は加熱されます．

(2) アラゴの円板

　アラゴの円板は，第2.1図に示すように，回転可能に支持された導体円板です．導体円板は磁石に吸引されない非磁性体材料ですが，電流の流れる導体材料でつくられています．この導体円板には，縁からU字形の永久磁石を接触させることなくくわえるように配置されています．その永久磁石を，円弧を描くように導体円板の縁に沿って動かすと，導体円板は永久磁石に引っ張られるように回り出します．

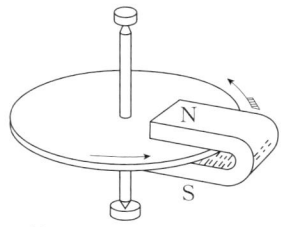

第2.1図　アラゴの円板

(3) 三相交流

　平衡三相交流は，最大値や実効値は同じですが，電圧や電流の位相が，第

2.2図のように120°（$2\pi/3$〔rad〕）ずれた3組の単相交流です．U相，V相およびW相の電流は，位相がそれぞれ120°（$2\pi/3$〔rad〕）ずれているので，U相とV相，V相とW相およびW相とU相の電流波形がそれぞれ最大値を記録する位相差は，それぞれ120°異なります．このU相，V相およびW相の電流を，三つの電磁石のコイルに流すと，電磁石の磁力が強くなるタイミングは電流がそれぞれ最大値となるタイミングであり，位相差はそれぞれ120°になります．

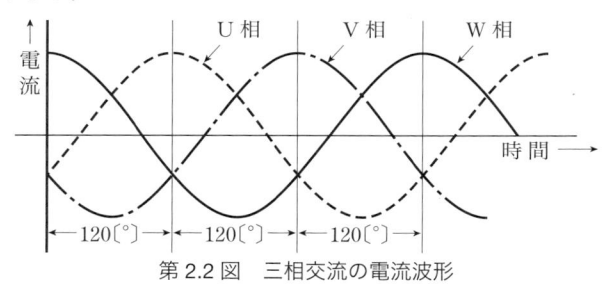

第2.2図　三相交流の電流波形

(4) **回転磁界**

　平衡三相交流は位相が120°（$2\pi/3$〔rad〕）異なるという特徴を利用して，回転磁界をつくることができます．第2.3図に示すように，導体円板を3分割する位置に三つの電磁石U，VおよびWを配置します．この三つの電磁石のコイルに，第2.2図に波形図を示す平衡三相交流のU相，V相およびW相の電流をそれぞれ流します．電流が流れると三つの電磁石は磁化され，磁束を発生しますが，電流の位相がそれぞれ120°（$2\pi/3$〔rad〕）ずれているので，最大磁束を発生するタイミングがU，VおよびWの順番になります．したがって，3分割された導体円板の3か所で，位相が120°（$2\pi/3$〔rad〕）異なる磁束が鎖交し，導体円板には回転磁界が作用していることになります．この回転磁界によって，導体円板は回り出します．

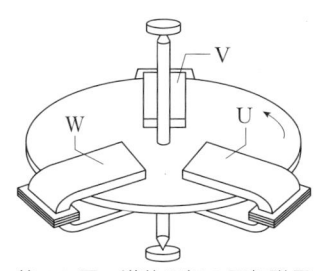

第2.3図　導体円板の回転磁界

(5) **電磁誘導**

　導体に鎖交する磁束が変化すると，導体には起電力が発生し，その起電力に応じた渦電流が生じます．渦電流が流れると，磁界が生じ，導体に鎖交す

る磁束との間に，磁気相互作用によって，磁気吸引力や磁気反発力が生じることになります．導体と鎖交する磁束との間に生じる磁気吸引力や磁気反発力は，電磁誘導によるものであり，第2.1図のアラゴの円板や第2.3図の導体円板が回る原理です．

(6) **誘導電動機の原理**

誘導電動機は，回転体に，空げきを介して回転磁界を与え，電磁誘導によって回転体に磁界を発生させ，磁気相互作用によって，回転体に駆動力を発生させるものです．回転体に与える回転磁界の回転数を上げれば回転数は増加し，回転磁界の回転方向を変えれば，回転体は逆方向に回転します．

(7) **回転体の回転数**

誘導電動機は電磁誘導によって回転体を駆動するものなので，回転体の回転数は，与えられた回転磁界の回転数より若干遅れて少なくなります．誘導電動機では，回転磁界の回転数と回転体の回転数の差を，回転磁界の回転数で割ったものを滑りといいます．

練習問題1

誘導電動機の原理はアラゴの円板であるが，アラゴの円板の材料として適当な材料は次のうちのどれか．

(1) 鉄板　(2) 鉛板　(3) アルミニウム板　(4) 樹脂板
(5) ガラス板

【解答】 (3)

第2章 Lesson 2 誘導機の構造

覚えるべき重要ポイント

- かご形誘導電動機，巻線形誘導電動機
- 同期速度(どうきそくど)
- 滑(すべ)り

STEP 1

(1) 誘導機の種類

誘導機は動力用電動機として多用されている関係から，誘導機といえば，通常，かご形の三相誘導電動機を指しますが，厳密に分類すると第2.1表のように分類されます．

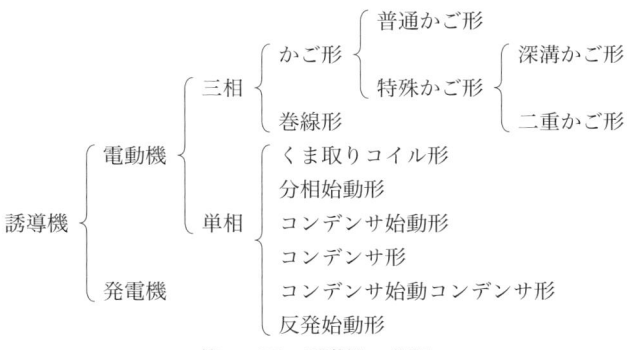

```
                    ┌ 普通かご形
              ┌ かご形 ┤         ┌ 深溝かご形
        ┌ 三相 ┤      └ 特殊かご形 ┤
        │     └ 巻線形              └ 二重かご形
        │
  ┌ 電動機 ┤     ┌ くま取りコイル形
  │     │     │ 分相始動形
誘導機 ┤     └ 単相 ┤ コンデンサ始動形
  │           │ コンデンサ形
  │           │ コンデンサ始動コンデンサ形
  └ 発電機      └ 反発始動形
```

第2.4図 誘導機の分類

電動機は，三相電圧で駆動するか，単相電圧で駆動するかによって，三相と単相に分類されます．さらに三相は，回転子の構造によって，かご形と巻線形に大別されます．単相誘導電動機は，回転磁界の形成の仕方によって第2.4図のようにいろいろな形式があります．

(2) かご形誘導電動機

かご形誘導電動機の回転子を第2.5図に示します．かご形回転子は，棒状導体を等間隔に円筒状に配置して両側から端絡環(たんらくかん)で連結してあるだけのものです．構造が簡単で，故障が少なく，安価な一般的な誘導電動機です．

43

なお，第2.5図では，回転軸や，回転子鉄心は説明上煩雑になりますので描いていません．実際の組立は，まず回転軸に絶縁したけい素鋼板を積層して回転子鉄心を形成します．その回転子鉄心の側面に設けられている回転子溝に，棒状導体をはめ込んでいきます．最後に，第2.5図に示すように，円筒状に並んだ棒状導体の両側から端絡環をはめ込めば，棒状導体は回転子鉄心に一体固定され，かご形回転子になります．

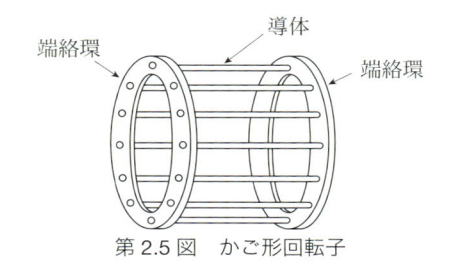

第2.5図　かご形回転子

(3) 特殊かご形回転子

普通かご形回転子は第2.5図に示しましたが，かご形回転子の形状を変えて始動特性や，トルク特性を改良したものとして，特殊かご形回転子があります．特殊かご形回転子は，構造によって深溝かご形と二重かご形に分類されます．

深溝かご形の導体を収める溝の形状を，第2.6図に示します．これらは，導体を収める溝の部分を，回転子鉄心の一部から切り取ったものです．第2.5図の普通かご形回転子は，断面円形の棒状導体を組み立てて形成しましたが，第2.6図(a)は長楕円形，(b)は台形の導体を収めて組み立てるようになっています．

二重かご形回転子は，かごが二重になっており，第2.5図の普通かご形回転子の中に，さらに中子のようなかごが形成されています．第2.6図(c)に示す二重かご形回転子は，内側と外側に断面長方形の2本の導体が収められます．第2.6図(d)に示す回転子は，内側には断面長楕円形，外側には断面円形の導体がそれぞれ収められます．

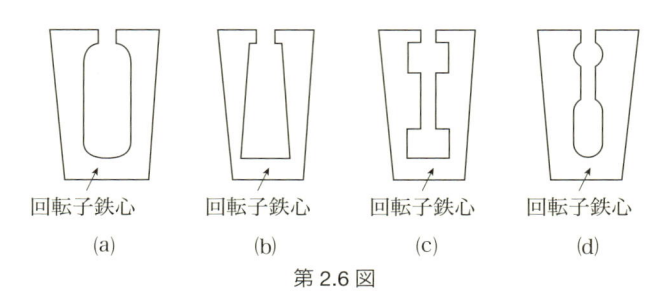

回転子鉄心 (a)　　回転子鉄心 (b)　　回転子鉄心 (c)　　回転子鉄心 (d)

第2.6図

(4) 巻線形回転子

　巻線形回転子は，固定子の磁束を受ける導体が，かご形回転子のように棒状導体ではなく，巻線を鉄心に巻回して形成されます．巻線は，第2.7図に示すようにY結線され，回転子の回転軸上に設けられたスリップリングに端子は接続されています．スリップリングには，ブラシがしゅう動接触しており，ブラシにはY結線された外部抵抗が接続可能になっています．したがって，回転子が回転している状態で，巻線は，スリップリングおよびブラシを通して外部抵抗と接続されることになります．巻線形回転子は，この外部抵抗の抵抗値を変化させて，始動制御や速度制御を行うことが可能になっています．

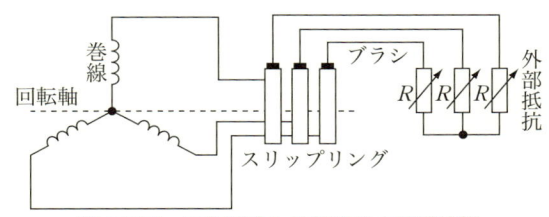

第2.7図　二次巻線と外部抵抗の接続状態

(5) 誘導電動機の内部構造

　実際のかご形誘導電動機の一例を，部分断面斜視図にして表したのが第2.8図です．ブラケットの両端面の中心部にはめ込まれた二つの軸受で，回転子の軸が回転可能に支持されています．軸には，積層の回転子鉄心にアルミニウムの回転子導体をはめ込んで形成された円柱状の回転子が，中心部を貫通して一体固定されています．

　固定子枠には，所定の空げき（ギャップ）を介して円柱状の回転子を囲むように，積層の固定子鉄心が設けられ，その固定子鉄心には固定子巻線が巻

回されています．したがって，固定子巻線に三相交流が印加され，固定子鉄心に回転磁界が形成されると，回転磁界は回転子導体に鎖交し，誘導電流を誘起します．この誘導電流によって回転子鉄心には磁極が形成され，回転磁界の磁極との磁気相互作用で回転子は回転します．

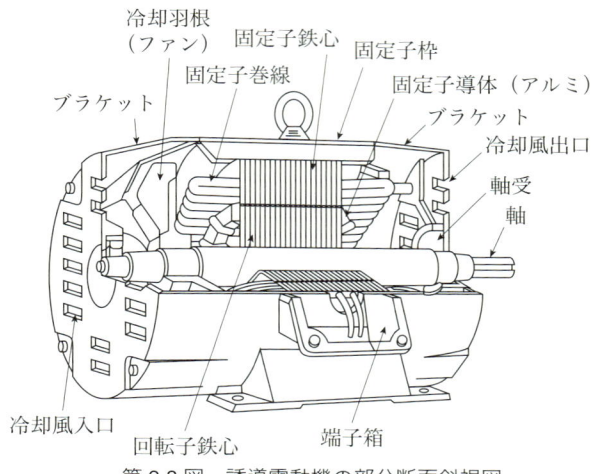

第2.8図　誘導電動機の部分断面斜視図

練習問題 1

　三相誘導電動機は，回転磁界をつくる　(ア)　および回転する回転子からなる．回転子は，(イ)　回転子と　(ウ)　回転子との2種類に分類される．

　(イ)　回転子では，回転子溝に導体を収めてその両端が　(エ)　で接続される．

　(ウ)　回転子では，回転子導体が　(オ)　，ブラシを通じて外部回路に接続される．

　上記の記述中の空白箇所(ア)，(イ)，(ウ)，(エ)および(オ)に当てはまる語句を答えよ．

【解答】　(ア)　固定子，(イ)　かご形，(ウ)　巻線形，
　　　　(エ)　端絡環，(オ)　スリップリング

STEP 2

(1) 同期速度

固定子の固定子巻線が発生する回転磁界の回転数を同期速度といいます．1分間の回転数である同期速度 n_s〔min^{-1}〕は，固定子巻線の極数 p と，印加する三相交流の周波数 f〔Hz〕で回転数が決まり，次のように定義されます．

$$n_s = \frac{120f}{p} \text{〔min}^{-1}\text{〕}$$

(2) 滑り

回転子の回転数 n〔min^{-1}〕は，誘導電流によって回転するので同期速度 n_s〔min^{-1}〕より若干遅くなります．同期速度 n_s〔min^{-1}〕と回転数 n〔min^{-1}〕の差を，同期速度 n_s〔min^{-1}〕で割ったものを滑り s といいます．滑り s には，次の式で示すようにパーユニット表示〔p.u.〕とパーセント表示〔%〕があります．

$$\text{パーユニット表示}：s = \frac{n_s - n}{n_s} \text{〔p.u.〕}$$

$$\text{パーセント表示}：s = \frac{n_s - n}{n_s} \times 100 \text{〔%〕}$$

(3) 回転子の回転数

回転子の回転数 n〔min^{-1}〕は，滑り s を用いて表すと次のようになります．

$$n = n_s(1-s) = \frac{120f}{p}(1-s) \text{〔min}^{-1}\text{〕} \qquad ①$$

回転子の回転数 n〔min^{-1}〕は，①式から明らかなように，極数 p，周波数 f〔Hz〕および滑り s〔p.u.〕で決まることになります．

回転子の角速度 ω〔rad/s〕は，同期角速度を ω_s〔rad/s〕とすると，次のように表されます．

$$\omega = \omega_s(1-s) = 2\pi \frac{n_s}{60}(1-s) \text{〔rad/s〕}$$

(4) 滑りの範囲

誘導電動機は，滑り $s = 1$ で始動し，回転数 n〔min^{-1}〕が上昇すると滑り s の値は徐々に小さくなりますが，0より小さくなることはありません．

② 誘導機

誘導電動機の滑りsの範囲は，$1 \geq s > 0$であり，0近くに定格回転数が設定されています．

回転子が外力によって回され，滑りsが0より小さい負の値になると，誘導電動機は誘導発電機として機能することになります．

回転している誘導電動機の回転磁界の方向を逆にして，滑りsの値を1より大きくすると，回転子の回転を止めようとする制動力が作用する制動機になります．

すなわち誘導機は，滑りが$1 \geq s > 0$の範囲のとき誘導電動機であり，$0 > s$の範囲のときは誘導発電機，$s > 1$の範囲のときは制動機として機能します．

練習問題1

50〔Hz〕，4極の三相誘導電動機が回転数1 440〔min^{-1}〕で全負荷運転をしているとき，滑り〔%〕はいくらになっているか．

【解答】 4〔%〕

【ヒント】 $n_s = \dfrac{120f}{p}$, $s = \dfrac{n_s - n}{n_s} \times 100$ 〔%〕

練習問題2

60〔Hz〕，4極の三相誘導電動機が，滑り5〔%〕で運転されているとき，回転数〔min^{-1}〕はいくらになっているか．

【解答】 1 710〔min^{-1}〕

【ヒント】 $n = n_s(1-s) = \dfrac{120f}{p}(1-s)$ 〔min^{-1}〕

第2章 Lesson 3　誘導電動機の等価回路

STEP 0　事前に知っておくべき事項

- 滑り
- 誘導性(ゆうどうせい)リアクタンスは，周波数に比例した値を有する．

覚えるべき重要ポイント

- 固定子は一次回路であり，回転子は二次回路である．
- 一次と二次回路を分ける回路では周波数は異なる．
- 二次誘導起電力，二次周波数

STEP 1

(1) 三相回路の等価回路

電源も負荷もY結線のY-Yの平衡三相回路を第2.9図(a)に示します．1相の等価回路は，電源と負荷の中性点間を結んで1相の電源と負荷を第2.9図(b)に示すように取り出したものです．平衡三相回路の線間電圧を V 〔V〕

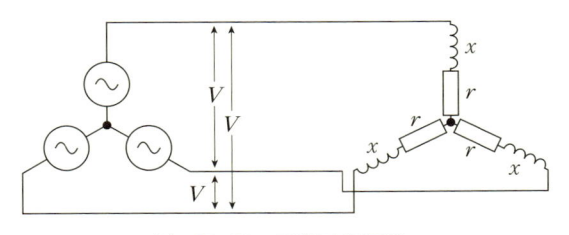

(a) Y-Yの平衡三相回路

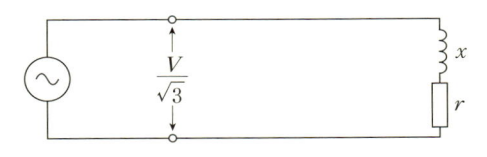

(b) 一相の等価回路

第2.9図

とすると，1相の等価回路の電圧は相電圧であるから $V/\sqrt{3}$〔V〕になります．三相誘導電動機は，この1相の等価回路で特性を考えます．

(2) 電磁誘導回路

第2.10図(a)は，抵抗 r_1〔Ω〕とリアクタンス x_1〔Ω〕の一次回路のコイルを，抵抗 r_2'〔Ω〕とリアクタンス x_2'〔Ω〕の二次回路のコイルに接近させて配置し，一次回路に交流電圧を印加したときの状態です．一次回路に一次電流 I_1〔A〕が流れると，一次回路のコイルに磁束が形成されます．その磁束は接近して配置されているから二次回路のコイルにも鎖交します．一次回路の印加電圧が交流であるから，二次回路の鎖交磁束は変化して起電力を誘起し，二次回路にも二次電流 I_2〔A〕が流れます．このように，一次回路のコイルと二次回路のコイルが空げきを隔てて接近して配置されている場合，電気回路としては接続されていなくても，磁気結合しているので二次回路のコイルに電流が流れます．これが電磁誘導であり，電磁誘導回路は，第2.10図(b)に示すように，一つの等価回路として考えることもできます．この場合，二次回路の抵抗 r_2'〔Ω〕およびリアクタンス x_2'〔Ω〕は値が変わるので，記号のダッシュが取れて，抵抗 r_2〔Ω〕およびリアクタンス x_2〔Ω〕になります．

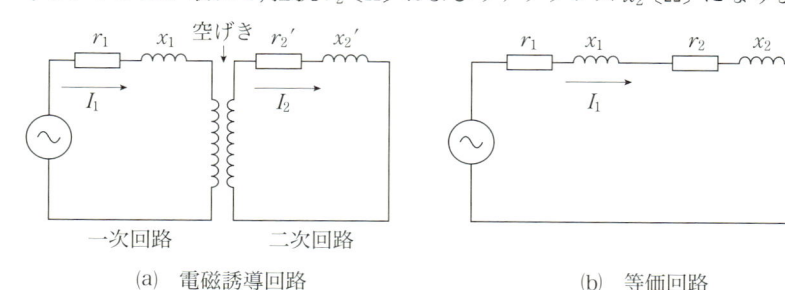

(a) 電磁誘導回路　　(b) 等価回路

第2.10図

(3) 一次，二次分離の等価回路

三相誘導電動機に，周波数 f_1〔Hz〕，線間電圧 V〔V〕の電圧を印加したときの1相の等価回路は第2.11図のようになります．

固定子の一次回路は，固定子鉄心に固定子巻線が巻回された回路で，一次抵抗 r_1〔Ω〕を有し，周波数 f_1〔Hz〕による一次リアクタンス x_1〔Ω〕が形成されます．回転磁界を形成する励磁回路は，アドミタンスで表され，コンダクタンス g〔S〕とサセプタンス b〔S〕からなります．

第 2.11 図　一次，二次分離の等価回路

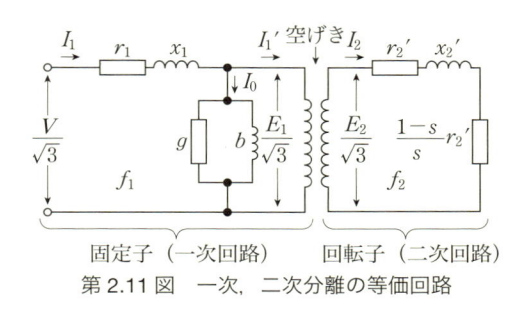

　固定子の一次回路と回転子の二次回路で，固定子鉄心と回転子鉄心はギャップ（空げき）を介して対向しており，このため電圧を印加されると磁束が鎖交して磁気結合することになります．すなわち，周波数 f_1〔Hz〕，線間電圧 V〔V〕三相電圧が印加されると，一次回路には一次誘導起電力 E_1〔V〕，二次回路には二次誘導起電力 E_2〔V〕を誘起し，それぞれ一次電流 I_1〔A〕および二次電流 I_2〔A〕が流れます．

(4)　二次誘導起電力，二次周波数

　二次誘導起電力 E_2〔V〕は，回転子を回転させない拘束時の二次誘導起電力を E_{20}〔V〕，滑りを s〔p.u.〕とすると，次式のように表されます．

$$E_2 = sE_{20} \text{〔V〕}$$

二次回路の二次周波数 f_2〔Hz〕も，滑り s〔p.u.〕に比例し，一次周波数 f_1〔Hz〕と次式のような関係にあります．

$$f_2 = sf_1 \text{〔Hz〕}$$

　したがって，回転子の回転数が上昇して滑り s〔p.u.〕が小さくなると，二次誘導起電力 E_2〔V〕も二次周波数 f_2〔Hz〕も小さくなります．また，二次リアクタンス x_2'〔Ω〕は，二次周波数 f_2〔Hz〕によって決まるものですから，二次周波数 f_2〔Hz〕に応じて値は変化します．二次回路の二次抵抗 r_2'〔Ω〕は，滑り s〔p.u.〕が変化しても値は変わりませんが，機械出力の等価抵抗 $\dfrac{1-s}{s}r_2'$〔Ω〕は，滑り s〔p.u.〕の値に応じて変化します．滑りが $s=1$〔p.u.〕の始動時は，機械出力の等価抵抗は 0〔Ω〕です．

2 誘導機

練習問題 1

定格 200〔V〕, 10〔kW〕, 60〔Hz〕, 6極の三相誘導電動機が回転数 1 152〔min⁻¹〕で全負荷運転をしているとき, 二次周波数〔Hz〕はいくらか.

【解答】 2.4〔Hz〕

【ヒント】 $n_s = \dfrac{120f_1}{p}$, $s = \dfrac{n_s - n}{n_s}$, $f_2 = sf_1$〔Hz〕

STEP 2

(1) 一次側換算の等価回路

一次と二次回路の磁気結合を連結した一つの回路として一次側から見ると, 第2.12図のような等価回路になります. 一次と二次回路を連結した等価回路では, 二次抵抗 r_2'〔Ω〕および二次リアクタンス x_2'〔Ω〕は値が変わるので, 記号のダッシュが取れて, 一次側換算の二次抵抗 r_2〔Ω〕および二次リアクタンス x_2〔Ω〕になります. この等価回路は, 二次周波数 f_2〔Hz〕のことを考慮しないときに使われます.

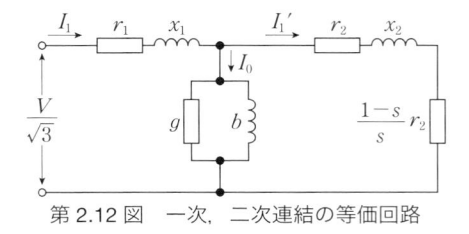

第 2.12 図　一次, 二次連結の等価回路

(2) 励磁回路移動の等価回路

固定子鉄心の磁束をつくる励磁回路は, 一般的にはアドミタンスで表されます. このアドミタンスを構成するコンダクタンス g〔S〕およびサセプタンス b〔S〕の値は小さいので, 第2.13図のように左側に移しても, 等価回路の特性に影響はありません. なお, 電動機の鉄損を考えるとき, コンダクタンス g〔S〕の消費電力が鉄損になります.

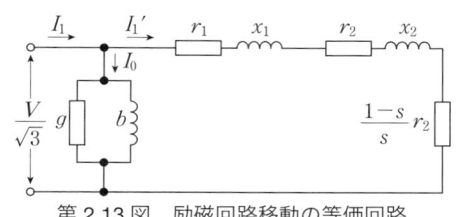

第2.13図　励磁回路移動の等価回路

(3) 励磁回路省略の等価回路

励磁回路の電流や鉄損等を考える問題以外は，第2.14図のように励磁回路を取り除いても，回路計算に影響はありません．

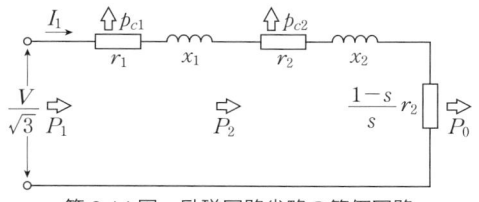

第2.14図　励磁回路省略の等価回路

第2.14図の等価回路は，固定子巻線に線間電圧 V〔V〕の三相電圧が印加して，電流 I〔A〕が流れたときの状態を示す1相分の等価回路です．

固定子巻線から三相誘導電動機に入る一次入力 P_1〔W〕，固定子巻線の損失である一次銅損 p_{c1}〔W〕，回転子入力である二次入力 P_2〔W〕，回転子のジュール損である二次銅損 p_{c2}〔W〕および二次出力である機械出力 P_0〔W〕を求めるとき，この等価回路が使われます．

(4) 二次側抵抗一括の等価回路

第2.14図の等価回路は，二次銅損 p_{c2}〔W〕を生じる二次抵抗 r_2〔Ω〕と，機械出力 P_0〔W〕が発生する等価抵抗 $\dfrac{1-s}{s}r_2$〔Ω〕を別々に描いたものでしたが，二次抵抗 r_2〔Ω〕と，等価抵抗 $\dfrac{1-s}{s}r_2$〔Ω〕の合計を二次側の全抵抗 $\dfrac{r_2}{s}$〔Ω〕として一つに描いたのが第2.15図の等価回路です．この等価回路は，二次銅損 p_{c2}〔W〕と機械出力 P_0〔W〕の合計である二次入力 P_2〔W〕を求めるときなどに使われます．

② 誘導機

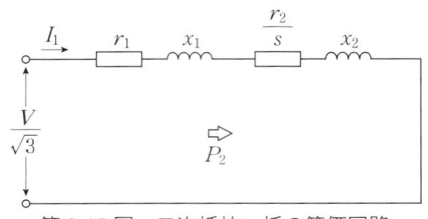

第 2.15 図　二次抵抗一括の等価回路

練習問題 1

一次換算の等価回路を図に示すが，一次換算1相分の二次抵抗をr_2〔Ω〕，二次漏れリアクタンスをx_2〔Ω〕，滑りをs〔p.u.〕とすると，二次回路のインピーダンス$\dot{Z}_2$〔Ω〕はどのような記号式で表されるか．

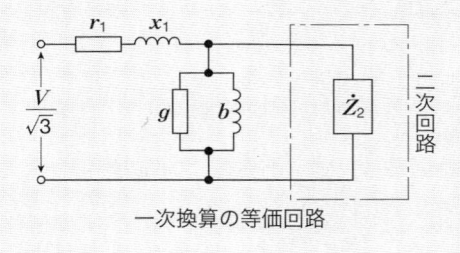

一次換算の等価回路

【解答】　$\dot{Z}_2 = \dfrac{r_2}{s} + jx_2$ 〔Ω〕

【ヒント】　第 2.12 図参照

練習問題 2

三相誘導電動機があり，回転子の巻線抵抗 $r_2 = 0.15$ 〔Ω〕である．この電動機が滑り $s = 5$ 〔％〕，回転子の電流 $I_2 = 13$ 〔A〕で運転しているとき，1相当たりの回転子入力 P_2 〔W〕の値を求めよ．

ただし，巻線抵抗 $r_2 = 0.15$ 〔Ω〕および電流 $I_2 = 13$ 〔A〕は星形一次換算した1相分の値である．

【解答】　507〔W〕

【ヒント】　第 2.15 図参照

第2章 Lesson 4　誘導電動機の計算

STEP 0　事前に知っておくべき事項

- 一次，二次分離の等価回路
- 一次側換算の等価回路
- 励磁回路省略の等価回路

覚えるべき重要ポイント

- 一次入力，一次銅損
- 二次入力，二次銅損
- 機械出力，トルク
- 滑りの比例式

STEP 1

(1) 一次入力，一次銅損

三相誘導電動機の固定子巻線に入る 3 相分の一次入力 P_1〔W〕は，第 2.16 図に示すように線間電圧を V〔V〕，線電流を I〔A〕とすれば，次式のように表されます．

$$P_1 = 3 \times \frac{V}{\sqrt{3}} I \cos\theta = \sqrt{3}\, VI \cos\theta \ \text{〔W〕}$$

力率 $\cos\theta$ は第 2.16 図から明らかなように，一次抵抗 r_1〔Ω〕，一次リアクタンス x_1〔Ω〕，二次抵抗 r_2〔Ω〕，二次リアクタンス x_2〔Ω〕および滑りを s〔p.u.〕で表すと，次式のようになります．

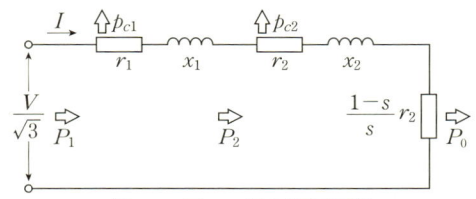

第 2.16 図　1 相の等価回路

$$\cos\theta = \frac{r_1 + \dfrac{r_2}{s}}{\sqrt{\left(r_1 + \dfrac{r_2}{s}\right)^2 + (x_1 + x_2)^2}}$$

一次抵抗 r_1〔Ω〕は，固定子巻線の抵抗で，電流 I〔A〕が流れるとジュール損が生じます．この固定子巻線のジュール損を一次銅損 p_{c1}〔W〕といい，3相分は次のように表されます．

$$p_{c1} = 3I^2 r_1 \text{〔W〕}$$

(2) 二次入力，二次銅損

一次入力 P_1〔W〕から，この一次銅損 p_{c1}〔W〕を引いたものが二次入力 P_2〔W〕，すなわち回転子入力です．

$$P_2 = P_1 - p_{c1} \text{〔W〕} \tag{②}$$

なお，二次入力 P_2〔W〕は，回転子の同期角速度 ω_s〔rad/s〕と発生トルク T〔N・m〕をかけたものでもあるので，同期ワットともいい，③式のように表すこともできます．

$$P_2 = \omega_s T = 2\pi \frac{n_s}{60} T \text{〔W〕} \tag{③}$$

二次抵抗 r_2〔Ω〕は，回転子の抵抗で，一次抵抗 r_1〔Ω〕と同じように電流 I〔A〕が流れるとジュール損が生じます．この回転子のジュール損を，二次銅損 p_{c2}〔W〕といい3相分は④式のようになります．なお二次銅損 p_{c2}〔W〕を，回転子損失ともいいます．

$$p_{c2} = 3I^2 r_2 \text{〔W〕} \tag{④}$$

(3) 機械出力

二次入力 P_2〔W〕から二次銅損 p_{c2}〔W〕を引いたものが，二次出力，すなわち機械出力 P_0〔W〕になります．

$$P_0 = P_2 - p_{c2} \text{〔W〕}$$

この機械出力 P_0〔W〕は，回転子の角速度 ω〔rad/s〕と発生トルク T〔N・m〕をかけたものでもあるから，⑤式のように表すこともできます．

$$P_0 = \omega T = 2\pi \frac{n}{60} T \text{〔W〕} \tag{⑤}$$

また，機械出力 P_0〔W〕は，電流 I〔A〕，二次抵抗 r_2〔Ω〕および滑り s

で表現すると，⑥式のようになります．

$$P_0 = 3I^2 \frac{1-s}{s} r_2 \ [\text{W}] \tag{⑥}$$

⑥式において，$\frac{1-s}{s} r_2 \ [\Omega]$ は，機械出力の等価抵抗で，滑りが $s=1$ の始動時は $0 \ [\Omega]$ で，機械出力も $P_0 = 0 \ [\text{W}]$ です．等価抵抗は，機械出力を抵抗の消費電力に置き換えたもので，滑り $s \ [\text{p.u.}]$ の関数で表されます．

(4) 負荷出力

誘導電動機の回転軸は，二つの軸受によって回転自在に支持されていますが，回転子出力の一部は軸受損として失われます．また，回転子の回転軸には冷却用のファンが連結されており，回転軸が回ると外部から電動機内部に風を取り込んで，固定子や回転子を冷却するようになっています．これらは風損といい，この風損によっても回転子出力の一部が失われます．このような軸受損や風損を機械損 $p_m \ [\text{W}]$ として考慮した場合，負荷を駆動できる機械出力，すなわち負荷出力 $P_0 \ [\text{W}]$ は，第 2.17 図に示すように二次入力 $P_2 \ [\text{W}]$ から二次銅損 $p_{c2} \ [\text{W}]$ および機械損 $p_m \ [\text{W}]$ を引いたものになります．

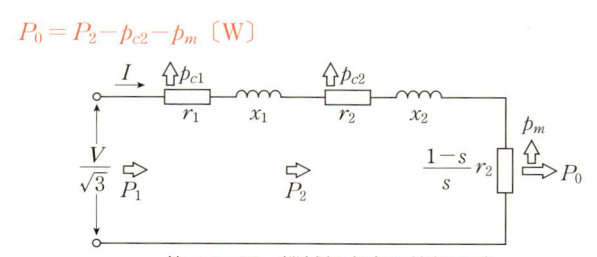

$$P_0 = P_2 - p_{c2} - p_m \ [\text{W}]$$

第 2.17 図 機械損考慮の等価回路

練習問題 1

三相誘導電動機が，負荷を負って滑り 6 [%] で運転している．1 相当たりの二次電流が 11 [A] のとき，1 相当たりの電動機一次入力 [W] の値を求めよ．

ただし，この電動機の 1 相当たりの二次抵抗は 0.09 [Ω]，1 相当たりの鉄損は 10 [W] であり，一次銅損は二次銅損の 2 倍とする．

【解答】 213.4〔W〕

【ヒント】 $p_{c2}=I_2{}^2r_2$, $P_2=\dfrac{p_{c2}}{s}$, $p_{c1}=2p_{c2}$, $P_1=p_{c1}+p_{c2}+P_2$

STEP 2

(1) 発生トルク

二次入力 P_2〔W〕は③式,機械出力 P_0〔W〕は⑤式でそれぞれ表されましたが,これらの式には発生トルク T〔N・m〕が含まれています.したがって,発生トルク T〔N・m〕を,⑦式のように二次入力 P_2〔W〕と同期角速度 ω_s〔rad/s〕の関係や機械出力 P_0〔W〕と角速度 ω〔rad/s〕の関係でも表すことができます.

$$T=\frac{P_2}{\omega_s}=\frac{P_0}{\omega}=\frac{P_0}{\omega_s(1-s)} \ \ \text{〔N・m〕} \tag{⑦}$$

(2) 滑りの比例式

二次入力 P_2〔W〕は②式や③式で表されましたが,④式の二次銅損 p_{c2}〔W〕と⑥式の機械出力 P_0〔W〕を合計として表すこともできます.

$$P_2=p_{c2}+P_0=3I^2r_2+3I^2\frac{1-s}{s}r_2=3I^2\frac{r_2}{s} \ \ \text{〔W〕} \tag{⑧}$$

このように電流 I〔A〕で表された⑧式の二次入力 P_2〔W〕,④式の二次銅損 p_{c2}〔W〕および⑥式の機械出力 P_0〔W〕は,⑨式のように滑り s の比例式になります.

$$P_2:p_{c2}:P_0=3I^2\frac{r_2}{s}:3I^2r_2:3I^2\frac{1-s}{s}r_2=1:s:1-s \tag{⑨}$$

この⑨式は,二次入力 P_2〔W〕,二次銅損 p_{c2}〔W〕および機械出力 P_0〔W〕の三つの要素を一つの比例式で表したものです.誘導電動機の特性計算には,⑨式から二つの要素を抜き出した⑩式あるいは⑪式が使われます.

二次入力 P_2〔W〕と機械出力 P_0〔W〕の関係

$$P_2:P_0=1:1-s \tag{⑩}$$

二次銅損 p_{c2}〔W〕と機械出力 P_0〔W〕の関係

$$p_{c2}:P_0=s:1-s \tag{⑪}$$

練習問題 1

三相誘導電動機が滑り 4〔%〕で運転している．このとき電動機の二次銅損が 154〔W〕であるとすると，電動機の出力〔kW〕の値を計算せよ．ただし，機械損は無視する．

【解答】　3.7〔kW〕

【ヒント】　$p_{c2} : P_0 = s : 1-s$

第2章 Lesson 5 誘導電動機の運転

STEP 0 事前に知っておくべき事項

- 誘導電動機には定格状態と過渡状態がある．
- 電源が投入直後の始動時は過渡状態である．
- 制動とはブレーキを掛けて回転数を下げることである．

覚えるべき重要ポイント

- 始動特性
- 始動法
- 制動法

STEP 1

(1) 誘導電動機の始動特性

第 2.18 図は，停止している誘導電動機に電源を投入して，回転数 0 から加速して定格状態に入っていくまでの，電流 I，電動機トルク T および回転数 n の状態を示すグラフです．

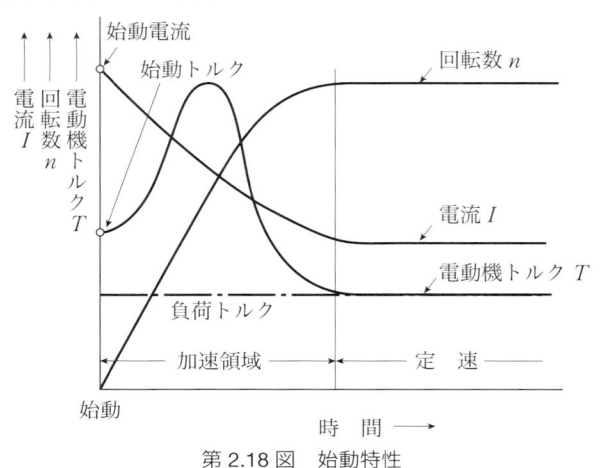

第 2.18 図 始動特性

電源が投入されると，定格状態の数倍の突入電流が流れ，回転子が回りはじめます．電流 I は回転数 n の上昇に従って低減していくが，定格電流の数倍の電流が流れている期間は，巻線の焼損などに注意を払う必要があります．

(2) 誘導電動機の始動法

始動時の突入電流を抑制して，電動機の巻線の焼損などを防止し，円滑に始動して定格状態に入っていく始動法には次のようなものがあります．

(a) 全電圧始動

全電圧始動は，始動時に定格電流の数倍の突入電流が流れても，巻線の焼損などが生じない小形の電動機に用いられている始動法です．普通かご形電動機の定格出力が 3.7 〔kW〕以下のものは，定格電流も小さく始動電流も比較的小さいので電源に与える影響が少なく，定格電圧をそのまま印加する全電圧始動が行われます．

特殊かご形電動機の定格出力が $5.5 \sim 7.5$ 〔kW〕以下のものも，始動電流を制限し，始動トルクを大きくできる構造設計なので，全電圧始動が行われます．

(b) Y－△ 始動

Y－△ 始動は第 2.19 図に示すように，固定子巻線を始動時は Y 結線として始動し，回転数が上昇して電流が減少したら △ 結線に切り換えて定格運転に入っていきます．Y 結線のとき，固定子巻線には電源の線間電圧の $\dfrac{1}{\sqrt{3}}$ しか印加されないので，始動電流は $\dfrac{1}{3}$ に抑制されます．Y 結線のとき，Y 結線の中性点はスイッチ S で共通接続されていますが，△ 結線に切り換えるとき，スイッチ S でその共通接続を解除して，第 2.19 図では上方の端子に投入します．

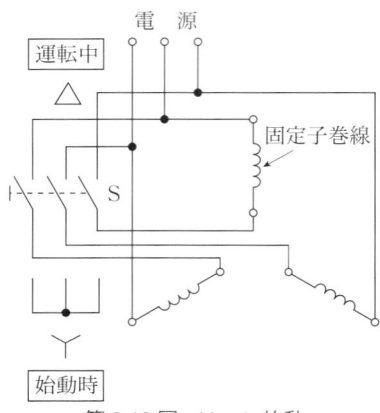

第 2.19 図　Y−△ 始動

(c)　リアクトル始動

　リアクトル始動は第 2.20 図に示すように，始動時は誘導電動機 IM と電源の間にリアクトルを挿入しておき，回転数が上昇して電流が減少したらスイッチ S を投入し，リアクトルを短絡して定格運転に入っていきます．各線にはリアクトルが挿入されているので，始動時の突入電流は抑制され，始動時に巻線が焼損するのを防止します．

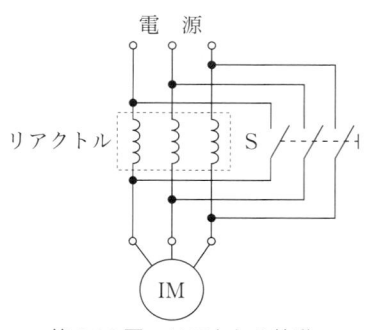

第 2.20 図　リアクトル始動

(d)　始動補償器始動

　始動補償器始動は，第 2.21 図に示すように，始動時は始動補償器で始動し，回転数が上昇して電流が減少したら始動補償器を切り離すものです．

　始動時は，スイッチ S_2 を開放し，スイッチ S_1 を投入して誘導電動機 IM と電源の間に始動補償器を入れて始動します．始動補償器は Y 結線された

降圧形の単巻変圧器で，一次端子がスイッチ S_1 に接続され，二次端子が誘導電動機 IM に接続されています．しゅう動子を移動させることで二次端子に出力される電圧を調整できます．最初，しゅう動子を下げて二次端子の電圧を小さくして始動し，回転数が上昇してきたらしゅう動子を上げていきます．回転数が上昇して電流が減少したら，スイッチ S_1 を開放するとともに，スイッチ S_2 を投入し電源を誘導電動機 IM に直結します．

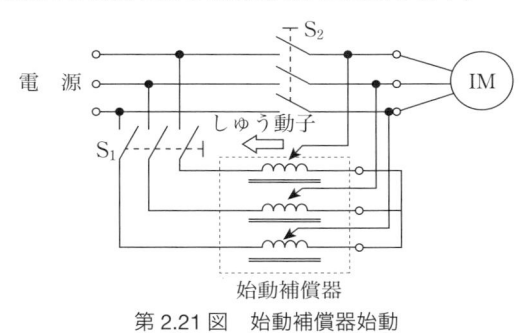

第 2.21 図　始動補償器始動

(e)　二次抵抗始動

二次抵抗始動は，第 2.22 図に示すように二次巻線がスリップリングおよびブラシを介して外部抵抗と接続可能な巻線形誘導電動機で行われます．始動時は，可変抵抗器である外部抵抗の抵抗値を大きくして始動電流を抑制します．回転数が上昇して電流が減少したら，外部抵抗の抵抗値を徐々に減少させ，最終的には抵抗値を零にして定格運転状態に入っていきます．

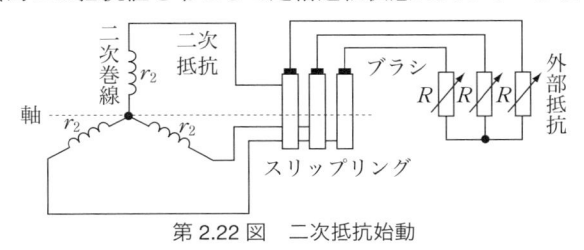

第 2.22 図　二次抵抗始動

(3) 誘導電動機の制動法

制動法は，手動または電磁力などで回転部分にブレーキシューなどを押し当てて減速させる機械的制動法と，電動機のエネルギー変換を利用した電気的制動法に大別されます．

② 誘導機

　電気的制動法は，機械的制動法のように部品の摩耗がなく，安定した制動トルクをかけることができ，保守が容易で，多回数の使用に耐えるなどの特長がありますが，停止中は制動力がありません．したがって電気的制動法は，故障等の安全も考慮して，機械的制動法と併用されます．

　制動動作には，運転中の誘導電動機を速やかに停止させるための停止制動，重量物を降下させるときに危険な高速度になるのを防止するための限速制動があります．

　(a) 発電制動

　発電制動は，誘導電動機を発電機として機能させ，有している運動エネルギーを電気エネルギーに換えて接続した抵抗で消費させ，制動力を作用させます．第2.23図は，巻線形誘導電動機の発電制動の原理図です．制動をかけるとき，スイッチS_1を開放するとともにスイッチS_2を投入して，固定子巻線に直流電圧を印加し，固定子を直流の電磁石にします．回転子に発生した電力は，スリップリングを介して接続された外部抵抗に供給して消費させます．これは巻上機や起重機（クレーン）などの限速制動に用いられます．

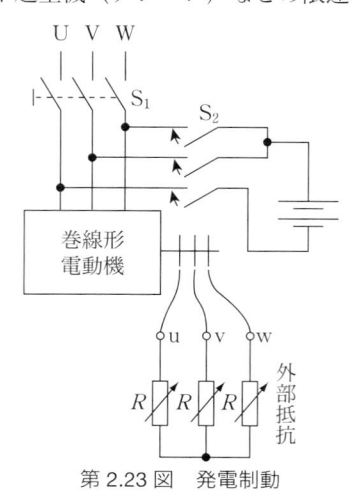

第2.23図　発電制動

　(b) 回生制動

　回生制動は，誘導電動機を発電機として機能させるという点では発電制動と同じですが，発生した電力を電源に返還してエネルギーの有効活用を図る点では大きく異なります．

第2.24図に示すように，例えば巻上機や起重機で持ち上げた重量物を，別の場所で下ろすときなどに，降下速度を遅くする限速制動を行う必要があります．このとき，接続を変更して固定子巻線の極数を変更したり，回転軸に連結する歯車比を切り換えたりして，回転子の回転数が同期速度を上回るようにし，誘導発電機として機能させ，発生した電力を電源に返還しながら制動をかけるのです．

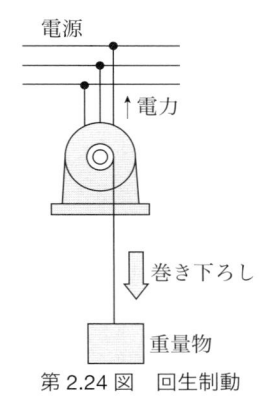

第2.24図　回生制動

(c) 逆相制動

　逆相制動は，プラッギングともいわれ，急速停止が必要な圧延用電動機等に用いられます．逆相制動は，回転している誘導電動機に，逆方向に作用する駆動トルクを作用させ，電動機を急停止させるものです．第2.25図に示すように，三相電源の相回転が，U－V－Wで回転している誘導電動機を急停止させ

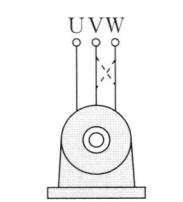

第2.25図　逆相制動

るとき，V相とW相の接続を入れ換えて相回転をU－W－Vにします．相回転が変わると，固定子には逆方向の回転磁界が形成され，急停止させるために回転子には逆方向の駆動トルクが作用します．

　この逆相制動は，回転子の発熱が非常に大きく，固定子の停止後に素早く逆方向の回転磁界を解除し，逆転を防止するプラッギングリレー等が必要になります．

(d) 単相制動

　巻線形誘導電動機を三相運転から1線を切り離して単相運転に切り換え，

二次抵抗を制御して制動トルクを発生させます．この制動法は巻上機や起重機の減速制動に用いられます．

(4) 誘導電動機の効率
(a) 誘導電動機の損失

誘導電動機の損失は次のように，固定損，直接負荷損および漂遊負荷損に分類されます．

(ⅰ) 固定損
鉄損：鉄心内のヒステリシス損，渦電流損
軸受摩擦損：軸受と回転子軸の摩擦
ブラシ摩擦損：(巻線形回転子のスリップリングとブラシの摩擦)
風損：回転子と空気の摩擦，扇風作用

(ⅱ) 直接負荷損
一次銅損：固定子巻線の抵抗損
二次銅損：回転子導体の抵抗損
ブラシ抵抗損：(巻線形の場合のみ)

(ⅲ) 漂遊負荷損
上記のほかに負荷がかかったときだけ生じるわずかな損失

(b) 誘導電動機の効率

誘導電動機の効率 η〔％〕は，次のように表されます．

$$\eta = \frac{出力}{入力} \times 100 = \frac{出力}{出力 + 損失} \times 100 〔\%〕$$

(c) 誘導電動機の二次効率 η_2〔％〕

誘導電動機の二次入力が P_2〔W〕のとき，滑りを s〔p.u.〕とすると機械出力は，$P_0 = P_2(1-s)$〔W〕であるから，二次効率 η_2〔％〕は次のようになります．

$$\eta_2 = \frac{P_0}{P_2} \times 100 = \frac{P_2(1-s)}{P_2} \times 100 = (1-s) \times 100$$

練習問題1

次の文章は，三相誘導電動機の始動に関する記述である．記述中の空白箇所(ア)，(イ)および(ウ)に当てはまる語句を答えよ．

三相かご形誘導電動機は，一次回路を調整して始動する．具体的には，始動時はY結線，通常運転時は   (ア)   にコイルの接続を切り換えてコイルに加わる電圧を下げて始動する方法，   (イ)   を電源と電動機の間に挿入して始動時の端子電圧を下げる方法，および   (ウ)   を用いて電圧と周波数の両者を下げる方法がある．

【解答】　(ア)　△結線，(イ)　始動補償器，(ウ)　インバータ

練習問題2

誘導電動機に制動をかけるとき，エネルギーの有効活用が図れる最も省エネの制動法は次のうちどれか．

(1) 逆相制動　　(2) 機械的制動　　(3) 発電制動　　(4) 回生制動
(5) 単相制動

【解答】　(4)　回生制動

STEP-2

(1) 誘導電動機の試験

誘導電動機の試験には，巻線抵抗の測定，二次電圧測定，無負荷試験，拘束試験，負荷試験，温度試験，絶縁抵抗，耐電試験および滑りの測定などがあります．等価回路の作成には，無負荷試験，拘束試験および巻線抵抗の測定が必要です．

(a) 無負荷試験

無負荷試験は，第2.26図に示すように誘導電動機IMを定格電圧で無負荷運転しているときの電流 I_0 〔A〕と三相の消費電力を求める試験です．第2.26図では，二つの電力計の指示値の和で三相の消費電力を測定する二電力計を用いています．測定される三相の消費電力 w_0 〔W〕は，機械出力が0であるから無負荷損で，風損，軸受損等の機械損と励磁回路の鉄損 p_i 〔W〕の合計値です．

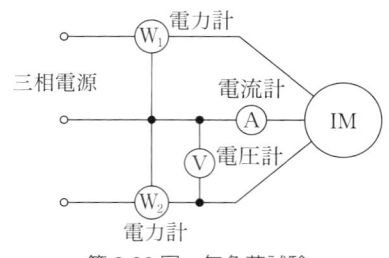

第 2.26 図　無負荷試験

(b)　拘束試験

　拘束試験は，第2.27図に示すように誘導電動機 IM の回転子を回らないように拘束した状態で，印加する三相電圧を徐々に上げていき，電流計の指示値が定格電流になったときの三相の消費電力を求める試験です．電流計の指示値が定格電流 I_n〔A〕になっているときの消費電力 w_s〔W〕は，定格負荷時の一次銅損 p_{c1}〔W〕と二次銅損 p_{c2}〔W〕の合計値になります．なお，電流計の指示値が定格電流であっても，回転子が拘束状態であるから，印加電圧は定格電圧より格段に小さく，アドミタンスの小さい，逆にいえばインピーダンスの大きい励磁回路には電流が流れず，電力計の指示値に鉄損は含まれていません．

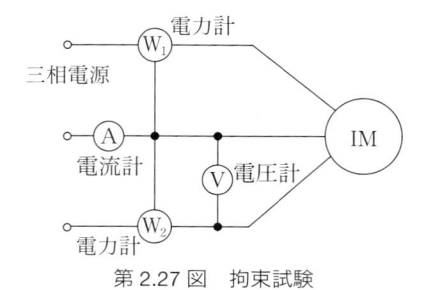

第 2.27 図　拘束試験

(c)　巻線抵抗の測定

　拘束試験で求めた消費電力 w_s〔W〕と，この巻線抵抗の測定で，1相分の一次抵抗 r_1〔Ω〕と一次側換算の二次抵抗 r_2〔Ω〕を求めることができます．

　周囲温度 t〔℃〕の状態で，一次側各端子間において測定した抵抗値 R_1〔Ω〕から，75〔℃〕における一次巻線1相分の抵抗 r_1〔Ω〕は，次の式から求めることができます．

$$r_1 = \frac{R_1}{2} \times \frac{234.5 + 75}{234.5 + t} \; [\Omega]$$

拘束試験で求めた消費電力 w_s [W] と，一次巻線 1 相分の抵抗 r_1 [Ω] および一次側に換算した二次巻線 1 相分の抵抗 r_2 [Ω] は次の関係があります．

$$w_s = 3I_n^2(r_1 + r_2) \; [W]$$

したがって，一次側に換算した二次巻線 1 相分の抵抗 r_2 [Ω] は次の式から求めることができます．

$$r_2 = \frac{w_s}{3I_n^2} - r_1 \; [\Omega]$$

練習問題 1

三相誘導電動機の拘束試験において，電力計の指示値は次のうちのどれか．

(1) 鉄損　(2) 機械損　(3) 一次銅損　(4) 二次銅損
(5) 一次銅損 ＋ 二次銅損

【解答】 (5) 一次銅損 ＋ 二次銅損

第2章 Lesson 6 誘導機の速度制御

STEP 0 事前に知っておくべき事項

- 誘導電動機の回転数を変化させることを速度制御という．

覚えるべき重要ポイント

- 極数変換制御
- 周波数制御
- 滑り制御
- 一次電圧制御

STEP 1

(1) 速度制御の要素

誘導電動機の回転数 n 〔min^{-1}〕は，⑫式のように表されます．

$$n = n_s(1-s) = \frac{120f}{p}(1-s) \text{〔min}^{-1}\text{〕} \tag{⑫}$$

この⑫式から明らかなように，誘導電動機の回転数 n 〔min^{-1}〕が変わる要素は，極数 p，周波数 f 〔Hz〕および滑り s 〔p.u.〕です．速度制御は，この三つの要素と，トルクが電圧の2乗に比例する特性を利用した方法があります．

(2) 極数変換制御

固定子巻線の接続を切り換えて，固定子の極数 p を変えます．

固定子巻線の極数を，例えば2極のときの配線と，4極のときの配線を設けておき，4極のときの回転数を，2倍にしたいときに，接続を2極に切り換えれば，⑫式から明らかなように回転数は約2倍に上昇します．

なお，巻線形の誘導電動機では，固定子巻線の極数だけでなく，回転子巻線の極数も変える必要があります．

(3) 周波数制御

インバータや周波数変換装置などの可変周波数装置によって，誘導電動機

に印加する電圧の周波数 f〔Hz〕を変えて回転数を制御します．商用電源では，周波数が 50〔Hz〕か 60〔Hz〕であるが，インバータや周波数変換装置などの可変周波数装置では，所望の周波数を誘導電動機に供給でき，任意の回転数を出力することができます．

(4) 滑りを変える制御
(a) 二次抵抗制御

二次抵抗制御は，巻線形誘導電動機において，第 2.28 図に示すように二次回路に接続した外部抵抗 R の値を変化させることで，トルク・滑り特性を変え，速度制御を行います．第 2.29 図に，二次回路に何も接続しない二次抵抗値が r_2〔Ω〕のときの特性と，外部抵抗 R〔Ω〕を接続して二次抵抗値が r_2+R〔Ω〕になったときの特性を示します．二次抵抗値が r_2〔Ω〕のとき，滑りが s_1 のときにトルク T を発生しています．二次抵抗値を r_2+R〔Ω〕にしたとき，同じトルク T を発生する滑りは s_2 になります．この比例推移の特性を利用して回転数を制御する方法を二次抵抗制御といい，滑りと抵抗の間には次式の関係が成立します．

$$\frac{r_2}{s_1} = \frac{r_2+R}{s_2}$$

第 2.28 図 二次抵抗制御

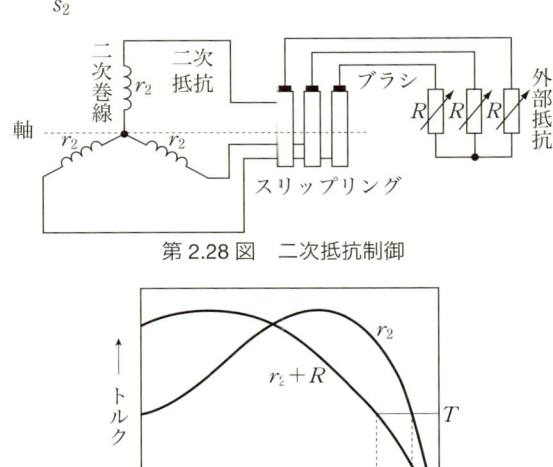

第 2.29 図 トルクの比例推移

(b) 二次励磁制御

二次励磁制御にはクレーマー方式とセルビウス方式があります．

クレーマー方式は，巻線形誘導電動機の二次回路に外部から励磁電圧を与え，この励磁電圧を変化させて滑りsを変える方法です．

セルビウス方式は，巻線形誘導電動機の二次出力を整流してインバータ制御で電源側に返還し，滑りsを変えて速度制御を行う方法です．

(5) 一次電圧制御

トルクは一次電圧の2乗に比例する特性を利用し，一次電圧を変化させて速度制御を行う方法です．しかし一次電圧の変化に対する最大トルクの変化が大きいため，制御できる回転数の範囲は狭くなります．

練習問題1

極数4で60〔Hz〕用の巻線形三相誘導電動機があり，全負荷時の滑りは5〔％〕である．全負荷トルクのまま，この電動機の回転数を1 440〔min^{-1}〕にするために，二次回路に挿入する1相当たりの抵抗〔Ω〕の値を求めよ．

ただし，巻線形三相誘導電動機の二次巻線は星形（Y）結線であり，各相の抵抗値は0.6〔Ω〕とする．

【解答】 1.8〔Ω〕

【ヒント】 $n_s = \dfrac{120f}{p}$, $s_1 = \dfrac{n_s - n_1}{n_s}$, $s_2 = \dfrac{n_s - n_2}{n_s}$, $\dfrac{r_2}{s_1} = \dfrac{r_2 + R}{s_2}$

STEP 2

(1) **可変電圧可変周波数制御（VVVF制御）**

一定電圧の下で，周波数のみを変化させて誘導電動機の回転数を制御する場合，例えば，回転数を上げるためには周波数を大きくしなければならないが，一定電圧の下では周波数を大きくしても電動機鉄心に磁気飽和が生じ，効率が悪く円滑な速度制御が行えませんでした．そこで周波数f〔Hz〕および電圧V〔V〕をともに可変にするとともに，周波数f〔Hz〕と電圧V〔V〕の比V/fを一定に保って磁気飽和を防ぐV/f比一定制御が考案されました．第2.30図にV/f比一定制御で，周波数がf_1, f_2およびf_3〔Hz〕のときのト

ルク・回転数特性を示します．例えば，回転数を上昇させるために周波数を f_1 〔Hz〕から f_3 〔Hz〕に増加させると，発生する最大トルクも回転数もほぼ一定の比例関係を保って上昇します．負荷トルクと発生トルクの交点を横軸に見た点が誘導電動機の回転数です．この運転回転数は，周波数が f_3 〔Hz〕になったときでも，滑りの小さい効率のよい位置にあります．

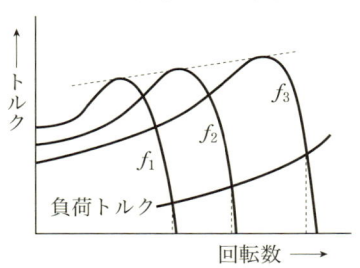

第2.30図　V/f 比一定制御

練習問題1

V/f 一定制御インバータで駆動されている6極の誘導電動機がある．この電動機は，端子電圧 V 〔V〕および周波数 f 〔Hz〕の V/f 比が $k=4$ 一定制御インバータによって端子電圧 $V=220$ 〔V〕で駆動されている．このときの滑りが5〔％〕であるとすれば，この誘導電動機の回転数〔min^{-1}〕の値を求めよ．

【解答】　1 045〔min^{-1}〕

【ヒント】　$f = \dfrac{V}{k}$, $n_s = \dfrac{120f}{p}$, $n_s = n_s(1-s)$

② 誘導機

STEP-3 総合問題

【問題1】 かご形三相誘導電動機をスターデルタ始動したとき，始動トルクが300〔N・m〕であった．この電動機の定格運転時のトルク〔N・m〕の値として，正しいのは次のうちどれか．ただし，全電圧始動時の始動トルクは定格運転時の150〔%〕とする．

(1) 250　　(2) 400　　(3) 500　　(4) 600　　(5) 750

【問題2】 定格周波数50〔Hz〕，4極の三相巻線形誘導電動機があり，二次巻線を短絡して定格負荷で運転したときの回転速度は1 440〔$\min^{-1}$〕である．この電動機について，次の(a)および(b)に答えよ．ただし，電動機の二次抵抗値が一定のとき，滑りとトルクは比例関係にあるものとする．

(a) この電動機を定格負荷の80〔%〕のトルクで運転する場合，二次巻線が短絡してあるときの滑り〔%〕の値として，正しいのは次のうちどれか．

　(1) 1.5　　(2) 2.8　　(3) 3.2　　(4) 3.7　　(5) 4.0

(b) この電動機を定格負荷の80〔%〕のトルクで運転する場合，二次巻線端子に三相抵抗器を接続し二次巻線回路の1相当たりの抵抗値を短絡時の2.5倍にしたときの回転速度〔$\min^{-1}$〕の値として正しいのは次のうちどれか．

　(1) 1 260　　(2) 1 290　　(3) 1 320　　(4) 1 350　　(5) 1 380

【問題3】 定格出力15〔kW〕，定格電圧220〔V〕，定格周波数50〔Hz〕，4極の三相誘導電動機がある．この電動機を定格電圧，定格周波数の三相電源に接続して定格出力で運転すると，滑りが4〔%〕であった．機械損および鉄損は無視できるものとして，次の(a)および(b)に答えよ．

(a) このときの発生トルク〔N・m〕の値として，最も近いのは次のうちどれか．

　(1) 99.5　　(2) 114　　(3) 119　　(4) 126　　(5) 239

(b) この電動機の発生トルクが(a)の$\frac{1}{2}$となったときに，一次銅損は190〔W〕であった．このときの効率〔%〕の値として，最も近いのは次のうちどれか．ただし，発生トルクは滑りに比例する．

　(1) 92.1　　(2) 93.2　　(3) 94.0　　(4) 94.5　　(5) 95.7

【問題4】 三相200〔V〕の電源に接続され，滑り0.05で運転している三相誘導電動機がある．この電動機の一次1相の抵抗が0.21〔Ω〕，一次1相当たりに換算された二次抵抗が0.25〔Ω〕である．
(a) この電動機の発生動力〔kW〕の値として，正しいのは次のうちどれか．ただし，漏れリアクタンスおよび励磁電流の影響は無視する．
　(1) 5.8　(2) 6.0　(3) 6.3　(4) 6.6　(5) 7.0
(b) この電動機の二次入力〔kW〕の値として，正しいのは次のうちどれか．
　(1) 6.0　(2) 6.3　(3) 6.6　(4) 7.0　(5) 7.4

【問題5】 定格出力10〔kW〕，定格周波数60〔Hz〕，6極の三相誘導電動機があり，トルク一定の負荷を負って運転している．この電動機について，次の(a)および(b)に答えよ．
(a) 定格回転数1 140〔$\min^{-1}$〕で運転しているときの滑り周波数〔Hz〕の値として，正しいのは次のうちどれか．
　(1) 1.86　(2) 2.10　(3) 2.17　(4) 2.89　(5) 3.00
(b) インバータにより一次周波数制御を行って，一次周波数を30〔Hz〕としたときの回転数〔$\min^{-1}$〕として，正しいのは次のうちどれか．ただし，滑り周波数は一次周波数に関わらず常に一定とする．
　(1) 500　(2) 540　(3) 580　(4) 600　(5) 660

【問題6】 三相誘導電動機について，次の(a)および(b)に答えよ．
(a) 一次側に換算した二次巻線の抵抗 r_2 と滑り s の比 r_2/s が，他の定数（一次巻線の抵抗 r_1，一次巻線のリアクタンス x_1，一次側に換算した二次巻線のリアクタンス x_2）に比べて十分に大きくなるように設計された誘導電動機がある．この電動機を電圧 V の電源に接続して運転したとき，この電動機のトルク T と滑り s，電圧 V の関係を表す近似式として，正しいのは次のうちどれか．ただし，k は定数である．

(1) $T = kVs$　(2) $T = kV^2 s$　(3) $T = \dfrac{k}{Vs}$　(4) $T = \dfrac{k}{V^2 s}$

(5) $T = \dfrac{kV^2}{s}$

(b) 上記(a)で示された条件で設計された定格電圧220〔V〕，同期速度1 500〔min^{-1}〕の三相誘導電動機がある．この電動機を電圧220〔V〕の電源に接続して，一定トルクの負荷で運転すると，1 440〔min^{-1}〕の回転速度で回転する．この電動機に供給する電源電圧を200〔V〕に下げたときの電動機の回転速度〔min^{-1}〕の値として，最も近いのは次のうちどれか．ただし，電源電圧を下げても，負荷トルクと二次抵抗は変化しないものとする．

(1) 1 380 　(2) 1 410 　(3) 1 428 　(4) 1 434 　(5) 1 460

第3章
同期機

第3章 Lesson 1 同期機の原理

STEP 0 事前に知っておくべき事項

- 直流機の原理
- 誘導機の原理

覚えるべき重要ポイント

- 回転機の中の同期機
- 回転界磁形の発電機
- 回転電機子形の発電機

STEP 1

(1) 同期機

同期機は，回転子の回転数と，回転磁界の回転数が一致して同期が保たれ，正確な回転数が維持される回転機のことで，第3.1図に示すように同期発電機と同期電動機を含んだ総称です．

発電所の発電機は，精度の高い周波数の電力を発生させるため，小規模の風力発電等を除いてすべて同期発電機です．同期電動機は，負荷トルクが大きく変動しても同期速度の回転数が維持できる電動機です．例えば製鉄所において，厚い鉄板を圧延ローラで延ばす圧延機等では強い衝撃が加わっても所定の回転数が維持できるため，駆動用電動機として用いられています．

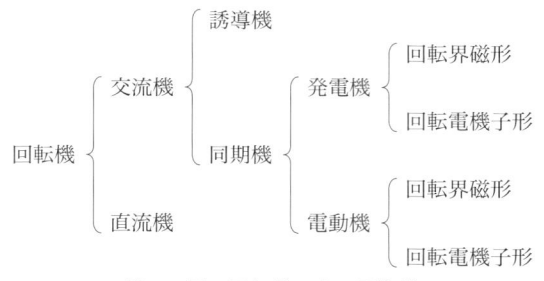

```
                    ┌ 誘導機
            ┌ 交流機 ┤              ┌ 回転界磁形
            │       │       ┌ 発電機 ┤
回転機 ┤      │       └ 同期機 ┤       └ 回転電機子形
            │               │       ┌ 回転界磁形
            │               └ 電動機 ┤
            └ 直流機                  └ 回転電機子形
```

第3.1図　回転機の中の同期機

(2) 同期発電機の原理

磁束密度 B〔T〕の中に置かれた長さ l〔m〕の導体を，磁束と直交する 90°の方向に速度 v〔m/s〕で動かしたとき，導体に誘起する誘導起電力 e〔V〕は次のように表されます．

$$e = Blv \qquad ①$$

しかしこの①式の誘導起電力 e〔V〕を持続して発生させるには，長さ l〔m〕の導体を磁束に対して 90°の角度を保って直線的に動かさなければならないので実現できません．そこで実際の発電機では，磁束の中に配置したコイルを回転させたり，磁束が有効に鎖交するコイルの中で，電磁石を回したりして誘導起電力を発生させます．この場合，①式のように誘導起電力の方向が一定の直流ではなく，値が時々刻々と変化する時間の関数で表される交流で得られます．

①式の誘導起電力を別の表現で表すと，②式のようになります．誘導起電力 e〔V〕は，磁束 ϕ〔Wb〕が鎖交(さこう)するコイルの巻数を n 回とすると，巻数 n と磁束の変化率 $d\phi/dt$〔Wb/s〕をかけたものです．

$$e = -n\frac{d\phi}{dt}\ \text{〔V〕} \qquad ②$$

②式から明らかなように，コイルの誘導起電力 e〔V〕は，鎖交する磁束が変化をすると発生します．コイルに鎖交する磁束 ϕ〔Wb〕は，磁束自体を動かしても変化するし，コイルを動かしても変化します．同期発電機には，磁束を動かして発電を行う回転界磁形と，コイルを動かして発電を行う回転電機子形があります．

(3) 回転界磁形の発電機

回転界磁形同期発電機は，第 3.2 図に軸方向から見た概略構造図で示すように，固定子が起電力を発生する電機子で，回転子が磁束をつくる電磁石になっています．したがって，固定子の円筒内面は電機子鉄心になっており，図では明らかではありませんが，その電機子鉄心の溝のスロットには電機子巻線を束ねたコイルがはめ込まれています．

回転子は略円柱状の界磁鉄心に界磁巻線が巻回され，回転軸は電機子鉄心の円筒空間中心線上に配置されて固定子内面から所定の空げきのギャップを保って回転します．直流電圧が印加され，界磁巻線に電流が流れると，界磁

鉄心には，第3.2図のようにN極およびS極が形成されます．

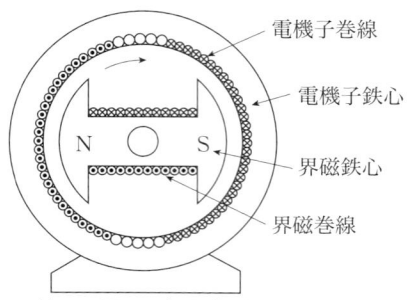

第3.2図 回転界磁形の同期発電機

この回転子が蒸気タービンや水車などの外力によって同期速度 n_s〔min^{-1}〕で回されたとき，電機子巻線の発生する起電力の周波数 f〔Hz〕は，極数を p とすると次の関係で表されます．

$$n_s = \frac{120f}{p} \ [\text{min}^{-1}] \tag{3}$$

(4) 回転電機子形の発電機

回転電機子形同期発電機は，第3.3図に示すように，固定子に磁束をつくる界磁極が設けられ，回転子が起電力を発生する電機子になっています．したがって，固定子に電流が流れると電磁石である界磁極にN極およびS極が形成されます．界磁極間を通過する磁束の中に電機子である回転子が配置されています．回転子は，薄い円盤状の電機子鉄心を積層して円柱状に形成し，スロットに電機子巻線を束ねたコイルをはめ込んで形成されます．

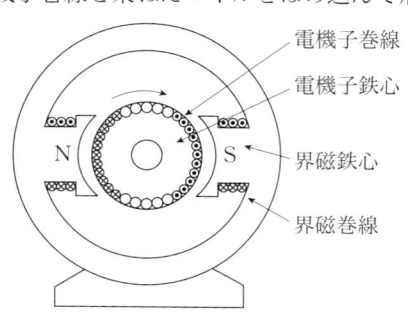

第3.3図 回転電機子形の同期発電機

この回転電機子形の同期発電機も，回転子である電機子が外力によって同期速度 n_s〔min^{-1}〕で回されたとき，電機子巻線で発生する起電力の周波数

f〔Hz〕は,極数を p とすると③式の関係になります.回転している電機子から電力を外部に取り出すときには,スリップリングとブラシを用いなければならないので大形機には適しません.このため小容量のものにしか,実際にはあまり使われていません.

(5) 同期電動機の原理

同期電動機も,原理的には第3.2図と第3.3図に示す回転界磁形と回転電機子形が可能ですが,第3.2図の回転界磁形の方が多く用いられています.

(a) 回転界磁形の同期電動機

第3.2図に示す回転界磁形の同期発電機において,回転子の界磁巻線に直流を流してN極およびS極を形成します.そこで固定子の電機子巻線に電流を流して回転磁界を形成します.すると回転子のN極およびS極と対向する位置の回転磁界の間には磁気吸引力が働き,回転磁界に引っ張られて回転子が回転することになります.

ただし,静止状態の回転子に磁極を形成して,固定子に高速の回転磁界を与えても吸引力が追従できず結果としてトルクにはなりませんので,あらかじめ回転子を同期速度まで回転させるなどの始動装置が必要になります.

(b) 回転電機子形の同期電動機

第3.3図に示す回転電機子形の同期発電機において,固定子の界磁巻線に直流を流してN極およびS極を形成します.そこで回転子の電機子巻線に,電流を流して回転磁界を形成します.すると固定子のN極およびS極と,回転子の対向する位置の回転磁界の間には磁気吸引力や磁気反発力が働き,原理的には回転子の電機子が回転することになります.

> **練習問題 1**
>
> 同期機の主要な機種としては,（ア）,（イ）, 同期調相機の3種類があり,一般にこれらの同期機は,（ウ）によって励磁される（エ）を備えている.
>
> 上記の記述中の空白箇所(ア),(イ),(ウ)および(エ)に当てはまる語句を答えよ.

【解答】 (ア) 同期発電機, (イ) 同期電動機, (ウ) 直流, (エ) 界磁巻線

第3章 Lesson 2 同期機の構造

STEP 0 事前に知っておくべき事項

- 回転電機子形
- 回転界磁形

覚えるべき重要ポイント

- 固定子
- 突極形回転子
- 円筒形の回転子
- スリップリングとブラシ

STEP 1

(1) 主要な構成要素

　回転界磁形でも回転電機子形でも同期機の主要な構成要素は，固定子と回転子です．その他，スリップリングとブラシも重要な構成要素です．

　回転界磁形は，界磁極である回転子を回転させ，その回転子の磁束を受ける固定子から起電力を発生します．

　回転電機子形は，固定子が発生している磁束の中で電機子を回転させ，電機子に発生した起電力をスリップリングとブラシによって外部に引き出します．このため回転電機子形では，スリップリングとブラシは回転している電機子から静止している外部に起電力を導く重要な構成要素です．また回転界磁形でも，回転する界磁極の界磁巻線に，静止している外部からスリップリングにブラシを伸ばして直流電圧を供給します．

(2) 固定子

　固定子は，回転子を回転可能に収納するとともに，回転界磁形では回転子の磁束を受けて起電力を発生する電機子です．固定子の鉄心は，鉄損を少なくするため第3.4図に示すように，せん断加工により打ち抜いた後に絶縁処理を施した薄い鋼板を，第3.5図のように積層して形成されます．第3.4図

に示す絶縁鋼板の内径側には，全周にわたって台形状の切込みが形成されていますが，この切込みは第3.5図のように積層すると，第3.6図の拡大図で示すようにコイルをはめ込むスロット（溝）になります．コイルは，絶縁銅線をはめ込む形状に合わせた型枠に複数回巻いたものを取り出して整形したものです．スロットにはめ込まれた複数のコイルは，端子間を接続することにより固定子巻線になります．

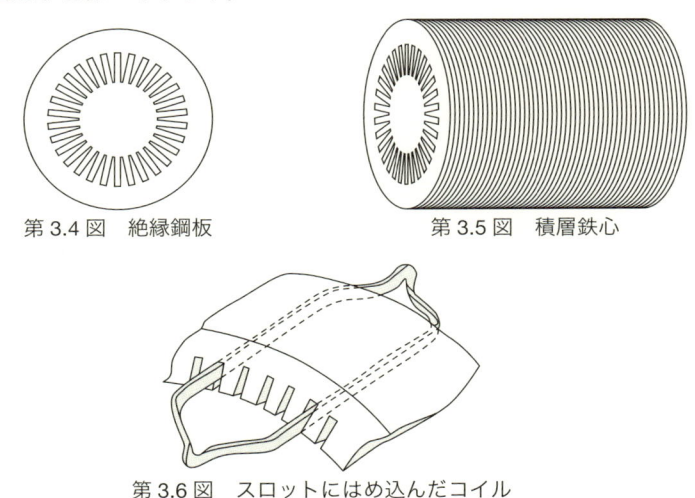

第3.4図　絶縁鋼板

第3.5図　積層鉄心

第3.6図　スロットにはめ込んだコイル

(3)　**回転子**

　回転界磁形の回転子は，第3.7図に示すように回転軸に絶縁鋼板を積層して形成した鉄心に，界磁巻線が巻回されて構成されます．界磁巻線の端子は，回転軸から絶縁して設けられた二つのスリップリングにそれぞれ接続されています．スリップリングは，静止部から延びたブラシがしゅう動接触することにより，励磁用の直流電圧が印加されると，界磁巻線に励磁電流が供給されます．また回転軸には，発生した熱を除去するための冷却ファンもはめ込まれています．

　この回転子には，突極形と円筒形の2種類があります．

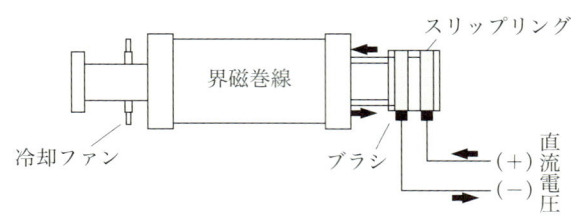

第 3.7 図　回転界磁形の回転子

(a)　突極形

第 3.8 図に軸方向から見た突極形を示します．

突極形回転子は，運転時の回転数が高くない低速用の発電機に採用されています．低速であるから，回転時に回転子が風を切ることによって生じる風損が少なく，このため回転子側面の形状が滑らかな円柱ではなく凹凸になっています．第 3.8 図に示す 4 極の突極形回転子は，円を 4 分割した位置に凸形の磁極が形成され，四つの磁極にはそれぞれ界磁巻線が巻回されています．

(b)　円筒形

第 3.9 図に円筒形を示します．

円筒形回転子は，運転時の回転数が高い高速用の発電機に採用されています．高速であるから，回転時に回転子が風を切ることによって生じる風損が大きくなるから，回転子側面の形状は突極形回転子とは異なり滑らかな円柱になっています．第 3.9 図に示す 4 極の円筒形回転子は，円を 4 分割した位置に磁極が形成され，四つの磁極の間に回転子側面が滑らかな円柱になるように界磁巻線がそれぞれ収められています．

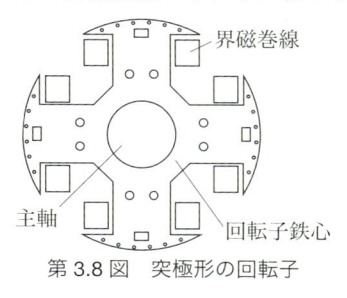

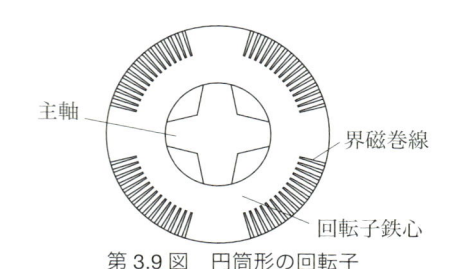

第 3.8 図　突極形の回転子　　第 3.9 図　円筒形の回転子

(4)　**スリップリングとブラシ**

回転界磁形の同期機は，ブラシをスリップリングにしゅう動接触させて回転子の界磁巻線に直流電流を流します．回転子と一体になって回転するス

リップリングに，摩擦抵抗が少ないカーボン製のブラシを押し当てて界磁電流を供給します．経時的には，スリップリングに接触しているブラシは磨耗してくるため，清掃やブラシの交換といったメンテナンスが必要です．この励磁方式はブラシに直流電圧を供給する制御装置に，交流を直流に変換する整流器(せいりゅうき)が組み込まれており，静止励磁方式と呼ばれています．この静止励磁方式の発電機は，回転子に励磁装置を組み込んだブラシレス発電機に比べると，制御応答がいいことが特徴になります．

> **練習問題 1**
>
> 水車発電機は，一般に回転数が低速であるから回転子は ア を採用する．また，低速であるから風損も問題とならないため， イ 冷却方式を用いている．これに対してタービン発電機は，高速で回転するから回転子の直径を小さくして横軸形とし， ウ の回転子を採用する．高速であるから風損が大きくなるので エ 冷却方式を用いている．
>
> 上記の記述中の空白箇所(ア)，(イ)，(ウ)および(エ)に当てはまる語句を答えよ．

【解答】　(ア)　突極形，(イ)　空気，(ウ)　円筒形，(エ)　水素

STEP 2

(1) ブラシレス同期発電機

回転界磁形の発電機において，静止部からブラシを伸ばして回転子に励磁用の直流電圧を供給する必要のない発電機がブラシレス同期発電機です．ブラシレス同期発電機は，第3.10図に示すように主発電機の回転子の回転軸上に，励磁機と励磁機の出力を整流して界磁巻線に供給するための整流器が搭載されています．励磁機には，小形の回転電機子形の同期発電機が用いられ，回転子が電機子なので発生した交流電圧は回転軸上の整流器に供給されます．このため主発電機の回転する界磁巻線には，ブラシを用いることなく励磁用の直流電圧を供給することが可能になっています．

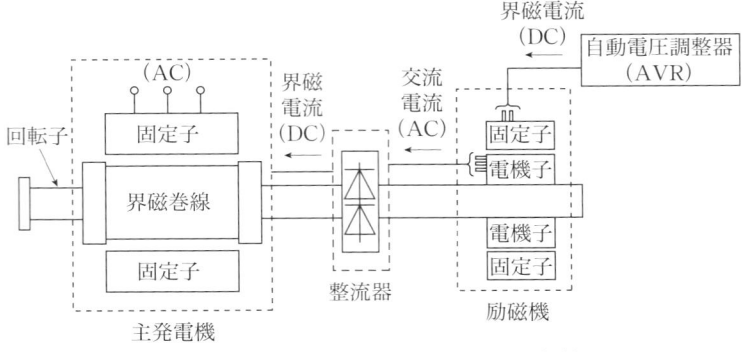

第 3.10 図　ブラシレス同期発電機の回転軸

(2) ブラシレス同期発電機の回路

　ブラシレス同期発電機の励磁機は，第 3.11 図に示すように小形の回転電機子形の同期発電機なので固定子が界磁極になります．この固定子の界磁巻線には，自動電圧調整器（AVR）から直流電圧が供給されます．直流電圧によって発生した磁束は回転子の電機子に鎖交します．この状態で回転子が外力によって回されると，励磁機の電機子には三相交流電圧が発生します．三相交流電圧は整流機の六つのダイオードで全波整流され，平滑化して主発電機の界磁極の界磁巻線に供給されます．

　主発電機の界磁極が励磁され回転子が回転していると，固定子の電機子には三相交流電圧が発生します．

　このようにブラシレス同期発電機は，主発電機の回転軸上に励磁機を搭載することにより，直流電圧を供給するためのブラシを不要にした同期発電機です．大形の同期発電機は，ほとんどこのブラシレス方式を採用しています．

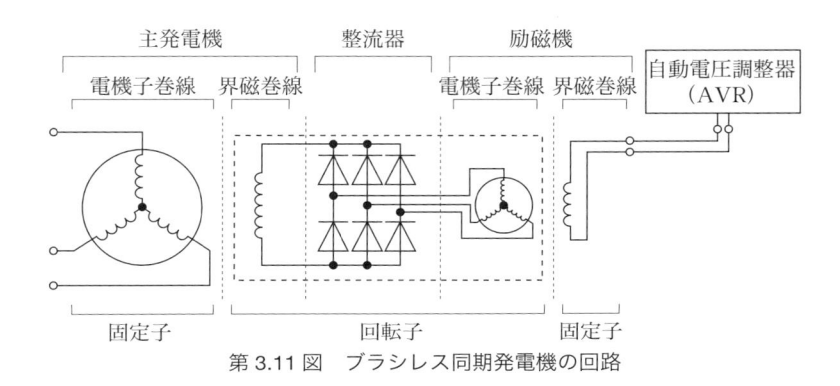

第 3.11 図　ブラシレス同期発電機の回路

> **練習問題 1**
>
> 　同期発電機のブラシレス励磁方式は，主発電機の主軸に小形の　(ア)　形の交流発電機を直結し，これにより発生した電流を同軸に設けられた　(イ)　を通して主発電機の　(ウ)　巻線に供給する方式であって，(エ)　とスリップリングとが不要で，保守がきわめて容易である．
>
> 　上記の記述中の空白箇所(ア)，(イ)，(ウ)および(エ)に当てはまる語句を答えよ．

【解答】　(ア)　回転電機子，(イ)　整流器，(ウ)　界磁，(エ)　ブラシ

第3章 Lesson 3 同期発電機

STEP 0 事前に知っておくべき事項

- 同期発電機の原理
- 回転界磁形の発電機
- 回転電機子形の発電機

覚えるべき重要ポイント

- 同期発電機の等価回路
- 同期発電機のベクトル図
- 内部相差角
- 同期発電機の出力
- 同期発電機の並列運転(へいれつうんてん)

STEP 1

(1) 三相同期発電機

三相同期発電機を，Y(スター)結線(けっせん)の電源として記号で描くと，第3.12図のようになります．平衡三相交流電力を発生する三相同期発電機をY結線で描いたのは，1相の回路での説明を容易にするためです．

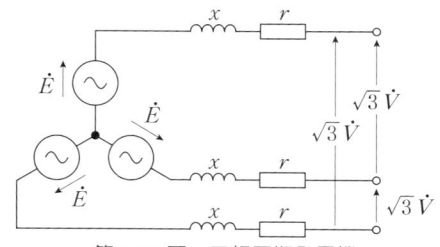

第3.12図 三相同期発電機

(2) 同期発電機の等価回路

第3.12図の三相同期発電機を1相の等価回路で表すと，第3.13図のようになります．誘導起電力 E [V]によって，負荷電流 I [A]が流れると，

電機子巻線抵抗 r〔Ω〕と同期リアクタンス x〔Ω〕による電圧降下を引いたものが出力端子の相電圧 V〔V〕となって現れます．同期リアクタンス x〔Ω〕は，厳密には漏れリアクタンスと電機子反作用リアクタンスを合わせたものですが，簡単にするために一つの同期リアクタンス x〔Ω〕として説明を進めていきます．

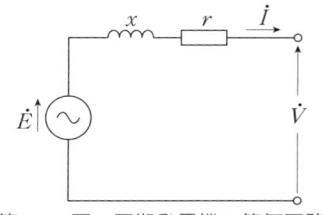

第3.13図　同期発電機の等価回路

(3) 同期発電機のベクトル図

出力の相電圧を $V=|\dot{V}|$〔V〕を基準とした同期発電機1相の等価回路は，第3.14図のようになります．接続している負荷が遅れ力率 $\cos\theta$ の場合，負荷電流 I は相電圧 V より力率角の θ だけ遅れます．電機子巻線抵抗 r による電圧降下 Ir は，負荷電流 I と平行に描かれます．同期リアクタンスの x による電圧降下 Ix は，負荷電流 I より位相が $90°$ 進みますから，電圧降下 Ir の先端から $90°$ 方向を変えて伸ばして描きます．

同期発電機1相の誘導起電力 E は，相電圧 V に電機子巻線抵抗の電圧降下 Ir と同期リアクタンスの両端電圧 Ix のベクトル和になります．第3.14図のベクトル図では，同期リアクタンスの電圧降下 Ix の先端部と，O点を結んだものが誘導起電力 E です．誘導起電力 E と端子の相電圧 V の位相差 δ は内部相差角です．

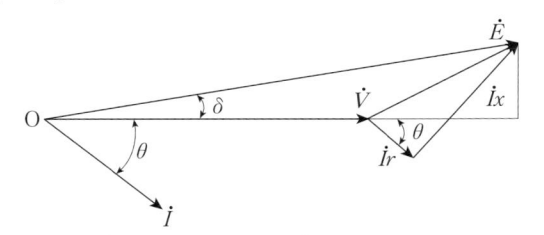

第3.14図　同期発電機のベクトル図

(4) 抵抗分無視のベクトル図

第3.13図の等価回路において，電機子巻線抵抗 r を無視したときのベクトル図は，第3.15図のようになります．抵抗の電圧降下がないから，相電圧 V の先端部には負荷電流 I より位相が $90°$ 進んだ同期リアクタンスの電圧

降下 Ix が伸ばして描かれます．

したがって，1相の誘導起電力 E〔V〕は，相電圧 V〔V〕に同期リアクタンスの両端電圧 Ix〔V〕のベクトル和になります．第3.15図のベクトル図では，同期リアクタンスの電圧降下 Ix〔V〕の先端部と，O点を結んだものが誘導起電力 E〔V〕です．誘導起電力 E〔V〕と端子の相電圧 V〔V〕の位相差 δ は，内部相差角になります．

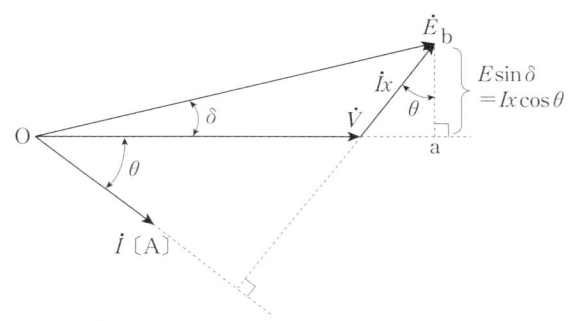

第3.15図　抵抗分を無視したベクトル図

(5) 同期発電機の内部相差角

誘導起電力 E〔V〕は，第3.15図のベクトル図から次のようになります．

$$\begin{aligned}
E &= \sqrt{(V+Ix\sin\theta)^2+(Ix\cos\theta)^2} \\
&= \sqrt{V^2+2VIx\sin\theta+(Ix\sin\theta)^2+(Ix\cos\theta)^2} \\
&= \sqrt{V^2+2VIx\sin\theta+(Ix)^2} \quad \text{〔V〕}
\end{aligned} \quad ④$$

内部相差角 δ の $\sin\delta$ は，④式の結果を用いて表すと⑤式のようになります．

$$\sin\delta = \frac{Ix\cos\theta}{E} = \frac{Ix\cos\theta}{\sqrt{V^2+2VIx\sin\theta+(Ix)^2}} \quad ⑤$$

内部相差角 δ は，⑤式を書き換えて $\sin^{-1}$（アークサインと読みます）で表すと次式のようになります．

$$\delta = \sin^{-1}\frac{Ix\cos\theta}{\sqrt{V^2+2VIx\sin\theta+(Ix)^2}}$$

また内部相差角 δ は，$\tan^{-1}$（アークタンジェント）や $\cos^{-1}$（アークコサイン）でも表すことができます．

$$\delta = \tan^{-1}\frac{Ix\cos\theta}{V+Ix\sin\theta}$$

$$= \cos^{-1} \frac{V + Ix\sin\theta}{\sqrt{V^2 + 2VIx\sin\theta + (Ix)^2}}$$

(6) **同期発電機の出力**

第3.15図の抵抗分を無視したベクトル図において，誘導起電力 E〔V〕，内部相差角 δ，負荷の力率 $\cos\theta$ および同期リアクタンスの電圧降下 Ix〔V〕の関係は次のように表すことができます．

$$E\sin\delta = Ix\cos\theta$$

したがって，負荷電流 I〔A〕は⑥式のようになります．

$$I = \frac{E\sin\delta}{x\cos\theta} \text{〔A〕} \qquad ⑥$$

同期発電機1相の出力 P〔W〕は，この⑥式の関係を代入すると，力率 $\cos\theta$ が消えて次式のように内部相差角 δ で表されます．

$$P = VI\cos\theta = V \times \frac{E\sin\delta}{x\cos\theta} \times \cos\theta = \frac{VE}{x}\sin\delta \text{〔W〕}$$

練習問題1

定格容量 3 000〔kV・A〕，定格電圧 6 600〔V〕，星形結線の三相同期発電機がある．この発電機の電機子巻線の1相当たりの抵抗は 0.16〔Ω〕，同期リアクタンスは 13.1〔Ω〕である．この発電機を負荷力率 100〔%〕で定格運転したとき，1相当たりの内部誘導起電力〔V〕の値を計算せよ．

ただし，磁気飽和は無視する．

【解答】 5 160〔V〕

【ヒント】 $E = \sqrt{\left(\dfrac{V}{\sqrt{3}} + Ir\right)^2 + (Ix)^2}$

STEP 2

(1) **同期発電機の並列運転**

同期発電機の並列運転とは，複数台の同期発電機を電力系統に並列接続して運転することです．第3.16図ではA機とB機の2台の並列運転の状態を示しています．A機とB機の負荷分担は，有効電力が P_A〔W〕および P_B〔W〕で，無効電力が Q_A〔var〕および Q_B〔var〕になっています．分担する有効

電力は発電機の容量で決まり変わりませんが，無効電力 Q_A〔var〕および Q_B〔var〕は同期発電機の励磁電流 I_{fA}〔A〕および I_{fB}〔A〕を制御して分担比を変えることができます．

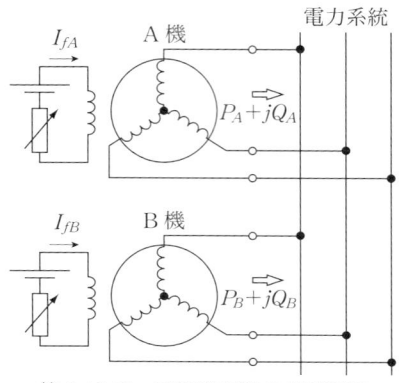

第 3.16 図　同期発電機の並列運転

(2) **並列運転の条件**

同期発電機の並列運転の条件を列挙すると，以下のようになります．
(a) 各機の周波数が等しい．
(b) 各機の電圧が一致している．
(c) 各機の電圧の位相が等しい．
(d) 各機の電圧波形が等しい．

(3) **並列運転条件の喪失現象**

2 台の同期発電機が第 3.15 図のように並列運転していて，周波数の相違や，電圧位相のずれなどが起こると両機間を同期化電流が流れ，その程度が著しければ同期外れとなり，互いに同期運転を維持できなくなり，並列運転は不能になります．

(a) 同期化電流

第 3.17 図のベクトル図に示すように，A 機の誘導起電力 E_A〔V〕と B 機の誘導起電力 E_B〔V〕に位相差 δ が生じて差電圧 e_d〔V〕が発生したとき，同期化電流 i_S〔A〕が両機を循環し，位相差 δ を減少させる同期化力が作用します．

(b) 無効横流

A機とB機の誘導起電力に位相差がなくても，第3.18図のベクトル図に示すように，A機の誘導起電力 E_A〔V〕の方がB機の誘導起電力 E_B〔V〕より大きくて差電圧 e_d〔V〕が生じたとき，無効横流 i_C〔A〕が両機を循環します．

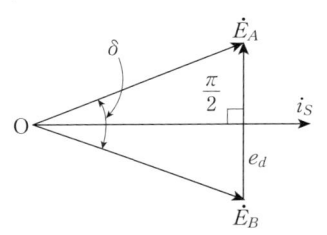

第3.17図　誘導起電力の位相差　　　第3.18図　無効横流

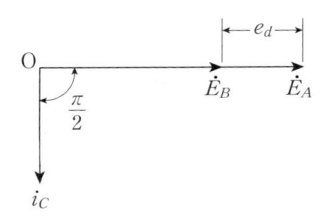

練習問題1

2台の三相同期発電機が並列運転して，負荷電流1 200〔A〕，遅れ力率0.8の負荷に電力を供給している．各機の出力は相等しくA機の電流が720〔A〕であるとき，B機の電流〔A〕および力率〔%〕を計算せよ．

【解答】　514〔A〕，93〔%〕

【ヒント】　次図に示すように，A機とB機の有効電力 I_{rA}〔A〕および I_{rB}〔A〕は相等しいが，無効電流 I_{qA}〔A〕および I_{qB}〔A〕は異なります．

$$I_r = I\cos\phi, \quad I_q = I\sin\phi$$
$$I_B = \sqrt{I_{rB}^2 + I_{qB}^2}$$

第3章 Lesson 4 同期電動機

STEP 0 事前に知っておくべき事項

- 同期発電機の等価回路
- 同期発電機のベクトル図
- 同期発電機の出力

覚えるべき重要ポイント

- 同期電動機の等価回路
- 同期電動機の内部相差角
- 同期電動機のベクトル図
- 同期電動機の出力

STEP 1

(1) 同期電動機の等価回路

同期電動機1相の等価回路は，第3.19図のようになります．端子に電圧を印加して，負荷電流 I 〔A〕が流れると，電機子巻線抵抗 r 〔Ω〕と同期リアクタンス x 〔Ω〕による電圧降下が生じるとともに，誘導起電力 E 〔V〕が相電圧 V 〔V〕に対抗するように発生します．

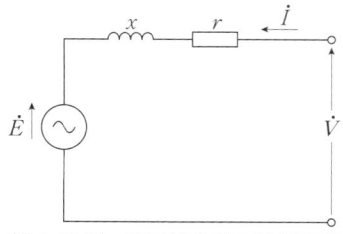

第3.19図 同期電動機の等価回路

(2) 同期電動機のベクトル図

同期電動機内部に発生する1相の誘導起電力を $E=|\dot{E}|$ 〔V〕として基準にした同期電動機の等価回路は，第3.20図のようになります．相電圧 V の

印加により，負荷電流 I が流れると，電機子巻線抵抗 r および同期リアクタンスの x による電圧降下が生じます．負荷電流 I は，相電圧 V より位相が θ 遅れて描かれています．この場合，電機子巻線抵抗 r による電圧降下 Ir は，誘導起電力 E の先端から引き伸ばして負荷電流 I と平行に描かれます．同期リアクタンスの x による電圧降下 Ix は，負荷電流 I より位相が $90°$ 進みますから，電圧降下 Ir の先端から $90°$ 方向を変えて伸ばして描きます．

同期電動機の相電圧 V は，誘導起電力 E と電圧降下 Ir と Ix からなるインピーダンスの電圧降下のベクトル和になります．第 3.20 図のベクトル図では，同期リアクタンスの電圧降下 Ix の先端部と，O 点を結んだものが相電圧 V です．誘導起電力 E と端子の相電圧 V の位相差は，内部相差角 δ です．誘導起電力 E と負荷電流 I の位相差 ϕ は，力率角 θ から内部相差角 δ を引いたものです．

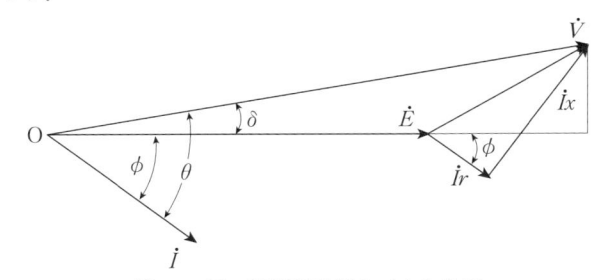

第 3.20 図　同期電動機のベクトル図

(3) 抵抗分無視のベクトル図

第 3.19 図の等価回路において，電機子巻線抵抗 r を無視したときのベクトル図は，第 3.21 図のようになります．抵抗の電圧降下がないから，誘導起電力 E の先端部には負荷電流 I より位相が $90°$ 進んだ同期リアクタンスの電圧降下 Ix が伸ばして描かれます．

したがって，端子の 1 相の相電圧 V〔V〕は，誘導起電力 E〔V〕に同期リアクタンスの両端電圧 Ix〔V〕のベクトル和になります．第 3.21 図のベクトル図では，同期リアクタンスの電圧降下 Ix〔V〕の先端部と，O 点を結んだものが相電圧 V〔V〕です．

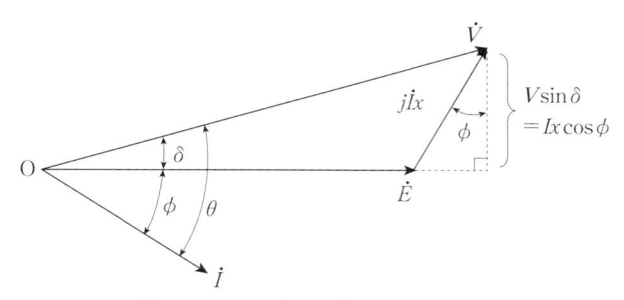

第 3.21 図　同期電動機のベクトル図

(4) **同期電動機の内部相差角**

相電圧 V〔V〕は，第 3.21 図のベクトル図から次のようになります．

$$V = \sqrt{(E + Ix\sin\theta)^2 + (Ix\cos\theta)^2}$$
$$= \sqrt{E^2 + 2EIx\sin\theta + (Ix\sin\theta)^2 + (Ix\cos\theta)^2}$$
$$= \sqrt{E^2 + 2EIx\sin\theta + (Ix)^2} \text{〔V〕} \qquad ⑦$$

内部相差角 δ の $\sin\delta$ は，⑦式の結果を用いて表すと⑧式のようになります．

$$\sin\delta = \frac{Ix\cos\theta}{V} = \frac{Ix\cos\theta}{\sqrt{E^2 + 2EIx\sin\theta + (Ix)^2}} \qquad ⑧$$

内部相差角 δ は，⑧式を書き換えて $\sin^{-1}$ で表すと次式のようになります．

$$\delta = \sin^{-1}\frac{Ix\cos\theta}{\sqrt{E^2 + 2EIx\sin\theta + (Ix)^2}}$$

また内部相差角 δ は，$\tan^{-1}$ や $\cos^{-1}$ でも表すことができます．

$$\delta = \tan^{-1}\frac{Ix\cos\theta}{E + Ix\sin\theta}$$

$$= \cos^{-1}\frac{E + Ix\sin\theta}{\sqrt{E^2 + 2EIx\sin\theta + (Ix)^2}}$$

(5) **同期電動機の出力**

第 3.21 図の同期電動機のベクトル図において，相電圧 V〔V〕，誘導起電力 E〔V〕，同期リアクタンスの x〔Ω〕による電圧降下 Ix〔V〕および位相差 ϕ ならびに内部相差角 δ の関係は，次のようになります．

$$V\sin\delta = Ix\cos\phi \qquad ⑨$$
$$V\cos\delta = E + Ix\sin\phi \qquad ⑩$$

この⑨式，⑩式から，位相差 ϕ の $\cos\phi$ および $\sin\phi$ は，次式のように表

すことができます．

$$\cos\phi = \frac{V\sin\delta}{Ix} \qquad ⑪$$

$$\sin\phi = \frac{V\cos\delta - E}{Ix} \qquad ⑫$$

同期電動機の1相の出力 P〔W〕は，⑪式，⑫式を代入することにより，内部相差角 δ で表すことができます．

$$\begin{aligned}
P &= VI\cos\theta = VI\cos(\delta+\phi) \\
&= VI(\cos\delta\cos\phi - \sin\delta\sin\phi) \\
&= VI\left(\cos\delta\frac{V\sin\delta}{Ix} - \sin\delta\frac{V\cos\delta - E}{Ix}\right) \\
&= \frac{VE}{x}\sin\delta \qquad ⑬
\end{aligned}$$

練習問題 1

6極，定格周波数 50〔Hz〕，線間の端子電圧 440〔V〕の円筒形三相同期電動機が，線間の無負荷誘導起電力が 400〔V〕，負荷角が 30°で運転しているとき，1相当たりの同期リアクタンスが 3.52〔Ω〕としたとき，この電動機の出力〔W〕を計算せよ．

【解答】　25 000〔W〕

【ヒント】　$P = \dfrac{VE}{X}\sin\delta$〔W〕

STEP 2

(1) 同期電動機の始動法

同期電動機は，静止状態の回転子に，高速の回転磁界を固定子に与えても始動トルクは発生しませんので，あらかじめ同期速度まで回転子を加速するなどの始動法が必要です．始動法には，自己始動法，始動電動機法および低周波始動法などがあります．

(a) 自己始動法

自己始動法は，同期電動機を始動時に誘導電動機として機能させ，回転数

が上昇して同期速度に近づいたら，回転子に励磁を与えて同期電動機にする方法です．ただ，この始動法の始動トルクは大きくはないので，始動するときは同期電動機を無負荷にしておく必要があります．また自己始動には，電圧の加え方によって次のような方法があります．

- 全電圧始動
- 補償器始動
- リアクトル始動
- 二次抵抗始動

(b) 始動電動機法

始動電動機法は，同期電動機の軸上に連結した始動用電動機で，同期電動機の回転子を回転させ，回転数が上昇して同期速度に近づいたら，回転子に励磁を与えて同期速度の駆動トルクを発生させます．その後，連結している始動用電動機を同期電動機から切り離します．始動用電動機には次のような電動機が用いられます．

- 直流電動機
- 同期電動機の極数より2極少ない誘導電動機
- 同期電動機と同じ極数の誘導同期電動機

(c) 低周波始動法

低周波始動法は，低周波から高周波まで出力可能な可変周波数電源で同期電動機を始動するものです．静止状態の回転子に励磁を与えた状態で，固定子に低周波の回転磁界を与えて回転子に始動トルクを発生させます．回転子が回転を始めると，固定子に印加している電圧の周波数を徐々に上げていき，最後には回転子の回転数を同期速度にして定格運転に入っていきます．この低周波始動法は，可変周波数電源にパワーエレクトロニクス素子のサイリスタが用いられているから，サイリスタ始動法ともいいます．大容量揚水発電所の同期発電動機の始動用として多く採用されています．

練習問題 1

周波数60〔Hz〕，同期速度720〔$\min^{-1}$〕の同期電動機を，誘導電動機に直結して始動する場合，誘導電動機の極数はいくらか．

【解答】 8極

第3章 Lesson 5 同期機の特性

STEP 0 事前に知っておくべき事項

- 同期発電機の出力
- 同期電動機の出力
- 同期電動機のベクトル図

覚えるべき重要ポイント

- 無負荷飽和曲線（むふかほうわきょくせん）
- 三相短絡曲線（さんそうたんらくきょくせん）
- 短絡比（たんらくひ）
- 同期電動機のV曲線
- 同期調相機（どうきちょうそうき）

STEP 1

(1) 無負荷飽和曲線

無負荷飽和曲線は，第3.22図に示すように端子に負荷を接続しない無負荷の状態で，定格回転数に保って同期発電機の励磁電流を徐々に増加したときの端子電圧の状態を示す曲線です．端子電圧は，第3.23図に示すように励磁電流が小さい範囲では励磁電流にほぼ比例して増加しますが，励磁電流が大きくなると増加率が鈍る飽和特性を示します．図では定格電圧 V_n〔V〕を発生しているときの励磁電流 I_{f1}〔A〕を示しています．

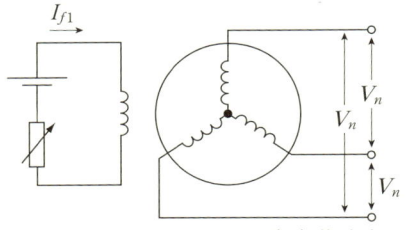

第3.22図 同期発電機の無負荷試験

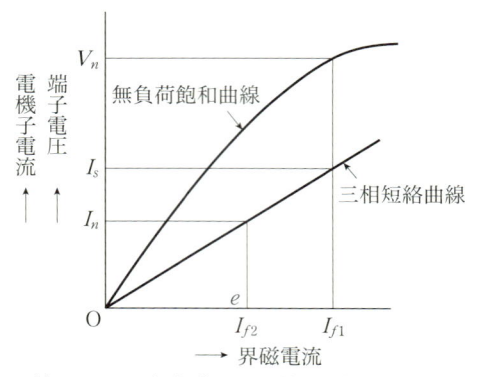

第3.23図　無負荷飽和曲線と三相短絡曲線

(2) 三相短絡曲線

三相短絡曲線は，第3.24図に示すように端子を三相一括の短絡状態にして，定格回転数に保って同期発電機の励磁電流を徐々に増加したときの電流の状態を示したものです．短絡電流は，第3.23図に示すように励磁電流に比例して増加する特性を示します．図には定格電流 I_n〔A〕が流れているときの励磁電流 I_{f2}〔A〕を示しています．

また無負荷試験において，定格電圧 V_n〔V〕を発生する励磁電流は I_{f1}〔A〕でしたが，三相短絡曲線で励磁電流は I_{f1}〔A〕を流すと，定格状態から短絡状態になったときに流れる三相短絡電流 I_s〔A〕が流れることになります．

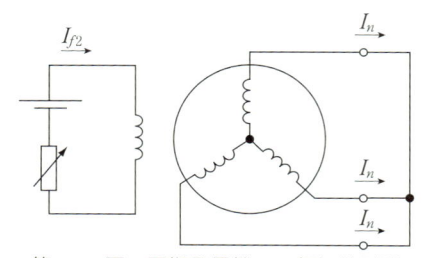

第3.24図　同期発電機の三相短絡試験

(3) 短絡比

無負荷試験と三相短絡試験の結果から，同期発電機の短絡比 K_s を求めることができます．短絡比 K_s は，三相短絡電流 I_s〔A〕を定格電流 I_n〔A〕で割ったものです．したがって，無負荷試験において定格電圧 V_n〔V〕を発生しているときの励磁電流 I_{f1}〔A〕を，三相短絡試験において定格電流

I_n〔A〕が流れているときの励磁電流 I_{f2}〔A〕で割ったものも短絡比 K_s〔p.u.〕になります．

$$K_s = \frac{I_s}{I_n} = \frac{I_{f1}}{I_{f2}} \text{〔p.u.〕}$$

(4) 百分率インピーダンス

同期発電機の1相のインピーダンス Z〔Ω〕は，テブナンの定理により，⑭式のように表されます．

$$Z = \frac{\frac{V_n}{\sqrt{3}}}{I_s} \text{〔Ω〕} \qquad ⑭$$

百分率インピーダンス %Z は，⑮式に示すように短絡比 K_s〔p.u.〕で表すことができます．百分率インピーダンス %Z の定義式に，⑭式を代入することで百分率インピーダンス %Z は，短絡比 K_s〔p.u.〕で表されます．

$$\%Z = \frac{ZI_n}{\frac{V_n}{\sqrt{3}}} \times 100 = \frac{\frac{V_n}{\sqrt{3}} \cdot I_n}{\frac{V_n}{\sqrt{3}}} \times 100 = \frac{I_n}{I_s} \times 100 = \frac{100}{K_s} \text{〔\%〕} \qquad ⑮$$

> **練習問題 1**
>
> 定格出力 6 000〔kV・A〕，定格電圧 6 600〔V〕の三相同期発電機がある．無負荷時に定格電圧となる励磁電流に対する三相短絡電流は，600〔A〕であった．この同期発電機の短絡比の値を計算せよ．

【解答】 1.14〔p.u.〕

【ヒント】 $K_s = \dfrac{I_s}{I_n}$〔p.u.〕

STEP 2

(1) 同期電動機の V 曲線

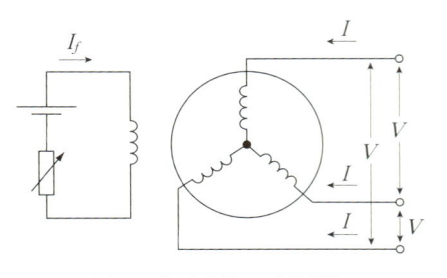

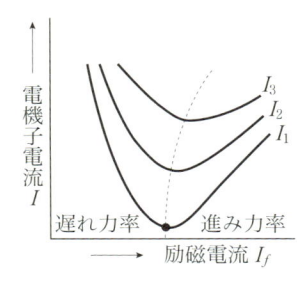

(a) 同期電動機の励磁制御　　(b) 同期電動機の V 曲線

第 3.25 図

同期電動機の V 曲線は，第 3.25 図に示すように三相の供給電圧 V〔V〕と負荷を一定に保った同期電動機において，励磁電流 I_f〔A〕を変化させたときの負荷電流である電機子電流 I〔A〕の変化をみたものです．

第 3.25 図(b)の V 曲線には三つの電機子電流 I_1，I_2 および I_3 の特性が描かれていますが，電機子電流 I_1 に着目して説明します．電機子電流 I_1 が遅れ力率の領域にあるときに，励磁電流 I_f を増加させると電機子電流 I_1 は減少します．励磁電流 I_f をさらに増加させると，電機子電流 I_1 は遅れ力率と進み力率の境界を示す破線の位置に達し，力率 100〔％〕で最小の電流になります．その後，さらに励磁電流 I_f を増加させると，進み力率の領域に入り電機子電流 I_1 は増加していきます．このように同期電動機の負荷が一定であっても，励磁電流 I_f を変化させると，電機子電流 I_1 は遅れ力率から進み力率にわたって V 字形に変化し，これを描くと V 曲線になります．

(2) 同期調相機

同期電動機は，励磁電流を変化させると，負荷が一定であっても負荷電流が増減します．この負荷電流の変化は，負荷の有効電力は一定でも無効電力が変化して，力率が変わるため増減するのです．すなわち，遅れ力率になったとき電源は同期電動機に遅れの無効電力を供給し，進み力率になったとき進みの無効電力を供給するのです．この作用を利用して同期電動機で電力系統の力率を改善するのが同期調相機です．

同期調相機は，第 3.26 図に示すように電力系統に同期電動機を接続した

状態と等価なものです．同期電動機を無負荷で運転して，励磁電流 I_f を増減させ，電力系統の力率を改善します．電力系統が遅れ力率のとき，同期電動機が進みの無効電力 Q〔var〕を供給して電力系統の遅れ無効電力を相殺して力率を改善します．深夜などに電力系統が進み力率になると，同期電動機が遅れの無効電力 Q〔var〕を供給して電力系統の進みの無効電力を相殺して力率を改善します．

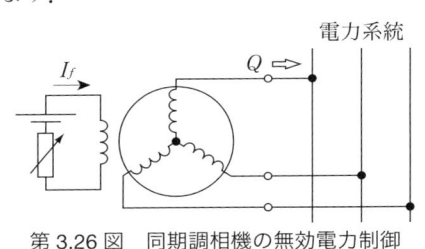

第 3.26 図　同期調相機の無効電力制御

練習問題 1

調相機とは，機械的に ア で運転し，イ を加減して回路から吸収または回路へ供給する ウ を調整することができる回転機をいう．同期速度で運転するものを同期調相機といい，そうでないものを エ 調相機という．

上記の記述中の空白箇所(ア)，(イ)，(ウ)および(エ)に当てはまる語句を答えよ．

【解答】　(ア)　無負荷，(イ)　励磁，(ウ)　無効電力，(エ)　非同期

3 同期機

STEP 3 総合問題

【問題1】 定格出力6〔MV・A〕，定格電圧6.6〔kV〕，定格回転速度1 500〔min^{-1}〕の三相同期発電機がある．この発電機の同期インピーダンスが6.35〔Ω〕のとき，短絡比の値として，正しいのは次のうちどれか．

(1) 0.83　(2) 0.98　(3) 1.07　(4) 1.14　(5) 1.21

【問題2】 定格速度，無負荷で運転している三相同期発電機がある．このときの励磁電流は500〔A〕，線間の無負荷電圧を測ると15 000〔V〕であった．次に，100〔A〕の励磁電流を流して短絡試験を実施したところ，短絡電流は850〔A〕であった．この同期発電機の同期インピーダンス〔Ω〕の値として，最も近いのは次のうちどれか．ただし，磁気飽和は無視する．

(1) 1.77　(2) 2.04　(3) 3.07　(4) 15.4　(5) 44.4

【問題3】 1相当たりの同期リアクタンスが1.5〔Ω〕の三相同期発電機が無負荷電圧200〔V〕(相電圧115〔V〕)を発生している．そこに抵抗器負荷を接続すると電圧が173〔V〕(相電圧100〔V〕)に低下した．次の(a)および(b)に答えよ．

ただし，三相同期発電機の回転速度は一定で，損失は無視するものとする．
(a) 電機子電流〔A〕の値として，最も近いのは次のうちどれか．

(1) 27　(2) 38　(3) 77　(4) 91　(5) 100

(b) 出力〔kW〕の値として，最も近いのは次のうちどれか．

(1) 11　(2) 24　(3) 35　(4) 52　(5) 68

【問題4】 次の文章は，同期発電機に関する記述である．

Y結線の非突極形三相同期発電機があり，各相の同期リアクタンスが4〔Ω〕，無負荷時の出力端子と中性点間の電圧が400〔V〕である．この発電機に1相当たり$R+jX_L$〔Ω〕の三相平衡Y結線の負荷を接続したところ各相に40〔A〕の電流が流れた．接続した負荷は誘導性でそのリアクタンス分は4〔Ω〕である．ただし，励磁の強さは一定で変化しないものとし，電機子巻線抵抗は無視するものとする．

このときの発電機の出力端子間電圧〔V〕の値として，最も近いものを次

の(1)〜(5)のうちから一つ選べ.

(1) 335　　(2) 475　　(3) 500　　(4) 581　　(5) 735

【問題 5】 定格出力 6 000 [kV・A], 定格電圧 6 600 [V], 定格力率 0.8（遅れ）, 同期リアクタンス 6.83 [Ω] の非突極三相同期発電機の定格負荷時の内部相差角 δ（負荷角）の値を $\delta = \tan^{-1}$ の形で示したものとして正しいのは次のうちどれか. ただし, 電機子抵抗は無視するものとする.

(1) $\tan^{-1} 0.42$　　(2) $\tan^{-1} 0.44$　　(3) $\tan^{-1} 0.46$
(4) $\tan^{-1} 0.48$　　(5) $\tan^{-1} 0.50$

【問題 6】 星形結線で 1 相当たりの同期リアクタンスが 11 [Ω] の三相同期電動機が定格電圧 3.3 [kV] で運転している. 電機子抵抗, 損失および磁気飽和は無視して, 次の(a)および(b)の問に答えよ.

(a) 負荷電流（電機子電流）100 [A], 力率 $\cos\phi = 1$ で運転しているときの 1 相当たりの内部誘導起電力 [V] の値として, 最も近いものを次の(1)〜(5)のうちから一つ選べ.

(1) 1 600　　(2) 1 900　　(3) 2 200　　(4) 2 500　　(5) 3 300

(b) 上記(a)の場合と電圧および出力は同一で, 界磁電流を 1.5 倍に増加したときの負荷角（電動機端子電圧と内部誘導起電力との位相差）を δ' とするとき, $\sin\delta'$ の値として, 最も近いものを次の(1)〜(5)のうちから一つ選べ.

(1) 0.333　　(2) 0.500　　(3) 0.577　　(4) 0.707　　(5) 0.866

第4章
電動機応用

第4章 Lesson 1 回転体の特性

STEP 0 事前に知っておくべき事項

- トルク
- 角速度
- 動力

覚えるべき重要ポイント

- はずみ車効果
- 慣性モーメント
- 運動エネルギー
- 合成の慣性モーメント

STEP 1

(1) 回転軸の動力

負荷を連結した電動機の回転軸が，第 4.1 図のように回転数 n〔$\min^{-1}$〕で回転しています．回転軸のトルクが T〔N・m〕であるとすれば，電動機が負荷に供給している動力 P〔W〕は，角速度を ω〔rad/s〕とすると，次式のように表されます．

$$P = \omega T = 2\pi \frac{n}{60} T \text{〔W〕}$$

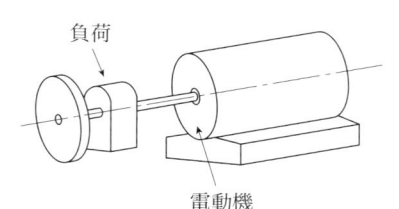

第 4.1 図　負荷を連結した電動機

このように電動機は負荷の回転軸を駆動することで動力 P〔W〕を供給して，負荷に応じた作業を行います．

電動機で駆動する電動力応用の装置，機器の種類は非常に多く，産業用のポンプ，エレベータ，クレーン等はもちろんのこと，家電の扇風機，エアコン，冷蔵庫，掃除機等もすべて電動機で駆動する電動力応用製品です．

(2) **はずみ車**

はずみ車は運動エネルギーを蓄積できるので，自動車エンジンなどの内燃機関にも内蔵されています．内燃機関は爆発の燃料燃焼行程で運動エネルギーを発生しますが，残りの排気，吸入，圧縮の行程は，はずみ車に蓄積した運動エネルギーを放出することで行っています．

はずみ車は，回転軸に連結された円柱状の物体です．質量はともに G〔kg〕で等しいが，回転直径が D_1〔m〕および D_2〔m〕と異なるはずみ車を，第4.2図に示します．回転直径が D_1〔m〕と大きい(a)のはずみ車は，回転直径が D_2〔m〕と小さい(b)のはずみ車より，多くの運動エネルギーを蓄えることができます．蓄える運動エネルギーの大きさを表すものがはずみ車効果で，質量と回転直径の2乗をかけたものです．したがって第4.2図(a)に示すはずみ車のはずみ車効果は GD_1^2〔kg·m²〕，第4.2図(b)に示すはずみ車のはずみ車効果は GD_2^2〔kg·m²〕となります．回転直径は $D_1 > D_2$ ですから，はずみ車効果も $GD_1^2 > GD_2^2$ の関係が成立します．

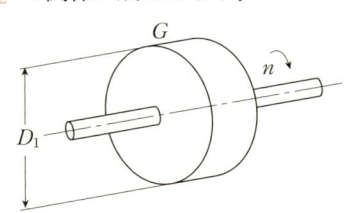

(a) 直径の大きいはずみ車

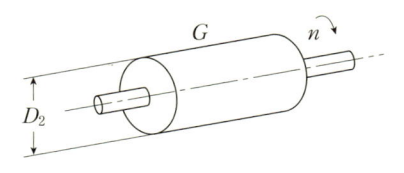

(b) 直径の小さいはずみ車

第4.2図

(3) 慣性モーメント

コンデンサの静電容量 C 〔F〕はコンデンサが蓄えることができる静電エネルギーの大きさを表し,コイルのインダクタンス L 〔H〕はコイルが蓄えることができる電磁エネルギーの大きさを表します.はずみ車の慣性モーメント J 〔kg・m^2〕は,はずみ車が蓄えることができる運動エネルギーの大きさを表します.そして慣性モーメント J 〔kg・m^2〕は,はずみ車効果の1/4の値になります.

したがって第4.2図に示すはずみ車のそれぞれの慣性モーメント J_1 〔kg・m^2〕および J_2 〔kg・m^2〕は,次のようになります.

$$J_1 = \frac{GD_1^2}{4} \text{〔kg・m}^2\text{〕}$$

$$J_2 = \frac{GD_2^2}{4} \text{〔kg・m}^2\text{〕}$$

(4) 回転体の運動エネルギー

第4.2図(a)に示す慣性モーメントが J_1 〔kg・m^2〕のはずみ車が,1分間の回転数 n 〔min^{-1}〕で回転しているとき,角速度を ω 〔rad/s〕とすると,蓄える運動エネルギー E_1 〔J〕は,①式のように表されます.

$$E_1 = \frac{1}{2}J_1\omega^2 = \frac{1}{2} \times \frac{GD_1^2}{4} \times \left(2\pi \times \frac{n}{60}\right)^2 \fallingdotseq \frac{GD_1^2 n^2}{730} \text{〔J〕} \qquad ①$$

第4.2図(b)に示すはずみ車も,同じように回転数 n 〔min^{-1}〕で回転させると,蓄える運動エネルギー E_2 〔J〕は,②式のようになります.

$$E_2 = \frac{1}{2}J_2\omega^2 = \frac{1}{2} \times \frac{GD_2^2}{4} \times \left(2\pi \times \frac{n}{60}\right)^2 \fallingdotseq \frac{GD_2^2 n^2}{730} \text{〔J〕} \qquad ②$$

①式,②式の結果から明らかなように,第4.2図のはずみ車は,質量 G 〔kg〕が等しくても,回転直径が $D_1 > D_2$ ですから,蓄える運動エネルギーは, $E_1 > E_2$ の関係が成立します.

(5) 増加運動エネルギー

第4.2図(a)に示す慣性モーメントが J_1 〔kg・m^2〕のはずみ車を,回転数 n_1 〔min^{-1}〕で回転させ,運動エネルギー E_3 〔J〕を蓄えているとします.この状態から回転数を n_2 〔min^{-1}〕に増加させると,運動エネルギーも増加して E_4 〔J〕になります.運動エネルギー E_3 〔J〕と E_4 〔J〕の差の増加運動エネ

ルギー E_5〔J〕は，③式のように表されます．

$$E_5 = E_4 - E_3 = \frac{1}{2}J_1\omega_2^2 - \frac{1}{2}J_1\omega_1^2 = \frac{1}{2}J_1\left(\frac{2\pi}{60}\right)^2(n_2^2 - n_1^2) \text{〔J〕} \quad ③$$

練習問題 1

慣性モーメント 40〔kg・m²〕のはずみ車の回転数が，負荷の増加により 1 100〔min⁻¹〕から 1 000〔min⁻¹〕に低下した場合，このはずみ車が放出したエネルギー〔kJ〕の値を計算せよ．

【解答】 46〔kJ〕

【ヒント】 $E = \frac{1}{2}J\omega_1^2 - \frac{1}{2}J\omega_2^2$

STEP 2

(1) 歯車連結の慣性モーメント

電動機の回転軸に固定された歯車が，第 4.3 図に示すように負荷の回転軸の歯車にかみ合っています．電動機歯車の歯数は p_m，負荷歯車の歯数は p_l で $p_m < p_l$ の関係があり，電動機回転軸の回転数は負荷回転軸に減速して伝達されます．歯車を含めた電動機側の慣性モーメントを J_m〔kg・m²〕，負荷側の慣性モーメントを J_l〔kg・m²〕とすると，電動機側から負荷側をみた合成の慣性モーメント J_{ml}〔kg・m²〕は，歯車系全体の蓄積エネルギーから求めます．

電動機回転軸の回転数が n_m〔min⁻¹〕のとき，負荷回転軸の回転数が n_l〔min⁻¹〕は，次式のようになります．

$$n_l = \frac{p_l}{p_m} n_m \text{〔min}^{-1}\text{〕}$$

このとき電動機および負荷を含めた全体が蓄えている運動エネルギー E_{ml}〔J〕は，④式のようになります．

$$E_{ml} = \frac{1}{2}J_m\omega_m^2 + \frac{1}{2}J_l\omega_l^2 = \frac{1}{2}\cdot J_m\cdot\left(2\pi\cdot\frac{n_m}{60}\right)^2 + \frac{1}{2}\cdot J_l\cdot\left(2\pi\cdot\frac{n_l}{60}\right)^2$$

$$= \frac{1}{2}\left\{J_m + J_l\left(\frac{n_l}{n_m}\right)^2\right\}\left(2\pi \cdot \frac{n_m}{60}\right)^2$$

$$= \frac{1}{2}\left\{J_m + J\left(\frac{p_l}{p_m}\right)^2\right\}\left(2\pi \cdot \frac{n_m}{60}\right)^2$$

$$= \frac{1}{2}J_{ml}\omega_m^2 \ [\text{J}] \tag{4}$$

合成の慣性モーメント J_{ml} 〔kg・m²〕は，④式の結果から⑤式のようになります．

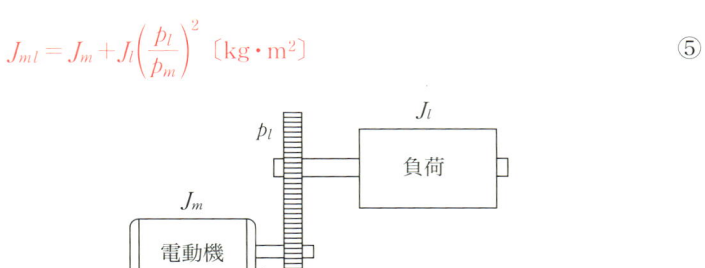

$$J_{ml} = J_m + J_l\left(\frac{p_l}{p_m}\right)^2 \ [\text{kg·m}^2] \tag{5}$$

第 4.3 図　歯車連結の電動機と負荷

練習問題 1

慣性モーメントが 10〔kg・m²〕の電動機が，5：1 の減速歯車を介して慣性モーメントが 500〔kg・m²〕の負荷を駆動しているとき，電動機軸に換算した全慣性モーメント〔kg・m²〕を計算せよ．

【解答】　30〔kg・m²〕

【ヒント】　$J_{ml} = J_m + J_l\left(\dfrac{p_l}{p_m}\right)^2$

第4章 Lesson 2　揚水ポンプ用電動機

STEP 0　事前に知っておくべき事項

- 揚水（ようすい）

覚えるべき重要ポイント

- 揚程（ようてい）
- 揚水量
- 揚水ポンプの電動機出力
- 圧力タンクへの揚水

STEP 1

(1) **揚水ポンプ**

　揚水ポンプは，第4.4図のようにパイプを通して下から上に水を揚げるものでビルやマンションの給水設備にも用いられています．揚水ポンプは，連結している電動機の駆動で回転し，水を吸い上げたり，あるいは押し上げたりして，揚水を行います．

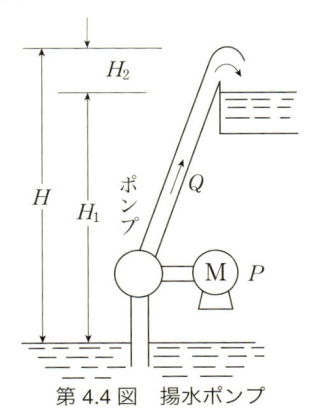

第4.4図　揚水ポンプ

(2) **全揚程**

　物体を持ち上げるときにはエネルギーを必要とし，さらに高い位置に持ち

上げるときには，より多くのエネルギーを必要とします．流体をパイプの中に通して上方に送る場合も，高い位置に送る場合は，より多くのエネルギーを必要とします．

水を，第4.4図に示すように揚水ポンプで高さ H_1 〔m〕の位置に送る場合，高さ H_1 〔m〕を実揚程といいます．水がパイプの中を流れるときパイプ内壁は抵抗となって作用しますので，この抵抗は損失揚程 H_2 〔m〕になります．したがって，水を実揚程 H_1 〔m〕の高さに揚水する場合，損失揚程 H_2 〔m〕を加えた全揚程 H 〔m〕を揚程として，揚水ポンプの出力を設定する必要があります．

$$H = H_1 + H_2 \text{〔m〕}$$

(3) 揚水ポンプの電動機出力

揚水ポンプを駆動する電動機の出力 P 〔kW〕は，重力加速度が $g = 9.8$ 〔m/s²〕で，1分間の揚水量を Q 〔m³/min〕，全揚程を H 〔m〕，効率を η 〔p.u.〕，余裕率（余裕係数）を K とすると，次のようになります．

$$P = 9.8 \times \frac{Q}{60} \times H \times \frac{1}{\eta} \times K = \frac{KQH}{6.12\eta} \text{〔kW〕} \quad ⑥$$

(4) 揚水時間

1分間の揚水量 Q 〔m³/min〕の揚水ポンプを，時間 t 〔min〕駆動したときの揚水量は，$V = Qt$ 〔m³〕です．

したがって水量 V 〔m³〕を，電動機出力 P 〔kW〕，1分間の揚水量を Q 〔m³/min〕の揚水ポンプを用いて，全揚程 H 〔m〕の高さに揚水する場合，効率を η 〔p.u.〕，余裕率を K とすると，揚水時間 t 〔min〕は次のようにして求めることができます．⑥式の両辺に，揚水時間 t 〔min〕をかけると，⑦式のようになります．

$$P \times t = \frac{KQH}{6.12\eta} \times t = \frac{KVH}{6.12\eta} \text{〔kW・min〕} \quad ⑦$$

揚水時間 t 〔min〕は，⑦式から⑧式のように表すことができます．

$$t = \frac{KVH}{6.12P\eta} \text{〔min〕} \quad ⑧$$

> **練習問題1**
>
> 毎分 12〔m³〕の水をポンプで実揚程 10〔m〕のところに揚水する場合の電動機出力〔kW〕の値を求めよ．
>
> ただし，ポンプの効率を 85〔％〕，余裕係数を 1.2 とし，また，全揚程は実揚程の 1.05 倍とする．

【解答】 29〔kW〕

【ヒント】 $P = \dfrac{KQH}{6.12\eta}$ 〔kW〕

STEP 2

(1) 圧力タンクへの揚水

貯水タンクの底から，第4.5図に示すように水を押し上げて揚水する場合は，第4.4図に示す貯水タンク上のパイプ出口から水を吐き出して揚水する場合と比べると，実揚程 H_1〔m〕が同じであっても全揚程 H〔m〕は大きくなります．圧力が作用している圧力タンクの水に，さらに圧力を高めた水を押し上げて揚水する場合は，ポンプを通過する水の圧力を揚程に算定する必要があります．水の圧力 98〔kPa〕は，揚程に換算すると 10〔m〕に相当します．

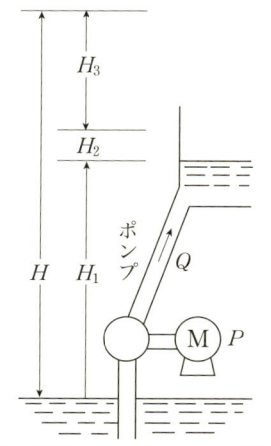

第 4.5 図 圧力タンクへの揚水

したがって，実揚程 H_1〔m〕の高さに揚水する場合，損失揚水 H_2〔m〕と水の圧力〔kPa〕を圧力揚程 H_3〔m〕に換算したものを足して，全揚程 H〔m〕を次式のように算定する必要があります．

$$H = H_1 + H_2 + H_3$$

4 電動機応用

練習問題1

毎分6〔m³〕の水を，98〔kPa〕の圧力を有するタンクにポンプで揚水したい．実揚程を10〔m〕，損失揚程を1〔m〕，ポンプの効率を82〔%〕，余裕係数を1.2とすると，ポンプ用電動機の出力〔kW〕を計算せよ．

【解答】 30〔kW〕

【ヒント】 $H = H_1 + H_2 + H_3 = 10 + 1 + 10 = 21$〔m〕

第4章 Lesson 3 クレーン用電動機

STEP 0　事前に知っておくべき事項

- 巻上装置（まきあげそうち）

覚えるべき重要ポイント

- 巻上装置の電動機出力
- 横行抵抗（おうこう）
- 横行装置の電動機出力
- 走行抵抗
- 走行装置の電動機出力

STEP 1

(1) クレーン

　クレーンは，船舶や港湾等において，コンテナなどの荷物の積み込み，積み下ろしの荷役作業や，工場等の生産現場において，部材の移動に数多く用いられています．いろいろなクレーンがありますが，第4.6図に示すタワークレーンは，荷物を巻上装置で持ち上げ，その荷物を右方向に移動させたり，クレーン全体がレール上を走行できるようになっています．

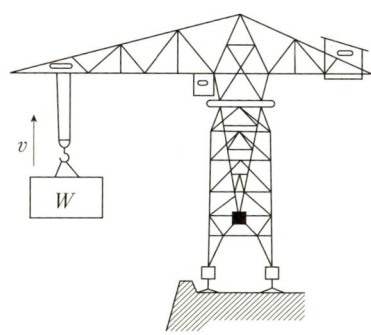

第4.6図　タワークレーン

(2) 巻上装置の出力

第4.6図に示すタワークレーンにおいて，質量 w〔kg〕の荷物を持ち上げる巻上装置を駆動する電動機の出力 P〔kW〕は，重力加速度が $g=9.8$〔m/s²〕で，巻上速度を v〔m/s〕，機械効率を η〔p.u.〕とすると，次のようになります．

$$P = 9.8 \times w \times v \times \frac{1}{\eta} \times \frac{1}{1\,000} = \frac{9.8wv}{\eta} \times 10^{-3} \text{〔kW〕}$$

(3) 単位を変えた出力

巻上装置の巻上速度の単位を1秒間当たりの〔m/s〕ではなく1分間当たりの〔m/min〕にして，巻上速度 V〔m/min〕としたとき，巻上装置用電動機の出力 P〔kW〕は，次式のように表されます．

$$P = 9.8 \times w \times \frac{V}{60} \times \frac{1}{\eta} \times \frac{1}{1\,000} = \frac{wV}{6\,120\eta} \text{〔kW〕}$$

また巻上装置が巻き上げる質量の単位を〔kg〕ではなく〔t〕にして質量 W〔t〕としたとき，1〔t〕= 1 000〔kg〕であるから，巻上装置用電動機の出力 P〔kW〕は，次式のように表されます．

$$P = 9.8 \times W \times 1\,000 \times \frac{V}{60} \times \frac{1}{\eta} \times \frac{1}{1\,000} = \frac{WV}{6.12\eta} \text{〔kW〕}$$

> **練習問題1**
>
> 巻上機によって質量1 100〔kg〕の物体を0.3〔m/s〕の一定速度で巻き上げるのに必要な電動機出力〔kW〕を計算せよ．
> ただし，ロープの質量および加速に要する動力は無視するものとし，機械装置の効率を95〔%〕とする．

【解答】 3.4〔kW〕

【ヒント】 $P = \dfrac{9.8wv}{\eta} \times 10^{-3}$〔kW〕

STEP 2

(1) 天井クレーン

天井クレーンは，第4.7図に示すように建屋内に設置され，巻上装置で荷物をつり上げ，クラブで図の左右方向に移動させることができます．クラブ

は巻上装置と横行装置を搭載しており，クラブが横行レール上を移動すれば，荷物をつり上げた状態で移動することになります．クラブは，搭載している横行装置によって駆動します．

　クラブが左右に移動可能な横行レールは，ガーダともいわれる橋げた上に敷設されています．橋げたは，右側に設けられた走行装置によって左右の車輪が駆動し，走行レール上を前後に移動可能になっています．したがってつり上げた荷物は，横行装置および走行装置を駆動することにより，建屋内の所望の位置に移動でき，巻上装置を逆回転させて下ろすことができます．

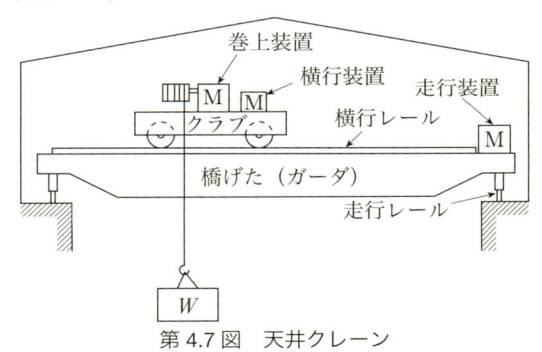

第4.7図　天井クレーン

(2) 天井クレーンの電動機

(a) 巻上装置の電動機出力

天井クレーン巻上装置の電動機出力 P_1〔kW〕は，つり上げる荷重の質量を W〔t〕，巻上速度を V_1〔m/min〕，機械効率を η_1〔p.u.〕とすると，次のようになります．

$$P = 9.8 \times W \times \frac{V_1}{60} \times \frac{1}{\eta_1} = \frac{WV_1}{6.12\eta_1} \text{〔kW〕}$$

(b) 横行装置の電動機出力

横行装置がクラブを左右に移動させる力 F_2〔N〕は，つり上げている荷重の質量 W〔t〕とクラブの質量 W_C〔t〕の合計に，横行抵抗 C_2〔kg/t〕と重力加速度 $g=9.8$〔m/s²〕をかけたものです．

$$F_2 = 9.8C_2(W + W_C) \text{〔N〕}$$

したがって，横行装置の電動機出力 P_2〔kW〕は，横行速度を V_2〔m/min〕，横行装置の機械効率を η_2〔p.u.〕とすると次式のようになります．

$$P_2 = F_2 \times \frac{V_2}{60} \times \frac{1}{\eta_2} \times \frac{1}{1\,000} = 9.8 \times C_2(W+W_C) \times \frac{V_2}{60} \times \frac{1}{\eta_2} \times \frac{1}{1\,000}$$

$$= \frac{C_2(W+W_C)\,V_2}{6\,120\eta_2}\ [\text{kW}]$$

(c) 走行装置の電動機出力

走行装置が橋げたを前後に移動させる力 F_3 [N] は,橋げたの質量 W_G [t] とクラブに作用する質量の合計に,走行抵抗 C_3 [kg/t] と重力加速度 $g=9.8$ [m/s²] をかけたものですから,次のように表されます.

$$F_3 = 9.8C_3(W+W_C+W_G)\ [\text{N}]$$

以上により,走行装置の電動機出力 P_3 [kW] は,走行速度を V_3 [m/min],走行装置の機械効率 η_3 [p.u.] とすると次式のようになります.

$$P_3 = F_3 \times \frac{V_3}{60} \times \frac{1}{\eta_3} \times \frac{1}{1\,000}$$

$$= 9.8C_3(W+W_C+W_G) \times \frac{V_3}{60} \times \frac{1}{\eta_3} \times \frac{1}{1\,000}$$

$$= \frac{C_3(W+W_C+W_G)\,V_3}{6\,120\eta_3}\ [\text{kW}]$$

練習問題1

定格質量 40 [t] の天井クレーンがある.クラブの質量 23 [t],橋げたの質量 65 [t],巻上速度 2 [m/min],横行および走行速度 20 [m/min],横行抵抗 25 [kg/t],走行抵抗 23 [kg/t] で,機械効率はいずれも 80 [%] である.走行用電動機の出力 [kW] を計算せよ.

【解答】 12 [kW]

【ヒント】 $P = \dfrac{C(W+W_C+W_G)\,V}{6\,120\eta}$ [kW]

4 エレベータ用電動機
Lesson

STEP 0 事前に知っておくべき事項

- 巻上装置の出力

覚えるべき重要ポイント

- エレベータのしくみ
- つりあいおもり
- 上昇時の実質質量
- エレベータ用電動機の出力

STEP 1

(1) エレベータのしくみ

　ビルやマンションに設置されているエレベータは，第4.8図に示すように昇降箱であるケージに，質量 W〔kg〕の人や物を載せて昇降します．ケージにはワイヤロープが連結され，ワイヤロープは建物上部に設置された駆動綱車の回転によってケージを引っ張り上げたり，引き下ろしたりします．駆動綱車は電動機で駆動され，ケージの昇降を制御します．

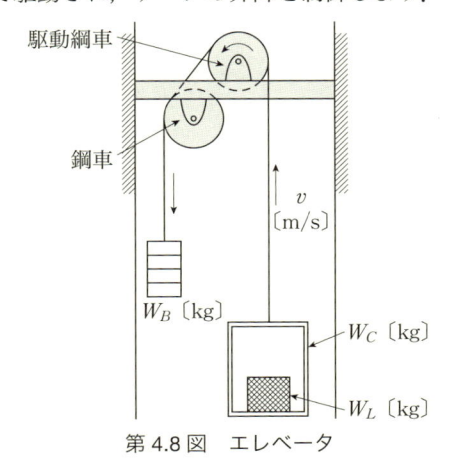

第4.8図　エレベータ

(2) 上昇時の実質質量

ケージを連結したワイヤロープの他端は，駆動綱車および案内用の綱車を経由して質量 W_B 〔kg〕のつりあいおもりに連結されています．

したがって，ケージ上昇時に駆動綱車が引っ張り上げる実質質量 W 〔kg〕は，次式に示すように積載物の質量 W_L 〔kg〕とケージの質量 W_C 〔kg〕の合計から，つりあいおもりの質量 W_B 〔kg〕を引いたものになります．

$$W = W_L + W_C - W_B \ \text{〔kg〕}$$

このため駆動綱車を駆動する電動機の出力は，つりあいおもりを連結しないときと比べて小さくなります．

(3) つりあいおもりの質量

つりあいおもりの質量 W_B 〔kg〕は，定格積載質量を W_N 〔kg〕とすると，係数 α を $\frac{1}{3} \sim \frac{1}{2}$ 程度にして，次式のように設定されています．

$$W_B = W_C + \alpha \times W_N \ \text{〔kg〕}$$

係数 α は，駆動綱車のトルクが平均して小さくなるようにし，電動機の出力を必要最低限にする値です．また係数 α は，ケージが実質質量 W 〔kg〕を上昇させるときは電力を消費する力行運転，下降させるときは電力を回収する回生運転として，一番省エネルギーが実現できる値にも考慮して設定されています．

(4) エレベータ用電動機の出力

エレベータ用電動機の出力 P 〔kW〕は，重力加速度が $g = 9.8$ 〔m/s²〕で，実質質量を W 〔kg〕，昇降速度を v 〔m/s〕，機械効率を η 〔p.u.〕とすると，次のようになります．

$$P = 9.8 \times W \times v \times \frac{1}{\eta} \times \frac{1}{1\,000} = \frac{9.8Wv}{\eta} \times 10^{-3} \ \text{〔kW〕}$$

練習問題 1

定格積載質量にかごの質量を加えた値が1 500〔kg〕，昇降速度が2.5〔m/s〕，つりあいおもりの質量が700〔kg〕のエレベータがある．このエレベータに用いる電動機の出力〔kW〕の値を計算せよ．

ただし，機械効率は70〔％〕，加速に要する動力およびロープの質量は無視する．

【解答】 28〔kW〕

【ヒント】 $P = \dfrac{9.8 Wv}{\eta} \times 10^{-3}$〔kW〕

STEP 2

(1) **上昇速度の単位を変えた出力**

ケージの上昇速度の単位を1秒間当たりの〔m/s〕ではなく1分間当たりの〔m/min〕にして，上昇速度 V〔m/min〕としたとき，エレベータ用電動機の出力 P〔kW〕は，次式のように表されます．

$$P = 9.8 \times W \times \frac{V}{60} \times \frac{1}{\eta} \times \frac{1}{1\,000} = \frac{WV}{6\,120\eta} \text{〔kW〕}$$

なお，上式において実質質量 W〔kg〕に重力加速度が $g = 9.8$〔m/s²〕をかけたものは，ワイヤロープに作用する重力 $F = 9.8W$〔N〕になります．また，上昇速度 V〔m/min〕を60で割っていますが，これは上昇速度の単位を1秒間当たり〔m/s〕に直すためです．

練習問題 1

定格積載質量にかごの質量を加えた値が1 200〔kg〕，昇降速度が120〔m/min〕，つりあいおもりの質量が500〔kg〕のエレベータがある．このエレベータに用いる電動機の出力〔kW〕の値を求めよ．

ただし，機械効率は72〔％〕，加速に要する動力およびロープの質量は無視する．

【解答】 19〔kW〕

【ヒント】 $P = \dfrac{WV}{6\,120\eta}$ 〔kW〕

第4章

Lesson 5 送風機用電動機

覚えるべき重要ポイント
- 風圧
- 送風機
- 送風機用電動機の出力

STEP 1

(1) 送風機

送風機は，冷暖房用の空気を室内に送ったり，燃焼用空気を燃焼炉などに送り込んだりします．

送風機は，ファンを電動機で駆動して生じた負圧により，第4.9図に示すように，吸入口から空気を吸い込み，空気の圧力を高めて送風口から送り出します．

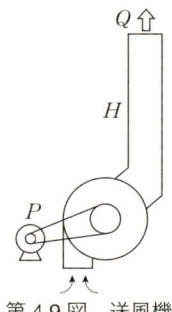

第4.9図 送風機

(2) 風圧

送風口から送り出される空気の速度を v [m/s]，密度 ρ [kg/m³] とすると，風圧 H [Pa] は，次のようになります．

$$H = \frac{1}{2}\rho v^2 \text{ [Pa]} \qquad ⑧$$

(3) 送風機用電動機の出力

送風機を駆動する電動機の出力 P [kW] は，送風口から送り出す1分間

の風量を Q [m³/min], 風圧を H [Pa], 送風効率を η [p.u.], 余裕率を K とすると, 次のようになります.

$$P = \frac{Q}{60} \times H \times \frac{1}{\eta} \times K \times \frac{1}{1\,000} = \frac{KQH}{60\,000\eta} \text{ [kW]} \qquad ⑨$$

また, 1 000 で割って公式を導いていますが, 出力の単位を [W] から [kW] にするためのものです.

> **練習問題1**
>
> ある部屋に, 送風機より風量 900 [m³/min], 風圧 1.44 [kPa] の空気を送りたい. この送風機用電動機の所要出力 [kW] を求めよ.
> ただし, 送風機の余裕係数を 1.3, 効率を 0.6 とする.

【解答】 46.8 [kW]

【ヒント】 $P = \dfrac{KQH}{60\,000\eta}$ [kW]

STEP 2

(1) 換気扇の風量

換気扇が駆動して風量 Q [m³/min] の空気を部屋から外部に排出しているとき, 部屋から排出される熱量 B [J/min] は, 空気の比熱を c [J/kg・K], 密度を ρ [kg/m³], 部屋と外部の温度差を θ [K] とすると, 次のようになります.

$$B = c\rho Q\theta \text{ [J/min]}$$

(2) 換気扇の風圧

換気扇の面積を S [m²] とすると, 風速 v [m/s] は, ⑩式から⑪式のように表されます.

$$\frac{Q}{60} = S \times v \text{ [m³/s]} \qquad ⑩$$

$$v = \frac{Q}{60S} \text{ [m/s]} \qquad ⑪$$

換気扇の風圧 H [Pa] は, ⑪式の結果から次式のようになります.

$$H = \frac{1}{2}\rho v^2 = \frac{1}{2}\rho \times \left(\frac{Q}{60S}\right)^2 = \frac{\rho Q^2}{7\,200S^2} \quad [\text{Pa}]$$

練習問題 1

調理場で発生する 24 000 [kJ/min] の熱を，換気扇を駆動して屋外に排出し，調理場の温度を 28 [℃] に保ちたい．換気扇の 1 分間の排出風量 [m³/min] を計算せよ．

ただし，空気の比熱は 1 000 [J/kg・K]，密度は 1 200 [kg/m³]，屋外の温度は 23 [℃] とする．

【解答】 4 [m³/min]

【ヒント】 $Q = \dfrac{B}{c\rho\theta}$

第4章 Lesson 6 電車用電動機

STEP 0 事前に知っておくべき事項

- 引張力

覚えるべき重要ポイント

- 列車抵抗
- 列車の引張力
- 電車用電動機の出力

STEP 1

(1) 電車

電気鉄道の列車は電車と呼ばれ，架線や第三軌道の導体から電力の供給を受け，電動機を駆動して列車の引張力にして，レールが敷設された軌道上を走行します．列車が第4.10図に示すように時速 V〔km/h〕で走行しているとき，電動機の駆動によって列車には F〔N〕の引張力が作用しています．引張力 F〔N〕は，走行する列車に生じる列車抵抗を相殺するものです．

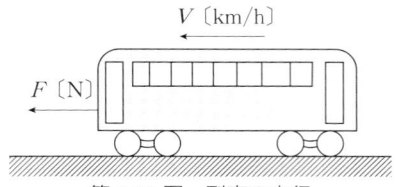

第4.10図 列車の走行

(2) 列車抵抗

列車が電動機の引張力によって走行しているとき，引張力の反作用として列車には列車抵抗が作用しています．いい換えれば，列車を走行させるには，作用する列車抵抗以上の引張力を出す必要があります．この列車抵抗には，出発抵抗，走行抵抗，こう配抵抗，曲線抵抗，ずい道抵抗等があり，列車の質量1〔t〕当たりの値〔kg/t〕で表されます．

(a) 出発抵抗

停止している列車が動き出すときの抵抗で,動き出すと急速に減少します.一般の電車では, 3 [kg/t] となっています.

(b) 走行抵抗

走行抵抗は,列車の軸受部分の摩擦抵抗,車輪とレール間の転がり摩擦抵抗,空気抵抗などがおもな要素で,条件によって異なります.

列車が速度 V [km/h] で走行しているときの走行抵抗 R_r [kg/t] は,列車質量を W [t],列車の断面積を A [m²],定数を a, b および c として,一般には次の式を用いて算出されます.

$$R_r = a + bV + \frac{cAV^2}{W} \text{ [kg/t]}$$

(c) こう配抵抗

列車が坂を登るとき,重力によって坂から列車を引き下げようとする力が作用しますが,この力がこう配抵抗です.線路のこう配は,線路長 1 000 [m] に対する高低差で表されます.こう配抵抗 R_g [kg/t] は,高低差の数値と同じ値になります.

(d) 曲線抵抗

列車が曲線路を走行するとき,直線路を走行しているときより抵抗が増加します.この曲線路で増加する抵抗を曲線抵抗といいます.曲線抵抗 R_c [kg/t] は,曲線路の曲線半径を r [m] とすると,次式で表されます.

$$R_c = \frac{800}{r} \text{ [kg/t]}$$

(e) ずい道抵抗

列車がトンネルを通過する際の抵抗で,単線区間で 2 [kg/t],複線区間で 1 [kg/t] になっています.

(3) 列車の引張力

電車用電動機の駆動力は,動力伝達機構を通して電車の動輪に伝達されます.この動輪に伝達された電動機の駆動力が,列車の引張力になります.

引張力 F [N] は,列車質量を W [t],列車抵抗を R [kg/t],重力加速度を $g = 9.8$ [m/s²] とすると,次のように表されます.

$$F = gWR = 9.8WR \text{ [N]}$$

(4) 電車用電動機の出力

電車用電動機1台当たりの出力 P〔kW〕は,列車の速度を V〔km/h〕,列車の引張力を F〔N〕,電動機の台数を N〔台〕,動力伝達効率を η〔p.u.〕とすると,次のようになります.

$$P = F \cdot V \times \frac{1\,000}{3\,600} \times \frac{1}{N} \times \frac{1}{\eta} \times \frac{1}{1\,000} = \frac{FV}{3\,600N\eta} \text{〔kW〕}$$

この出力 P〔kW〕は,$F = 9.8WR$〔N〕の関係から,列車質量 W〔t〕および列車抵抗 R〔kg/t〕を用いて,次のように表すこともできます.

$$P = \frac{FV}{3\,600N\eta} = \frac{9.8WRV}{3\,600N\eta} = \frac{WRV}{367.3N\eta} \text{〔kW〕}$$

練習問題1

乗客を含めた車両の質量208〔t〕,走行抵抗20〔kg/t〕の電車が50〔km/h〕の一定速度で走行している.駆動用電動機4台が機械効率93〔%〕の歯車で連結されている.駆動用電動機1台に要求される出力〔kW〕を計算せよ.

【解答】 152〔kW〕

【ヒント】 $P = \dfrac{WRV}{367.3N\eta}$ 〔kW〕

STEP 2

(1) 電車の加速度

速度を V_1〔km/h〕で走行している列車が,時間 t〔s〕間で速度を V_2〔km/h〕に上げたときの加速度 α'〔km/h/s〕は,次式のように表されます.

$$\alpha' = \frac{V_2 - V_1}{t} \text{〔km/h/s〕}$$

加速度 α'〔km/h/s〕の単位を変えた加速度 α〔m/s²〕は次式のようになります.

$$\alpha = \frac{V_2 \times \dfrac{1\,000}{3\,600} - V_1 \times \dfrac{1\,000}{3\,600}}{t} = \frac{V_2 - V_1}{3.6t} \text{〔m/s}^2\text{〕}$$

(2) **電車の加速力**

列車質量 W〔t〕の電車が速度を上げるために加速度を α〔m/s²〕にしたとき，増加する引張力 F_1〔N〕は，慣性係数を γ〔p.u.〕とすると次のようになります．

$$F_1 = 1\,000\,W(1+\gamma)\alpha$$

練習問題 1

時速 60〔km/h〕で走行している電車が，10〔s〕間で速度を 90〔km/h〕に上げたときの加速度〔m/s²〕を計算せよ．

【解答】 0.833〔m/s²〕

【ヒント】 $\alpha = \dfrac{V_2 - V_1}{3.6t}$

④ 電動機応用

STEP-3　総合問題

【問題1】 面積1〔km²〕に降る1時間当たり70〔mm〕の降雨を貯水池に集め，これを30台の同一仕様のポンプで均等に分担し，全揚程13〔m〕に揚水して河川に排水する場合，各ポンプの駆動用電動機の所要出力〔kW〕の値として，最も近いのは次のうちどれか．

ただし，1時間当たりの排水量は降雨量に等しく，ポンプの効率は85〔%〕，設計製作上の余裕係数は1.3とする．

(1) 126　(2) 143　(3) 492　(4) 600　(5) 878

【問題2】 電動機出力5〔kW〕，効率70〔%〕の電動ポンプで，実揚程10〔m〕，容積100〔m³〕のタンクに満水になるまで水をくみ上げるとき，何分かかるか．正しい値を次のうちから選べ．ただし，総揚程は実揚程の1.1倍とする．

(1) 42.8　(2) 47.3　(3) 51.4　(4) 59.7　(5) 63.6

【問題3】 直径60〔cm〕の巻胴を用い，1〔t〕の荷重を巻き上げている．巻胴の回転数を60〔min⁻¹〕とすれば，巻上装置に必要な動力〔kW〕はいくらか．正しい値を次のうちから選べ．ただし，この巻上装置の機械効率は80〔%〕とする．

(1) 15.0　(2) 17.8　(3) 20.6　(4) 23.0　(5) 27.9

【問題4】 定格積載質量が1 500〔kg〕，昇降速度が毎分120〔m〕のエレベータ用電動機の出力〔kW〕の値として，最も近いのは次のうちどれか．ただし，つりあいおもりの質量は，かごの質量に定格積載質量の50〔%〕を加えたものとし，機械効率は77〔%〕，加速に要する動力は無視するものとする．

(1) 8.4　(2) 16.8　(3) 19.1　(4) 25.2　(5) 33.6

【問題5】 ビルディングの空気調和装置用に送風機を使用して，風量900〔m³/min〕，風圧1 450〔Pa〕の空気を送出する場合，この送風機用電動機の所要出力〔kW〕はいくらか．正しい値を次のうちから選べ．ただし，送風機の効率は60〔%〕，余裕率1.3とする．

(1) 10.4　(2) 16.2　(3) 37.0　(4) 47.1　(5) 57.8

【問題 6】 慣性モーメント 90 [kg・m²] のはずみ車が 1 500 [min⁻¹] で回転している．このはずみ車について，次の(a)および(b)に答えよ．

(a) このはずみ車が持つ運動エネルギー [kJ] の値として，最も近いのは次のうちどれか．

(1) 20.0 (2) 395 (3) 790 (4) 1 110 (5) 1 580

(b) このはずみ車に負荷が加わり，5 秒間で回転速度が 1 500 [min⁻¹] から 1 200 [min⁻¹] まで減速した．この間にはずみ車が放出する平均出力 [kW] の値として，最も近いのは次のうちどれか．

(1) 30.2 (2) 60.5 (3) 80.0 (4) 121 (5) 241

第5章
変圧器

第5章

Lesson 1 変圧器の原理

STEP 0 事前に知っておくべき事項

- 直流
- 交流
- 磁束

覚えるべき重要ポイント

- 磁束の変化率
- コイルの起電力
- 直流電流による磁束
- 交流電流による磁束

STEP 1

(1) コイルの起電力

巻数 n の第5.1図に示すようなコイルに起電力を発生させるためには，第5.2図に示すように磁束 ϕ を鎖交させる必要があります．磁束 ϕ は目には見えませんが，磁束の磁力線が通過している仮想の状態を細線で描いています．この磁束 ϕ の大きさが変化すると，コイルには起電力が生じ，端子間には電圧が現れます．コイルに生じる起電力 e は，巻数 n と磁束の変化率をかけたものです．磁束の変化率は，微小を表す Δ の記号を用いて表すと，微小磁束 $\Delta\phi$〔Wb〕を微小時間 Δt〔s〕で割ったものです．微小記号 Δ を微積分の記号に置き換えると，微小磁束 $\Delta\phi$〔Wb〕および微小時間 Δt〔s〕は，$d\phi$〔Wb〕および dt〔s〕となります．したがってコイルの起電力 e〔V〕は，起電力の向きを示すマイナスを付けて①式のようになります．

$$e = -n\frac{\Delta\phi}{\Delta t} = -n\frac{d\phi}{dt}〔V〕 \qquad ①$$

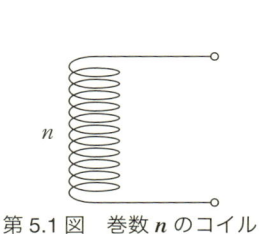

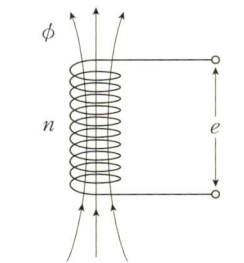

第 5.1 図　巻数 n のコイル　　第 5.2 図　コイルに鎖交する磁束

(2) 直流電流による磁束

　第 5.2 図のように鎖交させる磁束 ϕ は，磁束が出ている永久磁石をコイルに近づけてもいいし，コイルを永久磁石に近づけても鎖交します．また第 5.3 図のように電流を流して磁束が出ている別のコイルを近づけても，コイルに磁束を鎖交させることができます．コイルの起電力 e は，鎖交している磁束 ϕ が変化すれば生じますが，変化しなければ生じません．第 5.3 図のように直流電圧により一定電流 I〔A〕が流れ，巻数 n のコイルに一定磁束 ϕ が鎖交している定常状態では起電力 e は生じません．第 5.3 図のように一定磁束 ϕ が鎖交している定常状態でスイッチ S を遮断して，鎖交する磁束が減少するときと，遮断状態からスイッチ S を投入して，電流が流れだし鎖交する磁束が増加するときの過渡状態では，磁束 ϕ〔Wb〕が変化するから①式に示す起電力 e〔V〕が発生します．

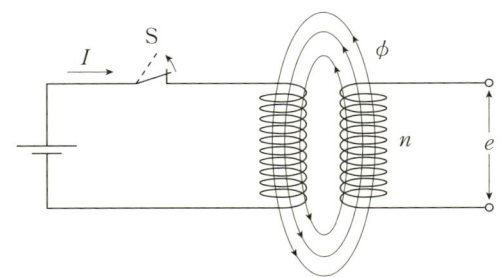

第 5.3 図　別のコイルから鎖交する磁束

(3) 交流電流による磁束

　第 5.3 図のように直流電流によって形成された磁束では，スイッチ S を操作しない限り，コイルに起電力が発生しませんが，第 5.4 図のように交流電

流を流せば，電流 I〔A〕は大きさも流れる方向も時々刻々と変化しますので，磁束 ϕ〔Wb〕の値は変化します．このためコイルには巻数 n に応じた起電力が発生します．

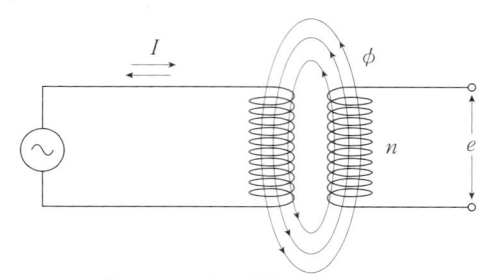

第 5.4 図　交流電流による磁束

(4) 鉄心を通過する磁束

空気中で第 5.4 図のように一方のコイルで発生させた磁束を，他方のコイルに鎖交させる場合，空気は磁気抵抗が大きく発生した磁束の一部しか他方のコイルに鎖交しません．そこで第 5.5 図に示すように，磁束を磁気抵抗の小さい鉄心の中を通して他方のコイルに鎖交させるようにすれば，一方のコイルで発生させた磁束のほとんどを他方のコイルに鎖交させることができます．大きさが変化する鎖交磁束 ϕ〔Wb〕が大きければ，巻数 n が同じであってもコイルには大きな起電力 e〔V〕が発生します．

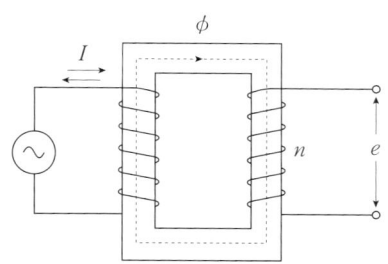

第 5.5 図　鉄心を通過する磁束

練習問題 1

巻数 100 のコイルに 0.01〔Wb〕の磁束が鎖交している．その磁束が 1 秒間当たりの変化率が $d\phi/dt = 0.1$〔Wb/s〕で変化したとき，コイルに発生する起電力の絶対値〔V〕を求めよ．

【解答】　10〔V〕

【ヒント】　$e = n\dfrac{d\phi}{dt}$〔V〕

STEP 2

(1) 変圧器の原理

第 5.6 図に示すように，交流電圧 e_1〔V〕を印加して巻数 n_1 のコイルに交流電流 I〔A〕を流し，磁束 ϕ〔Wb〕を発生させます．磁束 ϕ〔Wb〕は，鉄心の中を通って巻数 n_2 のコイルにも鎖交します．磁束 ϕ〔Wb〕は，交流電流 I〔A〕によって形成されたものですから時々刻々変化します．鎖交磁束 ϕ〔Wb〕が変化していますので巻数 n_2 のコイルには，巻数 n_2 に比例した交流の起電力 e_2〔V〕が発生します．この現象を利用して，巻数 n_2 に誘起する起電力 e_2〔V〕を，印加した電圧 e_1〔V〕より大きくしたり，小さくしたりするのが変圧器です．

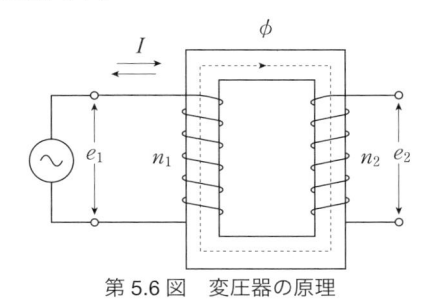

第 5.6 図　変圧器の原理

(2) 変圧器の用途

変圧器は弱電から強電まですべての電気分野において重要な電気機器です．自動車や産業用の電気機器はもちろんのこと，家電製品を含めてほとんどの電気製品に変圧器は内蔵されています．電気製品は電源から電力の供給を受

5 変圧器

けて動作しますが，電気製品内部では，制御部や駆動部など各部を動作させるために電源電圧とは異なる複数の電圧が必要なことが多くあります．このため電気製品には，複数の変圧器が内蔵され，数種類の電圧をつくり出して，回路や装置に供給します．

強電においては，電力消費地から遠く離れた発電所で発電した電力は，送電損失を少なくするため，変圧器で電圧を高めて電流を小さくして送電線に供給します．電力消費地では，送電線の高い電圧を，変圧器で使用に適した低い電圧に変成して配電線に供給します．

練習問題 1

磁束を利用する静止器や回転機などの電気機器は，次のように分類することができる．

交流で励磁する (ア) と (イ) は，負荷電流を流す巻線が磁束を発生する巻線を兼用するなどの共通点があるので，基本的に同じ形の等価回路を用いて特性計算を行う．

直流で励磁する (ウ) と (エ) は，負荷電流を流す電機子巻線と，磁束を発生する界磁巻線を分けて設ける．

上記の記述中の空白箇所(ア)，(イ)，(ウ)および(エ)に当てはまる語句を答えよ．

【解答】 (ア) 変圧器，(イ) 誘導機，(ウ) 直流機，(エ) 同期機

第5章 Lesson 2　変圧器の構造

STEP 0　事前に知っておくべき事項

- 交流の瞬時式
- 交流の実効値

覚えるべき重要ポイント

- 二巻線変圧器
- 極性
- 巻数比

STEP 1

(1) 二巻線変圧器

単相二巻線変圧器は，第5.7図に示すように鉄心に巻数がn_1とn_2の二つの巻線が巻回されて形成されています．巻数n_1のコイルを一次巻線，巻数n_2のコイルを二次巻線といいます．一次巻線には一次端子，二次巻線には二次端子がそれぞれ引き出されています．一次端子に電圧を印加すると，二次端子に大きさの異なる電圧が出力されたとき，二次端子に出力される電圧が一次端子の電圧より大きくなる変圧器を昇圧形といい，小さくなる変圧器を降圧形といいます．

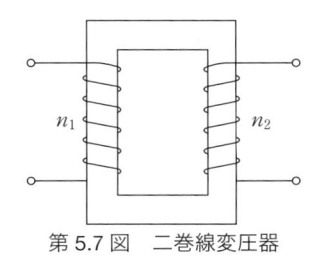

第5.7図　二巻線変圧器

(2) 誘導起電力

実効値がV_1〔V〕で，②式で示す瞬時式がe_1〔V〕の交流電圧を第5.8図

の変圧器の一次端子に印加したとき，鉄心には周波数が f〔Hz〕で等しい時間の関数である③式のような磁束 ϕ〔Wb〕が形成されます．

$$e_1 = \sqrt{2}\ V_1 \sin \omega t = \sqrt{2}\ V_1 \sin 2\pi ft \ \text{〔V〕} \qquad ②$$

$$\phi = \phi_m \sin\left(\omega t - \frac{\pi}{2}\right) = \phi_m \sin\left(2\pi ft - \frac{\pi}{2}\right) \ \text{〔Wb〕} \qquad ③$$

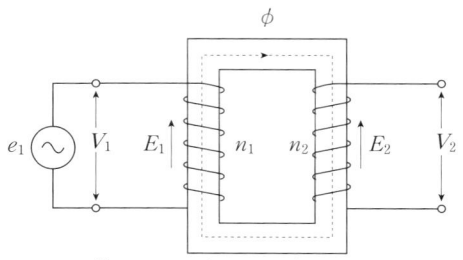

第 5.8 図　変圧器の端子電圧

磁束 ϕ〔Wb〕は，巻数 n_1 のコイルにも巻数 n_2 のコイルにも鎖交し，それぞれのコイルには誘導起電力が生じます．誘導起電力はコイルの巻数に磁束の変化率をかけたものですから，印加した交流電圧と同じ周波数 f〔Hz〕の時間の関数になります．実効値の誘導起電力 E_1 および E_2〔V〕は，磁束 ϕ の最大値が ϕ_m〔Wb〕とすると，④および⑤式のようになります．

$$E_1 = \frac{2\pi f n_1 \phi_m}{\sqrt{2}} = 4.44 f n_1 \phi_m \qquad ④$$

$$E_2 = \frac{2\pi f n_2 \phi_m}{\sqrt{2}} = 4.44 f n_2 \phi_m \qquad ⑤$$

(3) 極性

変圧器の極性は，第 5.9 図に示すように一次側端子 UV 間に電圧を印加したとき，二次側端子に現れる誘導起電力の方向をいい，減極性と加極性があります．変圧器の極性は，単相変圧器を複数台で三相変圧器に結線するときや，並列に接続して変圧器の並行運転をする場合に，考慮する必要があります．

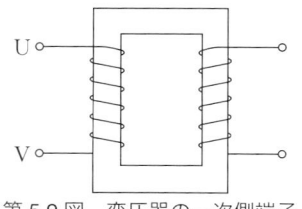

第 5.9 図　変圧器の一次側端子

(a) 減極性

　減極性は第 5.10 図(a)に示すように，電圧を印加したとき一次および二次側の誘導起電力 E_1 および E_2 の方向がともに上方に向きます．この減極性の図記号は，第 5.10 図(b)のようになり，一次側端子の UV に対応して二次側端子の uv も同じ方向に表示されます．なお，わが国では，この減極性が電力用変圧器の標準になっています．

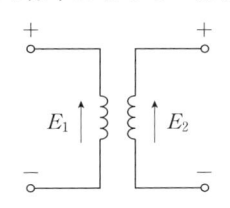

　　　(a) 減極性の誘導起電力 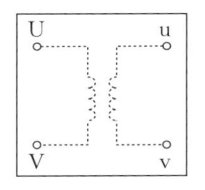　　　(b) 減極性の図記号

第 5.10 図

(b) 加極性

　加極性は第 5.11 図に示すように，一次誘導起電力 E_1 の方向が上方に向いているのに対して，二次誘導起電力側 E_2 の方向が下方に向き，逆方向になっています．この加極性の図記号は，第 5.11 図(b)のようになり，一次側端子の UV が上から表示されたのに対して，二次側端子の uv は下から表示され，逆方向に表示されています．

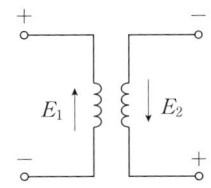

　　　(a) 加極性の誘導起電力 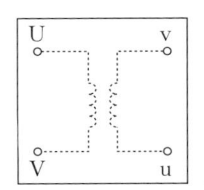　　　(b) 加極性の図記号

第 5.11 図

(4) **巻数比**

　一次誘導起電力 E_1 と E_2 〔V〕の比は，⑥式に示すように巻数比 a になります．

$$a = \frac{E_1}{E_2} = \frac{4.44 f n_1 \phi_m}{4.44 f n_2 \phi_m} = \frac{n_1}{n_2} \tag{⑥}$$

変圧器内部のインピーダンスによる電圧降下を無視すると，巻数比 a は，⑦式に示すように一次端子電圧 V_1 と二次端子電圧 V_2 の比になります．

$$a = \frac{n_1}{n_2} = \frac{E_1}{E_2} \fallingdotseq \frac{V_1}{V_2} \qquad ⑦$$

(5) 電流比

変圧器の巻線のインピーダンスや鉄心に生じる鉄損を考えない理想的な変圧器では，一次端子の入力は二次端子の出力になります．したがって一次端子の電圧 V_1〔V〕，電流 I_1〔A〕と二次端子の電圧 V_2〔V〕，電流 I_2〔A〕には，⑧式の関係が成立します．

$$V_1 I_1 = V_2 I_2 \qquad ⑧$$

電流比 a_A は，⑦および⑧式の関係から巻数比 a の逆数になります．

$$a_A = \frac{I_1}{I_2} = \frac{n_2}{n_1} = \frac{V_2}{V_1} = \frac{1}{a}$$

練習問題 1

変圧器の一次巻線の巻数が 2 550，二次巻線の巻数が 85 の場合，この変圧器の一次側に 6 300〔V〕の電圧を印加したとき，二次側端子に誘起される電圧を計算せよ．ただし，変圧器のインピーダンスや鉄損は無視できる理想的な単相変圧器とする．

【解答】 210〔V〕

【ヒント】 $a = \dfrac{n_1}{n_2} = \dfrac{V_1}{V_2}$

練習問題 2

巻数比 30 の変圧器において，二次端子に 7〔**Ω**〕の抵抗が接続され二次端子電圧が 210〔V〕であるとすれば，一次端子には何アンペアの電流が流れているか計算せよ．ただし，変圧器のインピーダンスや鉄損は無視できる理想的な変圧器とする．

【解答】 1〔A〕

【ヒント】 $a_A = \dfrac{I_1}{I_2} = \dfrac{1}{a}$

STEP 2
(1) 単巻変圧器

単巻変圧器は，第 5.12 図に示すように巻数 n_1 の直列巻線と巻数 n_2 の分路巻線が直列接続された一つの巻線から形成されます．この一つの巻線に磁束を鎖交させ，巻数 n_1 および n_2 に応じて誘起する起電力を利用します．

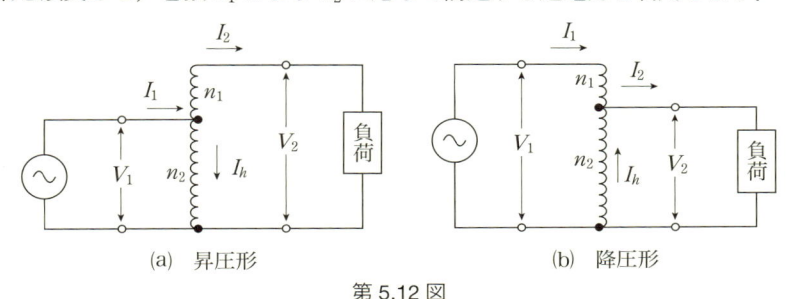

第 5.12 図

(a) 昇圧形　　(b) 降圧形

電圧 V_1 〔V〕を V_2 〔V〕に上げる第 5.12 図(a)の昇圧形は，分路巻線の両端が一次端子になります．分路巻線の一方の端子は直列巻線が直列接続され，直列接続されていない直列巻線と分路巻線の端子が二次端子になります．したがって，一方の一次端子と二次端子は共通接続されており，二巻線変圧器のように一次端子と二次端子は電気的に絶縁されていません．

電圧 V_1 〔V〕を V_2 〔V〕に下げる第 5.12 図(b)の降圧形は，直列接続されていない直列巻線と分路巻線の端子が一次端子になり，分路巻線の両端が二次端子になります．分路巻線の一方の端子は直列巻線が直列接続され，一方の一次端子と二次端子は共通接続されているため，降圧形も電気的に絶縁されていません．

(2) 昇圧形の単巻変圧器

第 5.12 図(a)に示す昇圧形単巻変圧器の巻数比 a は，励磁電流や損失を無視すれば，変圧比になり次のように表されます．

$$a = \frac{n_2}{n_1 + n_2} = \frac{V_1}{V_2}$$

この単巻変圧器が負荷に供給できる電力が負荷容量 P_L〔V・A〕で，線路容量ともいいます．負荷容量 P_L〔V・A〕は，一次電流を I_1〔A〕，二次電流を I_2〔A〕，分路巻線の電流を I_h〔A〕とすれば，次式のようになります．

$$P_L = V_1 I_1 = V_2 I_2 = V_2(I_1 - I_h) \ [\text{V} \cdot \text{A}]$$

単巻変圧器の変圧器容量 P_S [V・A] は，自己容量ともいい，次式のように表されます．

$$P_S = V_1 I_h = (V_2 - V_1) I_1 \ [\text{V} \cdot \text{A}]$$

(3) **降圧形の単巻変圧器**

第5.12図(b)に示す降圧形単巻変圧器の巻数比 a は，次のように表されます．

$$a = \frac{n_1 + n_2}{n_2} = \frac{V_1}{V_2}$$

この単巻変圧器の線路容量 P_L [V・A] と自己容量 P_S [V・A] は次式のようになります．

$$P_L = V_1 I_1 = V_2 I_2 = V_2(I_1 + I_h) \ [\text{V} \cdot \text{A}]$$
$$P_S = (V_1 - V_2) I_1 = V_2 I_h \ [\text{V} \cdot \text{A}]$$

練習問題 1

定格一次電圧 210 [V]，定格二次電圧 150 [V] の単相単巻変圧器がある．この変圧器の一次側に 210 [V] の交流電圧を印加し，二次側に負荷を接続したところ，分路巻線には 6 [A] の電流が流れた．このときの直列巻線の電流 [A] の値を計算せよ．ただし，励磁電流は無視する．

【解答】 15 [A]

【ヒント】 第 5.12 図(b)参照

第5章 Lesson 3 変圧器の等価回路

STEP 0 事前に知っておくべき事項

- 絶縁変圧器

覚えるべき重要ポイント

- 一次側換算の等価回路
- 励磁回路移動の等価回路
- 励磁回路省略の等価回路
- 二次側換算の等価回路

STEP 1

(1) 絶縁変圧器

絶縁変圧器は，第5.13図に示すように一次巻線と二次巻線が磁気的には結合しているが電気的には分離している変圧器です．

一次端子には交流電源が接続され，二次端子にはインピーダンス $\dot{Z}=R+jX$〔Ω〕の負荷が接続されている場合を考えます．一次端子の電圧 V_1 の印加によって一次誘導起電力 E_1 を誘起するとともに，一次電流 I_1 が流れます．二次側には，巻数比 a に応じた二次誘導起電力 E_2 を誘起し，負荷のインピーダンス Z で制限された二次電流 I_2 が流れます．

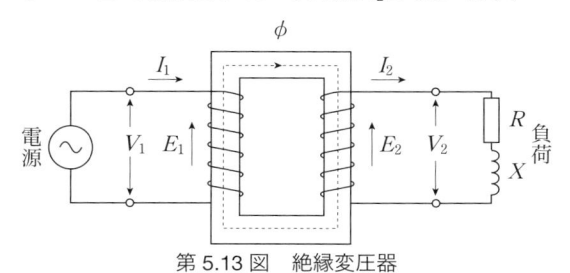

第5.13図 絶縁変圧器

(2) 絶縁変圧器の等価回路

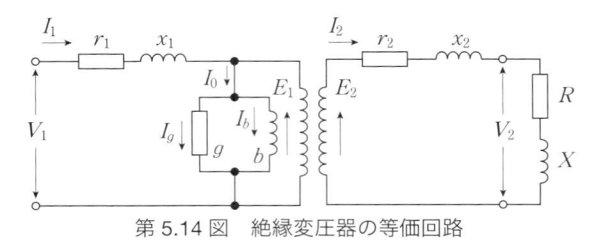

第5.14図　絶縁変圧器の等価回路

　第5.13図に示すような絶縁変圧器の等価回路は，第5.14図のようになります．一次巻線の抵抗はr_1〔Ω〕，リアクタンスはx_1〔Ω〕で，二次巻線の抵抗はr_2〔Ω〕，リアクタンスはx_2〔Ω〕です．ほかに漏れリアクタンスもありますが，簡略化するため，x_1およびx_2に含んでいるものとします．鉄心を通して二次巻線に鎖交する磁束を形成する励磁回路は，アドミタンスで表され，コンダクタンスg〔S〕とサセプタンスb〔S〕からなります．

(3) 一次側換算の等価回路

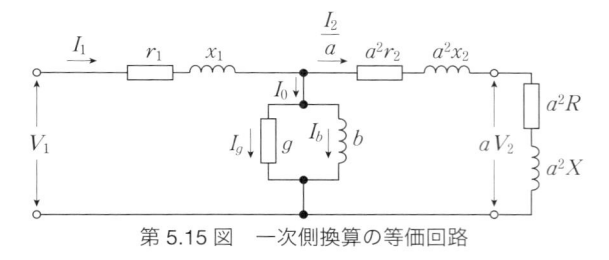

第5.15図　一次側換算の等価回路

　第5.14図の等価回路は，一次巻線と二次巻線を分離した第5.13図の実体図に合わせたものでしたが，第5.15図の等価回路は一次側から二次側を一つの等価回路として見た等価回路です．

　オームの法則から二次巻線の抵抗r_2〔Ω〕，リアクタンスx_2〔Ω〕，負荷の抵抗R〔Ω〕およびリアクタンスX〔Ω〕インピーダンスZ〔Ω〕には巻数比の2乗のa^2が付きます．二次端子電圧は巻数比aをかけてaV_2〔V〕で二次電流は巻数比aで割って$\dfrac{I_2}{a}$〔A〕になります．

(4) 励磁回路移動の等価回路

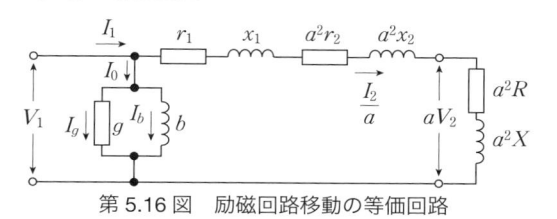

第5.16図 励磁回路移動の等価回路

磁束をつくる励磁回路は，一般的にはアドミタンス Y 〔S〕で表されます．このアドミタンスを構成するコンダクタンス g〔S〕およびサセプタンス b〔S〕の値は小さいので，第5.16図のように左側に移しても，等価回路の特性に影響はありません．なお，変圧器の鉄損は，コンダクタンス g〔S〕の消費電力になります．

(5) 励磁回路省略の等価回路

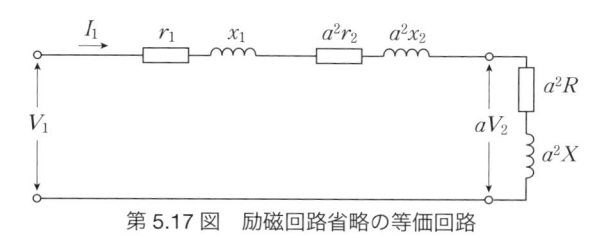

第5.17図 励磁回路省略の等価回路

励磁回路の電流や鉄損等を考える問題以外は，第5.17図のように励磁回路を取り除いても，回路計算に影響はありません．

練習問題1

単相変圧器の二次側端子間に 0.1〔Ω〕の抵抗を接続して一次側端子に電圧 90〔V〕を印加したところ，一次電流は 1〔A〕となった．この変圧器の変圧比の値を計算せよ．ただし，変圧器の励磁電流，インピーダンスおよび損失は無視する．

【解答】 変圧比 $a = 30$
【ヒント】 第5.17図参照

練習問題 2

単相変圧器の二次側端子間に 0.5〔Ω〕の抵抗を接続して一次側端子に電圧 450〔V〕を印加したところ,一次電流は 1〔A〕である.二次側端子の電圧〔V〕を計算せよ.ただし,変圧器の励磁電流,インピーダンスおよび損失は無視する.

【解答】 15〔V〕
【ヒント】 理想変圧器は,一次入力 = 二次入力

STEP 2
(1) **二次側換算の等価回路**

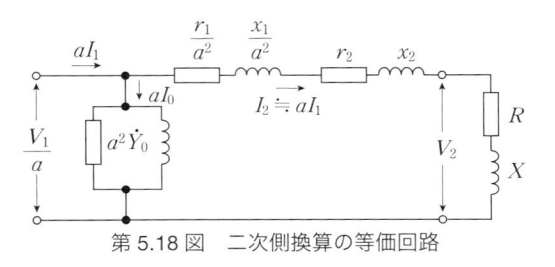

第 5.18 図 二次側換算の等価回路

変圧器の二次側から一次側を一つの等価回路として見ると,第 5.18 図のようになります.一次巻線の抵抗 r_1〔Ω〕およびリアクタンス x_1〔Ω〕は巻数比の a^2 で割ったものになり,励磁アドミタンス Y〔S〕は a^2 をかけたものになります.一次端子電圧は巻数比 a で割った $\dfrac{V_2}{a}$〔V〕になり,一次電流 I_1〔A〕および励磁電流 I_0〔A〕は巻数比 a をかけ,それぞれ aI_1〔A〕および aI_0〔A〕になります.

(2) 励磁回路省略の二次側換算等価回路

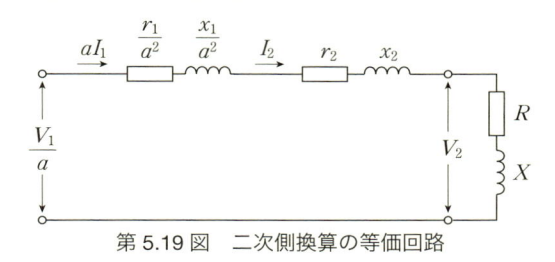

第 5.19 図　二次側換算の等価回路

二次側換算の等価回路も，励磁回路の電流や鉄損等を考える問題以外は，第 5.19 図のように励磁回路を取り除いても，回路計算に影響はありません．

練習問題 1

巻数比 $a=10$ の変圧器において，一次側から測定した励磁アドミタンスが $\dot{Y}_{12}=g-jb=(2-j6)\times10^{-6}$ 〔S〕であった．二次側換算の励磁アドミタンス $\dot{Y}_{21}$ 〔S〕を求めよ．

【解答】　$\dot{Y}_{21}=g-jb=(2-j6)\times10^{-4}$ 〔S〕

【ヒント】　第 5.18 図参照

第5章 Lesson 4 変圧器の仕様

STEP 0 事前に知っておくべき事項

- 一次側換算の等価回路
- 二次側換算の等価回路

覚えるべき重要ポイント

- 百分率抵抗降下
- 百分率リアクタンス降下
- 百分率インピーダンス降下
- 鉄損
- 全負荷銅損

STEP 1

(1) 百分率抵抗降下

百分率抵抗降下は，パーセント抵抗とも呼ばれ，定格電圧を印加して定格電流が流れたときの，定格電圧に対する変圧器の抵抗分の電圧降下の割合を表しています．この百分率抵抗降下 p 〔%〕は，一次側換算の抵抗値からでも二次側換算の抵抗値からでも求めることができます．

第5.20図の励磁回路省略の一次側換算等価回路において，一次側換算の抵抗 r_{12}〔Ω〕は，次式のようになります．

$$r_{12} = r_1 + a^2 r_2 \ 〔Ω〕$$

変圧器の百分率抵抗降下 p〔%〕は，定格一次電圧を V_{1n}〔V〕，定格一次電流を I_{1n}〔A〕とすると，次式のように表されます．

$$p = \frac{I_{1n} r_{12}}{V_{1n}} \times 100 = \frac{I_{1n}(r_1 + a^2 r_2)}{V_{1n}} \times 100$$

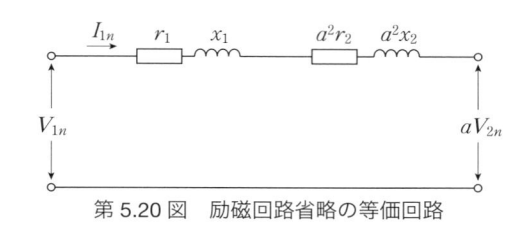

第 5.20 図　励磁回路省略の等価回路

第 5.21 図の二次側換算等価回路において，二次側換算の抵抗 r_{21}〔Ω〕は，次式のようになります．

$$r_{21} = \frac{r_1}{a^2} + r_2 \ 〔Ω〕$$

変圧器の百分率抵抗降下 p〔％〕は，定格二次電圧を V_{2n}〔V〕，定格二次電流を I_{2n}〔A〕とすると，次式のように表されます．

$$p = \frac{I_{2n} r_{21}}{V_{2n}} \times 100 = \frac{I_{2n}\left(\dfrac{r_1}{a^2} + r_2\right)}{V_{2n}} \times 100$$

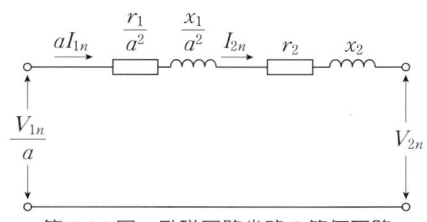

第 5.21 図　励磁回路省略の等価回路

(2) 百分率リアクタンス降下

百分率リアクタンス降下は，パーセントリアクタンスとも呼ばれ，定格電圧を印加して定格電流が流れたとき，定格電圧に対する変圧器のリアクタンス分の電圧降下の割合を表しています．この百分率リアクタンス降下 q〔％〕も，一次側換算のリアクタンス値からでも，二次側換算のリアクタンス値からでも求めることができます．

第 5.20 図の励磁回路省略の一次側換算等価回路において，一次側換算のリアクタンス x_{12}〔Ω〕は，次式のようになります．

$$x_{12} = x_1 + a^2 x_2 \ 〔Ω〕$$

したがって，変圧器の百分率リアクタンス降下 q 〔%〕は，次式のように表されます．

$$q = \frac{I_{1n} x_{12}}{V_{1n}} \times 100 = \frac{I_{1n}(x_1 + a^2 x_2)}{V_{1n}} \times 100$$

第5.21図の二次側換算等価回路において，二次側換算のリアクタンス x_{21} 〔Ω〕は，次式のようになります．

$$x_{21} = \frac{x_1}{a^2} + x_2 \ \text{〔Ω〕}$$

百分率リアクタンス降下 q 〔%〕は，次式のようになります．

$$q = \frac{I_{2n} x_{21}}{V_{2n}} \times 100 = \frac{I_{2n}\left(\dfrac{x_1}{a^2} + x_2\right)}{V_{2n}} \times 100$$

(3) **百分率インピーダンス降下**

変圧器の百分率インピーダンス降下は，パーセントインピーダンスとも呼ばれ，定格電圧を印加して定格電流が流れたとき，定格電圧に対する変圧器のインピーダンス分の電圧降下の割合を表しています．

一次側換算の複素インピーダンス $\dot{Z}_{12}$ 〔Ω〕は，第5.20図の一次側換算等価回路から明らかなように，次式のようになります．

$$\dot{Z}_{12} = r_{12} + jx_{12} = r_1 + a^2 r_2 + j(x_1 + a^2 x_2)$$

百分率インピーダンス降下 %Z 〔%〕は，⑨式のようになります．

$$\%Z = \frac{I_{1n}|\dot{Z}_{12}|}{V_{1n}} \times 100 = \frac{I_{1n}\sqrt{r_{12}{}^2 + x_{12}{}^2}}{V_{1n}} \times 100 \ \text{〔%〕} \quad ⑨$$

二次側換算の複素インピーダンス $\dot{Z}_{21}$ 〔Ω〕は，第5.21図の二次側換算等価回路から明らかなように，次式のようになります．

$$\dot{Z}_{21} = r_{21} + jx_{21} = \frac{r_1}{a^2} + r_2 + j\left(\frac{x_1}{a^2} + x_2\right)$$

したがって百分率インピーダンス降下 %Z 〔%〕は，⑩式のようになります．

$$\%Z = \frac{I_{2n}|\dot{Z}_{21}|}{V_{21n}} \times 100 = \frac{I_{2n}\sqrt{r_{21}{}^2 + x_{21}{}^2}}{V_{2n}} \times 100 \ \text{〔%〕} \quad ⑩$$

⑨式および⑩式の結果から，百分率インピーダンス降下 %Z 〔%〕は，⑪式のように百分率抵抗降下 p 〔%〕および百分率リアクタンス降下 q 〔%〕で

表すことができます．

$$\%Z = \sqrt{p^2 + q^2} \ [\%] \qquad ⑪$$

(4) 電圧変動率

変圧器の二次側に第 5.22 図(a)に示すように力率 $\cos\theta$ の定格負荷を接続したとき，二次端子は定格二次電圧 V_{2n} 〔V〕となっており，定格二次電流 I_{2n} 〔A〕が流れています．第 5.22 図(b)のように無負荷にすると，電流が流れないので二次端子は無負荷二次電圧 V_{20} 〔V〕に上昇します．

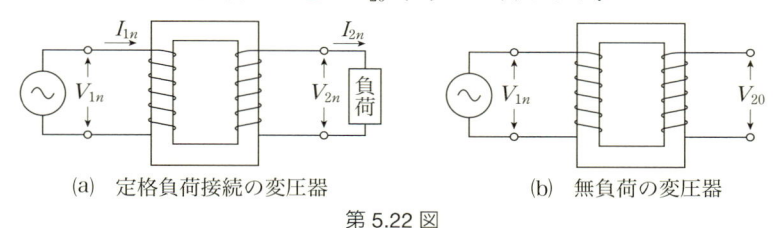

(a) 定格負荷接続の変圧器　　(b) 無負荷の変圧器

第 5.22 図

無負荷二次電圧 V_{20} 〔V〕は，第 5.23 図のベクトル図から⑫式のように表されます．

$$V_{20} = \sqrt{(V_{2n} + I_{2n}r_{21}\cos\theta + I_{2n}x_{21}\sin\theta)^2 + (I_{2n}x_{21}\cos\theta - I_{2n}r_{21}\sin\theta)^2} \qquad ⑫$$

無負荷二次電圧 V_{20} 〔V〕と定格二次電圧 V_{2n} 〔V〕の位相差 δ が小さいとき，平方根内第 2 項は無視でき，⑫式は⑬式のように近似できます．

$$V_{20} = V_{2n} + I_{2n}r_{21}\cos\theta + I_{2n}x_{21}\sin\theta \ [V] \qquad ⑬$$

第 5.23 図　変圧器のベクトル図

定格負荷時に対する無負荷時の電圧変動率 ε 〔%〕は，次式から明らかなように，百分率抵抗降下 p 〔%〕および百分率リアクタンス降下 q 〔%〕で表すことができます．

$$\varepsilon = \frac{V_{20} - V_{2n}}{V_{2n}} \times 100 = \frac{V_{2n} + I_{2n}r_{21}\cos\theta + I_{2n}x_{21}\sin\theta - V_{2n}}{V_{2n}} \times 100$$

$$= \left(\frac{I_{2n}r_{21}}{V_{2n}} \times 100\right)\cos\theta + \left(\frac{I_{2n}x_{21}}{V_{2n}} \times 100\right)\sin\theta$$

$$= p\cos\theta + q\sin\theta \ [\%]$$

(5) **短絡電流**

変圧器の二次側を短絡したときの短絡電流 I_{2s} 〔A〕は，無負荷時の電圧を $V_{20} \fallingdotseq V_{2n}$ 〔V〕とすると，テブナンの定理により次式のように表すことができます．分子分母に定格二次電流 I_{2n} 〔A〕と 100 をかけて変形すると，百分率インピーダンス降下 $\%Z$〔%〕と定格二次電流 I_{2n}〔A〕で表示できます．

$$I_{2s} = \frac{V_{2n}}{Z_{21}} = \frac{V_{2n}}{Z_{21} \times 100 I_{2n}} \times 100 I_{2n} = \frac{100}{\%Z} \times I_{2n}$$

練習問題 1

定格一次電圧 6 600〔V〕，定格二次電圧 200〔V〕の単相変圧器があり，一次巻線抵抗が 2.75〔Ω〕，二次巻線抵抗が 0.0028〔Ω〕であるとすれば，一次側に換算した全抵抗〔Ω〕を小数点以下 4 桁の数値で求めよ．

【解答】 5.7992〔Ω〕

【ヒント】 $r_{12} = r_1 + a^2 r_2$

練習問題 2

定格二次電圧 210〔V〕，定格二次電流 100〔A〕の単相変圧器があり，二次側に換算した全巻線の抵抗が 0.03〔Ω〕，リアクタンスが 0.05〔Ω〕である．この変圧器の遅れ力率 0.8 における電圧変動率〔%〕を計算せよ．

【解答】 2.57〔%〕

【ヒント】 $\varepsilon = p\cos\theta + q\sin\theta$

STEP 2

(1) **無負荷試験**

変圧器の無負荷試験は，第 5.24 図に示すように二次端子は何も接続しない開放状態として，一次端子に定格一次電圧 V_{1n}〔V〕を印加し，電流計と電力計の指示値を測定するものです．

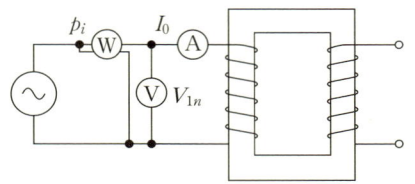

第5.24図　変圧器の無負荷試験

　無負荷試験時の等価回路は第5.25図のようになり，二次端子が開放されていますので，流れる電流は励磁電流 I_0〔A〕だけになります．

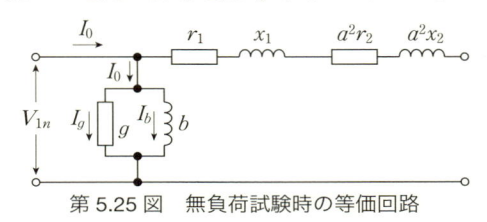

第5.25図　無負荷試験時の等価回路

　したがって励磁回路の励磁アドミタンス Y_{12}〔S〕は，次のようになります．

$$Y_{12} = |\dot{Y}_{12}| = \frac{I_0}{V_{1n}} \text{〔S〕}$$

(2) 鉄損

　変圧器の無負荷試験において，第5.24図の電力計の指示値 p_i〔W〕は変圧器の鉄損です．鉄損 p_i〔W〕は，変圧器が電源に接続されている限り，供給する負荷の電力の大きさに関わらず鉄心に生じる損失で無負荷損ともいいます．鉄損 p_i〔W〕は，等価回路ではコンダクタンスの消費電力ですから，コンダクタンス g〔S〕を流れる電流を I_g〔A〕とすると⑭式のように表されます．

$$P_i = I_g^2 \cdot \frac{1}{g} = (V_{1n} \cdot g)^2 \times \frac{1}{g} = V_{1n}{}^2 g \text{〔W〕} \qquad ⑭$$

　したがって励磁回路のコンダクタンス g〔S〕は，⑭式から⑮式のようになります．

$$g = \frac{p_i}{V_{1n}{}^2} \text{〔S〕} \qquad ⑮$$

　励磁回路のサセプタンス b〔S〕は，複素励磁アドミタンスが $\dot{Y} = g - jb$〔S〕

で，絶対値の励磁アドミタンスが $Y = \sqrt{g^2 + b^2}$ 〔S〕であるから次式のようになります．

$$b = \sqrt{Y^2 - g^2} = \sqrt{\left(\frac{I_0}{V_{1n}}\right)^2 - \left(\frac{p_i}{V_{1n}^2}\right)^2} \quad \text{〔S〕}$$

変圧器の無負荷試験は，鉄損 p_i〔W〕や励磁回路のコンダクタンス g〔S〕やサセプタンス b〔S〕を求めるための試験です．

(3) 短絡試験

変圧器の短絡試験は，第5.26図に示すように二次端子を短絡して一次巻線および二次巻線に，それぞれ定格一次電流 I_{1n}〔A〕および定格二次電流 I_{2n}〔A〕を流します．このとき一次端子に印加している一次電圧 V_{1s}〔V〕を電圧計で測定するとともに，一次電流 I_{1n}〔A〕および消費電力 p_{co}〔W〕もそれぞれ電流計および電力計で測定します．

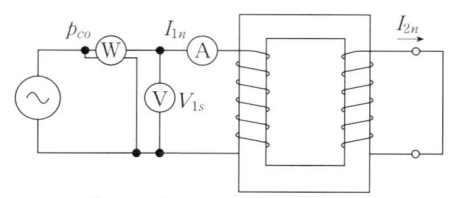

第 5.26 図　変圧器の短絡試験

短絡試験の等価回路は第5.27図のようになり励磁回路を省略できます．二次端子を短絡して定格一次電流 I_{1n} を流すための一次電圧 V_{1s} は，定格一次電圧 V_{1n} から比べると小さいため，励磁回路には電流が流れません．

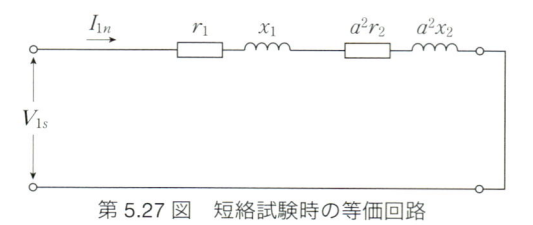

第 5.27 図　短絡試験時の等価回路

一次電圧 V_{1s}〔V〕を定格一次電流 I_{1n}〔A〕で割ったものは，一次側換算のインピーダンス Z_{12}〔Ω〕です．

$$Z_{12} = |\dot{Z}_{12}| = \frac{V_{1s}}{V_{1n}} \ \text{〔Ω〕}$$

(4) 全負荷銅損

変圧器の短絡試験において，第 5.26 図の電力計の指示値 p_{co} 〔W〕は変圧器の全負荷銅損です．全負荷銅損 p_{co} 〔W〕は，変圧器が定格電力を負荷に供給しているときに一次，二次巻線に生じる損失で全負荷損ともいいます．全負荷銅損 p_{co} 〔W〕は，一次側換算の抵抗が $r_{12} = r_1 + a^2 r_2$ 〔Ω〕ですから⑯式のように表されます．

$$p_{co} = I_{1n}^2 r_{12} = I_{1n}^2 (r_1 + a^2 r_2) \ \text{〔W〕} \tag{⑯}$$

したがって一次側換算の抵抗 r_{12} 〔Ω〕は，⑯式から次のようになります．

$$r_{12} = \frac{p_{co}}{I_{1n}^2} \ \text{〔Ω〕} \tag{⑰}$$

一次側換算のリアクタンス x_{12} 〔Ω〕は，インピーダンスの絶対値が $Z_{12} = \sqrt{r_{12}^2 + x_{12}^2}$ 〔Ω〕であるから次式のようになります．

$$x_{12} = \sqrt{Z_{12}^2 - r_{12}^2} = \sqrt{\left(\frac{V_{1s}}{I_{1n}}\right)^2 - \left(\frac{p_{co}}{I_{1n}}\right)^2} \ \text{〔Ω〕}$$

変圧器の短絡試験は，全負荷銅損 p_{co} 〔W〕や巻線のインピーダンスを求めるための試験です．短絡試験において，定格電流が流れているときの電圧計の指示値 V_{1s} 〔V〕をインピーダンスボルト，電力計の指示値 p_{co} 〔W〕をインピーダンスワットともいいます．

(5) 全負荷銅損表示の百分率抵抗降下

百分率抵抗降下 p 〔%〕の定義式の分子分母に，次式のように定格一次電流 I_{1n} 〔A〕をかけると，分母は変圧器の定格容量 P_n 〔V・A〕，分子は全負荷銅損 p_{co} 〔W〕に置き換わります．

$$p = \frac{I_{1n} r_{12}}{V_{1n}} \times 100 = \frac{I_{1n}^2 r_{12}}{V_{1n} I_{1n}} \times 100 = \frac{p_{co}}{P_n} \times 100 \ \text{〔%〕}$$

5 変圧器

練習問題 1

変圧器の二次側を短絡し，一次側の電流計が 50〔A〕を示すよう一次側の電圧を調整し，電圧計は 75〔V〕，電力計は 1 500〔W〕を示した．この変圧器の一次側からみた抵抗〔Ω〕の値を計算せよ．

ただし，電流計，電圧計および電力計は理想的な計器であるものとする．

【解答】 0.6〔Ω〕

【ヒント】 $r_{12} = \dfrac{p_{co}}{I_{1n}^2}$

練習問題 2

定格一次電圧 6 000〔V〕，定格二次電圧 200〔V〕，定格容量 30〔kV・A〕の単相変圧器を短絡試験した．一次側の電流計が 5〔A〕を示すよう一次側の電圧を調整し，電圧計は 120〔V〕，電力計は 300〔W〕を示した．この変圧器の百分率インピーダンス降下〔%〕の値を計算せよ．なお，電流計，電圧計および電力計は理想的な計器であるものとする．

【解答】 2〔%〕

【ヒント】 $Z_{12} = \dfrac{V_{1s}}{I_{1n}}$ 〔Ω〕, $\%Z = \dfrac{I_{1n} Z_{12}}{V_{1n}} \times 100$ 〔%〕

第5章
Lesson 5 変圧器の結線

STEP 0 事前に知っておくべき事項

- 単相変圧器

覚えるべき重要ポイント

- △−△ 結線
- Y−Y 結線
- △−Y 結線
- V−V 結線

STEP 1

(1) 変圧器の結線

三相変圧器は3台の単相変圧器を結線して構成されます．三相結線の基本は △ 結線(デルタけっせん)と Y 結線で，△ 結線を三角結線，Y 結線を星形結線ともいいます．三相変圧器の一次側と二次側の代表的な三相結線は以下のとおりです．

・△−△ 結線
・Y−Y 結線
・△−Y 結線
・Y−△ 結線
・V−V 結線

そのほか，3巻線変圧器の Y−Y−△ 結線や，三相電力を二相電力に変成して，電気鉄道の上り線と下り線に供給するためのスコット結線などもあります．

(2) **△−△ 結線**

△−△ 結線は第5.28図(a)に示すように，一次側も二次側も △ 結線にして電圧 V_1〔V〕を V_2〔V〕の三相電力に変成するものです．

この △−△ 結線の実際の変圧器結線は第5.28図(b)に示すようになります．縦に減極性の3台の単相変圧器を並べたとすると，一番上の変圧器の上側端

子は一番下の変圧器の下側端子と接続し，真ん中の変圧器の上側端子は上の変圧器の下側端子と接続し，下側端子は下の変圧器の上側端子と接続して△結線にします．その端子の接続点から，一次側は端子 U，V および W，二次側は端子 u，v および w がそれぞれ引き出されています．

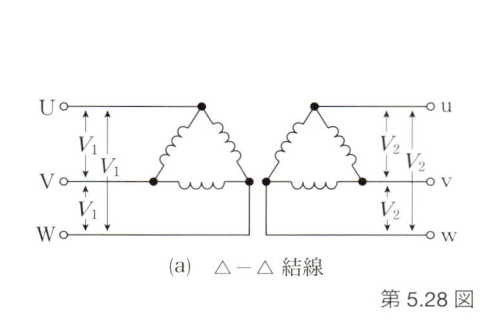

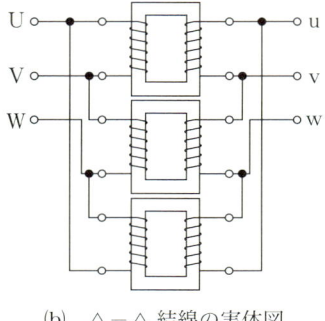

(a) △－△結線　　(b) △－△結線の実体図

第 5.28 図

(3) Y－Y 結線

Y－Y 結線は第 5.29 図(a)に示すように，一次側も二次側も Y 結線にして電圧 V_1〔V〕を V_2〔V〕の三相電力に変成するもので，実際の変圧器結線は，第 5.29 図(b)に示すようになります．

3 台の単相変圧器の下側端子は一次側も二次側もそれぞれ共通接続されています．上側端子は，一次側は端子 U，V および W，二次側は端子 u，v および w が上から順番にそれぞれ引き出されています．

この Y－Y 結線は，線電流と変圧器の巻線を流れる相電流は同じですが，相電圧 E_1〔V〕および E_2〔V〕はそれぞれ線間電圧 V_1〔V〕および V_2〔V〕の $\dfrac{1}{\sqrt{3}}$ になります．

(a) Y−Y 結線　　　　　　　　(b) Y−Y 結線の実体図

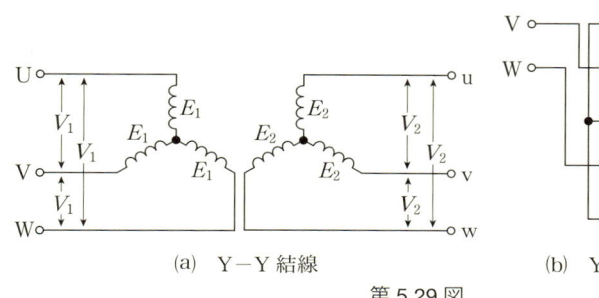

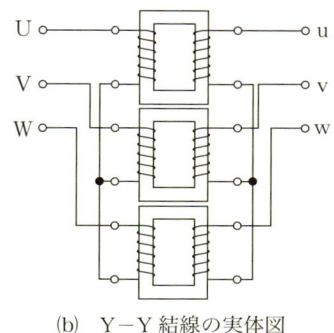

第 5.29 図

(4) △−Y 結線

△−Y 結線は第 5.30 図に示すように，一次側は △ 結線，二次側は Y 結線の接続です．

巻数比 a は，一次側の線間電圧 V_1 〔V〕と，二次側の相電圧 E_2 〔V〕の比になります．したがって電圧比 a を，線間電圧 V_1 〔V〕および V_2 〔V〕で表すと次のようになります．

$$a = \frac{V_1}{E_2} = \frac{V_1}{\frac{V_2}{\sqrt{3}}} = \frac{\sqrt{3}\,V_1}{V_2} \tag{⑱}$$

この⑱式の結果から，△−Y 結線では，二次側電圧を一次側より大きくする昇圧形変圧器の場合，△−△ や Y−Y 結線より $\sqrt{3}$ 倍大きく電圧を上げることができます．

また，二次側の線間電圧 V_2 〔V〕の位相は，△−△ や Y−Y 結線のときと比べて 30° 進むことになります．

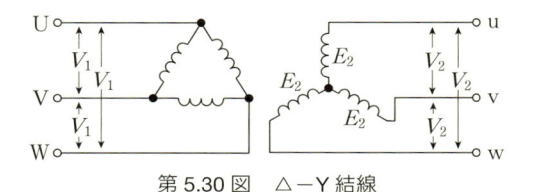

第 5.30 図　△−Y 結線

(5) Y−△ 結線

Y−△ 結線は第 5.31 図に示すように，一次側は Y 結線，二次側は △ 結線

の接続です．

巻数比 a は，一次側の相電圧 E_1〔V〕と，二次側の線間電圧 V_2〔V〕の比になります．したがって電圧比 a を，線間電圧 V_1〔V〕および V_2〔V〕で表すと次のようになります．

$$a = \frac{E_1}{V_2} = \frac{\frac{V_1}{\sqrt{3}}}{V_2} = \frac{V_1}{\sqrt{3}\,V_2} \tag{⑲}$$

この⑲式の結果から，Y－△結線では，二次側電圧を一次側より小さくする降圧形変圧器の場合，△－△ や Y－Y 結線より $\sqrt{3}$ 倍大きく電圧を下げることができます．

また，二次側の線間電圧 V_2〔V〕の位相は，△－△ や Y－Y 結線のときと比べて 30° 遅れることになります．

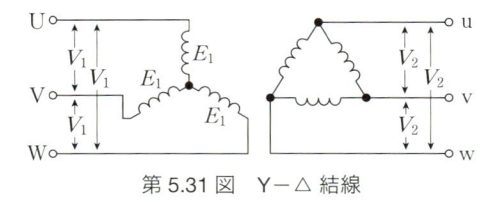

第 5.31 図　Y－△ 結線

練習問題 1

巻数比が 30 である同一仕様の単相変圧器 3 台を，一次側は星形結線，二次側は三角結線にして，三相変圧器として使用する．一次側を 6 600〔V〕の三相配電線に接続したとき，二次側の線間電圧の値〔V〕を計算せよ．
ただし，変圧器の励磁電流，インピーダンスおよび損失は無視する．

【解答】　127〔V〕

【ヒント】　$a = \dfrac{V_1}{\sqrt{3}\,V_2}$

STEP 2

(1) V－V 結線

V－V 結線は，2 台の単相変圧器で三相電力に変成するものです．結線図は，第 5.32 図(a)のようになり，変圧器の実体結線図は，第 5.32 図(b)に示すよう

になります．

V−V結線は，△−△結線から1台の変圧器を取り除いたものと同じです．第5.32図(a)において，端子U−V間には変圧器がありませんが，二次側端子u−v間には，v−w間とw−u間の位相の異なる電圧の差が出力され，この差電圧は△−△結線のときと同じです．

このようにV−V結線は，変圧器が2台であっても，電圧 V_1〔V〕から V_2〔V〕の三相電力に変成できます．

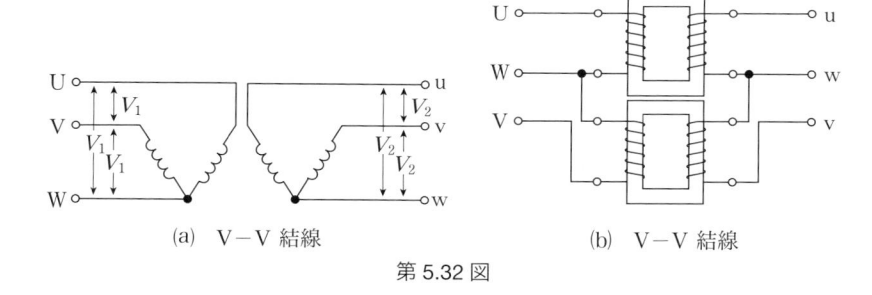

(a) V−V結線

(b) V−V結線

第5.32図

(2) V−V結線のベクトル図

V−V結線の二次側に力率 $\cos\theta$ 三相平衡負荷を接続し，二次電流 I_2〔A〕が流れているときのベクトル図は第5.33図のようになります．ベクトル図では，複素数表示の電圧 $\dot{V}_{uv}$〔V〕を基準に描いています．線間電圧 V_2〔V〕および線電流 I_2〔A〕は絶対値表示であり，複素数表示との関係は次式のとおりです．

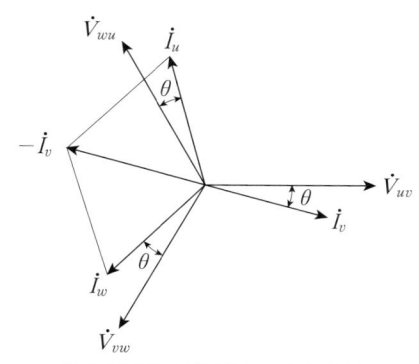

第5.33図 V結線のベクトル図

$$V_2 = |\dot{V}_{uv}| = |\dot{V}_{vw}| = |\dot{V}_{wu}| \text{ [V]}$$
$$I_2 = |\dot{I}_u| = |\dot{I}_v| = |\dot{I}_w| \text{ [A]}$$

v端子の線電流 $\dot{I}_v$ [A] は，三相平衡負荷ですから，$\dot{I}_u + \dot{I}_v + \dot{I}_w = 0$ の関係が成立し，$\dot{I}_v = -\dot{I}_v = -(\dot{I}_u + \dot{I}_w)$ となってベクトル図のようになります．

(3) **V－V結線の利用率**

線間電圧 V_2 [V]，線電流 I_2 [A]，力率 $\cos\theta$ の三相平衡負荷の三相有効電力 P [kW] は，⑳式のように表されます．

$$P = \sqrt{3}\ V_2 I_2 \cos\theta \text{ [kW]} \tag{⑳}$$

三相平衡負荷にV－V結線の変圧器で電力を供給したとすれば，⑳式において1台の単相変圧器容量は $P_n = V_2 I_2$ [kV・A] ですから，V－V結線の三相出力は，$P_v = \sqrt{3}\ P_n$ [kV・A] になります．

したがって変圧器の利用率 p [%] は㉑式から明らかなように，$p = 86.6$ [%] になります．

$$p = \frac{P_v}{2P_n} \times 100 = \frac{\sqrt{3}\ P_n}{2P_n} \times 100 = \frac{\sqrt{3}}{2} \times 100 \fallingdotseq 86.6 \tag{㉑}$$

練習問題1

定格容量200 [kV・A]，定格一次電圧6.6 [kV] で特性の等しい単相変圧器が2台あり，各変圧器の定格負荷時の負荷損は3 000 [W] である．この変圧器2台をV－V結線し，一次電圧6.6 [kV] で180 [kW] の三相平衡負荷をかけたとき，2台の変圧器の負荷損の合計値 [W] を計算せよ．

ただし，負荷の力率は1とする．

【解答】　1 620 [W]

【ヒント】　負荷損は負荷率の2乗に比例する．

第5章 Lesson 6 変圧器の運転

STEP 0 事前に知っておくべき事項

- 変圧器の結線

覚えるべき重要ポイント

- 変圧器の効率
- 最大効率の条件
- 変圧器の全日効率
- 変圧器の並行運転
- 並行運転の条件

STEP 1

(1) 変圧器の効率

変圧器が第5.34図に示すように負荷の電力 P_o〔W〕を供給しているとき，一次入力が P_i〔W〕であれば，変圧器の効率 η〔%〕は次式のように表されます．

$$\eta = \frac{P_o}{P_i} \times 100$$

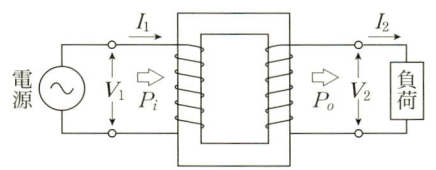

第5.34図 負荷を接続した変圧器

一次入力 P_i〔W〕は，第5.35図から明らかなように，負荷への供給電力 P_o〔W〕に，銅損 p_c〔W〕および鉄損 p_i〔W〕を合計したものです．したがって変圧器の効率 η〔%〕は，次式のように銅損 p_c〔W〕および鉄損 p_i〔W〕を用いて表すこともできます．

$$\eta = \frac{P_o}{P_i} \times 100 = \frac{P_o}{P_o + p_i + p_c} \times 100$$

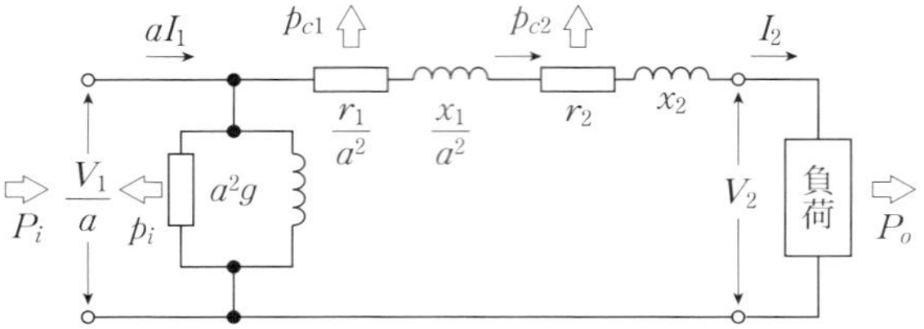

第5.35図 二次側換算の等価回路

(2) **負荷率を用いた変圧器効率**

また，変圧器の効率 η〔%〕は，次式のように二次電圧 V_2〔V〕，二次電流 I_2〔A〕および負荷力率 $\cos\theta$ を用いて表すこともできます．

$$\eta = \frac{P_o}{P_o + p_i + p_c} \times 100 = \frac{V_2 I_2 \cos\theta}{V_2 I_2 \cos\theta + p_i + \left(\dfrac{r_1}{a^2} + r_2\right)I_2{}^2} \times 100$$

変圧器の容量を P_n〔V・A〕，全負荷銅損を p_{co}〔W〕，負荷率を α とすると，変圧器の効率 η〔%〕は，㉒式のようになります．

$$\eta = \frac{V_2 I_2 \cos\theta}{V_2 I_2 \cos\theta + p_i + \left(\dfrac{r_1}{a^2} + r_2\right)I_2{}^2} \times 100$$

$$= \frac{\alpha P_n \cos\theta}{\alpha P_n \cos\theta + p_i + \alpha^2 p_{co}} \times 100 \qquad ㉒$$

(3) **最大効率の条件**

変圧器の効率 η〔%〕の式を，㉓式のように分母，分子を負荷率 α で割ると，分母だけが負荷率 α を含む式になります．効率 η〔%〕が最大になる条件は，㉓式の分母が最小になるときです．

$$\eta = \frac{\alpha P_n \cos\theta}{\alpha P_n \cos\theta + p_i + \alpha^2 p_{co}} \times 100 = \frac{P_n \cos\theta}{P_n \cos\theta + \dfrac{p_i}{\alpha} + \alpha p_{co}} \times 100 \qquad ㉓$$

すなわち，効率 η〔%〕が最大になる負荷率 α は，最小値の定理より，㉔式の条件が成立するときです．

$$\frac{p_i}{\alpha} = \alpha p_{co} \tag{㉔}$$

効率 η 〔%〕が最大になる負荷率 α は，㉔式から㉕式のようになります．

$$\alpha = \sqrt{\frac{p_i}{p_{co}}} \tag{㉕}$$

以上の結果から，効率 η 〔%〕が最大になる条件は，負荷の大きさに応じて変動する銅損が，大きさが変動しない鉄損と同じ大きさ（鉄損＝銅損）になるときです．

(4) 変圧器の全日効率

変圧器の効率を示す㉒式などは，いずれもある瞬間の効率を表しますが，全日効率 η_d 〔%〕は 1 日 24 時間を通しての変圧器の入力電力量 W_i 〔W・h〕と出力電力量 W_o 〔W・h〕の割合で㉖式のようになります．

$$\eta_d = \frac{W_o}{W_i} \times 100 \text{〔\%〕} \tag{㉖}$$

出力電力量 W_o 〔W・h〕は負荷に供給した電力量で，変圧器の容量を P_n 〔V・A〕，全負荷銅損を p_{co} 〔W〕，負荷率を α，負荷力率を $\cos\theta$，電力供給時間を T 〔h〕とすると，次のように表されます．

$$W_o = \alpha P_n \cos\theta\, T \text{〔W・h〕}$$

入力電力量 W_i 〔W・h〕は出力電力量 W_o 〔W・h〕と損失電力量 W_l 〔W・h〕の合計です．損失電力量 W_l 〔W・h〕は，鉄損を p_i 〔W〕全負荷銅損を p_{co} 〔W〕とすると，鉄損損失電力量は負荷への供給電力量に関係なく 24 〔h〕通して生じるものであるから次式のようになります．

$$W_l = 24 p_i + \alpha^2 p_{co} T \text{〔W・h〕}$$

全日効率 η_d 〔%〕は，以上の結果から次式のように表されます．

$$\eta_d = \frac{W_o}{W_o + W_l} \times 100 = \frac{\alpha P_n \cos\theta \cdot T}{\alpha P_n \cos\theta \cdot T + 24 p_i + \alpha^2 p_{co} \cdot T} \times 100 \text{〔\%〕}$$

5 変圧器

練習問題1

ある単相変圧器において，負荷が全負荷の $\frac{2}{3}$ のときに効率が最大になる．この変圧器の負荷が全負荷の $\frac{1}{3}$ のときの銅損 P_c と鉄損 P_i の比 $\left(\frac{P_c}{P_i}\right)$ の値を計算せよ．ただし，二次電圧および負荷力率は一定とする．

【解答】 0.25

【ヒント】 $\alpha = \sqrt{\dfrac{p_i}{p_{co}}}$

練習問題2

定格容量 100〔kV・A〕，鉄損 400〔W〕，全負荷銅損 1 500〔W〕の変圧器があり，この変圧器を，1日のうち 8 時間は力率 0.8 の定格容量で運転し，それ以外の時間は無負荷で運転したとき，全日効率〔%〕の値を計算せよ．

【解答】 96.7〔%〕

【ヒント】 $\eta_d = \dfrac{\alpha P_n \cos\theta \cdot T}{\alpha P_n \cos\theta \cdot T + 24 p_i + \alpha^2 p_{co} \cdot T} \times 100$ 〔%〕

STEP 2

(1) 変圧器の並行運転

変圧器の並行運転は，1 台では容量が不足するときや損失の少ない効率的な運転をするときなどに，複数の変圧器を並列接続して負荷に電力を供給することです．

2 台の変圧器を並列接続して負荷に電力を供給している並行運転を，第5.36 図に示します．2 台の変圧器定格が全く同じものであれば，負荷に供給する電力は半分ずつ分担することになります．A 変圧器の定格容量が P_{nA}〔V・A〕，百分率短絡インピーダンスが $\%Z_A$〔%〕，B 変圧器の定格容量が P_{nB}〔V・A〕，百分率短絡インピーダンスが $\%Z_B$〔%〕のように異なる場合には，並行運転

の条件を満たす必要があり，分担する負荷容量は異なってきます．

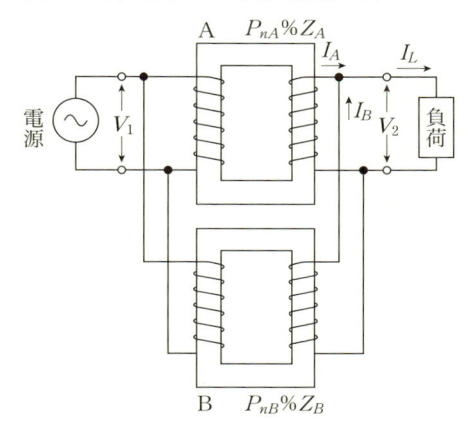

第5.36図　変圧器の並行運転

(2)　**並行運転の条件**

変圧器の並行運転の条件を列挙すると，次の(a)〜(e)のようになります．

(a)　各変圧器の極性が一致している．
(b)　各変圧器の巻数比が等しい．
(c)　各変圧器の百分率短絡インピーダンスが等しい．
(d)　各変圧器の巻線抵抗 r とリアクタンス x の比 $\dfrac{r}{x}$ が等しい．
(e)　三相変圧器は各変圧器の相回転が等しい．

並行運転条件の根拠：

各変圧器の極性が一致していなければ，変圧器は二次側で短絡することになります．

また，巻数比が等しくなければ，変圧器に二次側に異なる電圧を誘起して，差電圧による循環電流が変圧器間に流れることになります．

さらに，百分率短絡インピーダンスが等しくなければ，各変圧器の定格容量に比例した負荷電流を分担させることはできません．

また，各変圧器の巻線抵抗 r とリアクタンス x の比 r/x が等しくなければ，各変圧器の分担電流が同相になりません．そのため負荷に供給できる出力が低下することになります．

三相変圧器では，各変圧器の相回転が等しくなければ三相電力は変成でき

ません．

(3) 並行運転の分担電流

第5.36図に示した変圧器並行運転の実体図を，AおよびB変圧器二次側換算インピーダンス，すなわち短絡インピーダンスをそれぞれ Z_A 〔Ω〕および Z_B 〔Ω〕として単線結線図に直すと第5.37図のようになります．

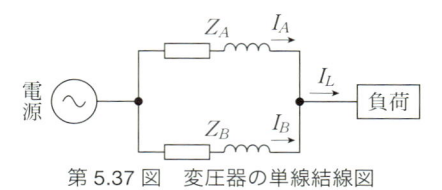

第5.37図　変圧器の単線結線図

並行運転において，負荷電流が I_L 〔A〕のときのAおよびB変圧器の分担電流 I_A 〔A〕および I_B 〔A〕は，オームの法則から次のように表されます．

$$I_A = \frac{Z_B}{Z_A + Z_B} \times I_L \ \text{〔A〕}$$

$$I_B = \frac{Z_A}{Z_A + Z_B} \times I_L \ \text{〔A〕}$$

(4) 並行運転の分担負荷

負荷 P_L 〔V・A〕の電圧が V_2 〔V〕とすると，負荷電流は $I_L = \dfrac{P_L}{V_2}$ 〔A〕，分担電流は $I_A = \dfrac{P_A}{V_2}$ 〔A〕および $I_B = \dfrac{P_B}{V_2}$ 〔A〕ですから，分担容量 P_A 〔V・A〕および P_B 〔V・A〕は，次のようになります．

$$P_A = \frac{Z_B}{Z_A + Z_B} \times P_L \ \text{〔V・A〕}$$

$$P_B = \frac{Z_A}{Z_A + Z_B} \times P_L \ \text{〔V・A〕}$$

短絡インピーダンス Z_A 〔Ω〕および Z_B 〔Ω〕と，百分率短絡インピーダンス $\%Z_A$ 〔%〕および $\%Z_B$ 〔%〕の関係は，定格二次電圧を V_{2n} 〔V〕とすると次のようになります．

$$\%Z_A = \frac{Z_A P_{nA}}{V_{2n}^2} \times 100$$

$$\%Z_B = \frac{Z_B P_{nB}}{V_{2n}^2} \times 100$$

$$Z_A = \frac{\%Z_A V_{2n}^2}{100 P_{nA}}$$

$$Z_B = \frac{\%Z_B V_{2n}^2}{100 P_{nB}}$$

分担容量 P_A〔V・A〕および P_B〔V・A〕を，百分率短絡インピーダンス $\%Z_A$〔%〕および $\%Z_B$〔%〕を用いた式で表すと，次のようになります．

$$P_A = \frac{Z_B}{Z_A + Z_B} \times P_L = \frac{\dfrac{\%Z_B V_{2n}^2}{100 P_{nB}}}{\dfrac{\%Z_A V_{2n}^2}{100 P_{nA}} + \dfrac{\%Z_B V_{2n}^2}{100 P_{nB}}} \times P_L$$

$$= \frac{\dfrac{\%Z_B}{P_{nB}}}{\dfrac{\%Z_A}{P_{nA}} + \dfrac{\%Z_B}{P_{nB}}} \times P_L \ \text{〔V・A〕} \qquad \text{㉖}$$

$$P_B = \frac{Z_A}{Z_A + Z_B} \times P_L = \frac{\dfrac{\%Z_A V_{2n}^2}{100 P_{nA}}}{\dfrac{\%Z_A V_{2n}^2}{100 P_{nA}} + \dfrac{\%Z_B V_{2n}^2}{100 P_{nB}}} \times P_L$$

$$= \frac{\dfrac{\%Z_A}{P_{nA}}}{\dfrac{\%Z_A}{P_{nA}} + \dfrac{\%Z_B}{P_{nB}}} \times P_L \ \text{〔V・A〕} \qquad \text{㉗}$$

(5) **百分率短絡インピーダンス表示の分担負荷**

㉖式，㉗式の結果に，A 変圧器の定格容量 P_{nA}〔V・A〕を分母分子にかけて整理をすると次のようになります．

$$P_A = \frac{\dfrac{\%Z_B}{P_{nB}}}{\dfrac{\%Z_A}{P_{nA}} + \dfrac{\%Z_B}{P_{nB}}} \times P_L = \frac{\dfrac{\%Z_B}{P_{nB}} \cdot P_{nA}}{\%Z_A + \dfrac{\%Z_B}{P_{nB}} \cdot P_{nA}} \times P_L$$

$$= \frac{\%Z_B{}'}{\%Z_A + \%Z_B{}'} \times P_L \;[\mathrm{V\cdot A}] \qquad ㉘$$

$$P_B = \frac{\dfrac{\%Z_A}{P_{nA}}}{\dfrac{\%Z_A}{P_{nA}} + \dfrac{\%Z_B}{P_{nB}}} \times P_L = \frac{\%Z_A}{\%Z_A + \dfrac{\%Z_B}{P_{nB}} \cdot P_{nA}} \times P_L$$

$$= \frac{\%Z_A}{\%Z_A + \%Z_B{}'} \times P_L \;[\mathrm{V\cdot A}] \qquad ㉙$$

㉘式,㉙式において,$\%Z_B{}'$はA変圧器の定格容量$P_{nA}\;[\mathrm{V\cdot A}]$に変換した百分率短絡インピーダンス[%]です.分担容量$P_A\;[\mathrm{V\cdot A}]$および$P_B\;[\mathrm{V\cdot A}]$は,B変圧器の定格容量に変換した百分率短絡インピーダンス$\%Z_A{}'\;[\%]$で表すと,㉚式,㉛式のようになります.

$$P_A = \frac{\%Z_B}{\%Z_A{}' + \%Z_B} \times P_L \;[\mathrm{V\cdot A}] \qquad ㉚$$

$$P_A = \frac{\%Z_A{}'}{\%Z_A{}' + \%Z_B} \times P_L \;[\mathrm{V\cdot A}] \qquad ㉛$$

練習問題 1

定格電圧および巻数比が等しい2台のAおよびB変圧器がある.変圧器の定格容量はそれぞれ30 [kV・A] および20 [kV・A] であり,短絡インピーダンスはそれぞれ5 [Ω] および10 [Ω] である.この2台の変圧器を並列に接続して,45 [kV・A] の負荷に電力を供給しているとき,B変圧器の分担負荷 [kV・A] の値を計算せよ.ただし,各変圧器の巻線の抵抗とリアクタンスの比は等しいものとする.

【解答】 15 [kV・A]

【ヒント】 $P_B = \dfrac{Z_A}{Z_A + Z_B} \times P_L$

STEP 3　総合問題

【問題1】 同一仕様である3台の単相変圧器の一次側を星形結線,二次側を三角結線にして,三相変圧器として使用する.二次側に負荷として10〔Ω〕の抵抗器3個を星形に接続した.一次側を6 600〔V〕の三相高圧母線に接続したところ,二次側の負荷電流は20〔A〕であった.この単相変圧器の変圧比は次のうちどれか.

　　ただし,変圧器の励磁電流,インピーダンスおよび損失は無視する.

(1) 11　　(2) 30　　(3) 33　　(4) 60　　(5) 66

【問題2】 定格容量300〔kV・A〕の単相変圧器3台を△－△結線1バンクとして使用している.ここで,同一仕様の単相変圧器1台を追加し,V－V結線2バンクとして使用するとき,全体として増加させることができる三相容量〔kV・A〕の値として,最も近いのは次のうちどれか.

(1) 139　　(2) 184　　(3) 232　　(4) 283　　(5) 300

【問題3】 次の定数をもつ定格一次電圧6 300〔V〕,定格二次電圧210〔V〕,定格二次電流476〔A〕の単相変圧器について,(a)および(b)の問に答えよ.

　　ただし,励磁アドミタンスは無視して,巻線のインピーダンスは以下のとおりとする.

　　一次巻線抵抗 $r_1 = 2.78$〔Ω〕,一次漏れリアクタンス $x_1 = 7.25$〔Ω〕

　　二次巻線抵抗 $r_2 = 0.00287$〔Ω〕,二次漏れリアクタンス $x_2 = 0.00735$〔Ω〕

(a) この変圧器の百分率インピーダンス降下〔%〕の値として,最も近いものを次の(1)～(5)のうちから一つ選べ.

　　(1) 3.01　　(2) 3.16　　(3) 3.49　　(4) 3.74　　(5) 4.00

(b) この変圧器の二次側に力率0.8（遅れ）の定格負荷を接続して運転しているときの電圧変動率〔%〕の値として,最も近いものを次の(1)～(5)のうちから一つ選べ.

　　(1) 2.64　　(2) 3.00　　(3) 3.17　　(4) 3.33　　(5) 3.82

【問題4】 定格容量75〔kV・A〕の単相変圧器がある.この変圧器を定格

電圧，力率 100〔%〕，全負荷の $\frac{3}{4}$ 負荷で運転したとき，鉄損と銅損が等しくなり，そのときの効率は 98.4〔%〕であった．この変圧器について，次の(a)および(b)に答えよ．

ただし，鉄損と銅損以外の損失は無視する．

(a) この変圧器の鉄損〔W〕の値として，最も近いのは次のうちどれか．
　(1) 382　　(2) 425　　(3) 457　　(4) 472　　(5) 536

(b) この変圧器を全負荷，力率 100〔%〕で運転したときの銅損〔W〕の値として，最も近いのは次のうちどれか．
　(1) 453　　(2) 579　　(3) 611　　(4) 712　　(5) 812

【問題 5】 定格容量 200〔kV・A〕の変圧器があり，負荷が定格容量の $\frac{2}{3}$ の大きさで力率 100〔%〕のときに，最大効率 98.8〔%〕が得られる．この変圧器について，次の(a)および(b)に答えよ．

(a) 最大効率 98.8〔%〕が得られるときの銅損〔W〕の値として，最も近いのは次のうちどれか．

ただし，変圧器の損失のうち，鉄損と銅損以外の損失は無視する．

　(1) 375　　(2) 381　　(3) 607　　(4) 761　　(5) 810

(b) この変圧器を，1日のうち 8 時間は力率 0.8 の定格容量で運転し，それ以外の時間は無負荷で運転したとき，全日効率〔%〕の値として，最も近いのは次のうちどれか．

　(1) 93.8　　(2) 94.6　　(3) 95.5　　(4) 96.8　　(5) 97.4

【問題 6】 二つの変圧器 A および B について，変圧器 A は 30〔kV・A〕，インピーダンス 3.0〔%〕，鉄損 200〔W〕，全負荷時銅損 550〔W〕，変圧器 B は 50〔kV・A〕，インピーダンス 3.0〔%〕，鉄損 300〔W〕，全負荷時銅損 800〔W〕である．変圧器 A は 5〔kW〕，力率 100〔%〕の負荷を，変圧器 B は 50〔kW〕，力率 100〔%〕の負荷を負って単独運転している．この変圧器について，次の(a)および(b)に答えよ．

(a) 変圧器 A および B が単独運転しているとき，損失の合計〔W〕の値と

して，最も近いのは次のうちどれか．
(1) 873　(2) 1 028　(3) 1 315　(4) 1 634　(5) 1 850

(b) 変圧器 A および B を並行運転に切り換えて，同じ負荷に供給するように変更すれば電力損失は何ワット軽減できるか．最も近い値は次のうちどれか．
(1) 111　(2) 125　(3) 131　(4) 159　(5) 177

第6章
パワーエレクトロニクス

第6章 Lesson 1 電力変換素子

STEP 0 事前に知っておくべき事項

- 導体
- 不導体（絶縁体）

覚えるべき重要ポイント

- ダイオード
- トランジスタ
- サイリスタ
- FET
- IGBT

STEP 1

(1) **半導体**

　周期表4価のゲルマニウムやシリコンなどの純度の高い半導体を，真性半導体といいます．真性半導体に3価のホウ素Bなどの微量の不純物を加えると，正孔を有するp形半導体になり，5価のリン（P）などの微量の不純物を加えると，価電子を持つn形半導体になります．3価の不純物をアクセプタ，5価の不純物をドナーといいます．これらのp形半導体やn形半導体を接合させて，ダイオードやトランジスタなどがつくられます．

　なお，今では「半導体」といった場合，半導体材料そのものではなく，半導体を用いてつくられたダイオードやトランジスタ，またそれらの集積回路であるICなどを指すことが多くなっています．

(2) **ダイオード**

　ダイオードは，第6.1図(a)に示すようにp形半導体とn形半導体の2層からなり，p形半導体には陽極のアノードA，n形半導体には陰極のカソードCが第6.1図(b)の記号に示すようにそれぞれ設けられます．アノード・カソード間に，アノードが正，カソードが負の順方向電圧を印加すると，第6.2

図に示すように大きな電流が流れますが，アノードが負，カソードが正の逆方向電圧を印加してもあまり電流は流れません．これをダイオードの整流作用といい，この整流作用は交流を直流に変換する電源回路に用いられています．

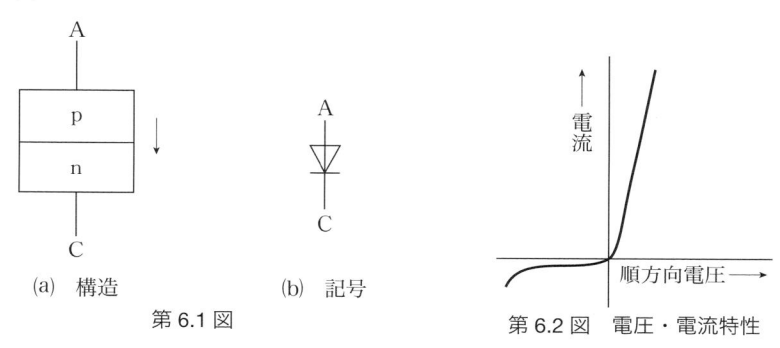

(a) 構造　　(b) 記号

第 6.1 図

第 6.2 図　電圧・電流特性

(3) トランジスタ

トランジスタは半導体の3層構造で，pnp 形と npn 形の 2 種類がありますが，電力用には npn 形がよく用いられます．npn 形の半導体構造を第 6.3 図(a)に示し，記号は第 6.3 図(b)のように描きます．一方の n 形半導体にはコレクタ（C），他方の n 形半導体にはエミッタ（E），p 形の半導体にはベース（B）の電極がそれぞれ形成されています．

ベースに電圧を印加してベース電流を流し，コレクタとエミッタの間に電圧を印加するとコレクタ電流が流れます．コレクタ電流は，第 6.4 図に示すようにベース電流が大きいほど増加します．このようにトランジスタは，ベース電流によってコレクタ・エミッタ間の電流を増やせる増幅作用や，スイッチング作用を有しており，スイッチング作用は大きな電流の導通を制御する回路に用いられています．

(a) 構造　(b) 記号
第 6.3 図

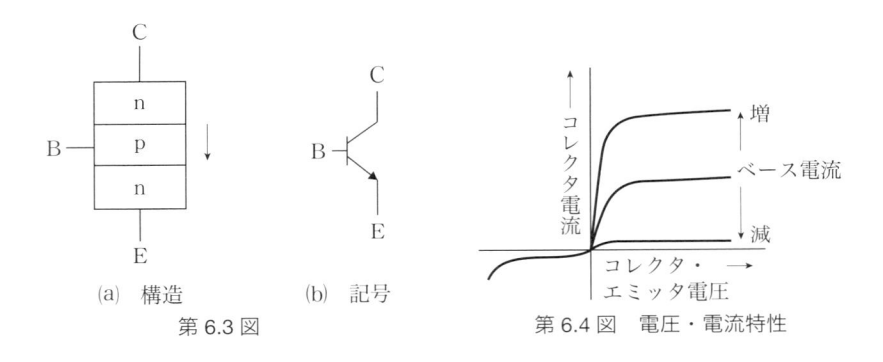

第 6.4 図　電圧・電流特性

(4) **サイリスタ**

サイリスタは正式名の逆阻子三端子サイリスタを簡略に呼んだものです．第 6.5 図(a)に示すように pnp の 3 層構造に半導体の層を一つ増した pnpn の 4 層の構造をもつスイッチング素子であり，第 6.5 図(b)のような記号で描きます．原理的には，第 6.6 図に示すように pnp と npn の二つのトランジスタを接続したもので，陽極のアノード（A），陰極のカソード（K）および制御極のゲート（G）が設けられています．

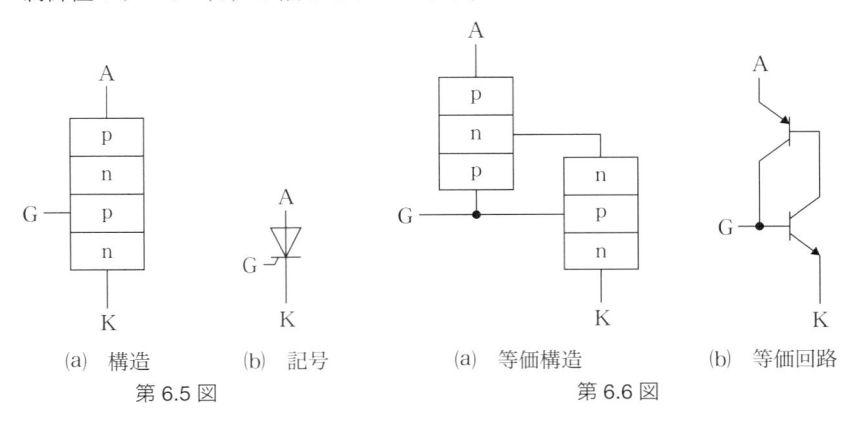

(a) 構造　(b) 記号
第 6.5 図

(a) 等価構造　(b) 等価回路
第 6.6 図

第 6.7 図　電圧・電流特性

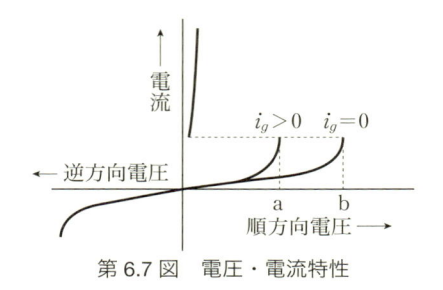

　サイリスタはアノードが正でカソードが負の順方向電圧を印加しても，ダイオードのようにすぐにはアノード・カソード間が導通しません．順方向電圧を印加した状態で，第 6.7 図に示すようにゲートからゲート電流 i_g を流入させると，アノード・カソード間が導通して順方向電流が流れます．アノード・カソード間が導通することをターンオンといい，$i_g>0$ の条件の下でターンオンはゲート電流が大きいほど，すなわち a より小さい順方向電圧で起こります．なお，ゲート電流が $i_g=0$ であっても，順方向電圧を高めていくと，アノード・カソード間は導通しますが，この b の順方向電圧をブレークオーバ電圧といいます．

　以上のサイリスタの特性を利用して，ゲートにパルスを印加してゲート電流を制御することにより，アノード・カソード間に印加した交流電圧を任意の位相角で導通させることができます．

　例えば，位相が 0 から 0〜π〔rad〕の正の半周期において，制御角 α〔rad〕でゲートにパルスを供給するとアノード・カソード間は位相角 α から π〔rad〕まで導通します．アノード・カソード間が導通すると，パルスのゲート電流がなくなっても，交流電圧の極性が反転する位相角 180°まで導通は持続します．位相角 π〔rad〕でアノード・カソード間の極性が反転すると導通は止まり，ターンオフします．

　サイリスタは，任意の位相角で導通を制御できる特性を有しているので，交流を直流に直す電源回路をはじめ，位相制御が必要なあらゆる回路に使われています．

(a)　トライアック

　トライアックは双方向三端子サイリスタで，第 6.8 図(a)の原理図に示すようにアノードとカソードを逆にしたサイリスタ 2 個を並列接続し，ゲートが

共通になっています．記号は第 6.8 図(b)に示します．

トライアックは第 6.9 図に示すように，交流電圧 e〔V〕の $0 \sim \pi$〔rad〕までの正の半周期も，$\pi \sim 2\pi$〔rad〕までの負の半周期も制御可能です．

第 6.8 図(a)の原理図において上側のサイリスタは，第 6.9 図に示すように制御角 α〔rad〕でゲートパルス v_g〔V〕が供給されターンオンし，位相角 π〔rad〕でターンオフします．下側のサイリスタは，制御角 $\pi+\alpha$〔rad〕でゲートパルス v_g〔V〕が供給されターンオンし，位相角 2π〔rad〕でターンオフします．

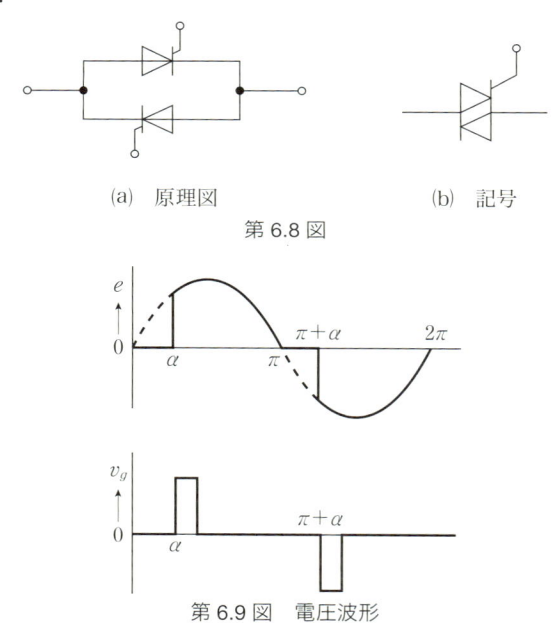

(a) 原理図　　　(b) 記号

第 6.8 図

第 6.9 図　電圧波形

(b) 光トリガサイリスタ

光トリガサイリスタは，ターンオンさせるためのゲート信号が電圧や電流ではなく，光信号でターンオンできるようにしたものです．光信号は，発光ダイオードやレーザダイオードなどの光源から光ファイバを通して受光部のゲートに与えられます．ゲート信号が電圧や電流の場合は，近くの部品や電力回路からの電磁誘導によって影響を受ける可能性がありますが，ゲート信号が光信号の場合は，電磁誘導の影響がありません．このため制御回路がノ

イズ等によって誤動作を起こすことが少なく，高電圧の電力回路を精度よく制御することができます．

ノイズの影響を受けないという特性から，光トリガサイリスタは周波数変換設備や直流送電設備における交直変換装置，無効電力補償装置（SVC）や，大容量回転機の始動装置（SS）などに使われています．

(c) GTO

GTO（Gate Turn-Off thyristor：ゲートターンオフサイリスタ）は，ゲート信号でターンオンもターンオフもできるサイリスタです．逆阻子三端子サイリスタは，ターンオンした後，アノード・カソード間の電圧が所定値以下に下がらなければターンオフしませんが，任意の位相角でゲート信号を供給してGTOはターンオフさせることができます．

GTOの半導体構造の一例と記号を第6.10図に示します．GTOは第6.10図(a)に示すように，カソード電極を形成するn形半導体を複数に分割するとともに，p形半導体に形成したゲート電極（G）を，分割したn形半導体の間から引き出すなどして，ゲート電極でカソード電極（K）を囲むようにしてあります．このため，アノード・カソード間のキャリア電流を，負のゲート電流を流したときに引き抜いてターンオフさせることができます．

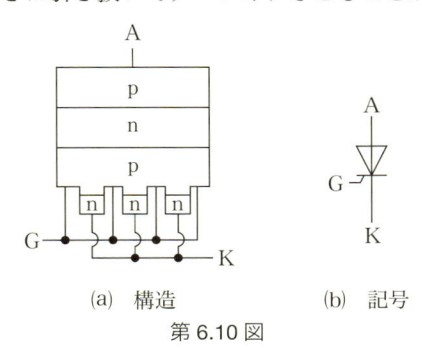

(a) 構造　　　(b) 記号

第6.10図

(5) **FET**

FET（Field Effect Transistor：電界効果トランジスタ）は，ゲート電極に印加した電圧で電界を発生させ，ソース・ドレイン電極間の電流を制御できるようにしたトランジスタです．pnpまたはnpnの半導体接合型のトランジスタは，キャリアとして電子と正孔の2種類を動作させるためバイポー

ラトランジスタといわれますが，FETは電子または正孔のいずれか一方しか動作させませんのでユニポーラトランジスタともいいます．電子を動作させるnチャネル形と，正孔を動作させるpチャネル形があります．小形化が容易であるため，集積回路の素子として用いられ，いくつかの種類があります．酸化金属皮膜のゲート電極を半導体上に形成したMOSFET（Metal Oxide Semiconductor FET）が主流になっています．大電力を制御できるように設計されたものがパワーMOSFETで，nチャネル形の断面構造の一例と記号を第6.11図に示します．

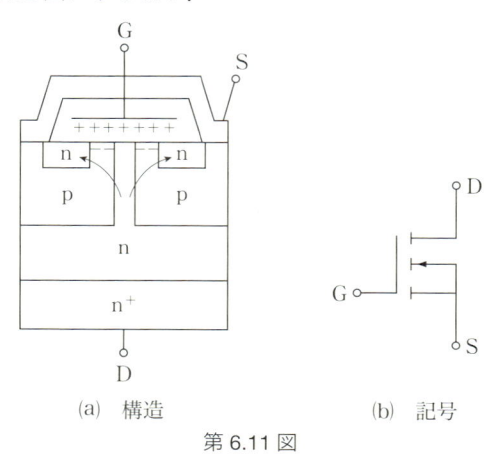

(a) 構造　　(b) 記号

第6.11図

ドレーン（D）は接合型のトランジスタのコレクタ，ソース（S）はエミッタにそれぞれ相当します．構造図において，p形半導体に挟まれたn形半導体にゲート電極（G）の電界を作用させチャネルと呼ばれる電子の薄い層を形成し，ソース・ドレーン電極間の電流を制御します．なお電界を作用させるためにゲート・ソース間に電圧を印加しても，抵抗が大きいため，ゲートにはほとんど電流が流れません．

(6) **IGBT**

IGBT（Insulated Gate Bipolar Transistor：絶縁ゲートバイポーラトランジスタ）は，ゲート電圧を正にしたり，負にしたりすることで電流のオン，オフの制御ができるスイッチング素子です．ゲート部にMOSFETが組み込まれたバイポーラトランジスタで，半導体構造の一例と記号を第6.12図に示します．

MOSFETに構造が似ていますが，pnpの3層が基本構造で，一方のp形半導体にコレクタが形成され，他方のp形半導体はn形半導体を挟むように二つに分割されています．このp形半導体に挟まれたn形半導体と，分割されたp形半導体上にそれぞれ形成された小さいn形半導体に，ゲート電極の電界を作用させて，コレクタ－エミッタ間の電流のオン，オフの制御を行います．

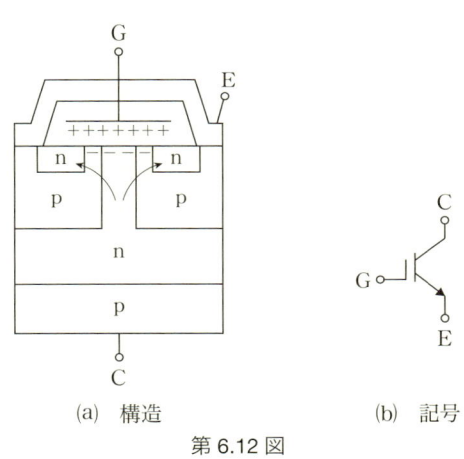

(a) 構造　　　　　　(b) 記号

第6.12図

練習問題 1

　半導体電力変換装置では，整流ダイオード，サイリスタ，パワートランジスタ（バイポーラパワートランジスタ），パワーMOSFET，IGBTなどのパワー半導体デバイスがバルブデバイスとして用いられている．バルブデバイスに関する次の(1)～(5)の記述の中から，誤っているものを一つ選べ．

(1) 整流ダイオードは，n形半導体と p 形半導体とによる pn 接合で整流を行う．

(2) 逆阻止三端子サイリスタは，ターンオンだけが制御可能なバルブデバイスである．

(3) パワーMOSFET は，おもに電圧が低い変換装置において高い周波数でスイッチングする用途に用いられる．

(4) IGBT は，バイポーラと MOSFET との複合機能デバイスであり，それぞれの長所を併せ持つ．

(5) パワートランジスタは，遮断領域と能動領域とを切り換えて電力スイッチとして使用する．

【解答】　(5)

STEP 2

(1) **自己消弧形素子の特性**

　トランジスタ，GTO，MOSFET および IGBT などのバルブデバイスは，サイリスタと比べると，素子自体で容易に主電流をターンオフできるので自己消弧形素子といいます．これらの自己消弧形素子の使用上の制御容量や動作周波数の概略を表したものを第 6.13 図に示します．概略図から以下の特徴が明らかになります．

- GTO の制御容量がいちばん大きい．
- MOSFET は制御容量が小さいが，10 〔kHz〕以上の高い周波数でも使用できる．
- トランジスタや IGBT は，GTO と MOSFET の中間の特性を有し制御容量が数百 kV・A 以下，動作周波数が数 kHz 以下の使用になる．

Lesson 1 電力変換素子

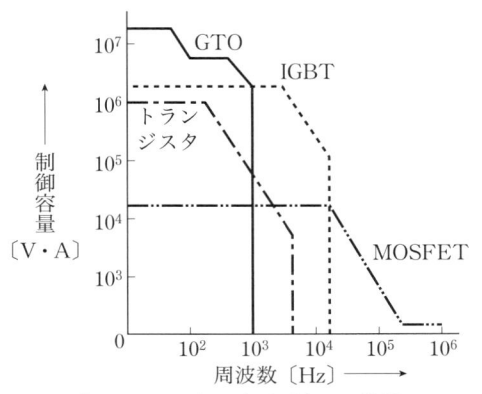

第6.13図 自己消弧形素子の特性

> **練習問題1**
>
> 逆阻止三端子サイリスタとnpn形のバイポーラトランジスタを比較する下記の文章の空白箇所(ア), (イ), および(ウ)に該当する語句を答えよ.
>
> パワーエレクトロニクスのスイッチング素子として, 逆阻止三端子サイリスタは, 素子のカソード端子に対して, アノード端子に加わる電圧が (ア) のとき, ゲートに電流を注入するとターンオンする. 同様に, npn形のバイポーラトランジスタでは, 素子のエミッタ端子に対し, コレクタ端子に加わる電圧が (イ) のとき, ベースに電流を注入するとターンオンする.
>
> なお, オンしている状態をターンオフさせる機能がある素子は (ウ) である.

【解答】 (ア) 正, (イ) 正, (ウ) npn形のバイポーラトランジスタ

第6章 Lesson 2 整流回路

STEP 0 事前に知っておくべき事項

- ダイオード
- サイリスタ

覚えるべき重要ポイント

- 単相半波整流回路
- 単相全波整流回路
- 三相半波整流回路
- 三相全波整流回路

STEP 1

(1) 整流回路の出力

整流回路は，第 6.14 図(a)に示す単相交流電圧や第 6.14 図(b)の三相交流電圧を，第 6.14 図(c)に示す直流電圧に変換する回路です．交流電圧は値が時々刻々と変化し，正の半周期と負の半周期を繰り返しています．その交流電圧を，ダイオードやサイリスタなどのスイッチング素子の整流作用を利用して一方向の脈動電圧にし，その脈動電圧を平滑化して時間 t〔s〕に関わらず一定の直流電圧 V〔V〕に変換します．

(a) 単相交流電圧

(b) 三相交流電圧

(c) 直流電圧
第 6.14 図

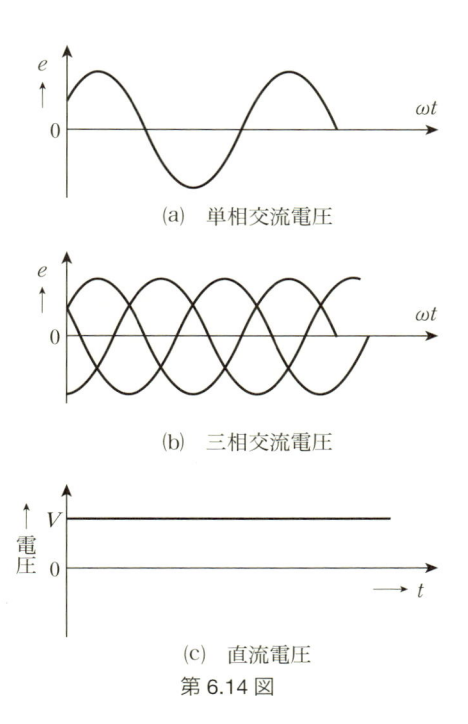

(2) 単相半波整流回路

単相半波整流回路は，交流電圧の半周期の電圧だけを整流する回路で，第 6.15 図にサイリスタ 1 個で構成した単相半波整流回路を示します．

電源電圧の正の半周期 $0\sim\pi$〔rad〕間に制御角 α〔rad〕でサイリスタのゲートにパルスを印加して導通させたとき，抵抗負荷に加わる電圧 e_d〔V〕および流れる電流 i_d〔A〕の波形図は第 6.16 図のようになります．

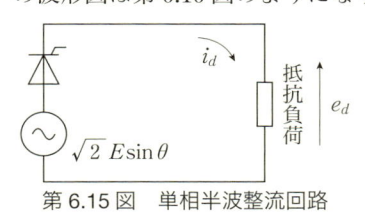

第 6.15 図　単相半波整流回路

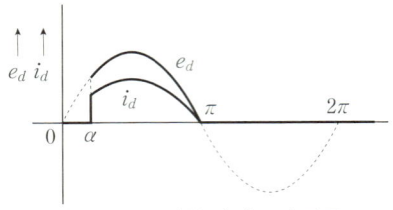

第 6.16 図　単相半波の波形図

電源電圧の実効値を E〔V〕としたとき，第 6.16 図に示す波形の平均電圧 E_d〔V〕は，①式のようになります．

$$E_d = 0.45E\left(\frac{1+\cos\alpha}{2}\right) \text{〔V〕} \tag{①}$$

参考として，積分を用いて①式を導く過程は②式のとおりです．

$$E_d = \frac{1}{2\pi}\int_\alpha^\pi \sqrt{2}\,E\sin\theta\,\mathrm{d}\theta = \frac{\sqrt{2}\,E}{2\pi}\left[-\cos\theta\right]_\alpha^\pi = \frac{\sqrt{2}\,E}{2\pi}(1+\cos\alpha)$$

$$= 0.45E\left(\frac{1+\cos\alpha}{2}\right) \text{〔V〕} \tag{②}$$

(3) 単相全波整流回路

4個のサイリスタ A, B, C および D で構成した単相全波整流回路を第 6.17 図に示します．なお単相全波整流回路は，4個のサイリスタが対向接続されて構成されるので，4個の抵抗が対向接続されて構成されるホイートストンブリッジと同じように単相ブリッジ整流回路ともいいます．

正の半周期の $0\sim\pi$〔rad〕の期間は制御角 α〔rad〕でサイリスタ A および C を導通させ，負の半周期の $\pi\sim 2\pi$〔rad〕の期間は制御角 $\pi+\alpha$〔rad〕でサイリスタ B および D を導通させます．このため第 6.18 図の波形図に示すように，負の半周期の電圧も反転されて正の半周期の電圧と同じように抵抗負荷に印加されます．

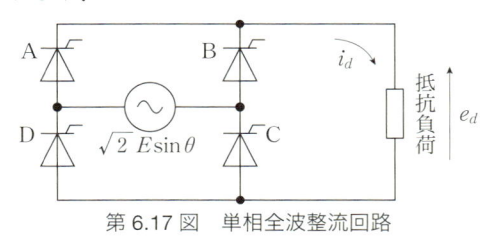

第 6.17 図　単相全波整流回路

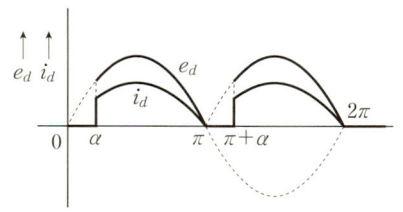

第6.18図　単相全波整流の波形図

第6.18図に示す単相全波整流波形の平均電圧 E_d〔V〕は，③式のようになります．

$$E_d = 0.9E\left(\frac{1+\cos\alpha}{2}\right) \text{〔V〕} \qquad ③$$

積分を用いて③式を導く過程は④式のとおりです．

$$E_d = \frac{1}{\pi}\int_\alpha^\pi \sqrt{2}\, E\sin\theta\, d\theta = \frac{\sqrt{2}\, E}{\pi}[-\cos\theta]_\alpha^\pi = \frac{\sqrt{2}\, E}{\pi}(1+\cos\alpha)$$

$$= 0.9E\left(\frac{1+\cos\alpha}{2}\right) \text{〔V〕} \qquad ④$$

(4) 三相半波整流回路

三相半波整流回路は，第6.19図に示すようにY結線した電源の出力端子に，3個のサイリスタA，BおよびCのアノードをそれぞれ接続し，カソードは共通接続して抵抗負荷に接続します．抵抗負荷のもう一端はY結線した電源の中性点に接続します．したがって三相電源の相電圧を，サイリスタA，BおよびCで位相制御して抵抗負荷に供給します．3個のサイリスタを制御角 α〔rad〕で位相制御したときの抵抗負荷の電圧 e_d〔V〕は，第6.20図の波形図に示すような形になります．

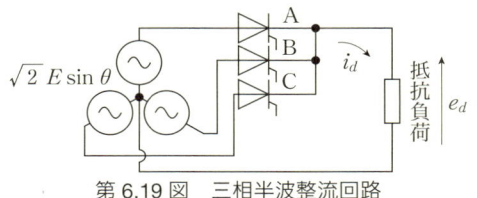

第6.19図　三相半波整流回路

第 6.20 図　三相半波整流の電圧波形

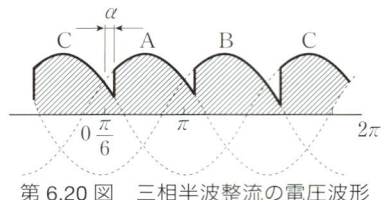

電源電圧の相電圧を E〔V〕としたとき，第 6.20 図に示す波形の平均電圧 E_d〔V〕は，⑤式のようになります．

$$E_d = 1.17 E \cos \alpha \ \text{〔V〕} \tag{⑤}$$

積分を用いて⑤式を導く過程は⑥式のとおりです．

$$\begin{aligned}
E_d &= \frac{1}{\frac{2\pi}{3}} \int_{\frac{\pi}{6}+\alpha}^{\frac{5}{6}\pi+\alpha} \sqrt{2}\, E \sin \theta \, d\theta \\
&= \frac{3\sqrt{2}\,E}{2\pi} \bigl[-\cos\theta\bigr]_{\frac{\pi}{6}+\alpha}^{\frac{5}{6}\pi+\alpha} = \frac{3\sqrt{6}}{2\pi} E \cos \alpha \\
&= 1.17 E \cos \alpha \ \text{〔V〕} \tag{⑥}
\end{aligned}$$

(5)　**三相全波整流回路**

三相全波整流回路は，第 6.21 図に示すように 6 個のサイリスタ A～F を用いて構成されます．

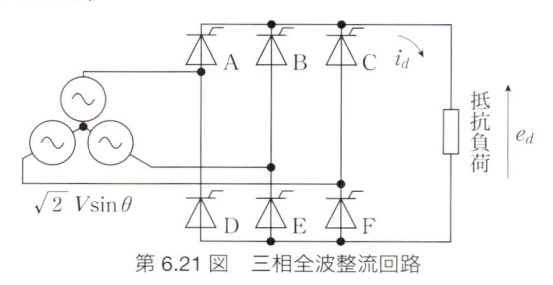

第 6.21 図　三相全波整流回路

サイリスタ A と D，B と E および C と F をそれぞれ直列接続し，それぞれの接続点に三相電源の出力端子が接続されます．そしてサイリスタ A，B および C のカソードは共通接続され抵抗負荷の ＋ 端子に接続，サイリスタ D，E および F のアノードも共通接続され抵抗負荷の － 端子に接続されます．したがって三相電源の線間電圧を，6 個のサイリスタを制御角 α〔rad〕で

位相制御して抵抗負荷に供給します．このときの抵抗負荷の電圧 e_d〔V〕は，第 6.22 図の波形図に示すような形になります．

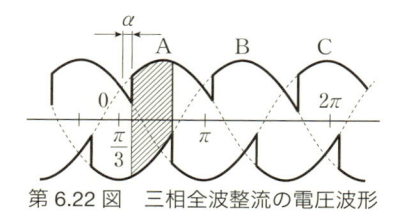

第 6.22 図 三相全波整流の電圧波形

電源電圧の線間電圧を V〔V〕としたとき，第 6.21 図に示す波形の平均電圧 E_d〔V〕は，⑦式のようになります．

$$E_d = 1.35 V \cos \alpha \text{〔V〕} \tag{⑦}$$

積分を用いて⑦式を導く過程は⑧式のとおりです．

$$\begin{aligned}
E_d &= \frac{1}{\frac{\pi}{3}} \int_{\frac{\pi}{3}+\alpha}^{\frac{2}{3}\pi+\alpha} \sqrt{2}\ V \sin \theta \mathrm{d}\theta \\
&= \frac{3\sqrt{2}\ V}{\pi} [-\cos \theta]_{\frac{\pi}{3}+\alpha}^{\frac{2}{3}\pi+\alpha} = \frac{3\sqrt{2}}{\pi} V \cos \alpha \\
&= 1.35 V \cos \alpha \text{〔V〕}
\end{aligned} \tag{⑧}$$

(6) ダイオード構成の出力電圧

スイッチング素子をサイリスタではなくダイオードで構成したとき位相制御は行えないので，単相半波整流回路，単相全波整流回路，三相半波整流回路および三相全波整流回路の平均電圧 E_d〔V〕は，制御角が $\alpha = 0$〔rad〕であるから次式のようになります．

単相半波整流回路：$E_d = 0.45 E$〔V〕

単相全波整流回路：$E_d = 0.9 E$〔V〕

三相半波整流回路：$E_d = 1.17 E$〔V〕

三相全波整流回路：$E_d = 1.35 V$〔V〕

練習問題 1

サイリスタを用いた単相ブリッジ整流回路に単相 100〔V〕の交流電源を接続し,制御角 30°で位相制御して 10〔Ω〕の抵抗負荷に加えるとき,抵抗負荷の平均電圧を求めよ.ただし,整流回路のインピーダンスおよび整流素子の電圧降下は無視する.

【解答】 84〔V〕

【ヒント】 $E_d = 0.9E\left(\dfrac{1+\cos\alpha}{2}\right)$〔V〕

STEP 2

(1) 誘導性負荷の位相制御

インダクタンス L〔H〕を含んだ誘導性負荷を接続した単相半波整流回路を第 6.23 図に示します.

負荷が抵抗 R〔Ω〕のみであれば,電流波形はサイリスタ T のターンオンとターンオフに同期し,第 6.24 図(a)に示すように,零クロス点が電圧波形と一致する電流 i〔A〕が流れます.

誘導性負荷の場合,第 6.24 図(b)に示すように,サイリスタ T が位相制御角 α でターンオンしても電流 i〔A〕はインダクタンス L〔H〕に電磁エネルギーを蓄えるため抵抗 R〔Ω〕のみのときのように急激に増加しません.

また,位相 π〔rad〕でサイリスタ T がターンオフしても,今度はインダクタンス L〔H〕に蓄えた電磁エネルギーを電流として放出するため,還流ダイオード D を経由して電流 i〔A〕が流れます(第 6.24 図(b)).

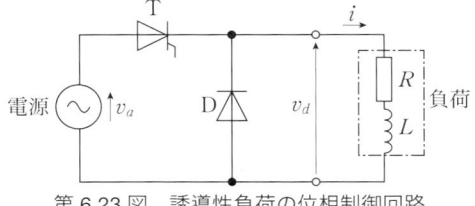

第 6.23 図 誘導性負荷の位相制御回路

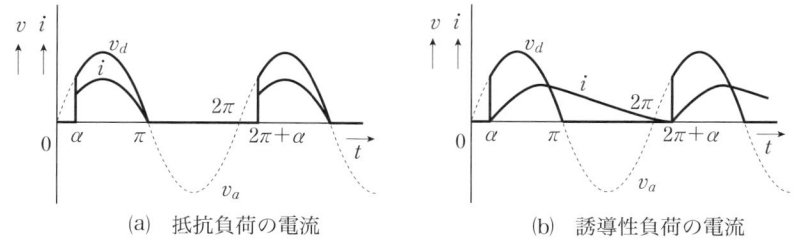

(a) 抵抗負荷の電流　　　　　　(b) 誘導性負荷の電流

第 6.24 図

練習問題 1

パワーエレクトロニクス回路に用いられる部品であるリアクトルとコンデンサ，回路成分としてはインダクタンス成分とキャパシタンス成分，およびバルブデバイスの働きに関する文章の中で誤っているのは次のうちどれか．

(1) リアクトルとコンデンサは，バルブデバイスがオン，オフすることによって断続する瞬時電力を平滑化する部品である．

(2) リアクトルは電流でエネルギーを蓄積し，コンデンサは電圧でエネルギーを蓄積する部品である．

(3) 交流電源の内部インピーダンスは，通常，インダクタンス成分を含むので，交流電源に流れている電流をバルブデバイスで遮断しても，遮断時に交流電源の端子電圧が上昇することはない．

(4) 交流電源を整流した直流回路に使われる平滑用コンデンサが交流電源電圧のピーク値近くまで充電されていないと，整流回路のバルブデバイスがオンしたときに，電源および整流回路の低いインピーダンスによって平滑用コンデンサに大きな充電電流が流れる．

(5) リアクトルに直列に接続されるバルブデバイスの電流を遮断したとき，リアクトルの電流が環流する電流路ができるように，ダイオードを接続して使用することがある．その場合，リアクトルの電流は，リアクトルのインダクタンス値〔H〕とダイオードを通した回路内の抵抗値〔Ω〕とで決まる時定数で減少する．

【解答】　(3)

第6章 Lesson 3 インバータ

STEP 0 事前に知っておくべき事項

- トランジスタ
- サイリスタ
- IGBT

覚えるべき重要ポイント

- インバータの原理
- インバータの分類
- 電圧形インバータ
- 誘導性負荷の電流波形
- 三相インバータ

STEP 1

(1) インバータの出力波形

インバータは第 6.25 図(a)のような直流電圧から，第 6.25 図(b)のような交流電圧をつくりだす回路または装置をいいます．直流は電圧 V〔V〕が時間 t〔s〕に関係なく一定ですが，インバータの出力は交流ですから，半周期ごとに電圧 V〔V〕と電圧 $-V$〔V〕の方形波を繰り返しています．

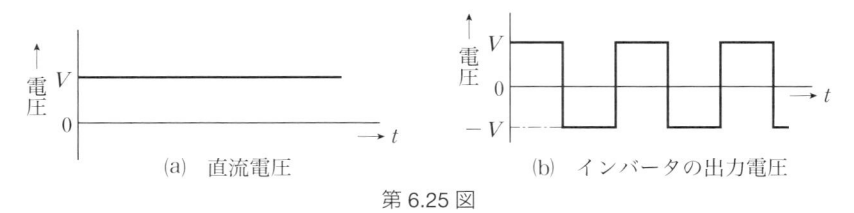

(a) 直流電圧　　(b) インバータの出力電圧

第 6.25 図

交流電圧から直流電圧に変換する回路を順変換回路というのに対し，インバータは直流電圧を交流電圧に変換する回路であり，逆変換回路とも呼ばれます．

(2) インバータの原理

第 6.25 図(b)の波形図のような交流電圧をつくりだす回路は，第 6.26 図のように直流電圧 V〔V〕を切り換える四つのスイッチ S_1〜S_4 で構成できます．スイッチ S_1 と S_3 の接続点 A と，スイッチ S_2 と S_4 の接続点 B 間に負荷である抵抗 R〔Ω〕を接続し，スイッチ S_1〜S_4 を切り換えれば抵抗 R〔Ω〕を流れる電流は交流になります．

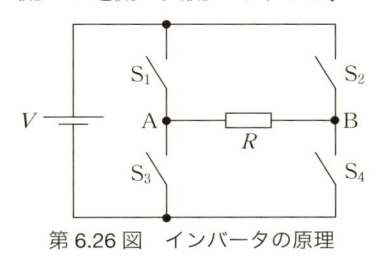

第 6.26 図　インバータの原理 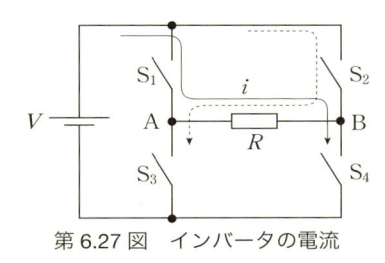　　　　第 6.27 図　インバータの電流

抵抗 R〔Ω〕の両端電圧がインバータの出力電圧であり，正の半周期はスイッチ S_1 と S_4 をオンすると第 6.27 図に実線で示すように A から B に電流 i〔A〕が流れます．負の半周期はスイッチ S_2 と S_3 をオンすると破線で示すように B から A に電流 i〔A〕が流れます．このとき抵抗 R〔Ω〕には，第 6.25 図(b)に示すように正の半周期は V〔V〕，負の半周期 $-V$〔V〕の電圧が印加されていることになります．

(3) インバータの分類

インバータには，スイッチング素子のオンオフの転流に必要な電圧をインバータの構成要素から与える自励式と，インバータの外部から与える他励式があります．

またインバータには電圧形と電流形があり，電圧形は負荷に供給する出力電圧が方形波電圧であり，電流形は出力電流が方形波電流です．

インバータに用いるスイッチングデバイスとしては，トランジスタ，GTO，IGBT およびサイリスタなどがあります．サイリスタを用いる場合には，オン状態のサイリスタをオフ状態にターンオフさせる転流回路が必要となります．また GTO を用いる場合，ターンオフ時に発生するとげのようなスパイク電圧を緩和する付加回路が複雑になります．

(4) 電圧形インバータ

スイッチング素子にトランジスタを用いた電圧形インバータに，負荷を接続した回路を第6.28図に示します．この電圧形インバータは，四つのトランジスタ $T_1 \sim T_4$ とダイオード $D_1 \sim D_4$ から構成され，トランジスタのエミッタ・コレクタ間にダイオードがそれぞれ接続されています．ダイオード $D_1 \sim D_4$ は，接続された負荷が誘導性や容量性の場合，負荷に蓄積された無効電力を電流としてオフしているトランジスタの間をバイパスさせるための還流ダイオードです．

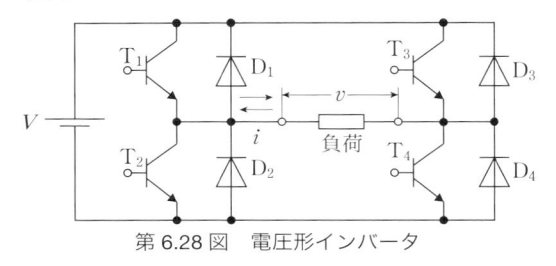

第6.28図 電圧形インバータ

ベースに電圧を印加してトランジスタのオンオフ制御で出力される電圧波形は第6.29図のようになります．1周期を T 〔s〕とすると，正の半周期の電圧 V〔V〕はトランジスタ T_1 および T_4 のオン，負の半周期の電圧 $-V$〔V〕はトランジスタ T_2 および T_3 のオンによってそれぞれ出力されます．

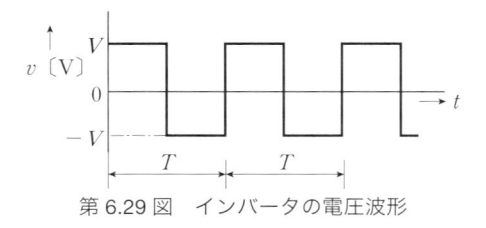

第6.29図 インバータの電圧波形

(5) 誘導性負荷の電流波形

インバータに接続した負荷が誘導性負荷の場合，抵抗のみの場合のように電流波形は電圧波形に同期した方形波にはならず，第6.30図に示すように三角波のようになります．

正の半周期に切り換わって電圧が $-V$〔V〕から V〔V〕になると，電流は $-I$〔A〕から増加しますが，零クロス点を通過するのは電圧が正の半周

期に切り換わってから時間 t_1〔s〕後です．負の半周期に切り換わって電圧が V〔V〕から $-V$〔V〕になると，電流は I〔A〕から減少しますが，零クロス点を通過するのは電圧が負の半周期に切り換わって時間 t_2〔s〕後です．

このように接続した負荷が誘導性負荷の場合，誘導性リアクタンスで生じる遅れの無効電力によって，電流の位相は電圧より遅れるため，電流波形は方形波にはならず三角波のようになり，指数関数で表される曲線で増加，減少を繰り返します．

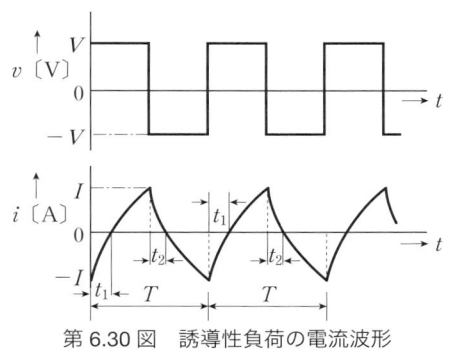

第 6.30 図　誘導性負荷の電流波形

練習問題 1

インバータに関する下記の文章の空白箇所(ア)，(イ)，および(ウ)に該当する語句を答えよ．

電圧形インバータは，　(ア)　波形が方形波であり，電流形インバータは　(イ)　波形が方形波である．　(ア)　形インバータは主素子と逆並列に　(ウ)　を接続するが，(イ)　形インバータは　(ウ)　を接続しておらず一方向にのみに電流が流れる．

【解答】　(ア)　電圧，(イ)　電流，(ウ)　ダイオード

STEP 2

(1) 三相インバータ

スイッチング素子に 6 個の IGBT を用いた三相インバータのパルス幅変調方式（PWM 方式：Pulse Width Modulation）の一例を第 6.31 図に示します．この三相インバータは，エミッタとコレクタを接続した 2 個の IGBT 3

組を並列接続したもので，エミッタとコレクタの接続点から出力端子U，V および W が引き出されています．左側の直流端子に印加された直流電圧は，6個の $IGBT_1$～$IGBT_6$ のオンオフ制御によって三相のインバータ出力に変換され，出力端子 U，V および W に出力されます．

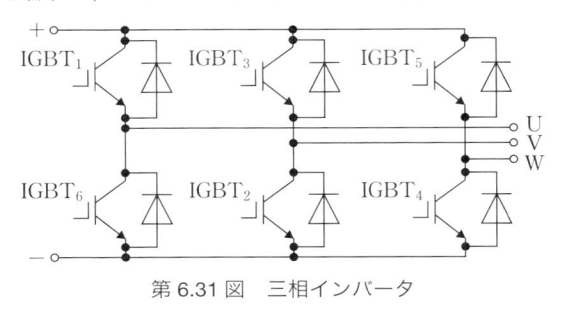

第 6.31 図　三相インバータ

(2) 三相インバータの制御信号

6個の $IGBT_1$～$IGBT_6$ をオンオフするためにゲートに供給する制御信号は，第 6.32 図に示すように三相出力の正弦波信号 e_U，e_V および e_W と三角波のキャリア信号を合成して形成します．出力端子 U の相電圧 v_U は，一点鎖線の正弦波信号 e_U とキャリア信号の交点で $IGBT_1$ と $IGBT_2$ をオンまたはオフすることで形成されます．同じように相電圧 v_V および v_W も，正弦波信号 e_V および e_W とキャリア信号の交点で $IGBT_3$ と $IGBT_4$ および $IGBT_5$ と $IGBT_6$ がオンまたはオフすることで形成されます．

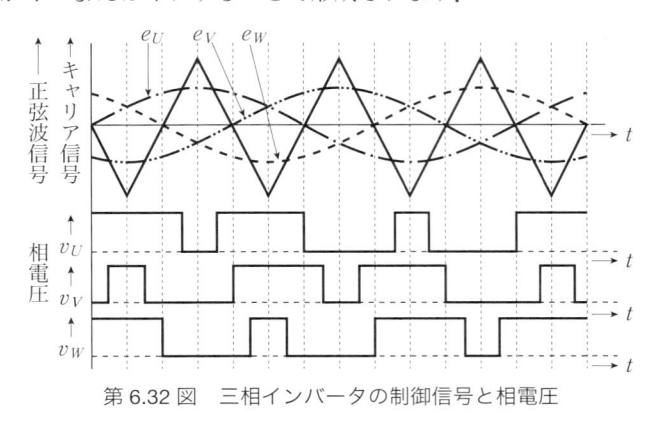

第 6.32 図　三相インバータの制御信号と相電圧

(3) 三相インバータの出力電圧

三相インバータの出力電圧，すなわち線間電圧 v_{UV}, v_{UW} および v_{WU} は，第 6.33 図のようになります．線間電圧 v_{UV} は，正弦波三相交流の相電圧と線間電圧の関係と同じように，相電圧 v_U から v_V を引いたものです．線間電圧 v_{UW} および v_{WU} も，図から明らかなように相電圧 v_U から v_V および，v_V から v_W をそれぞれ引いたものです．

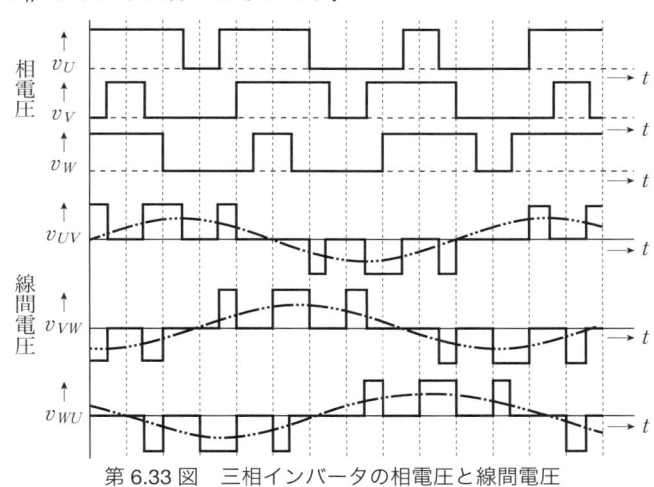

第 6.33 図　三相インバータの相電圧と線間電圧

練習問題 1

PWM 方式の三相インバータ関する下記の文章において，空白箇所(ア)，(イ)，(ウ)および(エ)に該当する語句を答えよ．

IGBT を用いた PWM 方式の三相インバータは， (ア) と (イ) を接続した 2 個の IGBT3 組を並列接続したもので， (ア) と (イ) の接続点から出力端子 U，V および W が引き出されます．電源の直流電圧は， (ウ) 個の IGBT の (エ) 制御によって三相電圧に変換され，出力端子 U，V および W から出力されます．

【解答】　(ア) エミッタ，(イ) コレクタ，(ウ) 6，(エ) オンオフ

第6章 Lesson 4 チョッパ

STEP 0 事前に知っておくべき事項

- サイリスタ
- GTO
- IGBT

覚えるべき重要ポイント

- デューティ比
- 降圧チョッパ
- 昇圧チョッパ

STEP 1

(1) チョッパの出力波形

　直流電圧の大きさを等価的に変化させる装置や回路をチョッパといいます．第 6.34 図に示すように直流電圧 E_S〔V〕は時間 t〔s〕に関係なく一定ですが，第 6.35 図のように 1 周期 T〔s〕のうちの時間 t_2〔s〕を裁断（チョッピング）すれば，時間 t_1〔s〕だけが直流電圧 E_S〔V〕の方形波状電圧になります．この方形波状電圧の平均電圧 E_p〔V〕は，一点鎖線のように下がることになります．このようにチョッパの出力波形は，直流電圧 E_S〔V〕が裁断され，オフ時間 t_2〔s〕や周期 T〔s〕が制御された方形波状の電圧です．

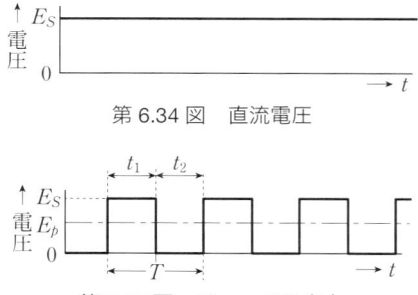

第 6.34 図　直流電圧

第 6.35 図　チョッパの出力

(2) チョッパのデューティ比

第6.35図に示すチョッパの出力波形において，1周期が T〔s〕のとき直流電圧 E_S〔V〕を裁断しないオン時間を t_1〔s〕，裁断するオフ時間を t_2〔s〕とすると，通電率のデューティ比 p は，⑨式のように定義されます．

$$p = \frac{t_1}{T} = \frac{t_1}{t_1+t_2} \qquad ⑨$$

デューティ比 p はチョッパの出力波形の特性を表すもので，直流電圧 E_S〔V〕にデューティ比 p をかけたものが，平均電圧 E_p〔V〕になります．

$$E_p = E_S p = E_S \times \frac{t_1}{t_1+t_2} = \frac{t_1}{t_1+t_2} \cdot E_S \text{〔V〕} \qquad ⑩$$

(3) 降圧チョッパの原理

チョッパは第6.36図に示すように電源の直流電圧 E_S〔V〕を，スイッチ S でオンオフして負荷に供給します．スイッチ S のオン時間を t_1〔s〕，オフ時間を t_2〔s〕とすると，第6.37図に示すように負荷に供給される平均電圧 E_p〔V〕は，⑩式のデューティ比 p を変えることで 0～E_S〔V〕の範囲内で変化させることができます．

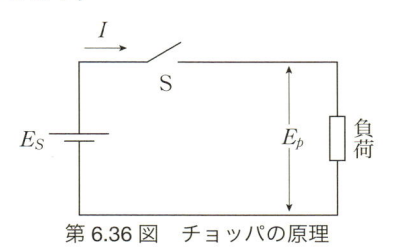

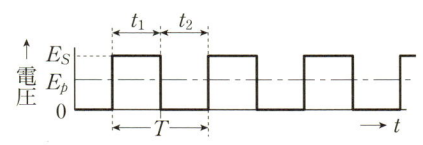

第6.36図　チョッパの原理

第6.37図　チョッパの出力電圧

実際の回路では，スイッチ S のスイッチングデバイスとして，サイリスタ，GTO および IGBT などを用いることができますが，サイリスタはオンしたサイリスタをオフさせる転流回路が必要であり，GTO は付加回路が複雑になるため，最近は IGBT が用いられています．

また実際の回路では，負荷が抵抗だけではなく誘導性負荷や容量性負荷も接続されますので，スイッチ S をオフしたときに負荷に蓄積したエネルギーを電流として還流させるためのダイオードが負荷に並列に接続されます．さらに負荷には，裁断した電圧を平滑な直流にするための平滑回路も接続されます．

(4) 降圧チョッパ回路

オンオフのバルブデバイスに IGBT を用いた降圧チョッパ回路を第 6.38 図に示します．直流電圧 E_S〔V〕電源の ＋ 側は IGBT のコレクタに接続され，− 側は還流ダイオード D のアノードに接続されています．還流ダイオード D のカソードには IGBT のエミッタが接続されるとともに，平滑用のインダクタンス L の一方の端子が接続されています．インダクタンス L〔H〕の他方の端子は，負荷の抵抗 R〔Ω〕に接続されています．IGBT のゲートには図示しない制御回路が接続され，その制御回路のゲート信号によってオンオフ制御，直流電源の直流電圧 E_S がチョッピングされてインダクタンス L〔H〕を通して抵抗 R〔Ω〕に印加されます．

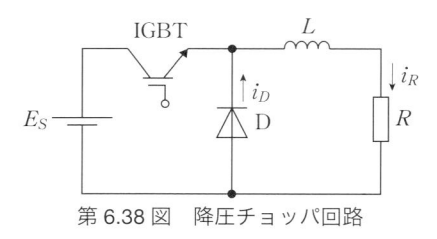

第 6.38 図　降圧チョッパ回路

この降圧チョッパ回路を，オン時間 t_1〔s〕，オフ時間を t_2〔s〕の 1 周期 T〔s〕でオンオフ制御したときの電圧および電流の波形図は第 6.39 図のようになります．オンオフ制御によってインダクタンス L〔H〕を介して抵抗 R〔Ω〕に印加される平均電圧は E_p〔V〕になります．抵抗 R〔Ω〕を流れる電流 i_R〔A〕は，波形図に示すように IGBT がオンの t_1〔s〕間は増加しますが，オフの t_2〔s〕間も還流ダイオード D を経由して減少しながら流れます．すなわち電流 i_R〔A〕は，オンの t_1〔s〕間は IGBT を通った電流ですが，オフの t_2〔s〕間はインダクタンス L〔H〕に蓄えられた電磁エネルギーが還流ダイオード D を通って放出される電流 i_D〔A〕です．電流 i_R〔A〕および電流 i_D〔A〕の曲線は，指数関数で表される曲線です．

第 6.39 図　電圧・電流の波形図

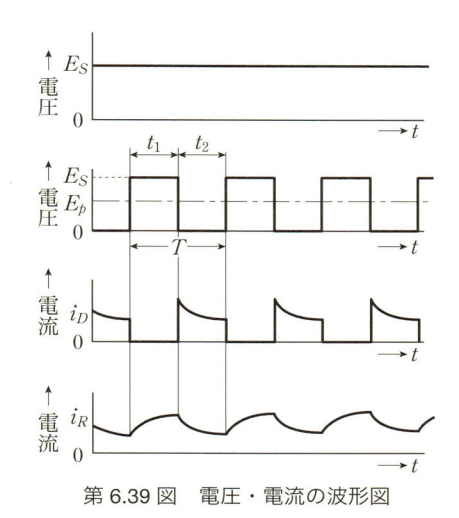

オン時間 t_1〔s〕およびオフ時間 t_2〔s〕が，$t_1 = t_2 = \dfrac{T}{2}$〔s〕のときデューティ比が $p = 0.5$ ですから平均電圧は $E_p = \dfrac{E_S}{2}$〔V〕になります．素子の損失を無視すれば抵抗 R〔Ω〕を流れる電流の平均値は $i_R = \dfrac{E_S}{2R}$〔A〕になります．

練習問題 1

直流降圧チョッパ回路において，電源の直流電圧が 200〔V〕でデューティ比が 0.2 のとき，出力電圧〔V〕に値を求めよ．

【解答】　40〔V〕

STEP 2

(1) 昇圧チョッパ基本回路

昇圧チョッパは，第 6.40 図に示すように負荷と並列に接続したコンデンサの充電電圧によって，電源の直流電圧 E_S〔V〕より高い直流電圧 E_C〔V〕を供給する回路です．スイッチ S をオンしてインダクタンス L〔H〕のコイルに直流電圧 E_S〔V〕の電源から電流を流します．インダクタンス L〔H〕

のコイルの電流が大きくなったときにスイッチSをオフすると，インダクタンスL〔H〕には大きな逆起電力が発生し，直流電圧E_S〔V〕と重畳され，逆流防止用のダイオードDを通して静電容量C〔F〕のコンデンサに加わることになります．インダクタンスL〔H〕のコイルに蓄えられていた電磁エネルギーは，静電容量C〔F〕のコンデンサに電荷の静エネルギーとして蓄えられます．コンデンサの充電電圧E_C〔V〕は，LC共振回路として電流が流れ込んで充電されるため，直流電圧E_S〔V〕より高くなっています．

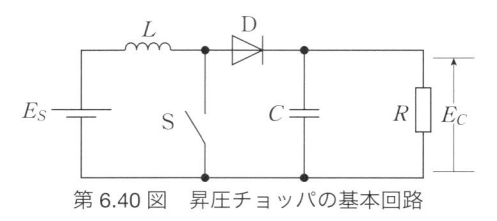

第 6.40 図　昇圧チョッパの基本回路

(2) 昇圧チョッパの電圧波形

スイッチSのオン，オフによるコンデンサの電圧E_C〔V〕は，第 6.41 図のように変化します．

スイッチSがオンのとき，ダイオードDとコンデンサは短絡されることになりますが，ダイオードDによって阻止されますのでコンデンサからスイッチSに電流が流れることはありません．抵抗R〔Ω〕には，コンデンサの電圧E_C〔V〕が加わっていますので電流が流れています．このため，スイッチSがオンのt_1〔s〕の間は，コンデンサの電圧E_C〔V〕は降下します．

スイッチSがオフのとき，ダイオードDを通してコイルが蓄えた電磁エネルギーによって充電されますので，コンデンサの電圧E_C〔V〕はt_2〔s〕の間は上昇します．

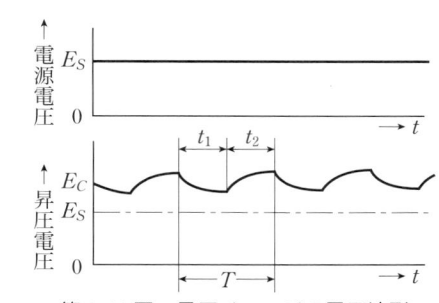

第 6.41 図　昇圧チョッパの電圧波形

(3) **昇圧チョッパの昇圧電圧**

スイッチ S をオンオフ制御した 1 周期が T〔s〕のオン時間を t_1〔s〕, オフ時間を t_2〔s〕とするとデューティ比 p は, ⑪式のように定義されます．

$$p = \frac{t_1}{T} = \frac{t_1}{t_1 + t_2} \qquad ⑪$$

昇圧チョッパの昇圧電圧 E_p〔V〕は, 直流電圧 E_S〔V〕とデューティ比 p で表すと⑫式のようになります．

$$E_p = E_S \times \frac{t_1 + t_2}{t_2} = \frac{1}{\frac{t_1 + t_2 - t_1}{t_1 + t_2}} \cdot E_S = \frac{1}{1-p} \cdot E_S \text{〔V〕} \qquad ⑫$$

デューティ比は $p<1$ ですから, ⑫式において昇圧電圧 E_p〔V〕は直流電圧 E_S〔V〕より大きくなります．

> **練習問題 1**
> 直流昇圧チョッパ回路において, 電源の直流電圧が 200〔V〕でデューティ比が 0.2 のとき, 出力電圧〔V〕の値を求めよ．

【解答】　250〔V〕

第6章 5 パワーエレクトロニクスの応用

STEP 0　事前に知っておくべき事項

- チョッパ
- インバータ

覚えるべき重要ポイント

- 直流電動機のチョッパ制御
- ブラシレスDCモータの制御
- 誘導電動機のインバータ制御
- ステッピングモータの制御
- 無停電電源装置

STEP 1

(1) 直流電動機のチョッパ制御

　直流他励電動機をチョッパで制御する回路の一例を第6.42図に示します．直流他励電動機には平滑用のコイル L が接続され，そのコイル L と直流他励電動機と並列に還流用のダイオード D が接続されています．チョッパの出力は，コイル L を介して直流他励電動機に与えられ，第6.43図に示すような方形波状の電圧 V 〔V〕が印加されて回転数 n 〔$\min^{-1}$〕が制御されます．

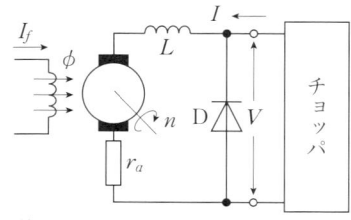

第 6.42 図　回転数のチョッパ制御

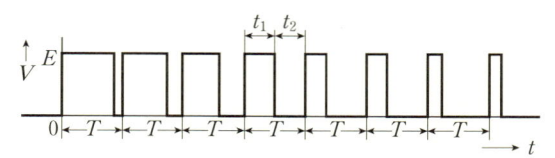

第 6.43 図　チョッパの出力電圧

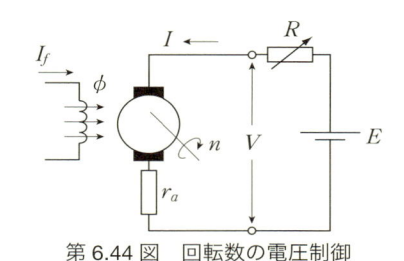

　回転数 n〔$\min^{-1}$〕の電圧制御には，第 6.44 図に示すように電源電圧 E〔V〕と直列に接続した可変抵抗 R〔Ω〕の値を変化させて分圧を変えることにより，端子の直流電圧 V〔V〕を変える制御法もあります．しかし，この可変抵抗 R〔Ω〕を用いた電圧制御では，負荷電流が I〔A〕とすると，可変抵抗で I^2R〔W〕の電力損失が生じ，効率的な回転数制御ではありません．

第 6.44 図　回転数の電圧制御

　第 6.42 図に示すチョッパによる電圧制御では，損失なく直流他励電動機に直流電圧 V〔V〕を供給できます．方形波状の電圧 V〔V〕の平均値は，第 6.43 図から明らかなように周期 T〔s〕やデューティ比を変えることで 0～E〔V〕の範囲内で変化させることができます．第 6.43 図の電圧波形は，回転数 n〔$\min^{-1}$〕を低下させるために，方形波のオン時間 t_1〔s〕を徐々に短く（オフ時間 t_2〔s〕を長く）し，電圧 V〔V〕の平均値を徐々に小さくしています．このように周期 T〔s〕が一定で，オン時間 t_1〔s〕とオフ時間を t_2〔s〕の比率を変えて出力電圧を制御する方法をパルス幅変調方式（PWM方式）といいます．

(2) ブラシレス DC モータの制御

　直流電動機はブラシを通して回転子に電流を流すとともに，回転子の回転角に応じて電流の流れる方向を変え，回転子と固定子間に磁気吸引力および反発力を連続的に発生させます．ブラシは回転子の整流子としゅう動接触しており，整流に伴う火花が発生します．回転子を永久磁石にし，固定子の電流を制御することでブラシをなくしたブラシレスDCモータの一例を，第6.45図に断面構造図で示します．永久磁石で形成された円柱状の回転子は，回転軸を中心としてＮ極とＳ極がそれぞれ 2 極ずつ接合されています．固定子

には回転子を囲むように等間隔で 6 極の磁極が設けられており,磁極にはコイルが巻回され △ 結線に接続されて U,V および W の端子に接続されています.

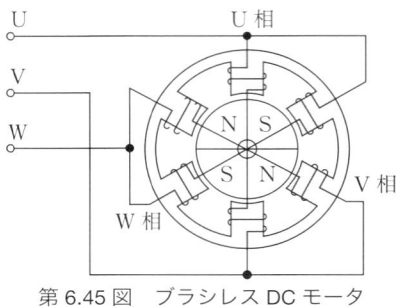

第 6.45 図 ブラシレス DC モータ

　固定子の 6 極の磁極に回転磁界を発生させると,磁気吸引力および反発力によって回転子は回転します.端子 UV 間,VW 間および WU 間にタイミングをずらして電圧を印加すると,固定子の 6 極の磁極に回転磁界を発生することとなり回転子は回転します.ブラシレス DC モータの制御回路の一例を第 6.46 図に示します.制御回路はスイッチング素子に 6 個の IGBT が用いられており,UV 間,VW 間および WU 間に電圧を印加するとき,$IGBT_1$ と $IGBT_2$,$IGBT_3$ と $IGBT_4$ および $IGBT_5$ と $IGBT_6$ をそれぞれオンします.それぞれの IGBT のゲートに供給される電圧は,図示していない複数ホール素子などのセンサによって検出された回転子の回転数や回転方向に基づいて形成される図示していない回路の出力です.

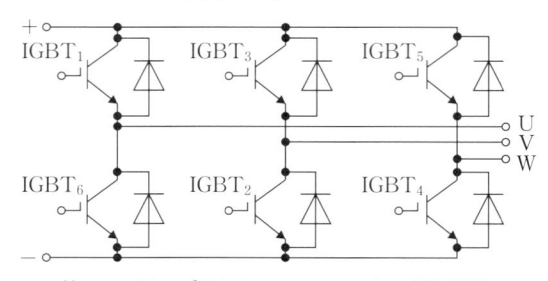

第 6.46 図 ブラシレス DC モータの制御回路

(3) 誘導電動機のインバータ制御

　三相誘導電動機をインバータで制御する回路を第 6.47 図に示します.三

相電圧は6個のダイオードからなる整流回路で全波整流され，コイルとコンデンサの平滑回路で直流電圧に変換されます．その直流電圧はインバータで可変周波数の交流電圧に変換されます．インバータは，エミッタ－コレクタ間に還流ダイオードを接続したnpn形トランジスタ6個で構成され，ベース電圧はゲートドライブ回路で制御されます．6個のトランジスタを2個ずつオンすることで，相回転がUVWまたはWVUの可変周波数の交流電圧を三相誘導電動機に供給します．三相誘導電動機の回転方向や回転数はセンサで検出され，回転数検出回路でディジタルデータに変換されて，制御回路にフィードバックされます．制御回路では設定された回転数とフィードバック信号を比較してゲートドライブ回路を制御します．なおインバータのスイッチング素子を，npn形トランジスタの代わりにIGBTで構成することもできます．

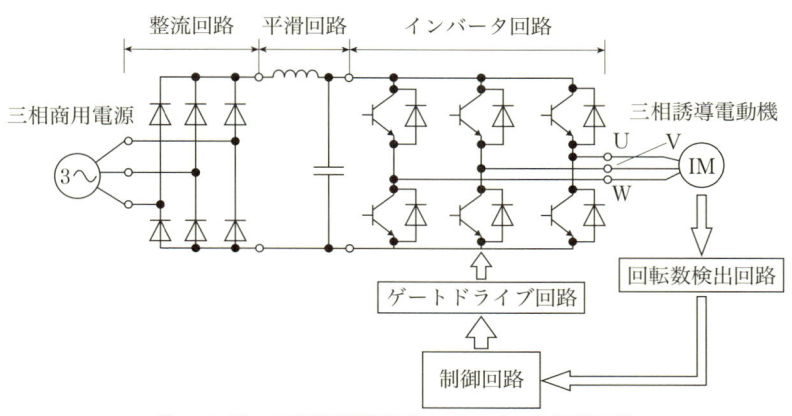

第6.47図　三相誘導電動機のインバータ制御回路

(4) ステッピングモータの制御

ステッピングモータはパルスモータともいわれ，回転子を供給されたパルス数に応じて所定の角度だけ高精度に回転させることができます．ステッピングモータの一例を第6.48図に示します．固定子には，U，VおよびW相の磁極が対向して二つずつ設けられており，磁極に巻回されたコイルにはIGBTなどのスイッチング素子からなるスイッチS_1, S_2およびS_3の制御によって直流電圧が印加されます．回転子は磁化されやすい高透磁率材料からなり，回転軸を中心とした断面十字形の4極で，回転により2極が固定子の磁極に

対向して止まるようになっています．

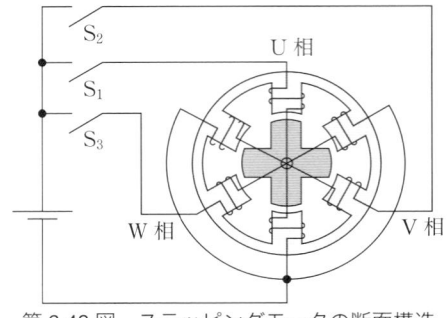

第 6.48 図　ステッピングモータの断面構造

スイッチ S_1 の所定時間のオンによりパルスが印加されると，U 相の磁極に電流が流れ第6.49図(a)に示すようにNおよびS極が所定時間形成されます．回転子は磁化されて吸引力によって回り，一方に矢印を付けた極が U 相の磁極に対向して止まります．

次に，スイッチ S_2 のオンによりパルスが印加されると，第 6.49 図(b)に示すように別の 2 極が V 相の磁極に対向して止まります．第 6.49 図(a)から(b)の状態に変化した回転子の回転角は 30°になります．

さらにスイッチ S_3 のオンによりパルスが印加されると，第 6.49 図(c)に示すように矢印を付けた極が W 相の S 極に対向して止まります．

その次にまたスイッチ S_1 のオンによりパルスが印加されると，第 6.49 図(d)に示すように回転子は 90°回転したことになります．

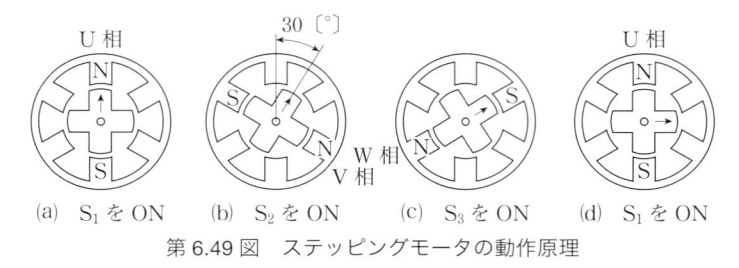

(a) S_1 を ON　(b) S_2 を ON　(c) S_3 を ON　(d) S_1 を ON

第 6.49 図　ステッピングモータの動作原理

このようにスイッチ S_1，S_2 および S_3 の制御によって，3 個のパルスが供給されると回転子は 90°回転するので，12 個のパルスを供給すれば回転子は 1 回転することになります．このステッピングモータはパルス 1 個で 30°

刻みで回転しましたが，回転子の形状や固定子の極数を変えることにより，パルス1個で15°や10°刻みで回転させることも可能です．

> **練習問題1**
>
> デューティ比が1の最大電圧が200〔V〕，最大出力が40〔kW〕の降圧チョッパで，定格出力20〔kW〕，負荷電流100〔A〕，定格回転数1 500〔$\min^{-1}$〕の他励直流電動機の速度制御を行う．この他励直流電動機の負荷電流および界磁電流を一定に保ったまま，回転数を1 000〔$\min^{-1}$〕にするとき，降圧チョッパのデューティ比の値を求めよ．
>
> ただし，電機子回路の抵抗は0.05〔Ω〕とし，電機子反作用は無視する．

【解答】　0.675

【ヒント】　$E_1 = V_1 - r_a I$，$\dfrac{E_1}{E_2} = \dfrac{K\phi N_1}{K\phi N_2}$

STEP 2

(1) マトリックスコンバータ

マトリックスコンバータは，直流を介することなく交流から別の周波数の交流に直接変換できる装置で，原理図の一例を第6.50図に示します．周波数f_1〔Hz〕の三相交流電圧はLCフィルタを通して端子R，SおよびTに供給されます．その端子電圧は，それぞれ3個ずつスイッチング素子によって周波数f_2〔Hz〕の三相交流電圧に変換されて出力端子U，VおよびWに出力されます．

スイッチング素子にはトライアックなどの双方向素子や，第6.51図に示すようにエミッタを共通接続した二つのIGBTなどが用いられます．出力端子Uには，3個のスイッチング素子端子S_{RU}，S_{SU}およびS_{TU}によって端子RU，SUおよびTU間の電圧を裁断，重畳して周波数がf_2〔Hz〕の電圧が形成されます．出力端子VおよびWも同じように3個のスイッチング素子によって電圧が形成され，出力端子U，VおよびWには周波数がf_2〔Hz〕に変換された三相交流電圧が出力されます．

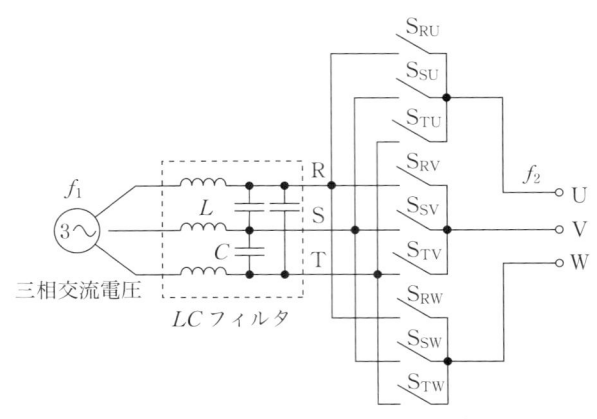

第 6.50 図　マトリックスコンバータ

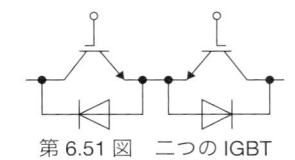

第 6.51 図　二つの IGBT

(2) **無停電電源装置**

　無停電電源装置は商用電源が途絶えても，接続している通信制御装置や防災機器等に商用電源と同じ電圧を途切れることなく供給する装置です．

　無停電電源装置の一例のブロック図を第 6.52 図に示します．交流電源の電圧および周波数が所定値で，平常時はバイパススイッチがオン，出力スイッチがオフで直接出力されます．この平常時に二次電池の充電量が不足していれば，入力スイッチがオンになり，充電回路で変換された直流電圧が印加されて二次電池が充電されます．二次電池の充電量が所定値であれば，入力スイッチはオフになっています．

　停電によって交流電源が遮断されると，バイパススイッチをオフにして交流電源回路を切り離すとともに，出力スイッチがオンになって電圧および周波数が交流電源と等しい交流で連続して出力されます．このときの交流電圧は，二次電池の充電電圧を半導体スイッチで制御し，インバータで交流電圧に変換してフィルタ回路でノイズを除去したものです．

　停電には至っていないが交流電源の電圧低下が生じたときも，バイパス

イッチがオフになり，出力スイッチがオンになって電圧および周波数が交流電源と等しい交流で連続して出力されます．このときの交流電圧は，入力スイッチをオンにして，低下した交流電源の電圧を整流回路で整流しインバータで交流電圧に変換してフィルタ回路でノイズを除去したものです．

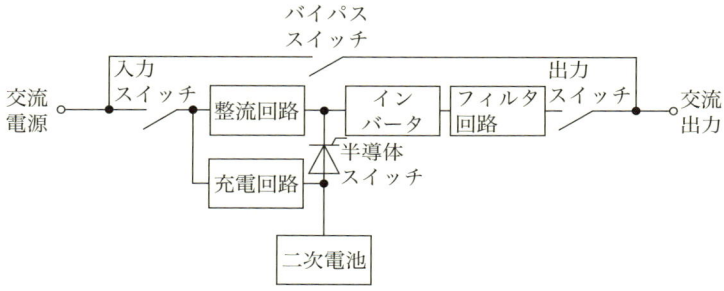

第 6.52 図　無停電電源装置のブロック図

練習問題 1

マトリックスコンバータに関する次の(1)～(5)の記述の中から，誤っているものを一つ選べ．
(1) 平滑用コンデンサを用いないので保守の手間がかからないが，装置の寿命が短い．
(2) DC を介さないで AC から AC に直接変換を行う．
(3) 振幅，周波数とも可変の出力が得られる．
(4) 入力の力率 1 が実現可能である．
(5) 電力の流れが双方向性である．

【解答】　(1)

STEP-3 総合問題

【問題1】 整流素子としてサイリスタを用いた単相半波整流回路を図1に示し，負荷が ア の場合の電圧と電流の波形を図2に示す．電源電圧 v が $\sqrt{2}\,V\sin\omega t$ 〔V〕であるとき，ωt が 0 から π〔rad〕の間においてサイリスタ Th を制御角 α〔rad〕でターンオンさせると，電流 i_d〔A〕が流れる．このとき，負荷電圧 v の直流平均値 V_d〔V〕は，次式で示される．ただし，サイリスタの順方向電圧降下は無視する．

$$V_d = 0.45\,V \times \boxed{(イ)}$$

したがって，この制御角 α が ウ 〔rad〕のときに V_d は最大となる．

上記の記述中の空白箇所(ア)，(イ)および(ウ)に記入する語句，式または数値として，正しいものを組み合わせたのは次のうちどれか．

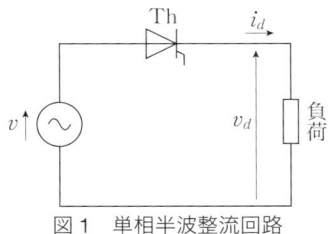

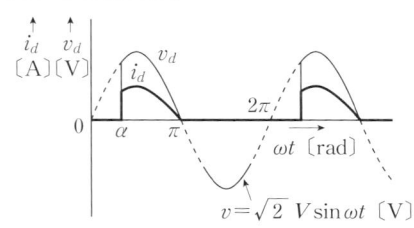

図1 単相半波整流回路

図2 電圧，電流の波形図

(1) (ア) 誘導性　　(イ) $(1+\cos\alpha)$　　(ウ) 0

(2) (ア) 誘導性　　(イ) $(1+\cos\alpha)$　　(ウ) $\dfrac{\pi}{2}$

(3) (ア) 抵抗　　(イ) $(1-\cos\alpha)$　　(ウ) 0

(4) (ア) 抵抗　　(イ) $\dfrac{1+\cos\alpha}{2}$　　(ウ) $\dfrac{\pi}{2}$

(5) (ア) 抵抗　　(イ) $\dfrac{1+\cos\alpha}{2}$　　(ウ) 0

【問題2】 オンオフ制御のバルブデバイスにIGBTを用いた図1の降圧チョッパにおいて，周期 T〔s〕の $\dfrac{T}{2}$〔s〕はオン，残りの $\dfrac{T}{2}$〔s〕はオフでスイッチングし，抵抗 R〔Ω〕には図2に示す波形の電流 i_R〔A〕が流れている．

このとき，ダイオード D に流れる電流 i_D〔A〕の波形に最も近い波形は，図 2 の(1)〜(5)のうちのどれか．

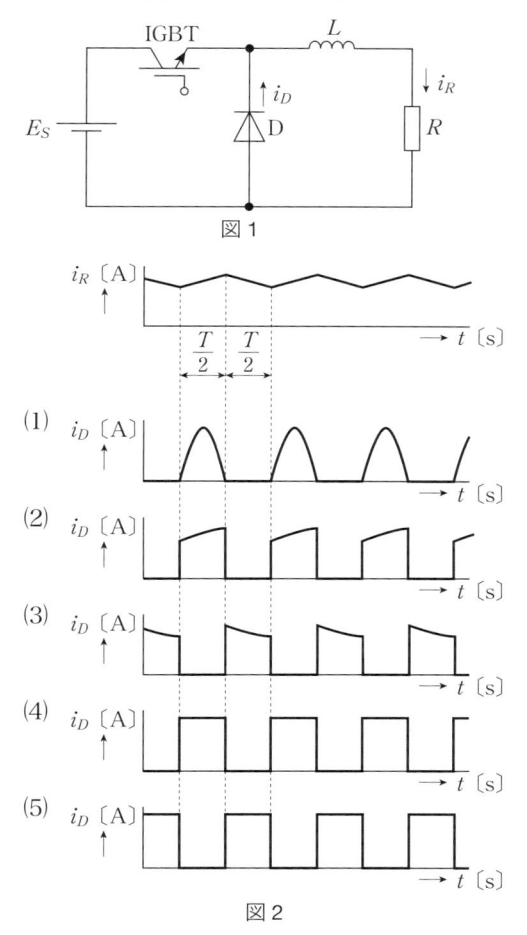

図 1

図 2

【問題 3】 実効値が $V_a = 100$〔V〕の交流電圧 v_a〔V〕を，直流電圧 v_d〔V〕に整流して抵抗負荷が供給する図 1 のサイリスタ全波整流回路において，図 2 に波形図を示すように制御角 α〔rad〕を変えて直流電圧 v_d〔V〕の平均値 V_d〔V〕を制御する．

制御角 α〔rad〕を度数法表示に変換した制御角 α〔°〕に対する，直流電圧の平均値 V_d〔V〕の大きさを表すグラフで該当するものを次の(1)〜(5)の

うちから一つ選べ．

ただし，サイリスタの電圧降下は無視する．

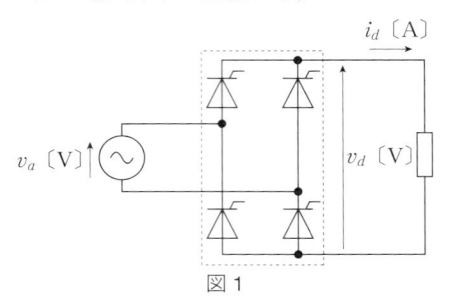

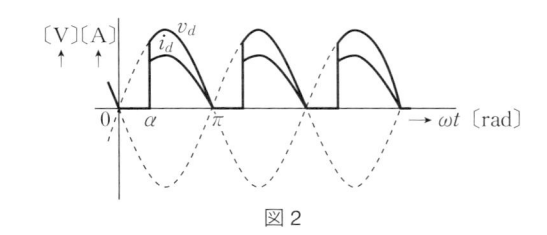

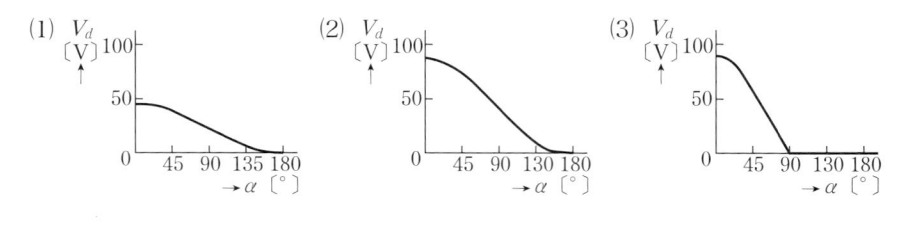

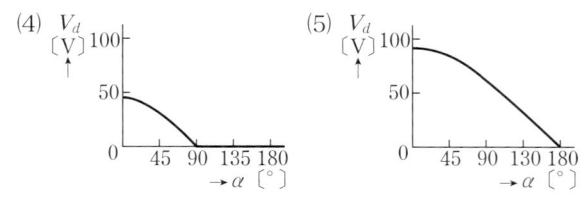

図1

図2

(1) ～ (5) グラフ

【問題4】 バルブデバイスとしてサイリスタを用いた単相全波整流回路を図に示す．交流電源電圧を $e = \sqrt{2}\,E\sin\omega t$ 〔V〕，単相全波整流回路出力の整流電圧を e_d 〔V〕，サイリスタの電流を i_T 〔A〕として，次の(a)および(b)に答えよ．

なお，重なり角などは無視し，平滑リアクトルによって直流電流は脈動がなくなり一定になるものとする．

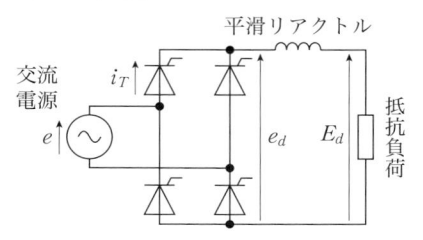

(a) サイリスタの制御角 α が $\dfrac{\pi}{3}$ 〔rad〕のときに，交流電源電圧 e〔V〕に対する，整流電圧 e_d〔V〕およびサイリスタの電流 i_T〔A〕の波形として，正しいのは次のうちどれか．

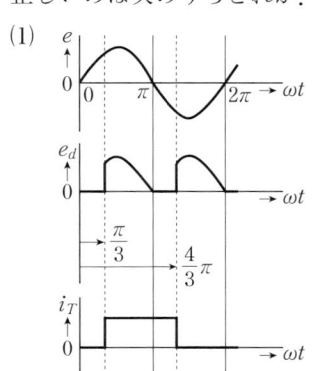

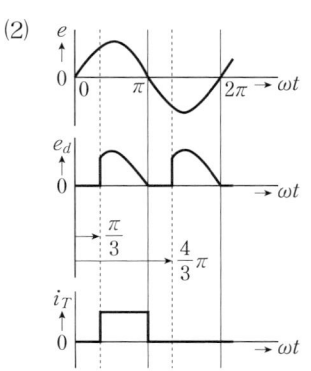

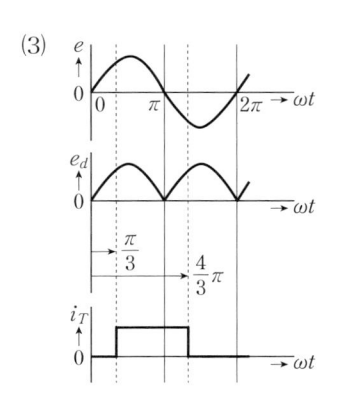

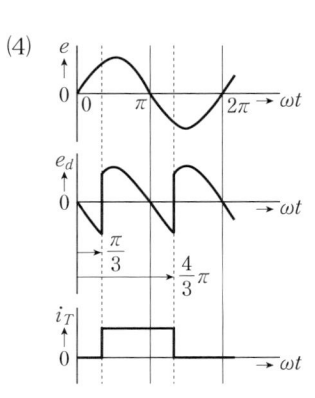

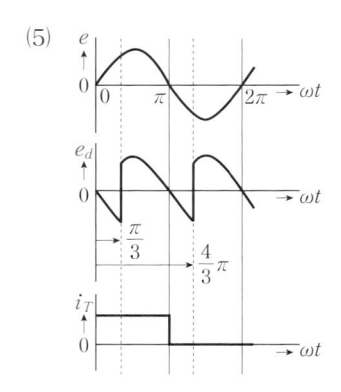

(b) 負荷抵抗に印加される出力の直流電圧 E_d〔V〕は，上記(a)に示された瞬時値波形の平均値となる．制御遅れ角 α を $\dfrac{\pi}{2}$〔rad〕としたときの電圧〔V〕の値として，正しいのは次のうちどれか．

(1) 0　　(2) $\dfrac{\sqrt{2}}{\pi}E$　　(3) $\dfrac{1}{2}E$　　(4) $\dfrac{\sqrt{2}}{2}E$　　(5) $\dfrac{2\sqrt{2}}{\pi}E$

【問題5】 二つのサイリスタを逆並列に接続し，位相制御により負荷電力を制御する回路を図に示す．回路について次の(a)および(b)に答えよ．

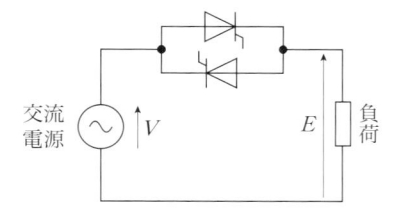

(a) 負荷が抵抗負荷であるとき，制御角 α が30°のときの発熱量は，90°のときの発熱量の何倍か．最も近い値は次のうちどれか．

ただし，負荷の抵抗値は一定とする．また，制御角 α〔rad〕のときの負荷電圧の実効値 E〔V〕は，電源電圧の実効値を V〔V〕として，
$E = V\sqrt{1-\dfrac{\alpha}{\pi}+\dfrac{\sin 2\alpha}{2\pi}}$ で与えられるものとする．

(1) 0.515　　(2) 0.866　　(3) 0.912　　(4) 1.096　　(5) 1.942

(b) 負荷が抵抗値 R〔Ω〕,インダクタンス L〔H〕との直列回路からなる誘導性負荷である場合の記述として,誤っているのは次のうちどれか.

ただし,電源の角周波数を ω〔rad/s〕とし,負荷の基本波力率角を $\phi = \tan^{-1}\dfrac{\omega L}{R}$ とする.

(1) 電流の高調波成分は,第 3 次成分が最も大きい.
(2) 電流の通流幅は,制御角 α と基本波力率角 ϕ の関数になる.
(3) 負荷の基本波力率角(遅れ)が大きくなるほど,ターンオフ直後のサイリスタに印加される電圧の絶対値は小さくなる.
(4) 負荷が純インダクタンスとみなされる場合は,サイリスタ制御リアクトル方式無効電力補償装置(TCR)と呼ばれ,図の回路を 1 相分として,無効電力補償装置に使用される.
(5) 定常運転時に $\alpha < \phi$ としたとき,サイリスタにオン指令を与えてもサイリスタを毎サイクルターンオン制御できない.

【問題 6】 バルブデバイスにダイオードを用いた図に示す三相整流回路において,平滑リアクトルのインダクタンス L_d〔H〕は十分に大きく,直流電流 I_d〔A〕は一定になっているものとする.

交流側にリアクタンス X〔Ω〕のリアクトルがあると転流時に重なり角が生じ,直流電圧が低下し,またダイオードの順電圧降下 $V_F = 1.0$〔V〕によっても直流電圧が低下するが,これら以外の電圧降下は無視する.三相交流の線間電圧が V_L〔V〕のとき,出力電圧 V_d〔V〕は次式で求められる.

$$V_d = \frac{3\sqrt{2}}{\pi}V_L - \frac{3}{\pi}X \cdot I_d - 2V_F \text{〔V〕}$$

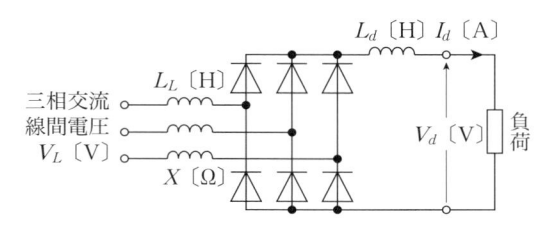

この整流回路入力の線間電圧が $V_L = 200$〔V〕,周波数が $f = 50$〔Hz〕で,

直流電流が $I_d = 36$ 〔A〕である．交流側のリアクトルのインダクタンスは $L_L = 5.56 \times 10^{-4}$ 〔H〕で，抵抗値は無視でき，各ダイオードの順電圧降下は $V_F = 1.0$ 〔V〕で一定とする．次の(a)および(b)の問に答えよ．

(a) ダイオードでは，電流の通電によって損失が発生する．一つのダイオードの損失の平均値は，通電する期間が1サイクルの $\frac{1}{3}$ であるとして計算できる．

　一つのダイオードで発生する損失〔W〕の平均値に最も近いものを次の(1)～(5)から選べ．

(1) 9　　(2) 12　　(3) 18　　(4) 24　　(5) 36

(b) 出力電圧 V_d 〔V〕の値として，最も近いものを次の(1)～(5)から選べ．

(1) 243　　(2) 256　　(3) 262　　(4) 271　　(5) 287

第 7 章
照明

第7章

Lesson 1 光の性質

STEP 0 事前に知っておくべき事項

- 自然光
- 人工光

覚えるべき重要ポイント

- 可視光線
- 電磁波の速度
- 標準比視感度
- 演色性

STEP 1

(1) 可視光線

光も電波も電磁波であり，電磁波は波長 λ〔m〕の長さによって，第7.1図に示すように分類されます．電磁波の速度は $c = 3 \times 10^8$〔m/s〕で，周波数（振動数）f〔Hz〕とすると，波長 λ〔m〕は次のように表されます．

$$\lambda = \frac{c}{f} \text{〔m〕}$$

人の目に見える光を可視光線といい，波長 380〔nm〕～780〔nm〕の範囲にある電磁波です．人は可視光線を無色の光として見ていますが，実際は複数の色が含まれています．波長によって屈折率が異なるので，光をプリズムに通して屈折させて見ると，第7.1図の可視光線拡大部分に示すように，波長の短い方から青紫，青，青緑，緑，黄緑，黄，黄赤，赤などの色光に分かれます．プリズムを通すと見える虹のような縞模様は，可視光線の成分を表すものです．

赤外線やX線などは，人の目には見えませんが，赤外線カメラやX線写真などに利用されています．

第 7.1 図　電磁波の波長

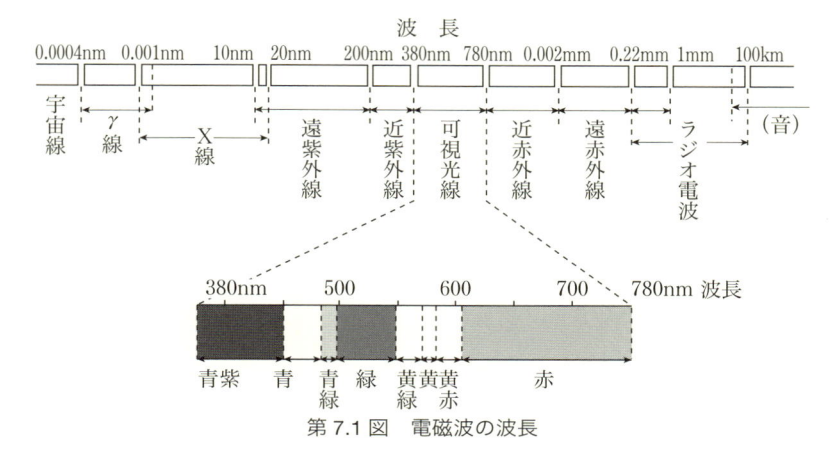

(2) **標準比視感度**

可視光線の範囲内でも，波長の違いによって成分が分かれるだけではなく，明るさの感覚も違ってきます．例えば，黄や緑の光は明るく感じ，赤や青の光は暗く感じます．人の目が感じる明るさは，同じエネルギーの光でも波長によって異なります．人が最も明るく感じる光は，波長が 555〔nm〕付近の黄緑系の光です．波長 555〔nm〕の明るさを 1 とし，これと同じエネルギーをもつほかの波長の明るさを比較値で表したものを「標準比視感度」といいます．

(3) **光の 3 原色**

可視光線の主成分は第 7.1 図から明らかなように，赤，緑および青で，この赤，緑および青を光の 3 原色といいます．

この赤（R），緑（G）および青（B）を組み合わせると，理論的には人工的にさまざまな色をつくり出せることになります．RGB の比率を変えると光の性質が変化しますから，人工光をつくり出す際には RGB の混合比率が重要になります．この光の 3 原色を応用して開発された蛍光ランプに「3 波長域発光形蛍光灯」があります．

(4) **標準の光**

自然の光は，一定ではなく，日中と朝夕とでは，入射する角度や方向とともに，光の強さや色も変化します．また，雲や霧の状態，季節ごとの太陽の位置にも影響されます．

そこで，CIE（国際照明委員会）では色温度ごとの「標準の光」というものを定めています．より一般的に色を比較するために，安定した光が求められる自然の条件は，「日の出後3時間から日没3時間前までの間の日光の直射を避けた北窓からの光をいう」とJIS規格では実用上定められています．

(4) 色温度

光源の光色には，赤味を帯びたものや青味を帯びたものなどいろいろあります．その光の色を人間の主観で表す場合，見る人によって微妙に異なります．そこで光色を，物理的，客観的な数字で表したものが色温度です．色温度の単位はK（ケルビンと読みます）で，色温度が低くなればなるほど赤味がかった光色になり，色温度が高くなればなるほど青っぽい光色になります．色温度の高低は，暖かいイメージや涼しいイメージなどの温涼感に影響を与え，空間の雰囲気を左右します．

(5) 演色性

対象物を白熱電球で照らしたときと，蛍光ランプで照らしたときとでは，対象物の見え方，感じ方が違います．白熱電球で照らしたとき，対象物の赤い色は鮮やかに見えますが，白色の蛍光ランプで照らしたときには，対象物の赤い色はくすんだ赤に見えてしまいます．

このような対象物の見え方を演色性といいます．一般的に，演色性のよいランプは色の見え方がよく，演色性が劣るランプは色の見え方が悪いということがいえます．

(6) 平均演色評価数

光源の演色性の程度，すなわち，色の見え方のよい，悪いを表す代表的な指数が平均演色評価数（R_a）です．これは，中程度の鮮やかさで明るさが等しい8色の試験色票の色ずれの平均値から算出されます．平均演色評価数の基本的な考え方は，基準の光で見た各色彩に対し，それぞれのランプで照明したときの各色彩の再現がどれだけ忠実かを示すものです．

演色評価数には「平均演色評価数（R_a）」と「特殊演色評価数（$R_9 \sim R_{15}$）」があります．特殊演色評価数は，特定の物体色に対する演色性を表すものです．

練習問題 1

照明用光源の性能評価と照明施設に関する記述として，誤っているものを次の(1)〜(5)のうちから一つ選べ．

(1) 演色性は，物体の色の見え方を決める光源の性質をいう．光源の演色性は平均演色評価数（R_a）で表される．

(2) ランプ寿命は，ランプが点灯不能になるまでの点灯時間と光束維持率が基準値以下になるまでの点灯時間のうち短い方の時間で決まる．

(3) 色温度は，光源の光色を表す指標で，これと同一の光色を示す黒体の温度〔K〕で示される．色温度が高いほど赤みを帯び，暖かく感じる．

(4) 保守率は，照明施設を一定期間使用した後の作業面上の平均照度の，新設時の平均照度に対する比である．なお，照明器具と室の表面の汚れやランプの光束減退によって照度が低下する．

(5) ランプ効率は，ランプの消費電力に対する光束の比で表され，その単位は〔lm/W〕である．

【解答】 (3)

第7章 Lesson 2 光源の種類

STEP 0 事前に知っておくべき事項

- 可視光線
- 光の3原色
- 演色性

覚えるべき重要ポイント

- 放電灯
- 蛍光灯
- HIDランプ
- 発光ダイオード（LED）

STEP 1

(1) 照明用光源の変遷(へんせん)

　現在，照明用に使われている光源は蛍光灯（蛍光ランプ）が多いですが，白熱電球もまだ使われており，発光ダイオード（LED）は増えつつあります．

　蛍光ランプは放電ランプで，放電による発光を利用した光源です．放電ランプは気体または蒸気の中での放電による発光を利用し，アーク放電ランプとグロー放電ランプがあります．アーク放電を利用したランプに，蛍光ランプ，水銀ランプ，ナトリウムランプ，キセノンランプなどがあり，グロー放電を利用したランプに，ネオンランプ，ネオンサインなどがあります．

　白熱電球は電流を流して発生した熱を光に換える白熱ランプで，ハロゲンランプなども白熱ランプになります．

　蛍光ランプなどの放電灯は，白熱電球といった白熱ランプより効率が高く寿命も長いので，ほとんどの照明器具は白熱電球から蛍光ランプに変わりました．その蛍光ランプも，現在，さらに消費電力が少なくて寿命が長く耐久性に優れる発光ダイオード（LED）に変わろうとしています．

(2) 蛍光ランプ

　直管形蛍光ランプの一方の電極を第7.2図(a)に示しますが，蛍光ランプは点灯時に両電極のフィラメントに電流を流して加熱し熱電子を放出させ，両電極間に高電圧を印加してアーク放電を開始します．アーク放電によって波長253.7〔nm〕の紫外線が発生し，紫外線はガラス管内壁に塗布された蛍光物質で可視光線に変換されてガラス管外側に放出されます．ガラス管内壁に塗布する蛍光物質や封入ガスの種類によって，蛍光ランプはいろいろな光色を出すことができます．第7.2図(a)に示す蛍光ランプは，点灯時に対向する電極間に高電圧を印加する点灯装置を必要としますが，白熱電球と比べて高効率，長寿命で経済性にも優れています．

　第7.2図(b)(c)にその他の蛍光ランプの一例を示しますが，第7.2図(c)の蛍光ランプは，内部にインバータを内蔵しており点灯装置が不要で，白熱電球のソケットにねじ込むだけで点灯するようになっています．このように蛍光ランプはさまざまな形状や光色のランプが製造され，現在もっとも広く使われている光源です．

　第7.2図(a)の直管形蛍光ランプではガラス管の両端に口金がありますが，第7.2図(b)のコンパクト形蛍光ランプでは，直管のガラス管をU字形に折り曲げて発光管を形成することで，一方端に口金が設けられた片口金になっています．U字形の発光管内には，水銀の合金であるアマルガムが所定の蒸気圧で封入されています．

　直管形蛍光ランプは商用周波数点灯ですが，コンパクト形蛍光ランプはインバータ駆動の高周波数点灯ですので，発光管の管径が細くコンパクトな小形であっても輝度を高くすることができ，直管形蛍光ランプより発生光束を多くすることも可能です．

　蛍光ランプの効率・寿命は，種類により異なりますが，およそ80〜100〔lm/W〕，6 000〜12 000時間です．

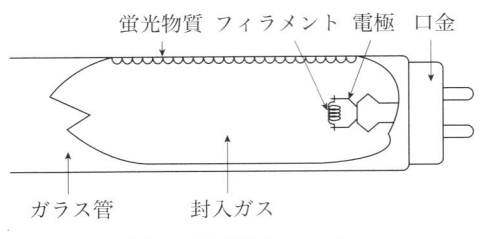

(a) 直管形蛍光ランプ

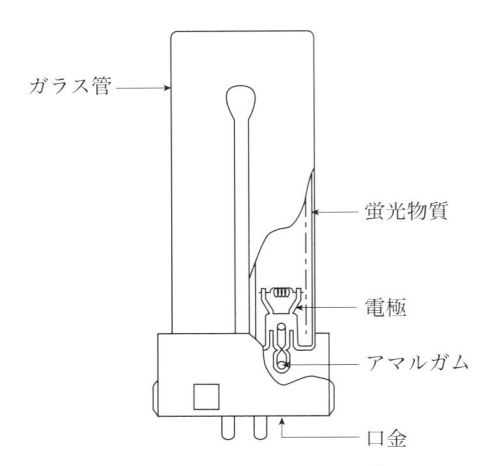

(b) コンパクト形蛍光ランプ

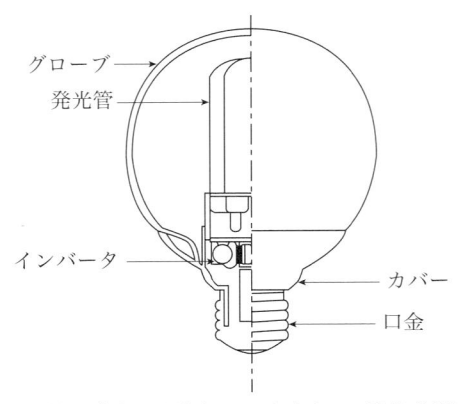

(c) 電球G形蛍光ランプ（ボール電球形状）

第7.2図

(3) HIDランプ

HIDランプは，"High Intensity Discharge lamps"の略称です．高圧水銀ランプ，メタルハライドランプおよび高圧ナトリウムランプが含まれ，高輝度放電ランプとも呼ばれています．これらのランプは，高輝度，高効率，長寿命で，工場や体育館，屋外照明などに広く用いられています．

HIDランプの構造は，ランプの種類により封入ガスや構成材料が違いますが，第7.3図に示す基本構造とほぼ同じです．ガラス製の外管の中に，石英ガラスの発光管が金属部材で支えられて取り付けられています．発光管の両端には放電のための電極があり，内部には発光物質が封入されています．

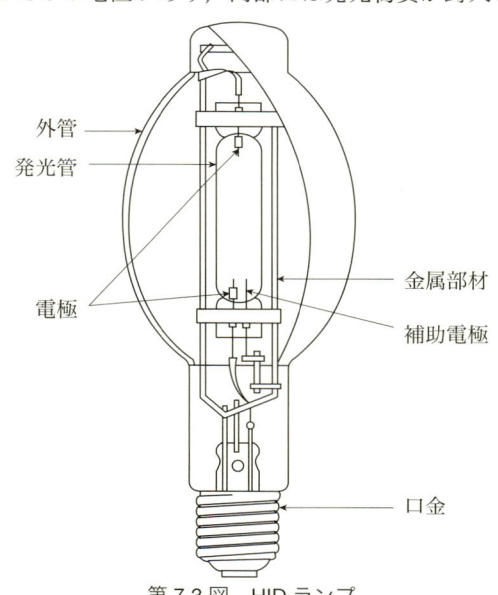

第7.3図　HIDランプ

(a) 高圧水銀ランプ

高圧水銀ランプは，数気圧（数百kPa）の水銀蒸気圧中の放電による発光を利用したランプです．発光管は，透明石英管の両端に一対の電極と補助電極を付着させ，その中に水銀とアルゴンガスが封入されています．また，外管内表面に蛍光体を塗布し，外管内には窒素ガスが封入されています．

道路照明，工場照明など，大規模な照明には高出力の水銀ランプが多く使われてきました．しかし，最近は，省エネルギー光源として経済性が強く望

まれる場所では高圧ナトリウムランプ，経済性と演色性が望まれる場所ではメタルハライドランプに変わりつつあります．低出力の水銀ランプは，庭園灯や街路などの防犯灯として広く普及しています．

発光効率は約 50〔lm/W〕，寿命は 12 000 時間程度です．

(b) メタルハライドランプ

メタルハライドランプは，高圧水銀ランプに似ていますが，発光管の中に発光物質として，ナトリウム（Na），タリウム（Tl），インジウム（In），スカンジウム（Sc）などさまざまなハロゲン化金属，ならびに水銀およびアルゴンが封入されています．放電により金属特有の発光をするランプです．

水銀ランプに比べて，ランプ効率が約 1.4～2.4 倍（70～90〔lm/W〕）と高く，さわやかな白色光で演色性にも優れています．最近は，エネルギーの節減と質の向上が実現できる高効率・高演色性の高輝度放電ランプとして，高圧水銀ランプに換わって広く普及しています．寿命は 9 000 時間程度です．

(c) 高圧ナトリウムランプ

高圧ナトリウムランプは 10〔kPa〕（約 0.1 気圧）程度のナトリウム蒸気圧中の放電による光を利用したランプです．発光管は透明性のアルミナセラミックスを用い，その中にナトリウムと水銀のアマルガムおよびキセノン（アルゴン，ネオンのものもある）ガスが封入されています．外管内は真空となっています．

高圧水銀ランプに比べ，ランプ効率が約 1.8～2.4 倍（100～150〔lm/W〕）と高く，点灯方向が自由，長寿命（12 000 時間程度），光束低下が少ないなどの優れた特長があります．

おもな用途は，道路，街路，広場などの屋外照明，工場などの高天井照明，スポーツ施設照明などのほか，高演色形は店舗照明などにも使用されています．

(4) 低圧ナトリウムランプ

低圧ナトリウムランプは，約 0.5〔Pa〕の低圧ナトリウム蒸気中の放電から放射されるナトリウムのD線（波長 589.0〔nm〕および 589.6〔nm〕）の黄橙色の光を発するランプです．

発光管はU形の耐ナトリウム特殊ガラスからなり，ナトリウム金属とネオン・アルゴンの混合ガスが封入されています．ランプ効率は照明用光源の

なかで最も高く，定格電力 180〔W〕で 175〔lm/W〕です．
黄橙色の単色光のため，物体の色の識別はできませんので，用途は，トンネル照明などに限られています．

(5) 白熱電球

白熱電球は，第 7.4 図に示すように，ガラス球の中のフィラメントに電流が流れると加熱され，発光する光源です．単に電球と呼ばれ，光の色に温かみがあり，色の演色性が高く調光が容易に行える特徴から，蛍光ランプが普及した後も，長く使われてきました．しかし，蛍光ランプや発光ダイオード（LED）から比べると，効率が格段に悪く（約 10〜20〔lm/W〕）寿命も短い（1 000 時間程度）です．発光ダイオード（LED）の普及とともに，省エネの観点から好ましい光源ではなくなり，製造中止に至りました．

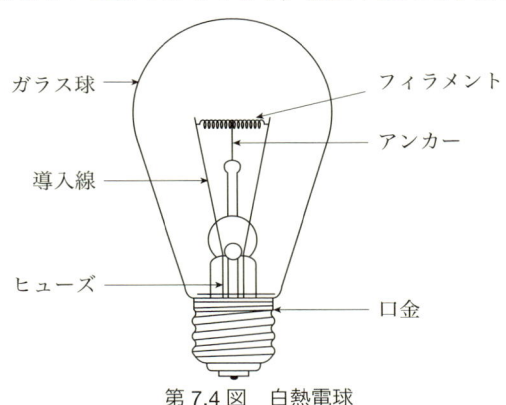

第 7.4 図　白熱電球

(6) ハロゲンランプ

ハロゲンランプは，電球内部に封入する窒素やアルゴンなどの不活性ガスに，ヨウ素，臭素などのハロゲン元素を微量加えたものです．不活性ガスのみを封入する一般の白熱電球より効率もよく（15〜20〔lm/W〕）寿命も長い（2 000 時間程度）です．

白熱電球では，高温のフィラメントからタングステンが徐々に蒸発し，バルブに付着して黒化現象を起こし，光束低下をきたします．

ハロゲンランプでは，封入したハロゲン元素の働きにより，蒸発したタングステンとハロゲン元素が結合し，タングステンがバルブに付着するのを防止します．これにより，効率が向上し，点灯の時間経過に伴う光束低下が少

なく，寿命も長くなりました．

　ハロゲンランプは，第7.5図に一例を示しますが，用途に応じて種々のものがあり，店舗のダウンライトや自動車のヘッドライト等にも用いられています．

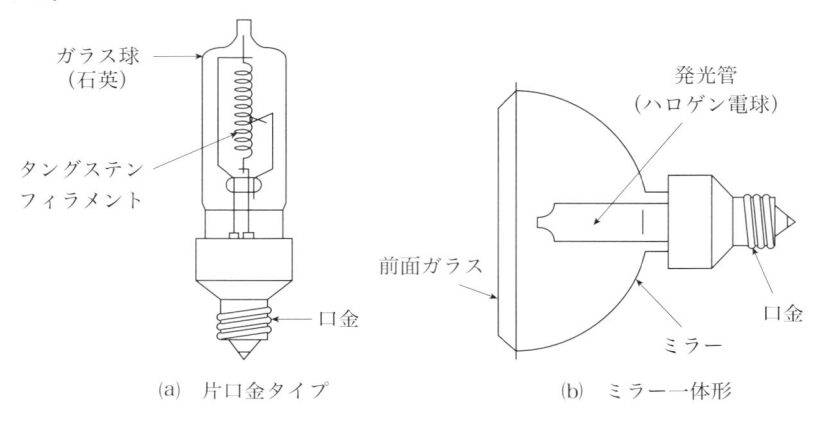

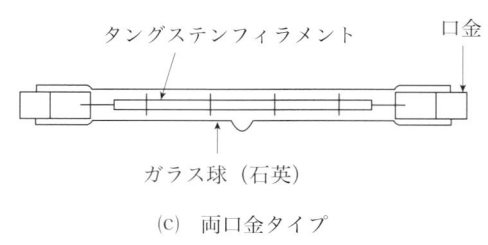

(a) 片口金タイプ

(b) ミラー一体形

(c) 両口金タイプ

第7.5図

(7) 発光ダイオード（LED）

　発光ダイオード（Light Emitting Diode，以下LEDという）は，テレビや信号機などさまざまな電気製品の表示用光源として使用されるほか，照明用光源としても使われています．LEDは，電気エネルギーを直接光エネルギーに換えるため，効率よく光を得ることができます．特に，白色LEDはその発光効率の向上が著しく，急速に照明用光源として普及しています．またLEDは，紫外線に敏感な文化財や芸術作品の照明や，熱照射を嫌うものの照明にも用いられています．

　LEDは，ホールの多いp形半導体と，電子の多いn形半導体を接合した

ものです．この pn 接合の半導体に，第 7.6 図に示すように，p 形半導体の端子に ＋，n 形半導体の端子に － の順方向の電圧を加えると，電子とホールが移動して接合部で再結合します．このとき，再結合エネルギーが光になって放射されるのです．発光は，電子の持つエネルギーを直接，光エネルギーに変換することで行われ，熱や力などの介在は必要としません．さらに，紫外線や赤外線を含まない光を得ることができます．

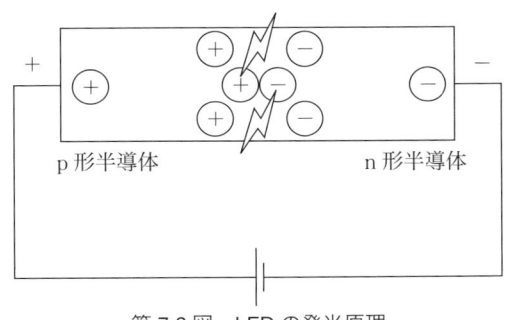

第 7.6 図　LED の発光原理

練習問題 1

コンパクト形蛍光ランプは，ガラス管を折り曲げ，接合などして発光管をコンパクトな形状に仕上げた ［(ア)］ の蛍光ランプである．コンパクト形蛍光ランプの発光管は，一般の直管形蛍光ランプに比べて管径が細く，輝度は ［(イ)］．

コンパクト形蛍光ランプでは，発光管内の ［(ウ)］ の蒸気圧を最適な状態に維持するために ［(ウ)］ をアマルガムの状態で封入してある．

上記の記述中の空白箇所(ア)，(イ)および(ウ)に当てはまる語句を答えよ．

【解答】　(ア)　片口金，(イ)　高い，(ウ)　水銀

【ヒント】　第 7.2 図参照

STEP 2

(1) **蛍光ランプの点灯装置**

蛍光ランプは商用電圧を印加しても点灯しませんので，点灯時に高電圧を印加する点灯装置を必要とします．

(a) 予熱始動方式

グロー点灯管を用いた予熱始動方式の蛍光ランプの点灯装置を第 7.7 図に示します．点灯時にスイッチ（S）をオンにすると，蛍光ランプの対向する二つのフィラメント（F）には，グロー点灯管（G）および安定器（L）を経由して閉回路が形成され電流が流れます．電流によってフィラメントは加熱され熱電子を放出するとともに，グロー点灯管内のグロー放電によってバイメタルの可動接点が加熱され膨張して伸びていきます．可動接点が固定接点に接触したとき，グロー点灯管経由の閉回路の電流が急激に増加します．電流の急増によってチョークコイルともいわれる安定器には大きな逆起電力が発生し，逆起電力は左側のフィラメントに印加されます．このため対向する二つのフィラメント間には大きな電位差が生じ，蛍光ランプはアーク放電を開始します．

アーク放電によって二つのフィラメント間が短絡されると，グロー点灯管は関係なくなります．グロー点灯管と並列に接続されているコンデンサ C_1 は，可動接点が固定接点に接触するときに生じる妨害電波を吸収する雑音防止用のものです．安定器 L と一体部品として製造されたコンデンサ C_2 は，安定器がインダクタンスですから，アーク放電後の力率を改善するために蛍光ランプと安定器 L に並列に接続されています．

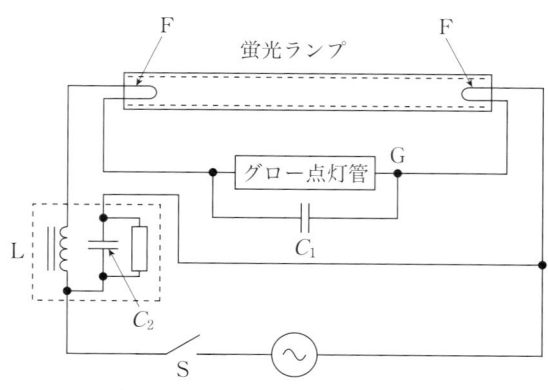

第 7.7 図　予熱始動方式の点灯装置

(b) ラピッドスタート方式

予熱始動方式以外に，点灯時間の短縮を図ったものにラピッドスタート方式があります．点灯管が不要で即時点灯が可能，比較的低い電圧でも始動し，

調光が可能になっています．

(c) インバータ方式

インバータ式は，蛍光ランプに印加する電圧の周波数を数十kHzの高周波にして点灯する方式で，即時に点灯し，ちらつきがないとともに電力損失が少なく，小形・軽量で，調光が可能な省エネ形です．

練習問題1

ラピッドスタート形蛍光ランプの特徴として，誤っているのは次のうちどれか．
(1) 多数の蛍光ランプが一斉に点灯する．
(2) 即時（約1秒）に点灯する．
(3) 比較的低い電圧でも始動する．
(4) 始動に無理が少ないので，長寿命である．
(5) グロー点灯管が必要である．

【解答】 (5)

第7章 Lesson 3 照明の基本事項

STEP 0 事前に知っておくべき事項

- 白熱電球
- 蛍光灯

覚えるべき重要ポイント

- 立体角,光度
- 光度,光束
- 照度,光束発散度

STEP 1

(1) 立体角

空間の広がりを示す角を,立体角 ω〔sr〕(単位はステラジアンと読みます)といいます.第7.8図に示すように半径 r〔m〕の球において,中心 O 点を頂点とする円すいの空間の角が立体角 ω〔sr〕で,円すいが切り取る球帽の面積を S〔m²〕,平面角を θ とすると次のように定義されます.

$$\omega = \frac{S}{r^2} = 2\pi(1-\cos\theta) \ \text{〔sr〕}$$

O から全方向(全空間)の立体角を考えると,半径 r〔m〕の球の表面積は $S=4\pi r^2$〔m²〕であるから,球の全空間を表す立体角は $\omega=4\pi$〔sr〕になります.

$$\omega = \frac{S}{r^2} = \frac{4\pi r^2}{r^2} = 4\pi \ \text{〔sr〕}$$

第7.8図　立体角

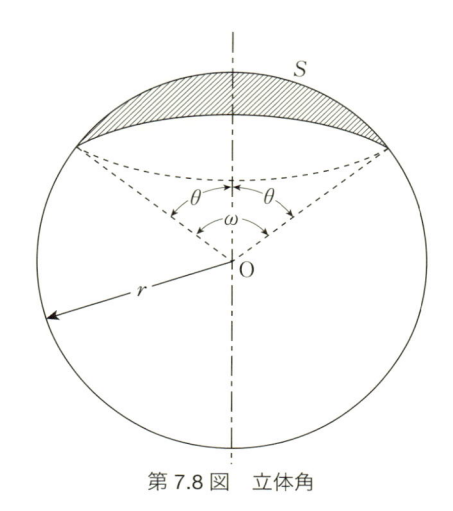

(2) 点光源の光度

　光源から放射されるエネルギーを放射束といい，そのうち，人の目に見える放射束を明るさとして感じる光束といいます．光束は記号 F で表し，単位〔lm〕（ルーメンと読みます）を用います．

　また，光がどの向きにどれだけ出ているか表すのが光度 I〔cd〕（カンデラと読みます，＝〔lm/sr〕）です．光度は，光源から放射される単位立体角当たりの光束で求められます．

　点光源から光束 F〔lm〕の光が，立体角 ω〔sr〕で放射しているとき，点光源の光度 I〔cd〕は次のように定義されます．

$$I = \frac{F}{\omega} \text{〔cd〕}$$

(3) 光束と照度

　光束 F〔lm〕の光が，第7.9図に示すように面積 A〔m²〕に入射しているとき，その面の明るさを照度 E〔lx〕（ルクスと読みます）といい次のように定義されます．

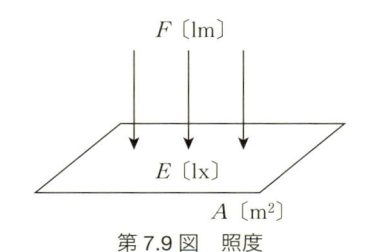

第7.9図　照度

$$E = \frac{F}{A} \quad [\text{lx}] \qquad ①$$

光束にむらがある場合，照度にもむらができ明暗が生じます．通常，①で求めた E 〔lx〕を平均照度として用います．

(4) **光度と照度**

点光源の光度が I 〔cd〕のとき，この点光源から距離 l 〔m〕離れた点で平均照度 E 〔lx〕は，②式のように全光束 $F = 4\pi I$ 〔lm〕を半径 l 〔m〕の球の表面積 $A = 4\pi l^2$ 〔m²〕で割って求められます．

$$E = \frac{F}{A} = \frac{4\pi I}{4\pi l^2} = \frac{I}{l^2} \quad [\text{lx}] \qquad ②$$

点光源の光度 I 〔cd〕による距離 l 〔m〕離れた点での平均照度 E 〔lx〕は，②式からわかるように距離 l 〔m〕の 2 乗に反比例して小さくなります．この照度の光度と距離の関係を，距離の逆 2 乗の法則といいます．

(5) **光束と光束発散度**

光束 F 〔lm〕の光が，第 7.10 図に示すように面積 A 〔m²〕から出ていくとき，その面の光束発散度 M 〔lm/m²〕は次のように定義されます．

$$M = \frac{F}{A} \quad [\text{lm/m}^2]$$

第 7.10 図　光束発散度

(6) **反射率，透過率，吸収率**

第 7.11 図に示すように，光束 F_0 〔lm〕の光が，面積が A 〔m²〕で，反射率 ρ 〔p.u.〕，透過率 τ 〔p.u.〕および吸収率 α 〔p.u.〕の板に入射した状態を考えてみます．反射光束 F_1 〔lm〕および透過光束 F_2 〔lm〕は，反射率が ρ 〔p.u.〕，および透過率が τ 〔p.u.〕ですから，それぞれ次のように表されます．

$$F_1 = \rho F_0 \quad [\text{lm}]$$
$$F_2 = \tau F_0 \quad [\text{lm}]$$

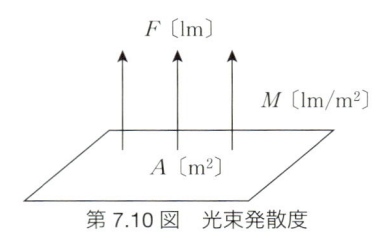

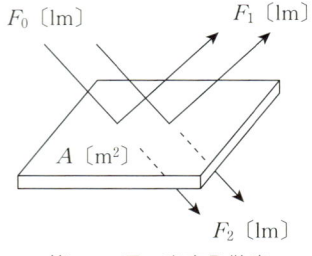

第 7.11 図　光束発散度

反射率 ρ〔p.u.〕，透過率が τ〔p.u.〕および吸収率 α〔p.u.〕の関係は，エネルギー保存の法則から次式のようになります．

$$\rho + \tau + \alpha = 1$$

したがって，板に吸収される光束 F_3〔lm〕は，吸収率が α〔p.u.〕であるから次式のように表されます．

$$F_3 = F_0 - F_1 - F_2 = \alpha F_0 \text{〔lm〕}$$

(7) 光源の輝度

光度 I〔cd〕の光源の輝度 L〔cd/m²〕は，次式のように，光度 I〔cd〕を見かけの面積，すなわち投影面積 A〔m²〕で割ったものとして定義されています．

$$L = \frac{I}{A} \text{〔cd/m}^2\text{〕}$$

例えば，光源が第7.12図に示すような半径 r〔m〕の球光源の場合，球の表面積は $S = 4\pi r^2$〔m²〕ですが，球の投影面積は $A = \pi r^2$〔m²〕になります．

また，照明の計算等で用いる光源は完全拡散光源といい，どの方向の輝度も一様に等しい光源です．

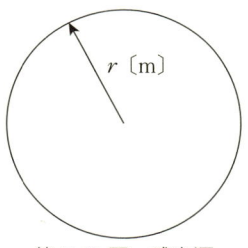

第7.12図　球光源

練習問題 1

反射率60〔%〕完全拡散性の紙を照度200〔lx〕で照らしたとき，紙の光束発散度〔lm/m²〕を求めよ．

【解答】　120〔lm/m²〕

【ヒント】　$M = \dfrac{\rho F}{A} = \rho E$ 〔lm/m²〕

STEP 2

(1) 配光曲線

配光曲線は，光源から出る光の鉛直に対する光度 I_θ〔cd〕を表したものです．第7.13図の配光曲線では角度 θ に対する光度 I_θ〔cd〕の値は以下のと

おりで，光度 I_θ〔cd〕は③式のように表されます．なお配光曲線は半径 $I/2$ の円になりますが光源 Q は左端の円周上にあります．

$\theta = 0$ のとき，$I_\theta = 0$〔cd〕
$\theta = \pi/6$ のとき，$I_\theta = I/2$〔cd〕
$\theta = \pi/4$ のとき，$I_\theta = I/\sqrt{2}$〔cd〕
$\theta = \pi/3$ のとき，$I_\theta = \sqrt{3}\,I/2$〔cd〕
$\theta = \pi/2$ のとき，$I_\theta = I$〔cd〕
$\theta = \pi$ のとき，$I_\theta = 0$〔cd〕

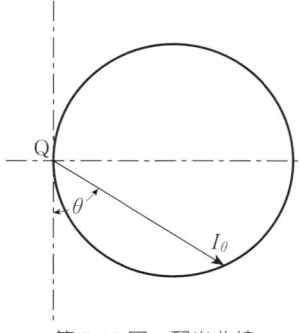

$$I_\theta = I\sin\theta \text{〔cd〕} \qquad ③$$

第 7.13 図　配光曲線

(2) 光束発散度と輝度の関係

光源には，直管状，リング管状，球状などいろいろな形状がありますが，形状に関係なく輝度 L〔cd/m²〕と光束発散度 M〔lm/m²〕の間には次式の関係が成立します．

$$M = \pi L$$

練習問題 1

完全拡散性の紙が照度 160〔lx〕で照らされ，反射率が 0.7〔p.u.〕であるとき紙の輝度〔cd/m²〕を計算せよ．

【解答】　35.7〔cd/m²〕

【ヒント】　$L = \dfrac{M}{\pi}$〔cd/m²〕

第7章 Lesson 4 各種光源の照明計算

STEP 0 事前に知っておくべき事項

- 立体角
- 光度，照度，輝度
- 光束，光束発散度

覚えるべき重要ポイント

- 点光源
- 球光源
- 円筒光源
- 平面板光源

STEP 1

(1) 点光源

点光源は，点からあらゆる方向に広がる光が出ると仮定した光源で，白熱電球は点光源と想定して照明計算を行います．点光源はあらゆる方向に広がる光の光度 I〔cd〕が等しく，第7.14図の配光曲線において，鉛直に対する角度 θ に関係なく光度 I〔cd〕は一定になり，点光源 Q を中心とする真円になります．

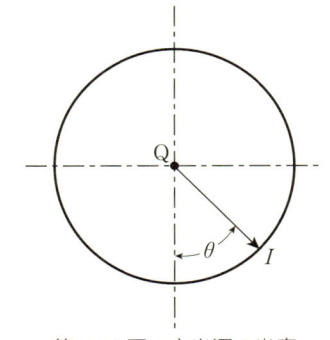

第7.14図　点光源の光度

点光源 Q を，第7.15図に示すように O 点の直上 h〔m〕の高さに配置し，O 点から距離 d〔m〕離れた P 点の各種照度の記号式を導いてみます．

まず P 点と点光源 Q までの直線距離 l〔m〕は，次式のようになります．

$$l = \sqrt{h^2 + d^2} \ \text{〔m〕}$$

点光源 Q の光度 I〔cd〕による P 点の法線照度 E_n〔lx〕は，距離の逆2

乗の法則により，④式のように定義されます．水平面照度 E_h〔lx〕は法線照度 E_n〔lx〕の余弦成分であり，鉛直面照度 E_v〔lx〕は正弦成分であるから，それぞれ⑤式，⑥式のように定義されます．

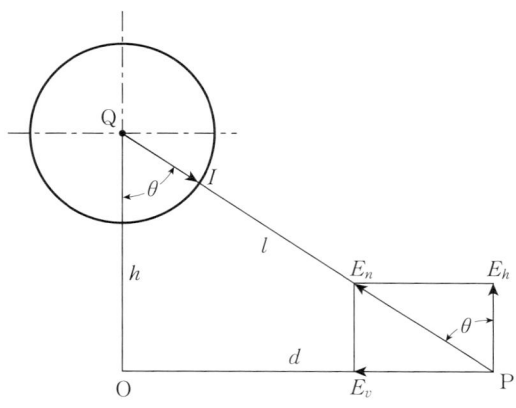

第 7.15 図　点光源による照度

(a) 法線照度

$$E_n = \frac{I}{l^2} = \frac{I}{(\sqrt{h^2+d^2})^2} = \frac{I}{h^2+d^2} \quad \text{〔lx〕} \qquad ④$$

(b) 水平面照度

$$E_h = E_n \cos\theta = \frac{I}{h^2+d^2} \times \frac{h}{\sqrt{h^2+d^2}} = \frac{hI}{(h^2+d^2)^{\frac{3}{2}}} \quad \text{〔lx〕} \qquad ⑤$$

(c) 鉛直面照度

$$E_v = E_n \sin\theta = \frac{I}{h^2+d^2} \times \frac{d}{\sqrt{h^2+d^2}} = \frac{dI}{(h^2+d^2)^{\frac{3}{2}}} \quad \text{〔lx〕} \qquad ⑥$$

(2) 球光源

白熱電球等の点光源を球形グローブに入れて用いると，球光源になります．またボール電球形蛍光ランプは，球形グローブの中に発光管やインバータなどが収められており，白熱電球を装着していたソケットにそのまま装着できる円形ねじの口金を有した球光源です．

このような球光源は，球形グローブの投影面積 A〔m²〕と輝度 L〔cd/m²〕をかけたものが光度 I〔cd〕になります．口金部を考えなければ第 7.16 図において，球形グローブの半径を R〔m〕，輝度を L〔cd/m²〕とする

と，鉛直に対する角度 θ に関係なく球光源の光度 I 〔cd〕は⑦式のようになります．

$$I = AL = \pi R^2 L \text{〔cd〕} \qquad ⑦$$

したがって，光度 I 〔cd〕の強さを示す配光曲線は，第7.16図からも明らかなように球光源と中心が同じ同心円になります．

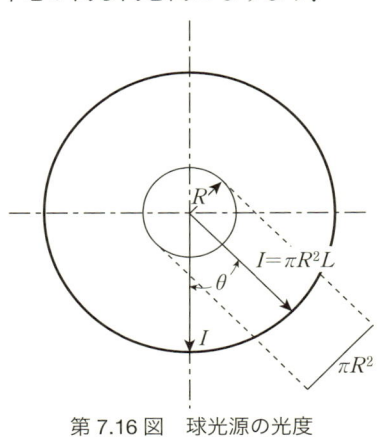

第 7.16 図　球光源の光度

以上の結果から球光源でも④〜⑥式に，⑦式の光度 I 〔cd〕をそのまま代入して，第7.15図における P 点の法線照度 E_n 〔lx〕，水平面照度 E_h 〔lx〕および鉛直面照度 E_v 〔lx〕を求める計算にそのまま使えます．

(3) 円筒光源

円筒光源の一つに直管形蛍光ランプがあります．この円筒光源も，円筒面の投影面積 A 〔m²〕と輝度 L 〔cd/m²〕をかけたものが光度 I 〔cd〕になります．直管形蛍光ランプを縦に配置したのが第7.17図です．直径を d 〔m〕，長さ l 〔m〕，円筒面の輝度を L 〔cd/m²〕とすると，円筒面の投影面積 A 〔m²〕は鉛直に対する角度 θ の関数になり，$\theta = 0$ のとき $A = 0$ 〔m²〕，$\theta = \pi/2$ 〔rad〕のとき $A = dl$ 〔m²〕になります．したがって光度 I_θ 〔cd〕も，$\theta = 0$ のとき $I_\theta = 0$ 〔cd〕，$\theta = \pi/2$ 〔rad〕のとき $I_\theta = l$ 〔cd〕になり，次式のように鉛直に対する角度 θ の関数になります．

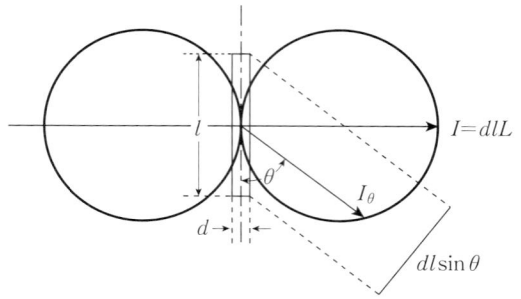

第 7.17 図　円筒光源の光度

$$I_\theta = AL = dlL\sin\theta = I\sin\theta \ [\mathrm{cd}]$$

円筒光源の中心 Q を，第 7.18 図に示すように O 点の直上 h 〔m〕の高さに配置し，O 点から距離 d 〔m〕離れた P 点の各種照度の記号式を同じように導いてみます．

円筒光源の光度 I_θ 〔cd〕による P 点の法線照度 E_n〔lx〕，水平面照度 E_h〔lx〕および鉛直面照度 E_v〔lx〕は，それぞれ次のように求められます．

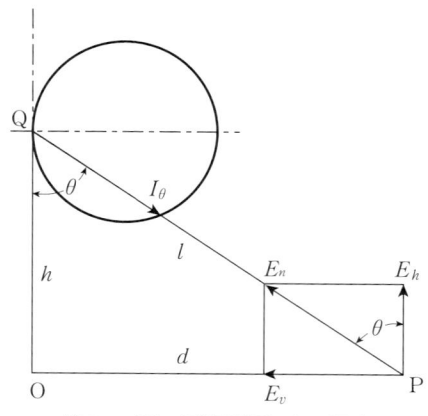

第 7.18 図　円筒光源による照度

(a)　法線照度

$$E_n = \frac{I_\theta}{l^2} = \frac{I\sin\theta}{(\sqrt{h^2+d^2})^2} = \frac{I}{h^2+d^2} \cdot \frac{d}{\sqrt{h^2+d^2}} = \frac{dI}{(h^2+d^2)^{\frac{3}{2}}} \ [\mathrm{lx}]$$

(b) 水平面照度

$$E_h = E_n \cos\theta = \frac{dI}{(h^2+d^2)^{\frac{3}{2}}} \times \frac{h}{\sqrt{h^2+d^2}} = \frac{dhI}{(h^2+d^2)^2} \quad [\text{lx}]$$

(c) 鉛直面照度

$$E_v = E_n \sin\theta = \frac{dI}{(h^2+d^2)^{\frac{3}{2}}} \times \frac{d}{\sqrt{h^2+d^2}} = \frac{d^2 I}{(h^2+d^2)^2} \quad [\text{lx}]$$

(4) 平円板光源

棒状の直管形蛍光ランプ数本を接近させて並べ，天井に直付けすると，略輪郭は四角形になります．その四角形の光源を収納するように円板状のグローブをはめ込むと一つの平円板光源になります．またLEDを円形に密集配置した信号機なども等価的に平円板光源とみなすことができます．

このような平円板光源も，円板状の光源の投影面積 A 〔m²〕と輝度 L 〔cd/m²〕をかけたものが光度 I 〔cd〕になります．半径が R 〔m〕で直径が $2R$ 〔m〕の平円板光源を水平に配置した第7.19図において，平円板光源の投影面積 A 〔m²〕は鉛直に対する角度 θ の関数になり，$\theta=0$ のとき $A=\pi R^2$ 〔m²〕，$\theta=\pi/2$ 〔rad〕のとき $A=0$ 〔m²〕になります．したがって光度 I_θ 〔cd〕も，$\theta=0$ のとき $I_\theta=\pi R^2 L$ 〔cd〕，$\theta=\pi/2$ 〔rad〕のとき $I_\theta=0$ 〔cd〕になり，次式のように鉛直に対する角度 θ の関数になります．

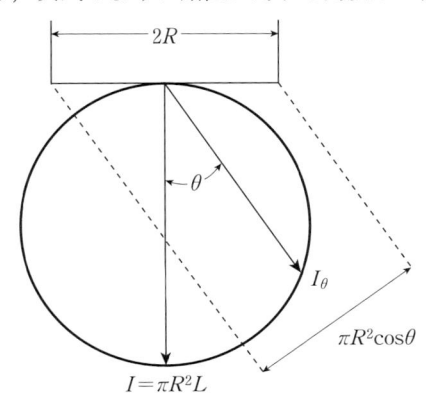

第7.19図 平円板光源の光度

$$I_\theta = A\cos\theta \cdot L = \pi R^2 L \cos\theta = I\cos\theta \quad [\text{cd}]$$

平円板光源の中心 Q を，第7.20図に示すように O 点の直上 h 〔m〕の高

さに配置し，O点から距離 d 〔m〕離れた P 点の各種照度の記号式を同じように導いてみます．

円筒光源の光度 I_θ〔cd〕による P 点の法線照度 E_n〔lx〕，水平面照度 E_h〔lx〕および鉛直面照度 E_v〔lx〕は，それぞれ⑧〜⑩式のように求められます．

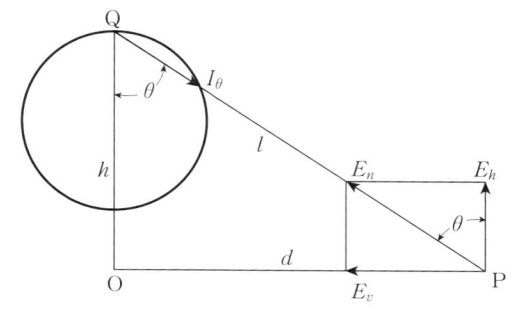

第7.20図　平円板光源による照度

(a) 法線照度
$$E_n = \frac{I_\theta}{l^2} = \frac{I\cos\theta}{(\sqrt{h^2+d^2})^2} = \frac{I}{h^2+d^2} \cdot \frac{h}{\sqrt{h^2+d^2}} = \frac{hI}{(h^2+d^2)^{\frac{3}{2}}} \quad 〔\text{lx}〕 \quad ⑧$$

(b) 水平面照度
$$E_h = E_n\cos\theta = \frac{hI}{(h^2+d^2)^{\frac{3}{2}}} \times \frac{h}{\sqrt{h^2+d^2}} = \frac{h^2I}{(h^2+d^2)^2} \quad 〔\text{lx}〕 \quad ⑨$$

(c) 鉛直面照度
$$E_v = E_n\sin\theta = \frac{hI}{(h^2+d^2)^{\frac{3}{2}}} \times \frac{d}{\sqrt{h^2+d^2}} = \frac{dhI}{(h^2+d^2)^2} \quad 〔\text{lx}〕 \quad ⑩$$

練習問題 1

図のように鉛直線と角度 θ をなす方向の光度が $1\,500\cos\theta$〔cd〕で表される点光源が水平作業面上 1.5〔m〕の高さに取り付けられている．水平作業面上の光源直下から 2〔m〕離れた点 P における水平面照度を計算せよ．

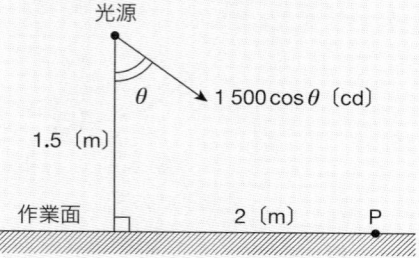

【解答】 86.4〔lx〕

【ヒント】 $E_h = E_n \cos\theta = \dfrac{I_\theta}{l^2}\cos\theta$ 〔lx〕

STEP 2
(1) 横配置の円筒光源

　直管形蛍光ランプを縦に配置したときの配光曲線についてはすでに説明しましたが，横に配置したときの配光曲線は第7.21図のようになります．横に配置したときも，円筒面の投影面積 A〔m^2〕は鉛直に対する角度 θ の関数になり，$\theta = 0$ のとき $A = dl$〔m^2〕，$\theta = \pi/2$〔rad〕のとき $A = 0$〔m^2〕になります．したがって光度 I_θ〔cd〕も，$\theta = 0$ のとき $I_\theta = dlL$〔cd〕，$\theta = \pi/2$〔rad〕のとき $I_\theta = 0$〔cd〕になり，次式のように鉛直に対する角度 θ の関数になります．

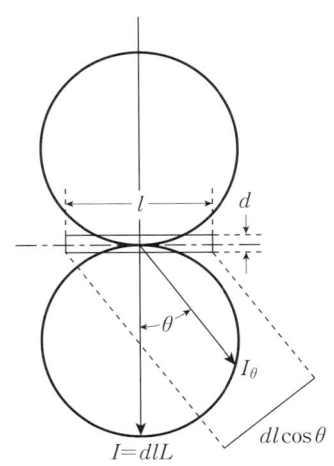

第7.21図　円筒光源の光度

$$I_\theta = A\cos\theta \cdot L = dlL\cos\theta = I\cos\theta \text{〔cd〕} \qquad ⑪$$

　したがって，直管形蛍光ランプを横に配置したときの照度は，平円板光源による照度を求める第7.20図がそのまま適用でき，光度 I_θ〔cd〕を⑪式にして⑧〜⑩式もそのまま適用できます．

(2) 無限長光源
　直管形蛍光ランプを横方向に直線的に複数個無限に配置すると，無限長光

源になります．このような無限長光源を高さ h〔m〕の位置に配置したときの断面図は第7.22図のようになります．光源直下のO点から距離 d〔m〕離れたP点の各種照度の記号式を同じように導いてみます．

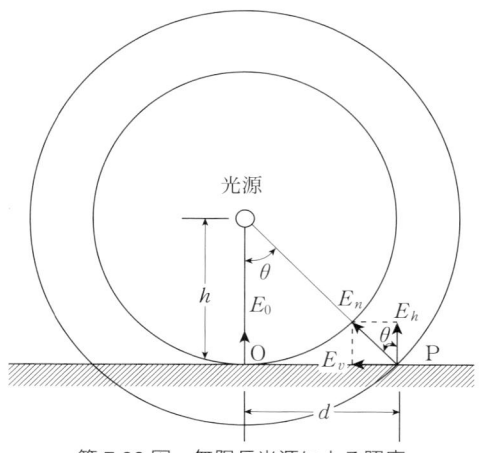

第7.22図　無限長光源による照度

無限長光源 1〔m〕から出る光束を F〔lm/m〕とすると，P点の法線照度 E_n〔lx〕は，光源からP点までの距離を半径とする長さ 1〔m〕の円筒の面積 S〔m²〕で割ったものですから⑫式のようになります．水平面照度 E_h〔lx〕は法線照度 E_n〔lx〕の余弦成分であり，水平面照度 E_v〔lx〕は正弦成分であるから，それぞれ⑬および⑭式のようになります．

(a) 法線照度

$$E_n = \frac{F}{S} = \frac{F}{2\pi\sqrt{h^2+d^2}\times 1} = \frac{F}{2\pi\sqrt{h^2+d^2}} \quad \text{〔lx〕} \qquad ⑫$$

(b) 水平面照度

$$E_h = E_n \cos\theta = \frac{F}{2\pi\sqrt{h^2+d^2}} \times \frac{h}{\sqrt{h^2+d^2}} = \frac{hF}{2\pi(h^2+d^2)} \qquad ⑬$$

(c) 鉛直面照度

$$E_h = E_n \sin\theta = \frac{F}{2\pi\sqrt{h^2+d^2}} \times \frac{d}{\sqrt{h^2+d^2}} = \frac{dF}{2\pi(h^2+d^2)} \qquad ⑭$$

練習問題 1

図のような直径 38〔mm〕, 長さ 60〔cm〕の完全拡散性の管形蛍光ランプがあり, その軸と直角方向の光度は 140〔cd〕である. この蛍光ランプの輝度〔cd/m²〕を求めよ.

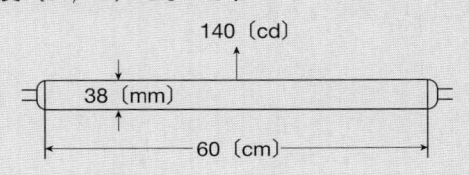

```
              140 〔cd〕
                ↓
  ═┤ 38 〔mm〕           ├═
    ←――――― 60 〔cm〕―――――→
```

【解答】 6 140〔cd/m²〕

【ヒント】 $L = \dfrac{I}{A}$ 〔cd/m²〕

第7章 Lesson 5 照明設計

STEP 0　事前に知っておくべき事項

- 光束
- 照度

覚えるべき重要ポイント

- 器具効率
- 照明率
- 保守率，減光補償率
- 設計上の照度

STEP 1

(1) 器具効率

器具効率 p 〔lm/W〕は，⑮式に示すように照明器具に取り付けたランプから得られる光束 F 〔lm〕を，ランプの出力 P 〔W〕で割ったものです．単位〔lm/W〕から明らかなように，器具効率はランプの消費電力1〔W〕で，何 lm の光束が出ているかを示すものです．

器具効率 p 〔lm/W〕は，電力・光束変換率のことですが，単に効率といわれることもあります．器具効率であっても，電力・光束変換率であっても，単位を見れば意味ははっきりします．

$$p = \frac{F}{P} \text{〔lm/W〕} \qquad ⑮$$

(2) 照明率

照明率 U 〔p.u.〕は，⑯式に示すように照明器具に取り付けたランプから得られる光束〔lm〕のうち，照明計算対象となる被照面に到達する光束〔lm〕の割合です．被照面高さは，机上で床上85〔cm〕，和室で床上40〔cm〕，廊下などは床面と定められています．

照明率の単位は，〔%〕で表されることもありますが，割合の〔p.u.〕で表

されることの方が多く，また割合ですから単位のない単なる小数点表示の場合もあります．

$$U = \frac{被照面に到達する光束〔lm〕}{照明器具のランプ光束〔lm〕} \quad 〔p.u.〕 \qquad ⑯$$

(3) 保守率

照明器具はランプを新品に取り換えて使用を開始してから，使用時間の経過とともにランプから照射される光束〔lm〕が低下していきます．

光束〔lm〕の低下は，経年変化に伴うランプ性能低下による光束の減少や，ランプおよび照明器具のグローブ等のほこりの付着による汚れなどが原因です．使用時間が経過しても，被照面で所定の照度が保てるようにあらかじめランプ光束の低下を見込んで設定する係数が保守率 M〔p.u.〕です．保守率 M〔p.u.〕の逆数は減光補償率 D〔p.u.〕で1より大きな数値になります．

(4) 設計上の照度

床面積が A〔m²〕の室に，1灯の光束が F〔lm〕のランプを N 個用いたとき，照明率を U〔p.u.〕，保守率を M〔p.u.〕とすると，室の平均照度 E〔lx〕は次式のように表されます．

$$E = \frac{FNUM}{A} \quad 〔lx〕$$

室で要求される平均照度 E〔lx〕がわかっている場合，1灯の光束 F〔lm〕のランプ個数 N〔個〕は，次式のようになります．

$$N = \frac{EA}{FUM} \quad 〔個〕$$

> **練習問題 1**
>
> 間口8〔m〕，奥行10〔m〕の事務所に，光束5 000〔lm〕の蛍光ランプ10本を設置して照度を測定すると，平均照度は400〔lx〕であった．照明率〔p.u.〕はいくらか．

【解答】　0.64〔p.u.〕

【ヒント】　$U = \dfrac{EA}{FN}$ 〔p.u.〕

STEP 2

(1) 屋外照明

屋外照明には，道路照明，トンネル照明，投光照明および看板照明などがあります．いずれも目的に応じた照度を確保するとともに，照明の効果も考慮する必要があります．道路照明では第7.23図に示すような照明灯が用いられ，道路の幅 W〔m〕に応じて照明灯を設置する間隔 L〔m〕は第7.24図のようなものがあります．

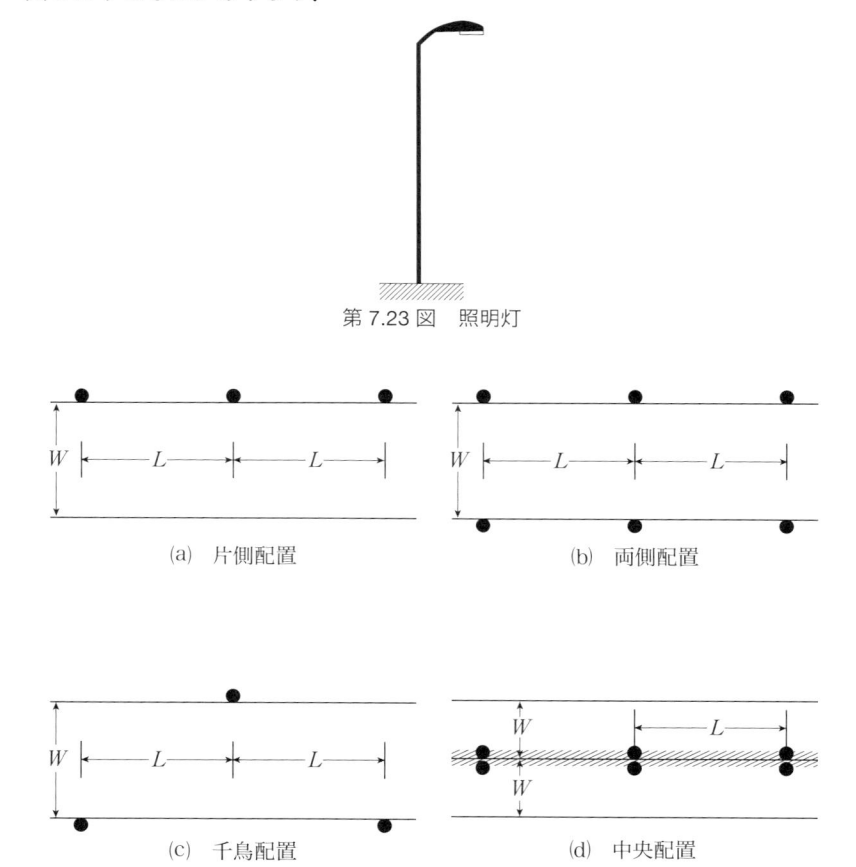

第 7.23 図　照明灯

(a) 片側配置

(b) 両側配置

(c) 千鳥配置

(d) 中央配置

第 7.24 図

練習問題 1

図のように幅 16〔m〕の道路の街路両側に、千鳥配置で街路灯を設置して路面の平均照度を 20〔lx〕とするには、長さ L を何メートルにしなければならないか計算せよ。ただし、取り付けた光源のワット数と効率はそれぞれ 400〔W〕および 55〔lm/W〕とし、また、照明率は 0.3、保守率は 0.8 とする。

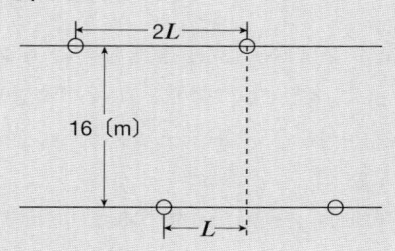

【解答】 16.5〔m〕

【ヒント】 $E = \dfrac{FNUM}{A}$ 〔lx〕

7 照明

STEP-3 総合問題

【問題1】 幅16〔m〕の街路の両側に30〔m〕の間隔で千鳥式に放電灯の灯柱を設置し、街路面の平均照度を15〔lx〕とするためには、各灯柱ごとに何ワットの放電灯を必要とするか。正しい値を次のうちから選べ。ただし放電灯の効率を50〔lm/W〕、照明率を30〔%〕、減光補償率を1.5とする。
(1) 100　　(2) 200　　(3) 400　　(4) 600　　(5) 800

【問題2】 面積5〔m²〕完全拡散性白色紙の片方のA面を、均等放射光源の光束6 000〔lm〕の60〔%〕で一様に照射して、その透過光により照明を行った。これについて、次の(a)および(b)に答えよ。
　ただし、白色紙は平面で、その透過率は0.40とする。
(a) 白色紙を透過した他方のB面から出る面積1〔m²〕当たりの光束発散度〔lm/m²〕の値として、正しいのは次のうちどれか。
　　(1) 240　　(2) 288　　(3) 300　　(4) 384　　(5) 750
(b) 白色紙のB面の輝度〔cd/m²〕の値として、正しいのは次のうちどれか。
　　(1) 23.9　　(2) 47.8　　(3) 64.3　　(4) 84.5　　(5) 91.7

【問題3】 管の直径が38〔mm〕、発光部分の長さが600〔mm〕の直管形蛍光ランプ複数個を直線状に、床面上3〔m〕に配置した。完全拡散性無限長直線光源となって直管形蛍光ランプから単位長当たり3 000〔lm/m〕の光束を一様に発散しているものとして、次の(a)および(b)に答えよ。
(a) 直管形蛍光ランプの光束発散度 M〔lm/m²〕の値として、最も近いのは次のうちどれか。
　　(1) 4.2×10^3　　(2) 8.4×10^3　　(3) 17.5×10^3
　　(4) 20.7×10^3　　(5) 25.1×10^3
(b) 直管形蛍光ランプ直下の床面の水平面照度 E_h〔lx〕の値として、最も近いのは次のうちどれか。
　　(1) 80　　(2) 159　　(3) 239　　(4) 318　　(5) 333

【問題4】 図のように作業面上2〔m〕の高さのところに、単位長さ当たりの光束が3 000〔lm〕の無限に長い直線光源が作業面に平行に置かれている。

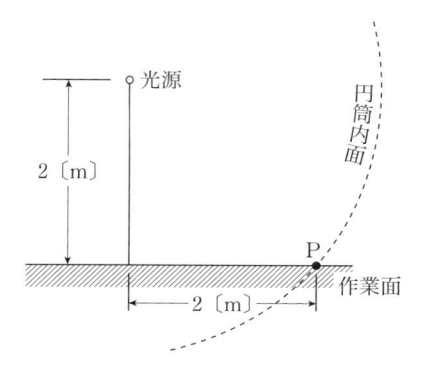

(a) 作業面において，直線光源の直下の点から直線光源の射影に直角に2〔m〕離れたP点を通る円筒内面の平均照度〔lx〕の値として，最も近いのは次のうちどれか．

(1) 169　(2) 250　(3) 353　(4) 500　(5) 707

(b) P点の水平面照度〔lx〕の値として，最も近いのは次のうちどれか．

(1) 67　(2) 79　(3) 82　(4) 101　(5) 120

【問題5】 図のように，床面上のB点の直上2.4〔m〕の高さのA点に，各方向に一様な配光を有する450〔cd〕の光源を取り付けた．次の(a)および(b)に答えよ．

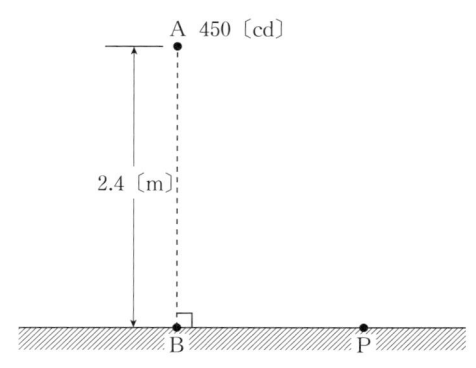

(a) 床面上のP点における水平面照度が，鉛直面照度の3倍になるBP間の距離〔m〕は次のうちどれか．

(1) 0.8　(2) 1.2　(3) 2.4　(4) 3.0　(5) 7.2

(b) P点における水平面照度〔lx〕の値として，最も近いのは次のうちどれか．
(1) 22.2　(2) 33.3　(3) 46.4　(4) 58.8　(5) 66.7

【問題6】 図に示すように，床面上の直線距離で3〔m〕離れたO点およびQ点の直上2〔m〕のところに，配光特性の異なる光源AおよびBをそれぞれ取り付けたとき，床面上の中央部P点の水平面照度に関して，次の(a)および(b)に答えよ．

ただし，光源Aは全光束6 000〔lm〕で，どの方向にも光度が等しい均等放射光源である．光源Bは床面に対し平行な方向に最大光度I_0〔cd〕で，このI_0の方向と角θをなす方向に$I_{B(\theta)} = 1\,000\cos\theta$〔cd〕の配光を有している．

(a) まず，光源Aだけを点灯したとき，P点の水平面照度〔lx〕の値として，最も近いのは次のうちどれか．
(1) 61.0　(2) 76.8　(3) 82.3　(4) 96.0　(5) 102

(b) 次に，光源Aと光源Bの両方を点灯したとき，P点の水平面照度〔lx〕の値として，最も近いのは次のうちどれか．
(1) 128　(2) 138　(3) 141　(4) 160　(5) 172

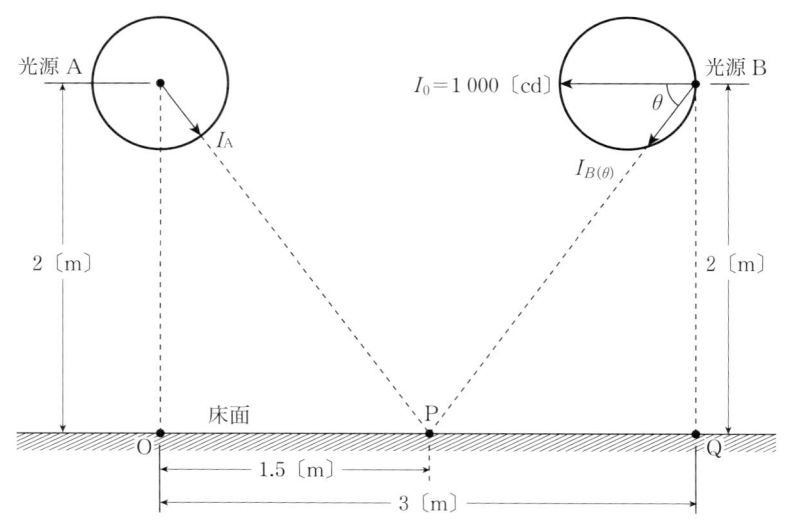

第8章
電熱

第8章 Lesson 1 熱の性質

STEP 0 事前に知っておくべき事項

- 固体
- 液体
- 気体

覚えるべき重要ポイント

- 伝導（でんどう），対流（たいりゅう），放射
- 水の顕熱（けんねつ），潜熱（せんねつ），比熱（ひねつ）
- 凝固熱（ぎょうこねつ）（融解熱（ゆうかいねつ）），気化熱（きかねつ）（液化熱（えきかねつ））
- 熱容量（ねつようりょう）
- 熱量電力量換算公式

STEP 1

(1) 熱の伝わり方

熱は，伝導，対流，放射によって伝わります．

(a) 伝導

物体の高温部から低温部に向かって熱が流れる伝わり方を熱伝導といいます．

(b) 対流

空気や水などの流体が流動することによって熱が伝わることを対流といいます．

(c) 放射

赤外線などの電磁波として空間を熱が伝わることを放射もしくは輻射（ふくしゃ）といいます．

(2) 熱による状態変化

固体に熱を与えると，第8.1図に示すように固体は融解して液体になり，さらに液体に熱を与えると，液体は気化して気体になります．逆に気体を冷

却すると，気体は液化して液体になり，さらに液体を冷却すると，液体は凝固して固体になります．液体の水も，加熱すると気体の水蒸気になり，冷却すると固体の氷になります．金属も常温では水銀などを除いて大抵のものは固体ですが，加熱すると，液体になり，気体になります．

例外として，二酸化炭素を固体にしたドライアイスや，防虫剤の樟脳などは，液体を経由しないで固体から昇華して気体になり，気体から凝固して固体になります．

このように物体は，加熱して熱を与えたり，冷却して熱を取ったりすることにより，固体，液体および気体に相変化します．熱量の単位には〔J〕（ジュールと読む）が用いられ，1秒当たりの熱の流れを熱流といい，単位は〔J/s〕になります．

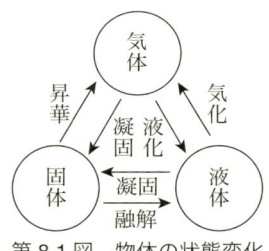

第8.1図 物体の状態変化

(3) 水の顕熱，比熱

液体の水に熱を加えると，水の温度が上昇しますが，この温度上昇のために加えた熱を顕熱または感熱といいます．質量 m〔kg〕，温度 θ_1〔℃〕の水に，熱を加えて温度 θ_2〔℃〕にしたとき，加えた熱量 Q〔kJ〕は，水の比熱を c〔kJ/(kg・K)〕とすると次のように表されます．

$$Q = cm(\theta_2 - \theta_1) \text{〔kJ〕} \qquad ①$$

水の比熱は，$c = 4.186$〔kJ/(kg・K)〕で，質量 1〔kg〕の水の温度を 1〔K〕上げるのに必要な熱量です．なお，①式では摂氏温度の θ_1〔℃〕から θ_2〔℃〕に上げるときに，比熱 c〔kJ/kg・K〕が使われていますが，絶対温度の温度差 θ〔K〕と，摂氏温度の温度差 θ〔℃〕は同じ値になり，温度差の計算では摂氏温度の温度差 θ〔℃〕でもそのまま使えます．

20〔℃〕における物質の比熱を第8.1表に示しますが，表から水の比熱はほかの物質と比べて非常に大きいことがわかります．

第 8.1 表　物質の比熱

物　質	比熱 c 〔kJ/(kg・K)〕	物　質	比熱 c 〔kJ/(kg・K)〕
亜鉛	0.383	ガラス	0.670
銀	0.234	コンクリート	0.840
銅	0.380	木材	1.250
アルミニウム	0.877	水	4.186
鉄	0.437	空気	1.000

(4) 水の潜熱

水を氷に変化させたり，水蒸気に変化させるためには，温度上昇の顕熱とは異なる潜熱が関与します．

(a) 凝固熱（融解熱）

0〔℃〕の液体の水を，0〔℃〕の固体の氷に変化させるためには，0〔℃〕の液体の水から，質量 1〔kg〕当たり $q_1 = 333.6$〔kJ/kg〕の凝固熱を取る必要があります．逆に 0〔℃〕の固体の氷を，0〔℃〕の液体の水に変えるためには，質量 1〔kg〕当たり $q_1 = 333.6$〔kJ/kg〕の融解熱を固体の氷に加える必要があります．この熱量 $q_1 = 333.6$〔kJ/kg〕は，液体から固体，または固体から液体に水が相変化するときに関与する潜熱です．

(b) 気化熱（液化熱）

100〔℃〕の液体の水を，100〔℃〕の気体の水蒸気に変化させるためには，100〔℃〕の液体の水に，質量 1〔kg〕当たり $q_2 = 2\,256.3$〔kJ/kg〕の気化熱を加える必要があります．逆に 100〔℃〕の気体の水蒸気を，100〔℃〕の液体の水に戻すには，質量 1〔kg〕当たり $q_2 = 2\,256.3$〔kJ/kg〕の液化熱を取る必要があります．この熱量 $q_2 = 2\,256.3$〔kJ/kg〕は，液体から気体，または気体から液体の水が相変化するときに関与する潜熱です．

> **練習問題 1**
>
> 温度 15〔℃〕の水 1〔L〕を，温度 90〔℃〕まで加熱するのに必要な熱量〔kJ〕を計算せよ．

【解答】　314〔kJ〕

【ヒント】　$Q = cm(\theta_2 - \theta_1)$〔kJ〕

STEP 2

(1) 熱容量

質量 m〔kg〕，温度 θ_1〔℃〕の物体に，熱量 Q〔kJ〕の熱を加えて温度が θ_2〔℃〕になったとき，これらの関係は次式で表されます．この式において，比熱 c〔kJ/(kg・K)〕と質量 m〔kg〕をかけたものは熱容量 C〔kJ/K〕です．熱容量 C〔kJ/K〕は，物体が蓄えることのできる熱量の大きさを表すものです．比熱 c〔kJ/(kg・K)〕や質量 m〔kg〕の大きい物体ほど熱容量 C〔kJ/K〕は大きくなります．

$$Q = cm(\theta_2 - \theta_1) = C(\theta_2 - \theta_1) \text{〔kJ〕}$$

水の比熱は $c = 4.186$〔kJ/(kg・K)〕と非常に大きいので大量の熱を蓄えることができます．この水の蓄熱効果を利用した冬の暖房器具に，湯たんぽがあります．湯たんぽは，温度の高い湯を入れれば，水の蓄熱効果で長時間温かく保てるものです．また，冬の鍋料理に使われる土鍋は，質量 m〔kg〕が大きく，熱容量 C〔kJ/K〕が金属鍋と比べて大きくなっています．このため，冷たい食材を追加しても，土鍋の蓄熱量が大きいので温度低下を小さく抑えることができます．

(2) 熱回路のオームの法則

熱回路も電気回路と同じように，熱回路のオームの法則が成立します．直径 d〔m〕，長さ l〔m〕の第8.2図に示すような棒状物体において，一方端を θ_1〔K〕，他方端を θ_2〔K〕の温度にした場合，$\theta_1 > \theta_2$ の関係であれば，温度差 $\theta = \theta_1 - \theta_2$〔K〕が生じます．温度差 θ〔K〕によって，棒状物体には熱抵抗 R〔K/W〕に応じた次式に示す熱流 q〔W〕が流れます．

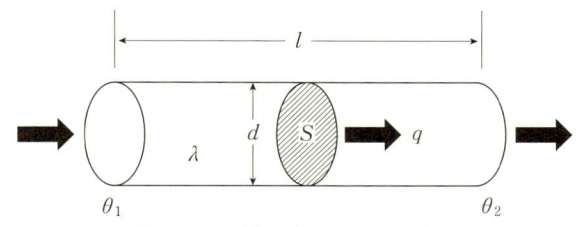

第8.2図　熱回路のオームの法則

$$q = \frac{\theta}{R} = \frac{\theta_1 - \theta_2}{R} \text{〔W〕}$$

熱抵抗 R〔K/W〕は，棒状物体の熱伝導率を λ〔W/(m・K)〕とすれば次

式のようになります．

$$R = \frac{l}{\lambda S} = \frac{l}{\lambda \times \pi \left(\frac{d}{2}\right)^2} = \frac{4l}{\lambda \pi d^2} \ [\text{K/W}]$$

熱回路のオームの法則における熱系と，電気回路のオームの法則における電気系の単位を，温度差 θ〔K〕を電圧 V〔V〕，熱流 q〔W〕を電流 I〔A〕のように対応させると第 8.2 表のようになります．

第 8.2 表 熱系と電気系の対応

熱系		電気系	
温度差	θ〔K〕	電位差	V〔V〕
熱抵抗	R〔K/W〕	電気抵抗	R〔Ω〕
熱流	q〔W〕	電流	I〔A〕
熱量	Q〔J〕	電荷量	Q〔C〕
熱流密度	p〔W/m²〕	電流密度	J〔W/m²〕
熱伝導率	λ〔W/m・K〕	導伝率	σ〔S/m〕
熱伝導係数	h〔W/m²・K〕	表面導電率	h〔W/m²〕
熱容量	C〔J/K〕	静電容量	C〔F〕

(3) 熱量電力量換算公式

熱量も電力量もエネルギーであるから，熱量を電力量に，逆に電力量を熱量に換算することができます．熱量 1〔J〕は 1〔W・s〕であり，出力 1〔W〕は 1〔J/s〕であるから，電力量 1〔kW・h〕を熱量に換算すると，次式のようになります．

$$1 \ [\text{kW} \cdot \text{h}] = 3\,600 \ [\text{kJ}]$$

> **練習問題 1**
> 面積 20〔m²〕，厚さ 10〔cm〕，熱伝導率 0.4〔W/(m・K)〕の壁がある．この壁の内外面の温度差が 5〔K〕に保たれているとき，熱伝導によってこの壁を伝わる熱流〔W〕の値を求めよ．

【解答】 400〔W〕

【ヒント】 $q = \dfrac{\theta}{R}$〔W〕

第8章 Lesson 2 電気加熱

STEP 0 事前に知っておくべき事項

- ガスコンロ
- 石油ストーブ
- 電気ストーブ

覚えるべき重要ポイント

- 抵抗加熱
- アーク加熱
- 誘導加熱
- 誘電加熱
- 赤外線加熱

STEP 1

(1) 電気加熱と燃焼加熱

電気エネルギーを熱エネルギーに変換して加熱するのが電気加熱です．電気加熱は，石油，石炭などの化石燃料を燃焼させて熱を発生させる燃焼加熱とは大きく違います．化石燃料の燃焼には空気中の酸素を必要としますが，電気加熱は酸素を必要とせず，発熱体や発熱装置を取り付けるだけでどこでも熱を発生させることができます．空気のない真空中でも，水中でも，特定のガス雰囲気中でも，発熱体や発熱装置を取り付けるだけで熱を発生させることができます．

また，化石燃料の燃焼加熱では，容積のある化石燃料を補給しなければ燃焼を持続はできませんが，電気加熱では電線を通して電気エネルギーを供給しますので，加熱時間に制限はありません．

なお電気加熱は，電気エネルギーを熱エネルギーに変換するとき，利用する物理現象によって発熱の原理が異なります．発熱の原理によって，種類が分かれており，抵抗加熱，アーク加熱，誘導加熱，誘電加熱および赤外線加

熱がおもなものです．

(2) **抵抗加熱**

(a) 加熱の原理

抵抗加熱は，発熱体に電圧を印加して発熱体に電流を流し，発熱体に発生するジュール熱で加熱するものです．第8.3図に示すように，発熱体の抵抗を R〔Ω〕，印加する電圧を V〔V〕，流れる電流を I〔A〕とすると，発熱体の消費電力 P〔W〕は②式のように表されます．消費電力 P〔W〕は，単位を変えると P〔J/s〕で，1秒当たりの発生熱量を表しています．抵抗加熱は，発熱体のジュール熱 P〔J/s〕で加熱します．消費電力 P〔W〕は P〔J/s〕ですので，③式のように加熱時間 t〔s〕をかけると発生熱量は Q〔J〕になります．

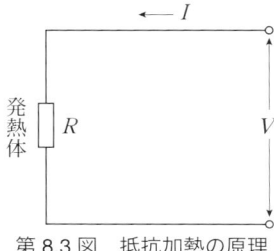

第8.3図 抵抗加熱の原理

$$P = VI = V \cdot \frac{V}{R} = \frac{V^2}{R} = I^2 R \text{〔W〕} \qquad ②$$

$$Q = Pt \text{〔J〕} \qquad ③$$

(b) 抵抗加熱の特徴

抵抗加熱は，発熱体となるヒータを取り付けて配線を施せば発熱が可能になる加熱方法です．誘導加熱や誘電加熱が応用される以前から用いられていた加熱方法です．発熱体として，ニッケルとクロムの合金であるニクロム線が多く用いられていました．今では発熱体の形状も線状だけでなく，シート状のものや，薄膜状のものなどあらゆる形状のものが開発されつくられています．配線を施せば発熱が可能になるという特徴から，工業から医療など幅広い分野において，発熱の必要な装置に組み込まれています．身近なものでいえば，自動車の窓ガラス結露防止用のヒータも抵抗加熱です．

(c) 抵抗加熱の利用例
・工業炉
・あらゆる発熱装置の熱源
・スポット溶接
・暖房用の電気ストーブ

- 電気湯沸かし器
- 調理器具
- アイロン

(3) アーク加熱

(a) アーク加熱の原理

電圧を印加して電位差を有する電極を接近させると，空気の絶縁が破れてアーク放電によって電極間が導通します．第8.4図に示すように空げきを介して電極と金属間を対向させ，空げきを狭めたり，印加している電圧 V〔V〕を上げたりすると，空気の絶縁が破れ

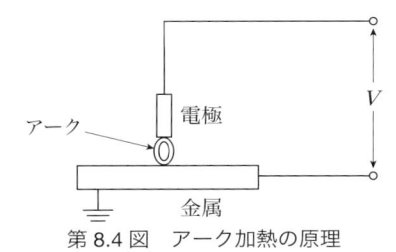

第8.4図 アーク加熱の原理

て電極と金属間に放電のアークが飛びます．この高温のアークを利用するのがアーク加熱です．

アークは高温ですので，電極自体や金属が溶け，電極と金属間の空げきが拡がるとアークは消滅します．このためアークが持続するように，電極と金属間の空げきや電圧 V〔V〕を制御して加熱を行います．アーク熱を利用するおもなものには，アーク炉やアーク溶接があります．

(b) アークの特徴

電極と金属間の放電によって生じたアーク柱の温度は，5 000～6 000〔K〕の高温になり，電極自体の温度も 2 000～4 000〔K〕に達します．

アーク放電がはじまると電極と金属間に大電流が流れるため，電源の電圧が大きく下がります．このためアーク放電を利用するアーク炉では，電力を供給している電源の系統電圧が変動し，電源に接続されているほかの負荷に影響を与える電圧フリッカが生じるため，フリッカ対策が必要になります．

またアーク溶接では，アーク放電を持続させて安定した溶接作業を行うために，溶接作業に応じて，定電流特性を有した電源や定電圧特性を有した電源が用いられています．

(c) アーク加熱の応用例

アーク加熱はほかの加熱方法に比べて高温を発生するので，金属をはじめ融点の高い物質の溶融や加工用として広く用いられています．

- アーク炉
- アーク溶接
- アークの溶断加工

(4) **誘導加熱**

(a) 加熱原理

金属などの導電性物質に磁束を鎖交させると，導電性物質には電磁誘導によって渦電流が発生します．この渦電流のジュール損を加熱に利用するのが誘導加熱です．したがって誘導加熱によって加熱できるものは金属などの導電性物質です．

誘導加熱は，第8.5図(a)に示すように，コイルの中に被加熱物を入れ，コイルに高周波電流を流して被加熱物に電磁誘導作用によって誘導電流 I_2〔A〕を発生させます．誘導電流 I_2〔A〕が流れると，第8.5図(b)に等価回路を示すように被加熱物自体の抵抗を R〔Ω〕とすると，ジュール損 RI_2^2〔W〕によって被加熱物が発熱します．被加熱物が導体で，磁性体でもある場合は，ヒステリシス損も熱になります．

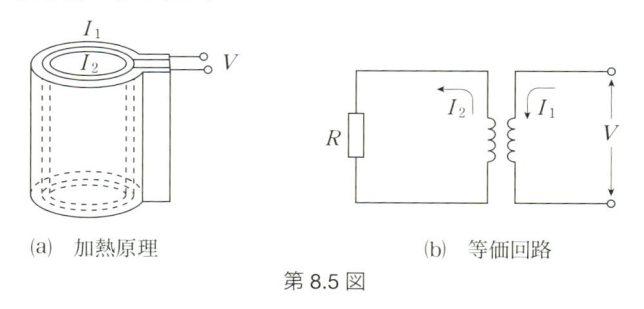

(a) 加熱原理 　　　　　　(b) 等価回路

第8.5図

(b) 誘導電流の深さ

被加熱物に鎖交する交番磁界の周波数が高くなるにつれ，被加熱物内部には流れにくくなり，誘導電流が表面に偏る表皮効果という現象が起きます．この表皮効果は，被加熱物の抵抗率，透磁率，交番磁界の周波数および寸法によって決まります．誘導電流 I_2〔A〕の流れる等価的厚さ δ（デルタと読みます）〔cm〕を浸透の深さといい，比透磁率を μ，導電率を κ（カッパーと読みます）〔S/cm〕，周波数を f〔Hz〕とすると次式のように表されます．

$$\delta = \frac{1}{2\pi\sqrt{\mu \cdot \kappa \cdot f \times 10^{-9}}} \text{ (cm)}$$

(c) 応用分野

誘導加熱は，表皮効果を応用するものや，鉄心を用いた変圧器の原理を応用するものなどがあります．

- 工業炉
- 表面焼入れなどの金属の熱処理
- IH 調理器具

(5) **誘電加熱**

(a) 発熱の原理

誘電加熱は，第 8.6 図(a)のように比誘電率 ε_s の誘電体を両側から電極で挟んで交流電圧を印加して交番電界を加えると，誘電損によって誘電体が加熱されることを利用したものです．このときの等価回路は，第 8.6 図(b)のように静電容量 C 〔F〕と抵抗 R 〔Ω〕の並列回路で表すことができます．抵抗 R 〔Ω〕には第 8.6 図(c)のベクトル図に示すように電圧 V 〔V〕と同相の電流 I_R 〔A〕が流れ，静電容量 C 〔F〕には位相が 90°進んだ電流 I_C 〔A〕が流れていることになります．等価回路における抵抗 R 〔Ω〕の消費電力が誘電損で，単位体積当たりに消費される電力 P 〔W/m³〕は，誘電損失角を δ，誘電正接を $\tan\delta$，電界の周波数を f 〔Hz〕，電界の強さを E 〔V/m〕とすると次式のように表されます．

$$P = \frac{5}{9} \cdot f \cdot \varepsilon_s \cdot \tan\delta \cdot E^2 \times 10^{-10} \text{ (W/m}^3\text{)}$$

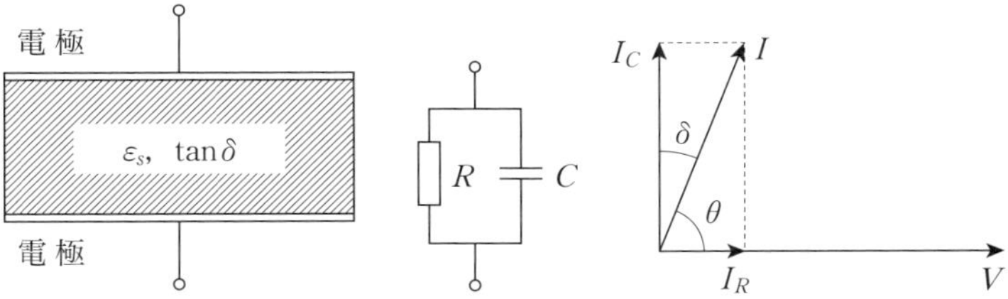

(a) 誘電加熱　　(b) 等価回路　　(c) ベクトル図

第 8.6 図

なお絶縁体のことを誘電体ともいい，誘電加熱で，加熱できる物質は木材，

合成樹脂，食品などの絶縁性物質に限られます．

　(b)　誘電加熱の特徴
- 被熱物内部を均一に加熱できる
- 周波数を選択して特定部分のみを加熱できる
- 加熱時間を極めて短時間にできる
- 回路損失が多く，効率がよくない
- 電波障害を起こすおそれがある
- 最初の設備費が大きい

　(c)　誘電加熱の利用例
- 合板製造などの木材の加工
- 合成繊維の熱処理加工
- プラスチックの加熱
- 食品加工
- 医薬品の乾燥

なおマイクロ波加熱を利用した電子レンジは，誘電加熱の一利用例です．$2\,450$〔MHz〕と950〔MHz〕のマイクロ波周波数を使って加熱しています．オーブンレンジは，誘電加熱と抵抗加熱を併用しています．

(6) 赤外線加熱

　(a)　加熱原理

赤外線加熱は，赤外線ランプから照射された電磁波の赤外線によって被加熱物を加熱するものです．吸収された赤外線は，被加熱物のなかで，分子の運動を誘発させ，摩擦より物質に熱が発生します．この熱を利用するのが赤外線加熱で，被加熱物は，導電体，絶縁体に限らず何でも加熱できます．

赤外線は0.78〔μm〕から1〔mm〕までの波長の電磁波をいい，電磁波エネルギーのほとんどすべてが熱エネルギーに変換されるため熱線とも呼ばれます．赤外線は波長によって，近赤外線，中赤外線および遠赤外線に分けられます．

加熱には波長が$1 \sim 4$〔μm〕の赤外線が利用され，これは照明用の白熱電球から出る色温度$2\,000 \sim 2\,500$〔K〕の赤外線と同じものです．

　(b)　赤外線加熱の特徴
- 赤外線ランプを設置するだけで加熱できる

- 加熱場所の設備費が少なくてすむ
- 赤外線ランプを点灯して加熱する簡単な仕組み
- 赤外線ランプのオンオフで温度調節も容易にできる
- 被熱物の表面を迅速かつ効率よく加熱できる

(c) 赤外線加熱の利用例
- 医療用の赤外線照射
- 暖房用の赤外線加熱
- 塗装の乾燥
- 赤外線炉

(d) 赤外線ランプの配置

自動車の車体等の塗装乾燥には，複数の赤外線ランプを並べて点灯照射しますが，赤外線ランプの並べ方には第8.7図に示すように，片面配置，両面配置およびトンネル配置等があります．

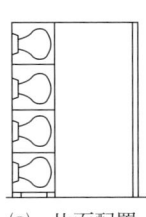

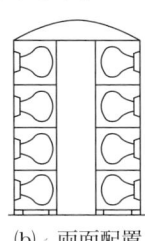

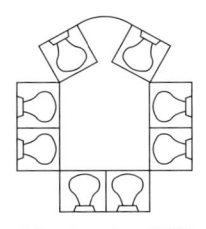

(a) 片面配置　　(b) 両面配置　　(c) トンネル配置
第 8.7 図

(e) 遠赤外線加熱

遠赤外線ランプは従来の赤外線ランプに比べ，電力から遠赤外線への変換効率が 5〜10〔％〕高く，被加熱物への吸収特性も遠赤外線の方が優れています．また，導電性のセラミックス材料に直接通電し，発熱によって遠赤外線が放射される遠赤外線ヒータもあります．

練習問題 1

誘電加熱に関する次の記述のうち，誤っているのはどれか．
(1) 熱伝導度の悪いものでも加熱できる．
(2) 被熱物の内部から均一に加熱できる．
(3) 鋼や亜鉛の溶解に利用される．
(4) 発熱量は，電界の強さの2乗に比例する．
(5) 誘電体の誘電損による発熱を利用するものである．

【解答】 (3)

STEP 2

(1) ビーム加熱

ビーム加熱には電子ビーム加熱やレーザビーム加熱があります．

(a) 電子ビーム加熱

電子ビーム加熱は，高速に加速した電子流を被加熱物に衝突させて電子の運動エネルギーを熱エネルギーに変換して加熱するものです．電子ビームは，電子レンズで集束して衝突させますので，衝突位置を正確に制御することができます．電子ビームの応用には，電子ビーム蒸着，電子ビーム溶解，電子ビーム溶接，電子ビーム焼入れ，電子ビーム穴加工などがあります．

(b) レーザビーム加熱

レーザビーム加熱は，集束したレーザビームを被加熱物に照射し，光エネルギーを熱エネルギーに変換して加熱するものです．レーザの発生源には，CO_2レーザ（炭酸ガスレーザ）やYAGレーザがあります．

YAGレーザは，イットリウム，アルミニウム，ガーネット元素のそれぞれの頭文字をとった固体レーザのことです．レーザビーム加熱の応用としてレーザビーム溶接があり，高速で非常に深い溶け込み深さが得られ，しかも母材に変形などの熱影響が非常に少ないという特徴があります．

(2) 電気加熱の特徴

電気加熱は，石炭，石油，天然ガスなどの化石燃料の燃焼加熱と比べて次のような特徴をもっています．

・酸素を必要としないので真空中や任意の気体中で加熱できる

- 加熱に伴う有毒ガス等の発生はない
- 加熱時間の制約はない
- 熱損失が少なく，熱効率が高い
- 加熱炉の炉気制御が容易である
- 温度の調節が容易に行える
- 放射熱の利用もできる
- 5 000～6 000〔K〕の非常な高温を発生することもできる
- 被熱物の内部から加熱することもできる
- 操作が簡単で遠方制御ができる

練習問題 1

電気加熱に関する記述として，誤っているのは次のうちどれか．
(1) 誘電加熱は，静電界中に置かれた絶縁性物質中に生じる誘電損により加熱するものである．
(2) アーク加熱は，アーク放電によって生じる熱を利用するもので，直接加熱方式と間接加熱方式がある．
(3) 誘導加熱は，交番磁界中に置かれた導電性物質中の渦電流によって生じるジュール熱（渦電流損）により加熱するものである．
(4) 赤外加熱において，遠赤外ヒータの最大放射束の波長は，赤外電球の最大放射の波長より長い．
(5) 抵抗加熱は，電流によるジュール熱を利用して加熱するものである．

【解答】 (1)

第8章 Lesson 3　電気炉

STEP 0　事前に知っておくべき事項

- 抵抗加熱
- アーク加熱
- 誘導加熱

覚えるべき重要ポイント

- 抵抗炉
- アーク炉
- 誘導炉
- アーク熱の応用

STEP 1

(1) 抵抗炉

被加熱物を発熱体の抵抗として，電流を流し加熱するものです．被加熱物に直接電流を流すかどうかによって，直接式抵抗炉と間接式抵抗炉があります．

(a) 直接式抵抗炉

直接式抵抗炉には黒鉛化炉や，炭化けい素炉があります．

(i) 黒鉛化炉

第8.8図に示す黒鉛化炉は原料のコークスや炭素くずから，電気炉のアーク電極や，電気分解用の炭素電極，直流電動機のカーボンブラシなどに用いる黒鉛を製造する炉です．耐火レンガでつくられた炉壁には，対向して電極が配置されています．この電極間に電圧を印加して，入れた原料のコークスや炭素くずに直接電流を流すと，原料自体が抵抗として発熱し2 500〔℃〕以上に温度が上昇し，コークスや炭素くずは溶けます．その後に通電を止め，原料が冷えると不定形の炭素成形品になります．

第8.8図 黒鉛化炉

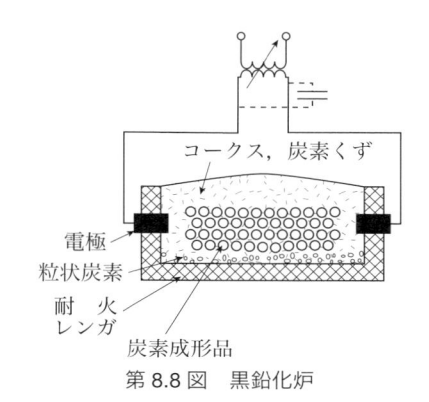

(ii) 炭化けい素炉

第8.9図に示す炭化けい素炉はカーボランダム炉ともいわれ，原料のけい砂やけい石とコークスなどから，炭化けい素（SiC）を製造する炉です．この炭化けい素炉は，抵抗心の発熱部を有しており，この発熱部に電流を流して加熱します．抵抗心は粉末炭素を詰めて押し固めた円柱体形状で，左右の炉壁にまたがって炉の中心部に配置され，端部は炉壁を貫通した電極に連結されています．原料のけい砂，けい石およびコークスはよく混ぜ合わせて，抵抗心を埋めるように充てんします．抵抗心に通電して 2 000〔℃〕以上に加熱して原料を溶かした後に通電を止め，原料が冷えるときに炭化けい素（SiC）の結晶になります．

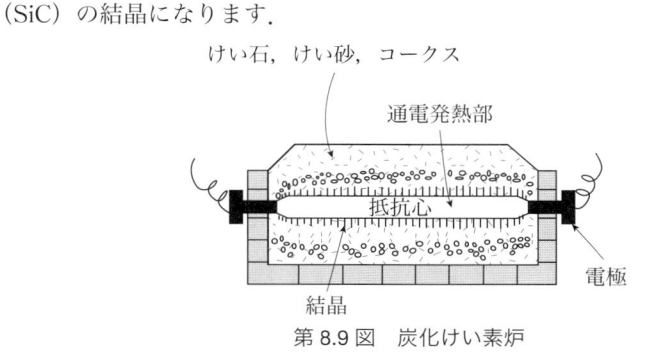

第8.9図 炭化けい素炉

(b) 間接式抵抗炉

間接式抵抗炉は，被加熱物に直接電流を流すのではなく発熱体に電流を流して加熱するもので，発熱体炉や管状炉などがあります．発熱体炉のなかの，

塩浴炉およびクリプトル炉について説明します.

(i) 塩浴炉

工具の焼き入れなど金属熱処理を行う塩浴炉はソルトバス炉ともいわれ,第8.10図に示すように耐火物の容器の中に二つの電極が対向して配置されています.容器の中に満たされた塩化物の溶融塩は,電極間の電圧印加によって発熱して溶融状態になっています.そこに熱処理を行う工具などの被加熱物を,所定時間投入して引上げるなどの処理を行うことにより,被加熱物は加熱され熱処理されます.

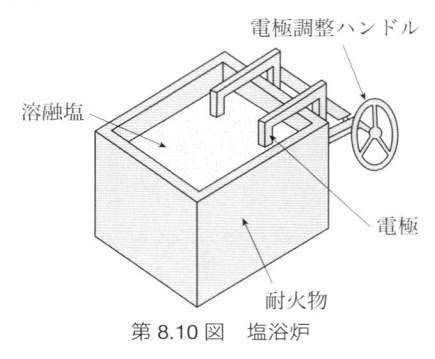

第8.10図 塩浴炉

(ii) クリプトル炉

クリプトル炉は,第8.11図に示すように炭素の粒であるクリプトル粒を耐火レンガで造られた炉の中に充てんして,その中に被加熱物を入れる,るつぼが埋め込まれています.炉壁の両側には対向して電極が配置され,その電極から電流を流してクリプトル粒に発熱させます.加熱温度は1 300～2 300〔K〕に達し,実験室用の高温炉として用いられています.

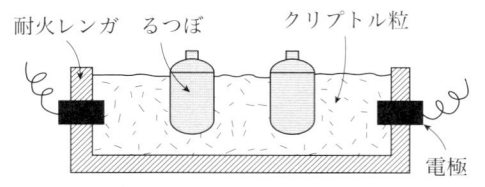

第8.11図 クリプトル炉

(2) **アーク炉**

アーク炉も,加熱原理や多肢にわたる用途によっていろいろなものがあり,

その中の一例を以下に示します．

(a) エルー炉

エルー炉は，金属スクラップから鋼を製造するときなどに用いられます．第 8.12 図に示すように，金属スクラップ等の被加熱物と黒鉛電極の間にアークを飛ばし，そのアーク熱で被加熱物を溶かします．三相交流電圧が印加されている黒鉛電極と被加熱物の間げきは，被加熱物の溶融に伴って変化しますが連続してアークが発生するように制御されます．耐火物で形成された炉の外側には，誘導撹拌用コイルが設けられているものもあります．誘導撹拌用コイルに電流を流し，発生磁束を耐火物を通して溶けた被加熱物に鎖交させ，電磁力で撹拌して被熱物の均一化を図るようになっています．溶けた被熱物に添加材を投入して成分調整などを終えると，炉本体を傾けて溶湯出口から溶けた被熱物を出します．

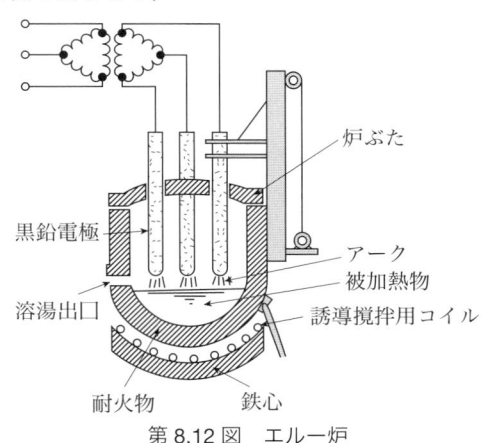

第 8.12 図 エルー炉

(b) カーバイド炉

カーバイド炉は原料の石灰石とコークスから，電気化学工業の主要な原料であるカーバイド（炭化カルシウム CaC_2）を製造するアーク炉です．第 8.13 図に示すように耐火物で造られた炉の底部には，接地電極として機能するベッドカーボンがはめ込まれています．このベッドカーボンに対向するように複数の電極が，炉には配置されています．電極の間から原料の石灰石とコークスを充てんして，複数の電極とベッドカーボン間にアーク放電を発生させます．アークの高温の熱で，原料の石灰石とコークスは反応して液体のカー

バイドになります．生成された液体のカーバイドは，左側のタップ口から流れ出ます．

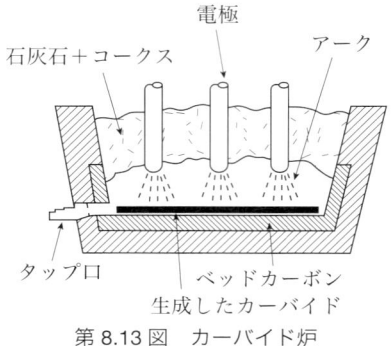

第 8.13 図　カーバイド炉

(c) 揺動炉

揺動式アーク炉は，炉体全体を揺らしながらアーク放電を発生させ，金属原料を溶かしていきます．成分の比率が厳密な合金を製造するときなどに用いられ，溶けた合金の均質化を図ります．第 8.14 図に示すように円筒状の炉本体の中心部には，両側から電極が対向して配置されています．電極には変圧器の二次端子が接続され，単相交流が供給されると，電極間の空げきにはアーク放電が発生します．円筒状の炉本体は，台上のローラで回転可能になっており，左側には揺動用電動機の歯車に噛み合う歯が形成されています．したがって揺動用電動機が正転・逆転の間欠運転をすると，炉本体は半回転以内で正転・逆転を繰り返し，取出口から投入された原料はアーク放電の熱を吸収しながら前後に揺れて混ぜ合わされ溶けていきます．

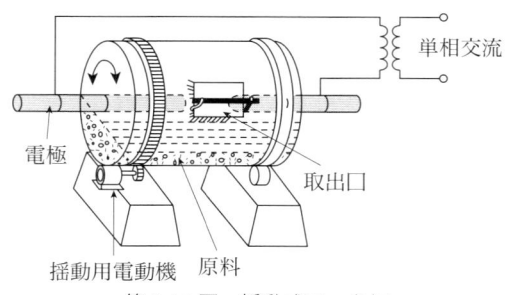

第 8.14 図　揺動式アーク炉

(3) 誘導炉

誘導炉は電磁誘導によって被加熱物の金属に渦電流を発生させ，渦電流のジュール損で加熱して金属を溶かす炉です．この誘導炉には商用周波数を使用する低周波炉，高周波で使用する高周波炉があります．構造上からみると，無鉄心誘導炉，有鉄心誘導炉（溝形誘導炉）に分けられます．

(a) 無鉄心誘導炉

無鉄心誘導炉は，第8.15図に示すように耐火物でつくられたるつぼの外側を囲むように誘導コイルが配置されています．この誘導コイルは水冷銅管でつくられており，中を冷却用の水が流れるようになっていて，熱でコイルが変形しないようにしてあります．この誘導コイルに高周波電流を流すと，るつぼを通して高周波磁界が鎖交しますので被加熱物はジュール損で加熱され溶けていきます．

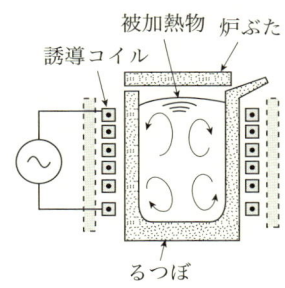

第8.15図　無鉄心誘導炉

(b) 有鉄心誘導炉

有鉄心誘導炉は，第8.16図の断面構造図に示すように，鉄心枠の右側を囲むようにコイルが配置されています．そのコイルの外側を耐火材が囲んでおり，耐火材にはコイルの同心円状に加熱物入れが形成され，そこに被加熱物が入っています．鉄心，コイルおよび被加熱物の関係は，二巻線形変圧器の鉄心，一次コイルおよび二次コイルと同じです．コイルに低周波電流を流すと，被加熱物に誘導電流が流れ，ジュール損で被加熱物は加熱され溶けていきます．

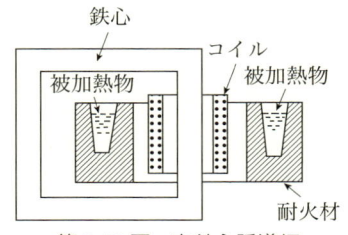

第8.16図　有鉄心誘導炉

練習問題 1

誘導加熱装置によって丸い鉄棒の表面を加熱する場合，熱を発生する電磁誘導電流をできるだけ表面に集中させる条件として，正しいものを組み合わせたのは次のうちどれか．ただし，f を周波数〔Hz〕，μ を鉄の比透磁率，κ を鉄の導電率〔S/m〕とする．

(1) f が高い．μ が小さい．κ が大きい．
(2) f が高い．μ が大きい．κ が小さい．
(3) f が高い．μ が大きい．κ が大きい．
(4) f が高い．μ が小さい．κ が小さい．
(5) f が低い．μ が小さい．κ が大きい．

【解答】 (3)

【ヒント】 $\delta = \dfrac{1}{2\pi\sqrt{\mu \cdot \kappa \cdot f \times 10^{-9}}}$ 〔cm〕

STEP 2

(1) ジュール熱の利用

抵抗炉以外にジュール熱を利用するものに抵抗溶接があります．抵抗溶接は溶接する部分に圧力を加えて接触させ，そこに電流を流して接触部を溶着させるものです．重ね溶接と突合せ溶接があり，第 8.17 図に重ね溶接のなかの点溶接(スポット溶接)を示します．ブリキやトタンなどの厚さ $D/2$ の薄板の端を，重ねて上下から電極で押さえて圧力をかけ，電流を流すと電極間

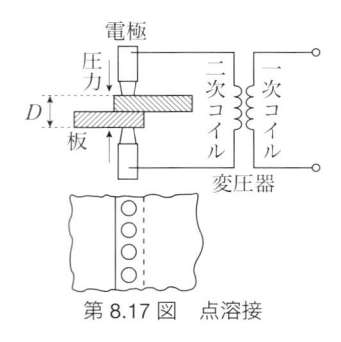

第 8.17 図 点溶接

の圧力のかかっている部分がジュール熱で溶けて溶着されます．トタン製の雨どいやブリキ製のバケツなどの製造に，点溶接が用いられていました．

(2) アーク熱の利用

電気炉以外にアーク熱を利用するものにアーク溶接があります．アーク溶接は，溶接する金属母材と溶接用電極間にアークを発生させ，アーク熱で金

属母材間を溶融させて接合します．溶接時の一方の金属母材断面を，第8.18図に示します．溶接棒の心線と母材間に発生しているアークの熱で母材が溶けるとともに，心線も溶けて溶けた金属の溶融池が形成され，溶接棒の進行に伴って溶融池が冷えて金属母材間が接合されます．溶融池が冷えて固まったところは，母材より高くなっていますが，これは心線が溶けて補給された金属の余盛です．余盛の上はスラグで覆われますが，このスラグは溶接棒の被覆材が溶けて固まったものです．スラグは溶融池が冷えて余盛になるとき金属が酸化されるのを防ぐために形成されます．

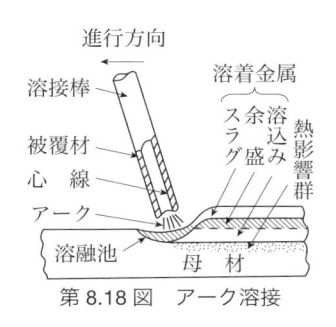

第8.18図　アーク溶接

アーク溶接には，交流アーク溶接と直流アーク溶接があります．交流アーク溶接は，電流と電圧の制御に定電圧特性あるいは垂下特性を利用します．アークの電圧電流特性も垂下特性であり，負荷電流が増えると負荷電圧が低下する負特性を有しています．交流アーク溶接機に定電圧特性を利用する場合，定電圧変圧器に直列リアクトルを接続して負荷電流を供給します．垂下特性を利用する場合，磁気漏れ変圧器によって負荷電流を供給します．この垂下特性を交流アーク溶接機に利用した場合，アーク長が変化しても負荷電流をほぼ一定に保つことができ，発生する熱量が変わらないので溶接棒の溶ける量もほぼ一定に保つことができます．このため溶接棒と母材間の間隔が変動する手作業の溶接でも安定した溶接が行えます．

練習問題1

交流アーク溶接機では，アークの電圧電流特性が ア であるため，アークを安定に保つには，電源に イ をもたせる必要がある．このためには，定電圧変圧器に直列リアクトルを接続する方法と磁気漏れ変圧器を用いる方法とがある．

上記の記述中の空白箇所(ア)および(イ)に当てはまる語句を答えよ．

【解答】　(ア)　負特性，(イ)　垂下特性

第8章 Lesson 4 ヒートポンプ

STEP 0 事前に知っておくべき事項

- エアコン
- 冷蔵庫
- 給湯器

覚えるべき重要ポイント

- ヒートポンプの原理
- 冷媒(れいばい)
- エアコンの冷房運転
- エアコンの暖房運転

STEP 1

(1) ヒートポンプ

水は高所から低所に向かって落ちていきますが、ポンプで低所にある水を高所にくみ上げることができます。熱も温度の高い所から低い所に向かって移動しますが、温度の低い所の熱を温度の高い所に移動させるのがヒートポンプです。このヒートポンプをエアコンや冷蔵庫,給湯器などに組み込めば,周囲環境の熱が利用でき,装置が消費する電力の熱量換算値以上の熱を発生させることができます。消費する化石燃料を減らしエネルギーの有効利用が図れるとともに、地球温暖化防止にも貢献することになります。

(2) ヒートポンプの原理

ヒートポンプは、循環させる熱媒体を圧縮して液化したり、膨張させて気化させることにより、低温側から高温側へ熱を移動させるものです。そのため、第8.19図に示すように低温側で吸熱を行うための低温側熱交換器と、高温側で放熱を行うための高温側熱交換器を有しています。この二つの熱交換器の間は、熱媒体が循環するようになっており、低温側熱交換器に入る前は圧縮されて液体であった熱媒体は、低温側熱交換器に入ると気化して気体

になりますが，このとき気化熱として周囲から熱を奪います．吸熱した熱媒体は低温側熱交換器を出ると，圧縮機で圧縮され液体にされて高温側熱交換器に送られます．高温側熱交換器で放熱して温度が下がった液体の熱媒体は，再び低温側熱交換器に送られ，サイクルを繰り返します．

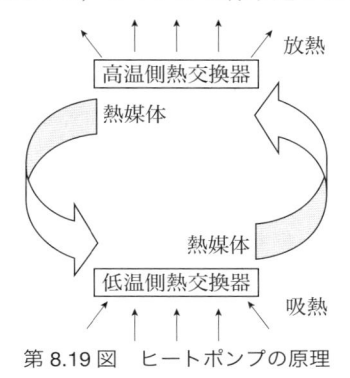

第 8.19 図　ヒートポンプの原理

　自動車エンジンなどのカルノーサイクルは，燃料を燃焼させた熱を運動エネルギーに換え，残りの熱を捨てますが，ヒートポンプは駆動力で熱媒体を循環させて熱を吸収するとともに，その圧縮機の駆動力自体のエネルギーも熱に換えて使用しますので逆カルノーサイクルといわれています．

(3) 冷媒

　熱媒体は，冷却機器であれば冷媒，加熱機器であれば熱媒ともいわれます．冷媒にはフロン系冷媒が用いられていましたが，地球環境に悪影響があることがわかり，代替冷媒や自然冷媒を用いるようになっています．ヒートポンプの冷媒に求められる性質を列挙すると，次のようになります．

- 冷凍サイクルの温度で安定である
- 冷凍サイクルの効率がよい
- 蒸気圧縮冷凍サイクルの場合，冷凍機油となじみがよい
- 人体に有害でない
- 爆発性がない
- 地球温暖化係数が小さい
- オゾン破壊係数が小さい

(4) エアコンの冷房運転

　ヒートポンプ式エアコンは，第 8.20 図に示すように室外機と室内機が壁

を貫通したパイプで連結され，そのパイプを通して冷媒が室外機と室内機を循環するようになっています．

室外機の圧縮機で圧縮された冷媒は四方弁を通って熱交換器に送られます．熱交換器は，空気の接触面積を広くした冷却フィンを等間隔に積み重ねて，その中をパイプが貫通して形成されています．積み重ねられた複数枚の冷却フィンのすき間には，冷却ファンの風が通過します．したがって，圧縮機で圧縮され温度の高い冷媒がパイプを通過するとき凝縮熱を放出して液化するとともに，冷却ファンの風で冷媒は放熱による熱交換を行います．その後，液体になった冷媒は膨張弁に送られます．

膨張弁の通過により圧力が下がった液体の冷媒は，室内機の熱交換器に送られます．熱交換器で液体から気体になるとき，気化熱として室内の熱を吸熱します．すなわち熱交換器を通過するとき，室外機と同じように冷却フィンに風が当てられていますので室内の温度は下がり，吸熱によって冷媒の温度は上がります．室内機で熱交換を終えた冷媒は，圧縮機に戻され，同じサイクルを繰り返します．

室内機の熱交換器が室内から吸収した熱量を Q_1〔J〕，圧縮機の運転に要した消費電力量の熱量換算値を W〔J〕とすると，エアコン冷房運転時の効率，すなわち成績係数 COP（Coefficient Of Performance）は次式に示すようになります．

$$\text{COP} = \frac{Q_1}{W}$$

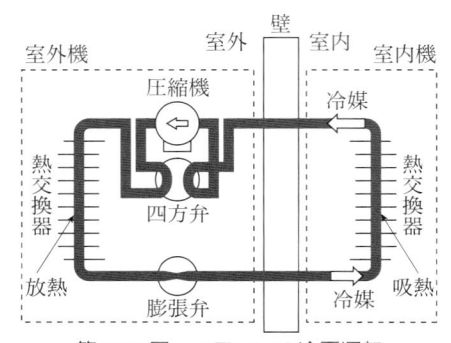

第 8.20 図　エアコンの冷房運転

(5) エアコンの暖房運転

エアコンの暖房時には，第 8.21 図に示すように室外機の四方弁が切り換わって，冷媒の流れる方向が冷房時とは逆になります．室外機で冷媒に吸収された外気の熱は，圧縮機の運転によって室内機に運ばれ，熱交換器で室内に放出されます．

室外機の熱交換器で吸収した熱量を Q_1〔J〕，圧縮機の運転に要した消費電力量の熱量換算値を W〔J〕とすると，室内に放出される熱 Q_2〔J〕は，熱量 Q_1〔J〕と W〔J〕の合計になります．したがって，エアコン暖房運転時の効率，すなわち成績係数COPは次式に示すように1より大きくなります．

$$\mathrm{COP} = \frac{Q_2}{W} = \frac{Q_1 + W}{W} = 1 + \frac{Q_1}{W}$$

成績係数 COP が 1 より大きいということはエアコン暖房運転時の効率が 100〔%〕以上であり，熱量換算値でエアコンの消費電力量以上の熱量を室内に運べることになります．

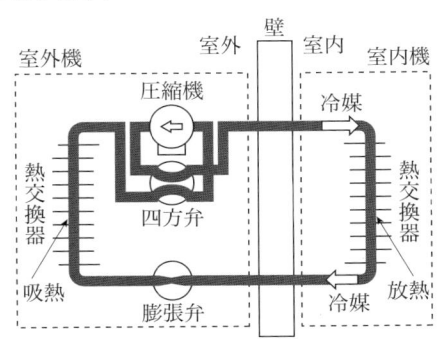

第 8.21 図　エアコンの暖房運転

実際のエアコンでは，成績係数 COP が 5 や 6 のエアコンも出ています．なお成績係数 COP は，室外機が置かれている外気の温度によって変化します．

8 電熱

練習問題 1

近年，広く普及してきたヒートポンプは，外部から機械的な仕事 W [J] を与え，[ア] 熱源より熱量 Q_1 [J] を吸収して，[イ] 部へ熱量 Q_2 [J] を放出する機関のことである．この場合（定常状態では），熱量 Q_1 [J] と熱量 Q_2 [J] の間には [ウ] の関係が成り立ち，ヒートポンプの効率 η は，加熱サイクルの場合 [エ] となり 1 より大きくなる．この効率 η は [オ]（COP）と呼ばれている．

上記の記述中の空白箇所(ア)，(イ)，(ウ)，(エ)および(オ)に当てはまる語句または式を答えよ．

【解答】 (ア) 低温，(イ) 高温，(ウ) $Q_2 = Q_1 + W$，(エ) $\dfrac{Q_2}{W}$，(オ) 成績係数

STEP 2

(1) 1日サイクルの蓄熱

1日の電力需要は，昼間に比べると夜間は少なくなります．昼間は商店や事務所が営業しており工場も操業していますが，夜間は商店や事務所が閉まり工場も操業を停止しますので，電力需要は少なくなります．夜間に電力需要が減少すると，電力会社は発電を停止したり，揚水で余剰電力を水の位置エネルギーに換えるなどして電力需要のバランスを取りますが，効率はよくありません．夜間の余剰電力は，電気料金を安くして消費を増やす方が効率的です．

夜間の余剰電力の有効活用に，ヒートポンプシステムがあります．夏は電気料金が安い夜間に，ヒートポンプを駆動して氷をつくり，昼間にその氷を溶かしながら冷房を行います．冬は電気料金が安い夜間に，ヒートポンプを駆動して熱湯をつくり，保温して翌日にその熱湯を給湯や暖房に使います．

このように安い電気料金の時間帯を活用して1日サイクルの蓄熱を行うことにより，蓄熱を行うことなく昼間に直接冷房したり，熱湯をつくるより支払う電気料金を低く抑えることができます．

(2) 1年サイクルの蓄熱

1年を1サイクルとし，地下の帯水層を利用したヒートポンプシステムの

例を第8.22図に示します．地下は何層かの帯水層で構成されています．帯水層の深さを変えて，冷熱を蓄熱する冷熱井や温熱を蓄熱する温熱井として利用します．

夏は，冬の間に冷熱井に蓄熱し13〔℃〕程度になった冷水をくみ上げて，ヒートポンプで冷房に利用します．冷房に利用して加温された地下水は，さらに道路や屋根の集熱パネルを介して太陽熱を集めて加温し，60〜70〔℃〕の温水にしてから温熱井に送り込んで温熱として蓄熱します．

冬は，夏の間に温熱井に蓄熱し約30〜40〔℃〕になっている温水をくみ上げて，ヒートポンプで給湯や暖房に利用するとともに，屋根や道路の雪を融かす融雪にも利用します．給湯，暖房および融雪によって3〜5〔℃〕まで下がった地下水は，冷熱井に送り込んで冷熱として蓄熱します．

地下の帯水層には地下水流がありますが，地下水流は非常にゆっくり流れているため，注水の半年後にくみ上げる場合でも問題はありません．

雪国では融雪のために大量の地下水をくみ上げて散水し，その水を回収しないため地盤沈下の問題を引き起こしています．しかし，この地下蓄熱のヒートポンプシステムは，くみ上げた地下水は冷熱あるいは温熱に蓄熱してすぐに別の帯水層に戻しますので，地盤沈下の問題は生じません．

このように1年を1サイクルとして，冬の冷熱を夏季に利用し，夏期の温熱を冬に利用するシステムは，環境面においても省エネの観点からも有望です．

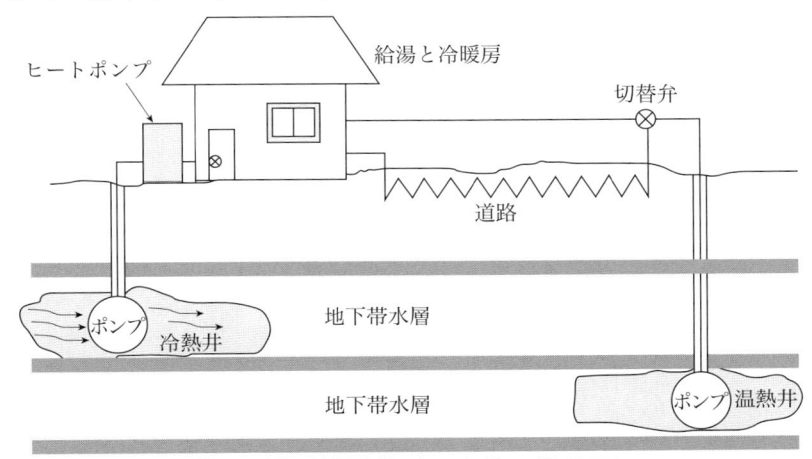

第8.22図　地下蓄熱のヒートポンプシステム

練習問題 1

夏は，冬の間に[ア]に蓄熱し 13〔℃〕程度になった冷水をくみ上げてヒートポンプで冷房に利用します．冷房に利用して加温された地下水は，さらに道路や屋根の集熱パネルを介して太陽熱を集めて加温し，60～70〔℃〕の温水にしてから[イ]に送り込んで温熱として蓄熱します．

冬は，夏の間に[イ]に蓄熱し約 30～40〔℃〕になっている温水をくみ上げてヒートポンプで，給湯や暖房に利用するとともに，屋根や道路の雪を融かす融雪にも利用します．給湯，暖房および融雪によって 3～5〔℃〕まで下がった地下水は，[ア]に送り込んで冷熱として蓄熱します．

上記の記述中の空白箇所(ア)および(イ)に当てはまる語句を答えよ．

【解答】 (ア) 冷熱井, (イ) 温熱井

STEP 3 総合問題

【問題1】 定格出力1〔kW〕,定格電圧100〔V〕の電熱器がある.電熱線の直径は0.7〔mm〕,表面電力密度(電熱線表面の熱流密度)は5×10^4〔W/m²〕である.電熱線の長さ〔m〕として,最も近い値を次の中から選べ.
(1) 5.46 　(2) 6.55 　(3) 7.67 　(4) 8.28 　(5) 9.09

【問題2】 1気圧の下で20〔℃〕の水4.5〔L〕を一定の割合で加熱し,3時間ですべての水を蒸発させるには,電熱装置の出力は何kW必要とするか.最も近い値を次の中から選べ.ただし,水の蒸発熱を2 256〔kJ/kg〕,電熱装置の効率を70〔%〕とする.
(1) 0.19 　(2) 1.23 　(3) 1.44 　(4) 1.54 　(5) 1.83

【問題3】 直径0.5〔mm〕,長さ3〔m〕,抵抗率110〔$\mu\Omega\cdot$cm〕のニクロム線に一定電流5〔A〕を通電しているとき,1秒当たりの発熱量は何kJか.最も近い値を次の中から選べ.ただし,温度による抵抗率の変化は無視する.
(1) 0.420 　(2) 0.632 　(3) 0.845 　(4) 0.983 　(5) 1.016

【問題4】 質量600〔kg〕の鋳鋼を加熱して,30分で完全に溶解させることができる電気炉の出力〔kW〕の値として,最も近いのは次のうちどれか.
　ただし,鋳鋼の加熱前の温度は20〔℃〕,溶解の潜熱は314〔kJ/kg〕,比熱は0.67〔kJ/(kg・K)〕,融点は1 535〔℃〕であり,電気炉の効率は80〔%〕とする.
(1) 444 　(2) 530 　(3) 554 　(4) 695 　(5) 2 900

【問題5】 質量90〔kg〕の木材は,20〔℃〕において含水量は63〔kg〕である.これを100〔℃〕に設定した乾燥器によって含水量が4.5〔kg〕となるまで乾燥したい.次の(a)および(b)に答えよ.
　ただし,木材の完全乾燥状態での比熱を1.25〔kJ/(kg・K)〕,水の比熱と蒸発潜熱をそれぞれ4.19〔kJ/(kg・K)〕,2.26×10^3〔kJ/kg〕とする.
(a) この乾燥に要する全熱量〔kJ〕の値として,最も近いのは次のうちどれか.

(1) 14.3×10^3 (2) 23.0×10^3 (3) 156×10^3
(4) 161×10^3 (5) 173×10^3

(b) 乾燥器の出力は 20 [kW], 総合効率を 55 [%] とするとき, 乾燥に要する時間 [h] の値として, 最も近いのは次のうちどれか.
(1) 1.2 (2) 4.0 (3) 5.0 (4) 14.0 (5) 17.0

【問題6】 温度 20.0 [℃], 体積 0.400 [m³] の水の温度を 90.0 [℃] まで上昇させたい. 次の(a)および(b)に答えよ.

ただし, 水の比熱 (比熱容量) と密度はそれぞれ 4.18×10^3 [J/(kg・K)], 1.00×10^3 [kg/m³] とし, 水の温度に関係なく一定とする.

(a) 電熱器出力 4.8 [kW] の電気温水器を使用する場合, 温度上昇に必要な時間 t [h] の値として, 最も近いのは次のうちどれか.

ただし, 貯湯槽を含む電気温水器の総合効率は 90.0 [%] とする.
(1) 5.15 (2) 6.10 (3) 7.52 (4) 8.00 (5) 9.68

(b) 電気温水器の代わりに, 最近普及してきた自然冷媒 (CO_2) ヒートポンプ式電気給湯器を使用した場合, 消費電力 1.40 [kW] で必要な時間 [h] は 6 [h] であった. 水が得たエネルギーと消費電力量とで表されるヒートポンプユニットの成績係数 (COP) の値として, 最も近い値は次のうちどれか.

ただし, ヒートポンプユニットおよび貯湯槽の電力損, 熱損失はないものとする.
(1) 0.86 (2) 1.32 (3) 3.87 (4) 4.01 (5) 5.19

第 9 章
電気化学

第9章 Lesson 1 電気化学の基礎事項

STEP 0 事前に知っておくべき事項

- 乾電池

覚えるべき重要ポイント

- 元素，単体，化合物
- 原子，分子，イオン
- 原子量

STEP 1

(1) 元素，単体，化合物

(a) 元素

物質をつくる基本的成分が元素であり，現在118種類の元素が知られています．この元素はラテン語の頭文字をとった元素記号で，例えば水素はH，酸素はOのように表されます．

(b) 単体，化合物

物質には1種類の元素からなる単体と，2種類の元素からなる化合物に分類されます．化合物は化学的に1種類の元素からなる単体に分けることができます．例えば水素と酸素から構成される化合物の水を，電気分解によって，単体の水素と酸素に分けることができます．

(2) 原子，分子，イオン

(a) 原子

原子は物質を構成する最小の基本粒子です．物質の化学変化は物質を構成する原子の組み換えですが，化学変化が生じても原子自体は変化しません．

(i) 原子の構造

原子は，1個の原子核と，それをとりまく何個かの電子からできています．原子核は原子の中心にあり，何個かの陽子と中性子からできています．中性子は電荷を有しませんが，陽子は1個当たり，$e_1 = +1.602 \times 10^{-19}$〔C〕の

電荷を有しています．原子核のまわりにある電子は，1個当たり，$e_2 = -1.602 \times 10^{-19}$〔C〕の電荷を有しています．

例えばヘリウム原子は，第9.1図の原子モデルに示すように原子核は2個の陽子と2個の中性子からできており，その原子核の周りには2個の電子が回っています．

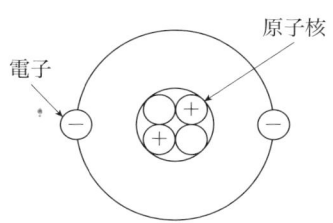

第9.1図　ヘリウムの原子モデル

(b)　分子

分子は，いくつかの原子が結合してできた物質の最小単位である粒子です．例えば水の分子は，水素Hの原子2個と酸素Oの原子1個が結合したもので，化学式はH_2Oになります．

(c)　イオン

原子や分子から電子が放出されると，原子や分子は正に帯電した陽イオンになり，電子を受け取ると負に帯電した陰イオンになります．陽イオンと陰イオンの区別は，元素記号の右肩に＋または－の記号を書きます．例えば，水素の陽イオンはH^+，塩素の陰イオンはCl^-のように表現します．

(3)　**原子量**

原子の質量は，電子の質量が陽子の質量と比べて極めて小さいので，陽子と中性子の質量の和によって決まります．この原子の質量の大小を表す数値が原子量です．第9.1表に，周期表から抜粋したおもな元素の原子量の概数を示します．

9 電気化学

第 9.1 表　元素の原子量

元素名	元素記号	原子量
水素	H	1.0
炭素	C	12.0
窒素	N	14.0
酸素	O	16.0
リン	P	31.0
塩素	Cl	35.5
ナトリウム	Na	23.0
アルミニウム	Al	27.0
鉄	Fe	56.0
銅	Cu	63.5

　原子量の値に，グラムの単位をつけたものが元素1〔mol〕(モルと読む)の質量になります．1〔mol〕の元素の中に含まれる原子の数は，元素の種類に関係なく一定の6.023×10^{23}個です．すなわち1〔mol〕とは元素6.023×10^{23}個の集まりのことであり，アボガドロ数のことです．

　例えば第9.1表において，原子量12.0の炭素12.0〔g〕中に含まれる炭素原子の数と，原子量23.0のナトリウム23.0〔g〕中に含まれるナトリウム原子の数はともに等しく，6.023×10^{23}個になります．

　原子量と同様に，分子量や化学式量にグラムの単位をつけた質量は，化学式で表される構成原子を単位粒子とした1〔mol〕の質量に等しくなります．

(4)　**原子価**

　分子の共有結合を形づくっている電子対を1本の線で表したものが構造式です．この線を価標といい，原子のもつ価標の数を，その原子の原子価といいます．第9.2表に構造式の一例を示しますが，水素，酸素，窒素および炭素原子の原子価は，順番に，1価，2価，3価および4価であることがわかります．

第 9.2 表　物質の構造式

物　質	水素	水	アンモニア	酸素	二酸化炭素	窒素
分子式	H_2	H_2O	NH_3	O_2	CO_2	N_2
構造式	H–H	H–O | H	H–N–H | H	O=O	O=C=O	N≡N

(5) 化学当量

原子量 m を原子価 n で割った原子価 1 価当たりの原子量を化学当量といいます．その化学当量にグラムの単位をつけたものがグラム当量です．したがって，例えば酸素原子のグラム当量 g_o 〔g〕は，第 9.1 表から酸素原子の原子量は $m = 16.0$ で，第 9.2 表から原子価は $n = 2$ 価であるから次式に示すように 8 〔g〕になります．

$$g_o = \frac{m}{n} = \frac{16}{2} = 8 \text{〔g〕}$$

(6) 電気化学当量

化学当量をファラデー定数の 96 500 〔C〕で割ったものは，電気化学当量 K 〔g/C〕です．

$$K = \frac{1}{96\,500} \cdot \frac{m}{n} \text{〔g/C〕}$$

なお，ファラデー定数の 96 500 〔C〕は，電子の電荷の $e = 1.602 \times 10^{-19}$ 〔C〕と，1 〔mol〕中に含まれる元素の数であるアボガドロ数の $N = 6.023 \times 10^{23}$ をかけたものです．

$$eN = 1.602 \times 10^{-19} \times 6.023 \times 10^{23}$$
$$\fallingdotseq 96\,500 \text{〔C〕}$$

> 練習問題 1
>
> 亜鉛の原子量は 65.37，原子価は 2 である．亜鉛の電気化学当量〔g/C〕を計算せよ．

【解答】 3.39×10^{-4} 〔g/C〕

STEP 2

(1) 金属のイオン化列

原子から電子がとれたり，余分に入ってきたりすると，原子全体は正や負の電荷を帯びるようになります．金属はすべて陽イオンになりますが，水溶液中で"陽イオンになりやすさ"は金属の種類によって異なります．"陽イオンになりやすさ"をイオン化傾向といい，イオン化傾向の大きなものから順に並べたものが第 9.3 表に示す金属のイオン化列です．

第9.3表　金属のイオン化列

大きさ	大 ← イオン化傾向 → 小												
記号	K	Ca	Na	Mg	Al	Zn	Fe	Ni	Sn	Pb	(H$_2$)	Cu	Hg	Ag	Pt	Au
元素名	カリウム	カルシウム	ナトリウム	マグネシウム	アルミニウム	亜鉛	鉄	ニッケル	スズ	鉛	水素	銅	水銀	銀	白金	金

(2) 電解質，非電解質

　水に溶かしたり，熱して融解させたりすると，陽イオンと陰イオンがばらばらになって，自由に動けるようになる物質を，電解質といいます．例えば水に塩化ナトリウム NaCl を溶かすと，陽イオンであるナトリウムイオン Na^+ と，陰イオンである塩素イオン Cl^- に分かれて溶けます．このように溶けて電離する物質を電解質といい，溶けても電離しない物質を非電解質といいます．電解質，非電解質には，それぞれ次のような物質が挙げられます．

　電解質…食塩（塩化ナトリウム），塩酸，硫酸，水酸化ナトリウム

　非電解質…砂糖，アルコール，ベンゼン，ブドウ糖，尿素

練習問題 1

　水溶液に溶けて電離する物質を ［(ア)］ といい，溶けても電離しない物質を ［(イ)］ 非電解質といいます．

　上記の記述中の空白箇所(ア)および(イ)に記入する用語を答えよ．

【解答】　(ア)　電解質，(イ)　非電解質

第9章 Lesson 2 電気分解

STEP 0　事前に知っておくべき事項

- 元素，単体，化合物
- イオン化傾向
- 電解質，非電解質

覚えるべき重要ポイント

- 水溶液の電気分解
- 電解製錬(でんかいせいれん)
- 溶融塩(ようゆうえん)の電気分解
- ファラデーの法則

STEP 1

(1) 電気分解

　電解質の水溶液の中に，第9.2図に示すように二つの電極を対向して配置し，直流電源を接続すると電流が流れます．

　電流が流れると直流電源の正極に接続された陽極は，水溶液中の陰イオンを引き寄せ，陰イオンから電子を陽極に取り込み，負極に接続された陰極は陽イオンを引き寄せ，陰極から陽イオンに電子を与えます．すなわち，陽極では酸化反応が生じ，陰極では還元反応が生じる化学変化を起こし電解質が分解されます．このように電気エネルギーによって物質を分解させる化学変化を，電気分解（電解）といいます．電気分解時に電解質の水溶液の中で，陽イオン，陰イオンの移動による電流の流れはイオン伝導といいます．

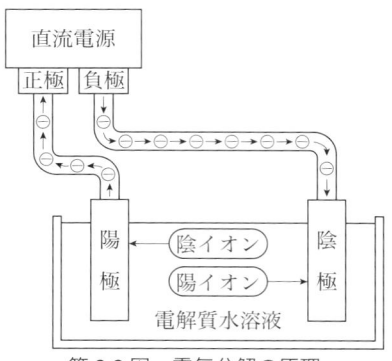

第 9.2 図　電気分解の原理

(2) 水溶液の電気分解

電解質の水溶液を電気分解すると，陽イオンおよび陰イオンが陰極および陽極に引かれて移動しますが，電子のやりとりをして生成される物質は，移動したイオンでないこともあります．例えば塩化ナトリウム NaCl の水溶液は，次式のようにナトリウムの陽イオン Na^+ と塩素の陰イオン Cl^- に分かれて電離しています．

$$NaCl \rightarrow Na^+ + Cl^-$$

この塩化ナトリウムの水溶液を電気分解すると，陰極に Na^+ が引き寄せられますが，電子を受け取って原子になるのは Na^+ ではなく，次式のように水の電離によってわずかに存在している水素の陽イオン（H^+）です．

$$2H^+ + 2e^- \rightarrow H_2$$

したがって，陰極に出てくるのは Na ではなく，水素 H_2 です．

また，硫酸 H_2SO_4 の濃度の薄い水溶液の希硫酸も，次式に示すように水素の陽イオン H^+ と四酸化硫黄の陰イオン SO_4^{2-} に分かれて電離しています．

$$H_2SO_4 \rightarrow 2H^+ + SO_4^{2-}$$

希硫酸の水溶液を電気分解すると，陽極には，SO_4^{2-} が引き寄せられますが，電子を放出するのは SO_4^{2-} ではなく，次式に示すように水の電離によってわずかに存在している水酸基の陰イオン OH^- です．

$$4OH^- \rightarrow 2H_2O + O_2 + 4e^-$$

いろいろな電解質の水溶液を，白金電極を用いて電気分解した結果から，陽極および陰極に生成される物質について次のことがいえます．

〈陽極に生成する物質〉
① Cl^- があるときは Cl_2 が生成される．
② SO_4^{2-}，NO_3^-，OH^- があるときは O_2 が生成される．
〈陰極に生成する物質〉
① イオン化傾向の小さい金属（Cu，Ag など）は析出する．
② イオン化傾向の大きい金属は析出せず，H_2 が生成する．

(3) 電解精錬

　電解精錬は電解精製ともいい，不純物を含んだ金属から電気分解によって不純物を取り除き純度の高い金属にすることです．

　銅（Cu）は，黄銅鉱（$CuFeS_2$）という化合物の鉱石の中に多く含まれています．この $CuFeS_2$ を溶鉱炉内でコークスや石灰石と反応させると，銅と硫黄の化合物である硫化銅（Cu_2S）になります．その Cu_2S を転炉で硫黄（S）を分離すると，単体の Cu が得られます．この段階ではまだ不純物として，Au, Ag, Ni, Co, Fe, Mn, Zn, Pb および Sn などが 1～2〔%〕含まれているので，粗銅といいます．

　粗銅を第 9.3 図に示すように陽極，純銅を陰極とし，硫酸銅（$CuSO_4$）の水溶液中で電気分解を行うと，①および②式に示すような反応によって，不純物は粗銅の陽極の下に落ちて陰極に銅 Cu だけが析出します．

(陽極)　$Cu \rightarrow Cu^{2+} + 2e^-$　　　　　　　　　　　　　　　　①

(陰極)　$Cu_2 + 2e^- \rightarrow Cu$　　　　　　　　　　　　　　　　②

　粗銅中の不純物のうち，Cu よりイオン化傾向の大きいものはイオンになって水溶液の中に溶け出し，Cu よりイオン化傾向の小さい Au や Ag などは陽極の下に落ちて堆積します．この堆積した不純物は陽極泥といい，この陽極泥も集められて Au や Ag などが取り出されます．

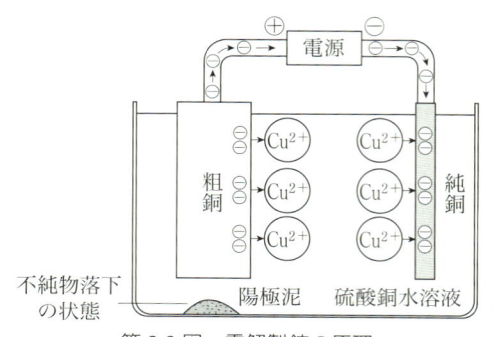

第 9.3 図　電解製錬の原理

(4) 溶融塩の電気分解

イオン化傾向の大きい K，Ca，Na，Mg，Al などの金属は，水溶液を電気分解しても陰極に析出させることはできないし，化合物を還元剤と熱しても還元されません．そこで，これらの金属の単体を取り出すには，溶融塩電解（融解塩電解とも呼ばれる）という方法がとられます．

(a)　塩化ナトリウムの溶融塩電解

塩化ナトリウム NaCl を 800〔℃〕以上に熱して融解した液の中では，ナトリウムの陽イオン Na^+ と塩素の陰イオン Cl^- がばらばらになって電離しています．この融解した液の中に炭素電極を入れて，電気分解を行うと，次に示すような反応によって，陰極にナトリウム Na の単体が集まります．

(陽極)　$2Cl^- \rightarrow Cl_2 + 2e^-$
(陰極)　$2Na^+ + 2e^- \rightarrow 2Na$

(b)　アルミニウムの製錬

酸化アルミニウム Al_2O_3 は製錬によって，アルミニウム Al になります．酸化アルミニウム Al_2O_3 の融点は 2 000〔℃〕以上ですが，氷晶石という鉱物と混ぜて加熱することにより，約 1 000〔℃〕で融解します．融解した液を，第 9.4 図に示すように陰極として機能する炭素製の容器に入れ，同じく炭素製の陽極を容器底部に対向するように配置して電気分解を行うと，次に示すような反応が起こります．陰極になる容器底部には，溶融状態で分離された単体のアルミニウム Al が溜まります．なお，陽極の炭素は酸素と反応して消費されるので，どんどん減って小さくなっていきます．

(陽極)　$3O_2 + 3C \rightarrow 3CO + 6e^-$

(陰極)　$2Al^{3+} + 6e^- \rightarrow 2Al$

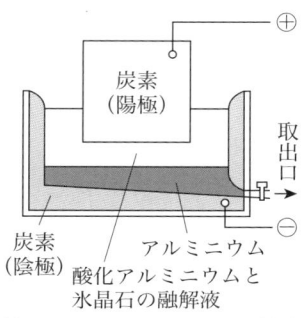

第9.4図　アルミニウムの製錬

> 練習問題 1
> 　水溶液の電気分解でつくれない物質は，次のうちどれか．
> (1)　塩素
> (2)　銅
> (3)　亜鉛
> (4)　水素
> (5)　アルミニウム

【解答】　(5)

STEP 2

(1) ファラデーの法則

電気分解に関するファラデーの法則は，次のように定義されます．

① 電気分解では，流れた電気量と物質の変化量は比例する．
② 物質の種類に関係なく流れる電気量が同じとき，電極に析出する物質の量は，その物質の化学当量（原子量 / 原子価）に比例する．

このファラデーの法則は，電気分解において，電極上に析出する物質の量 w〔g〕に関するもので，式で表すと③式のようになります．

$$w = \frac{1}{96\,500} \cdot \frac{m}{n} \cdot I \cdot t = \frac{1}{26.8} \cdot \frac{m}{n} \cdot I \cdot t' = \frac{1}{26.8} \cdot g \cdot r = K \cdot Q \quad ③$$

ただし，w：析出量〔g〕，I：電流〔A〕，m：原子量，n：原子価，t〔s〕，t'

〔h〕：通電時間，$g = \dfrac{m}{n}$：化学当量（グラム当量），r：通電電流時間〔A・h〕，

$K = \dfrac{1}{96\,500} \cdot \dfrac{m}{n}$：電気化学当量〔g/C〕，$Q = It$：電荷〔C〕とします．

なお，このファラデーの法則は，電気分解だけでなく電気めっきや二次電池や燃料電池など電気化学反応すべてに適用できます．二次電池や燃料電池に適用したとき，③式の析出量 w〔g〕は反応する活物質の質量になります．

練習問題 1

硫酸亜鉛 $ZnSO_4$ の水溶液に 2〔A〕の電流を 3 時間通電して電気分解をして亜鉛 5.2〔g〕を得たとすれば，電流効率〔%〕はいくらか．

ただし，亜鉛の原子価は 2，原子量は 65.4 とし，また，1 ファラデーは 96 500〔C〕とする．

【解答】　71〔%〕

第9章 Lesson 3 電池

STEP 0　事前に知っておくべき事項

- ファラデーの法則

覚えるべき重要ポイント

- 電池の種類
- 二次電池の原理
- 二次電池の充放電の仕組み
- 燃料電池

STEP 1

(1) 電池の種類

　電池は第9.5図に示すように，大きく分けて化学電池，物理電池それに研究途上の生物電池に分類されます．化学電池は化学反応によって起電力を発生する電池で，一次電池，二次電池および燃料電池があります．一次電池は内蔵している化学エネルギーがすべて電気エネルギーに変換されると，使えなくなる電池です．二次電池は外部への放電によってすべて化学エネルギーがなくなっても，外部からの充電によって電気エネルギーが化学エネルギーに変換されて蓄えられ，再び使用できるようになります．

　物理電池は，光や熱など物理エネルギーを電気エネルギーに変換するもので，普及しているものに太陽電池があります．

　生物電池は，電気ウナギや電気ナマズなどの生物の起電力発生のメカニズムを利用するものです．

⑨ 電気化学

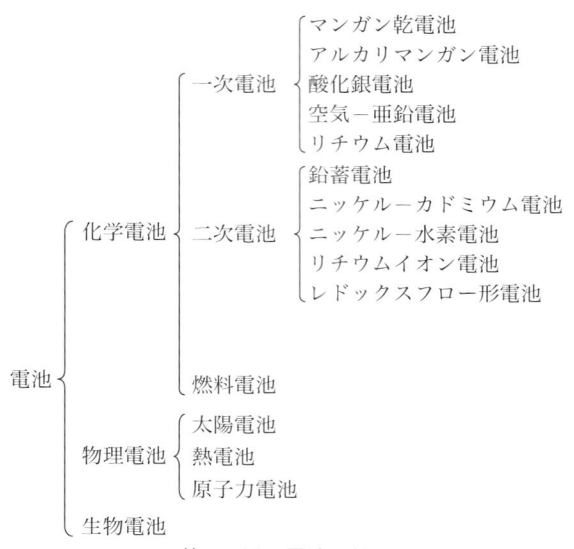

```
            ┌────────┬─ 一次電池 ┬─ マンガン乾電池
            │        │          ├─ アルカリマンガン電池
            │        │          ├─ 酸化銀電池
            │        │          ├─ 空気－亜鉛電池
            │        │          └─ リチウム電池
            │        │
            │ 化学電池┼─ 二次電池 ┬─ 鉛蓄電池
            │        │          ├─ ニッケル－カドミウム電池
電池 ┤       │        │          ├─ ニッケル－水素電池
            │        │          ├─ リチウムイオン電池
            │        │          └─ レドックスフロー形電池
            │        │
            │        └─ 燃料電池
            │
            │ 物理電池 ┬─ 太陽電池
            │         ├─ 熱電池
            │         └─ 原子力電池
            │
            └ 生物電池
```

第 9.5 図　電池の種類

(2) 二次電池の原理

二次電池は，充電時に与えられた電気エネルギーを化学エネルギーに変換して蓄え，放電時に蓄えている化学エネルギーを電気エネルギーに戻して外部の負荷に電力を供給します．

一次電池は放電が終わると使えなくなりますが，二次電池は放電しても充電することにより何度でも使える大きな特徴があります．

二次電池は，第9.6図に示すように，容器の中に正極（陽極板）と負極（陰極板）がセパレータを介在させて対向して配置され，電解質に満たされています．電解質は，正極と負極間のイオン伝導を行うもので，水溶液や有機溶媒溶液などの電解液が多いですが，固体電解質もあります．

306

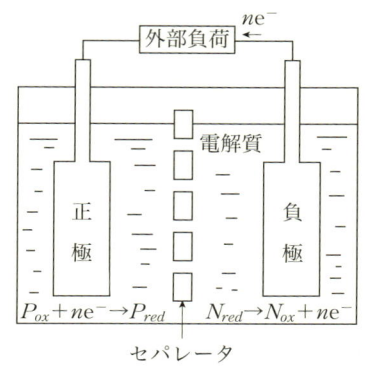

第9.6図　二次電池の構造

(3) 二次電池の充放電の仕組み

充電状態の正極活物質を P_{ox}，負極活物質を N_{red}，放電状態の正極活物質を P_{red}，負極活物質を N_{ox} とすると，正極および負極の起電反応の化学式は次のようになります．

　　　正極：$P_{ox} + ne^- = P_{red}$

　　　負極：$N_{red} = N_{ox} + ne^-$

充電時に，正極は n 個の電子 e^- を放出して酸化され正極活物質 P_{red} が P_{ox} になり，負極は n 個の電子 e^- を取り込んで還元されて負極活物質 N_{ox} が N_{red} になります．

放電時に，正極は n 個の電子 e^- を取り込んで還元されて正極活物質 P_{ox} が P_{red} になり，負極は n 個の電子 e^- を放出して酸化され負極活物質 N_{red} が N_{ox} になります．

> **練習問題1**
> 鉛蓄電池，ニッケル－カドミウム電池およびリチウムイオン電池は，いずれも二次電池である．これらの電池の起電力の大きさの順位を答えよ．

【解答】　①リチウムイオン電池，②鉛蓄電池，③ニッケル－カドミウム電池

【ヒント】　Lesson 4　STEP 1 参照

STEP 2
(1) 燃料電池

燃料電池は，電気化学反応によって燃料が有している化学エネルギーを直接電気エネルギーに変換するものです．例えば，汽力発電では，燃料を燃焼させることにより化学エネルギーを熱エネルギーに換え，その熱エネルギーで水を蒸気にして，蒸気で発電機を連結したタービンを駆動し電気エネルギーに変換します．このため汽力発電は損失が大きく，有している化学エネルギーが電気エネルギーに変換される発電効率は悪くなります．これに対して燃料電池は，化学エネルギーを直接電気エネルギーに変換しますので，発電効率はよくなります．

燃料電池は水の電気分解と逆の原理で発電を行います．水の電気分解は，流れた電流によって水が水素と酸素に分解されますが，第9.7図に示すように水素と酸素を化学反応させると，水になるときに起電力を発生します．

燃料から改質器で水素 H_2 が取り出され，陰極である燃料極に送られます．燃料極では④式に示すように H_2 が e^- を放出して H^+ になります．H^+ は，電解質の層を移動して陽極である空気極に達します．

空気極では供給された空気の中の酸素 O_2 は，⑤式に示すように負荷を経由して電気伝導で運ばれた e^- と，電解質の層をイオン伝導で移動した H^+ が反応して水（H_2O）になります．

$$\text{燃料極：} H_2 \rightarrow 2H^+ + 2e^- \qquad ④$$

$$\text{空気極：} \frac{1}{2}O_2 + 2H^+ + 2e^- \rightarrow H_2O \qquad ⑤$$

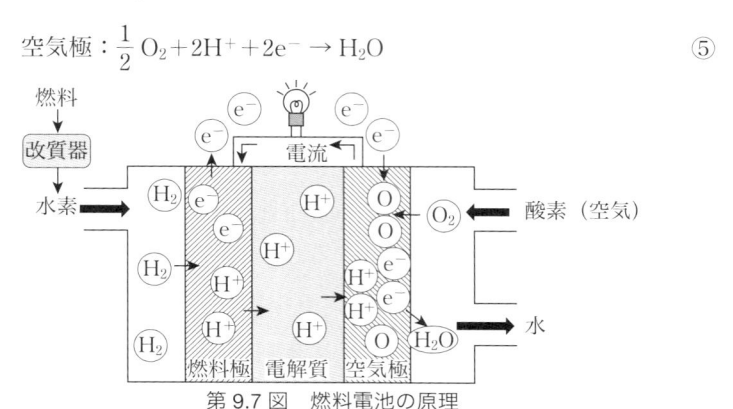

第9.7図　燃料電池の原理

(2) 太陽電池

太陽電池は，照射される太陽光の光エネルギーを電気エネルギーに変換します．太陽光は，石油，石炭のような化石燃料のように枯渇することはなく，地球上のほとんどの場所で利用可能です．太陽電池は，稼働部分がなくメンテナンスがほとんど不要で環境に優しいクリーンエネルギーとして，住宅用の小規模なものから事業用の大規模システムまで普及が進んでいます．

太陽電池は第9.8図の断面図に示すように，p形半導体とn形半導体の接合体を表面電極と裏面電極で挟んだ構造になっています．表面電極は太陽光が透過する透明体でできています．表面電極とn形半導体の間には，反射防止板が設けられており，表面電極を透過した太陽光が反射することなく有効にn形半導体に入るようになっています．

表面電極に太陽光が照射されて光エネルギーが入ると，n形半導体の価電子は表面電極に，p形半導体の正孔は裏面電極にそれぞれ引き寄せられ，表面電極と裏面電極の間には電位差が生じます．表面電極と裏面電極が第9.8図のように，負荷を通して接続されていると，裏面電極から負荷を通って表面電極に電流が流れます．すなわち表面電極に引き寄せられた価電子は，負荷を通って裏面電極に向かって流れます．

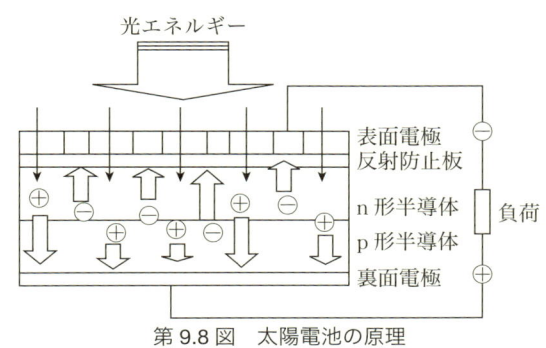

第9.8図　太陽電池の原理

太陽電池は第9.9図に示すように，材料がシリコン半導体と化合物半導体に大別され，シリコン半導体からつくられるものは結晶系と非結晶系に分かれます．結晶系の多結晶シリコン太陽電池が，コストの面から現在最も多く生産されています．非結晶系のアモルファスシリコン太陽電池は，ガラスなどの表面に薄膜状のアモルファスシリコンを成長させてつくられ，結晶系に

比べて変換効率が低いですが将来，低コスト化が期待されています．化合物半導体の太陽電池は，複数の元素を用いた半導体でつくられ，人工衛星などに使用されています．

```
シリコン半導体 ─┬─ 結晶系 ─┬─ 単結晶シリコン太陽電池
                │          └─ 多結晶シリコン太陽電池
                └─ 非結晶系 ── アモルファスシリコン太陽電池

化合物半導体 ─── 結晶系 ─┬─ 単結晶化合物半導体太陽電池
                          │    （GaAs，InP）
                          └─ 多結晶化合物半導体太陽電池
                               （CdS/CdTe，CIS など）
```

第 9.9 図　太陽電池の種類

練習問題 1

水素－酸素燃料電池に関する次の記述のうち，誤っているのはどれか．
(1) 水の電気分解と逆の反応をする．
(2) 正極には酸化剤が供給される．
(3) 水素の消費速度と得られる電圧は比例する．
(4) 従来の汽力発電方式より理論効率は高い．
(5) 小形のものは，人工衛星用として実用化されている．

【解答】　(3)

第9章 Lesson 4 二次電池

STEP 0 事前に知っておくべき事項

- 二次電池の原理
- 二次電池の充放電の仕組み
- 二次電池の利用例

覚えるべき重要ポイント

- 鉛蓄電池
- ニッケル－カドミウム電池
- ニッケル－水素電池
- リチウムイオン電池

STEP 1

(1) 鉛蓄電池

鉛蓄電池は，正極に二酸化鉛 PbO_2，負極に鉛 Pb，電解液に希硫酸 H_2SO_4 が用いられ起電力 E は 2〔V〕であり，充放電反応の化学反応式は次のようになります．

$$\text{正極}: PbO_2 + 4H^+ + SO_4^{2-} + 2e^- \underset{放電}{\overset{充電}{\rightleftarrows}} PbSO_4 + 2H_2O$$

$$\text{負極}: Pb + SO_4^{2-} \rightleftarrows PbSO_4 + 2e^-$$

$$\text{全反応}: Pb + PbO_2 + 2H_2SO_4 \rightleftarrows 2PbSO_4 + 2H_2O$$

電力を取り出す放電時に，正極の二酸化鉛 PbO_2 は硫化鉛 $PbSO_4$，負極の鉛 Pb も硫化鉛 $PbSO_4$ にそれぞれ変化します．

放電によって電解液中の硫酸は水に変化していきます．そのため，放電が進むにつれて電解液の濃度・比重は下がっていきます．

品質が安定しており信頼性が高く，リサイクル性も優れているため自動車用など幅広く用いられます．

(2) ニッケル－カドミウム電池

ニッケル－カドミウム電池は，正極に水酸化ニッケル（NiOOH），負極にカドミウム（Cd），電解液に水酸化カリウム（KOH）の水溶液を用いたものです．起電力 E は 1.29〔V〕と低く，化学反応式は次のようになります．

$$\text{充電} \qquad\qquad \text{放電}$$

正　極：$2\text{NiOOH} + 2\text{H}_2\text{O} + 2e^- \rightleftarrows 2\text{Ni(OH)}_2 + 2\text{OH}^-$

負　極：$\qquad\qquad \text{Cd} + 2\text{OH}^- \rightleftarrows \text{Cd(OH)}_2 + 2e^-$

全反応：$2\text{NiOOH} + \text{Cd} + 2\text{H}_2\text{O} \rightleftarrows 2\text{Ni(OH)}_2 + \text{Cd(OH)}_2$

この式から明らかなように，電力を取り出す放電時に，正極の NiOOH は水酸化ニッケル Ni(OH)_2，負極の Cd は水酸化カドミウム Cd(OH)_2 にそれぞれ変化します．

内部抵抗が低く大きな電流を流すことができるほか，充放電サイクルの寿命が長く，長時間の放置にも性能の低下が少ない，低温特性に優れているといった特徴があります．

(3) ニッケル－水素電池

ニッケル－水素電池は，正極に NiOOH，負極に水素吸蔵合金，電解液に KOH の水溶液を用いたもので，起電力 E は 1.2〔V〕です．

鉛やカドミウムなど重金属を含まないため環境にやさしく，同サイズのニッケル－カドミウム電池の約 2 倍のエネルギー容量をもっています．

(4) リチウムイオン電池

リチウムイオン電池は，正極にコバルト酸リチウム（LiCoO_2），負極に C，電解質としてリチウム塩を溶解した有機溶剤からなる有機電解液（アルカリ水溶液）を用いています．起電力 E は正極材料によって 3.6～4〔V〕で，5〔V〕のものも実用化されています．

同サイズのニッケル－カドミウム電池の約 3 倍のエネルギー容量をもっています．ノートパソコンや携帯電話のバッテリなどに用いられています．

練習問題 1

鉛蓄電池(A)，ニッケル－カドミウム電池(B)，リチウムイオン電池(C)の 3 種類の二次電池の電解質をそれぞれ答えよ．

【解答】　(A)　希硫酸，(B)　水酸化カリウム，(C)　有機電解液

STEP 2

(1) レドックスフロー形電池

　レドックスフロー形電池は二次電池の一種で，流通形電解セルに，イオンの酸化還元反応物質を含む水溶液をポンプで循環させて充放電を行う流動電池です．大形化に適しているため，電力貯蔵用設備として日負荷変動の平均化や瞬時電圧低下対策，風力発電の発電力均等化などがおもな用途です．

　レドックスフロー形電池には鉄・クロム系とバナジウム系があり，鉄・クロム系は正極に鉄，負極にクロムを用い，酸化・還元反応の電位の差を起電力として利用します．電解液に塩酸を用いたときの起電力 E は 1.18〔V〕です．

　レドックスフロー形電池は，リチウムイオン電池と比べると重量エネルギー密度が 1/5 程度と電池の小形化には向きません．しかし，充電，放電のサイクル寿命が1万回以上と長く，実用上10年以上利用できます．さらに構造が単純で大形化に適するため，平成25年度時点で1 000kW級の電力用設備として実用化されており，また大形のレドックスフロー形電池と集光形太陽光発電装置を組み合わせたシステムの実証実験も行われています．

> **練習問題 1**
>
> 　レドックスフロー形電池は，リチウムイオン電池と比べると重量エネルギー密度が 1/5 程度と低く小形化には向かない．しかし，サイクル寿命が1万回以上と長く，実用上 ［(ア)］ 年以上利用できる．さらに構造が単純で大形化に適するため, ［(イ)］ kW級の電力用設備として実用化されている．
> 　上記の記述中の空白箇所(ア)および(イ)に当てはまる語句を答えよ．

【解答】　(ア)　10年，(イ)　1 000

第9章 Lesson 5　電解化学工業

STEP 0　事前に知っておくべき事項

- イオン化列
- ファラデーの法則

覚えるべき重要ポイント

- 水溶液電解
- 金属塩電解
- 金属表面処理
- 界面導電現象
- 金属の腐食と防食

STEP 1

(1) 電解化学工業の概要

電気分解を利用，応用した電解化学工業は，幅広く多肢にわたりますが，大まかにまとめると第9.10図のようになります．

```
            ┌ 水電解　  …水素，酸素の製造
    水溶液電解┤
            └ 食塩電解…水酸化ナトリウム，塩素，水素の製造

            ┌ 電解精錬…不純物を含む粗金属から純金属の精錬
            │
            │ 電解採取…電解液中の金属イオンの析出
    金属塩電解┤
            │                ┌ 電気めっき　…金属の薄膜を形成
            │                │ 電鋳　　…精密金型の製作
            └ 金属表面処理 ┤ 陽極酸化処理…$Al_2O_3$ の形成
                             │ 電解研磨　…耐食性向上
                             └ 電解加工　…凹形に溶解
    溶融塩電解…アルミニウム，マグネシウム，ナトリウムなどの製造
```

第9.10図　電解化学工業の分類

(2) 水溶液電解

水溶液電解は，水や食塩水などの水溶液を電気分解して，水素，酸素塩素および水酸化ナトリウムなどを生成するもので，おもなものに水電解と食塩電解があります．

(a) 水電解

H_2O を電気分解すると H_2 と O_2 が得られます．水を電気分解する水電解槽には，第9.11図に示すように隔膜に対向してアノードとカソードが設けられ，アノードは電源の陽極，カソードは陰極が接続されています．アノードおよびカソードは，それぞれ鉄板にニッケルめっきを施した電極です．水には導電性を増すために，2〔%〕程度の水酸化ナトリウム（NaOH）あるいは水酸化カリウム（KOH）などが加えられています．電源から電流を流すと，アノードでは電離した OH^- から O_2 が生成され，カソードでは H^+ から H_2 が生成されてそれぞれ発生します．

水素はアンモニアの合成など広い分野で使われる工業化学原料で，かつては水電解によって製造されていましたが，電気料金による製造コストの関係から，水電解によることなく現在では石油や天然ガスから製造されています．

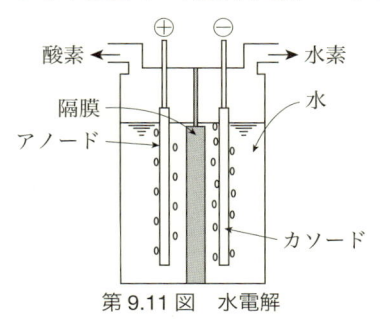

第9.11図　水電解

(b) 食塩電解

塩化ナトリウム（NaCl）の水溶液である食塩水を電気分解すると，Cl_2，NaOH（か性ソーダ）および H_2 が得られます．この電気分解を，食塩電解，ソーダ電解，あるいは塩素・アルカリ電解といい，最も重要な電解化学工業です．

食塩電解のうち，純度の高いか性ソーダ（NaOH）溶液を得るために Na^+ だけが通過できる膜を用いた方法がイオン交換膜法です．イオン交換

9 電気化学

　膜法による食塩電解は，第9.12図に示すようにイオン交換膜を挟むように，上側に黒鉛電極，下側に鋼線の網が配置されます．黒鉛電極には電源の陽極，鋼線の網には陰極が接続され，鋼線の網は軟鋼製の金属網にニッケルめっきを施されています．

　黒鉛電極を囲むように仕切りが設けられ，仕切りには原料の食塩水 NaCl を補給するためのパイプと，黒鉛電極に発生した塩素ガス Cl_2 を採取するためのパイプが設けられています．

　黒鉛電極を囲む仕切りの外側は，装置全体の容器になっており，左上には水 H_2O を補給するためのパイプが設けられ，右上にはカソードとして機能する鋼線の網に発生した H_2 を回収するためのパイプが設けられています．容器の下側には反応によって製造された NaOH を取り出す取出口が設けられています．

　黒鉛電極と鋼線の網の間に電圧を印加して電流を流すと，Cl_2 および H_2 が発生するとともに NaOH が生成されます．

　食塩電解にはほかに隔膜法や水銀法がありますが，環境への影響から水銀法は廃止されています．

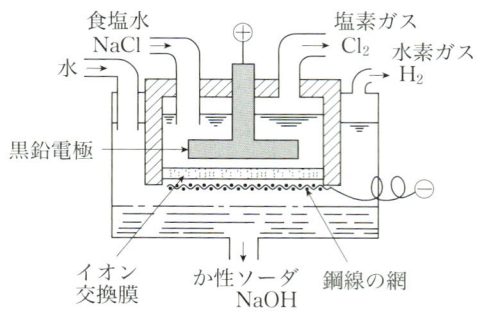

第9.12図　イオン交換膜法の食塩電解

(3) 金属塩電解

　金属塩水溶液を電気分解すると陰極に金属が析出することを利用して，電解精錬，電解採取を行うことができます．

　(a) 電解精錬

　乾式精錬で得られた粗金属を陽極とし，目的金属と同一の金属塩を含む水溶液を電解液として電解し，陰極に純度の高い金属を得るのが電解精錬です．

電解精錬は第9.13図に示すように，粗金属と純金属板を電解液の中に入れ，粗金属を電源の陽極，純金属板を陰極に接続します．電流を流すと粗金属の金属イオンがイオン伝導によって電解液の中を移動し，陰極の金属板に金属が析出していきます．不純物は粗金属の下に落ちて溜まり，陰極の金属板に析出した金属は純金属になって精製されています．銅，鉛，すず，鉄，ニッケル，金，銀などの純金属の精錬に用いられています．銅電解精錬時などには陽極上あるいは陽極泥（アノードスライム）に貴金属がありこれを回収します．

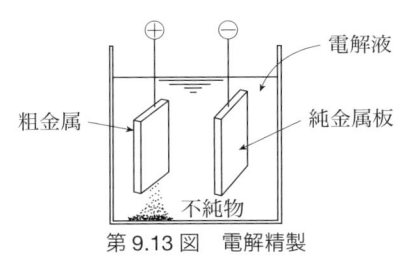

第9.13図　電解精製

(b) 電解採取

金属を含む鉱石を粉砕するなどして予備処理を行ってから，硫酸などの溶媒で目的金属を溶液に抽出します．さらに抽出した溶液から不純物を分離精製したものを，第9.14図に示すように電気分解の電解液として容器に入れます．容器には，イオン化しない不活性電極と，カソードが対向して配置されており，不活性電極は陽極，カソードは陰極にそれぞれ接続されています．電源から電流を流すと，電解液中の金属イオンが電気分解によってカソードに析出するのでそれを採取します．

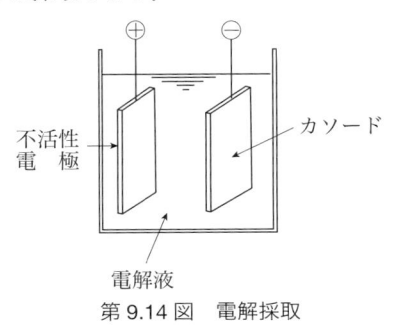

第9.14図　電解採取

(4) 金属表面処理

金属表面処理は，金属塩水溶液の電解を応用したもので，電気めっき，電鋳，電解研磨および電解加工などがあります．電気めっきおよび電鋳は電解によって陰極に金属が析出することを利用したものですが，電解研磨および電解加工は電解によって陽極の金属が目減りしていくことを利用したものです．

(a) 電気めっき

電気めっきは，第9.15図に示すようにめっきを行うフォークを電解液の中に入れて電源の陰極に接続し，電源の陽極にはフォークを接続します．電流を流すと陽極に接続した金属が電解液の中に溶けて金属イオンになり，その金属イオンは電解液の中をイオン伝導によってカソードに移動し，カソードとして機能しているフォークの表面に析出します．

電気めっきは，金属表面に別の金属を析出させて薄膜をつくり，錆にくい耐食性や耐摩耗性あるいは装飾性を向上させます．電気めっきを行う金属には，クロム，ニッケル，金，銀，銅，亜鉛およびカドミウムなどがあります．

電解液には，金，銀，銅めっきなどでは毒性の強いシアン化合物が用いられます．

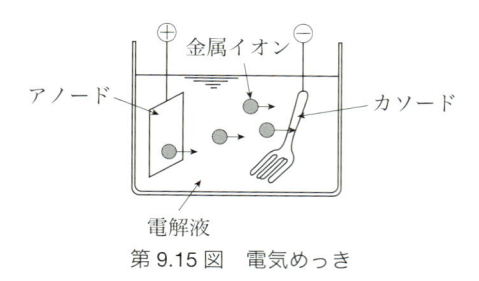

第9.15図 電気めっき

(b) 電鋳

電鋳は電気めっきの応用ですが，普通の電気めっきと比べて析出金属の厚さが10～50倍あり，その析出した金属をはがして用いるという点が異なります．鋳型の上に厚い電気めっきを行い，それをはがして用いることで，機械加工では困難な精密な物の複製が可能になります．

CDやDVDなどのプレス用金型の製作，皮革などの天然物模様のプレス型ロールの製作，彫刻工芸品の複製などに応用されています．

(c) 陽極酸化処理

陽極酸化皮膜処理は，アルミニウムを電源の陽極に接続して電解液中でアノードとして機能させ，アノード・カソード間に電圧を印加して行います．アノード・カソード間に電流が流れると，アルミニウムの表面から酸素が発生します．この発生する酸素によりアルミニウムの表面には酸化アルミニウム（Al_2O_3）の皮膜が形成されます．この Al_2O_3 の皮膜は，融点が高く耐食性も高いので，鍋や食器などの家庭用品の製造に利用され，アルマイトといわれています．

また Al_2O_3 の皮膜は，絶縁性が高く耐電圧性もありますので，工業的には電子部品の電解コンデンサ等に用いられています．

(d) 電解研磨

電解研磨は第 9.16 図に示すように，電解液の中に入れた研磨体を電源の陽極側に接続して，陰極に接続されたカソードに対するアノードとして機能させます．これに電流を流すと研磨体の金属が電解液の中に溶けて金属イオンになり，研磨体の凹凸部が滑らかになっていきます．

この電解研磨はステンレス鋼の耐食性向上，食器類の研磨，歯車の仕上げ，電気接点の抵抗減少などを目的として用いられます．研磨体の電流密度は大きくても，数秒ないし数十秒の通電時間で機械的損傷を伴うことなく処理できる特徴があります．

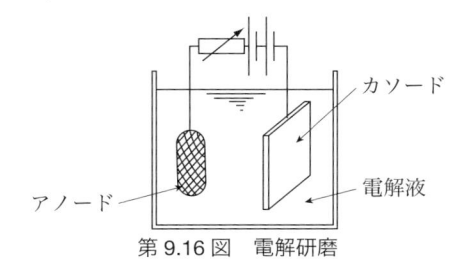

第 9.16 図　電解研磨

(e) 電解加工

電解加工は，電解液中で被加工金属を電源の陽極に接続してアノードとして機能させ，加工電極を陰極に接続してカソードにします．この加工電極を被加工金属に接近させ，間げきを狭めた状態で電流を流すと，加工電極が接近している部分の被加工金属は急速に溶解していきます．被加工金属は，凸

形の加工電極に合う凹形に溶解されますので，加工電極が模様のある形状であれば，その凹形模様が被加工金属に形成されます．

(5) 溶融塩電解

溶融塩とは常温時には固体の塩を高温で溶解させたもののことで，溶融塩電解ではこれが電解質となります．水素よりイオン化傾向が小さく水溶液の金属塩電解のできないアルミニウム，マグネシウム，ナトリウムなどは，溶融塩電解によって製造されます．

> **練習問題 1**
>
> 工業電解プロセスに関する記述として，誤っているのは次のうちどれか．
> (1) 塩化ナトリウム溶液を電解すると，水酸化ナトリウム，塩素および水素の3種類の物質を得ることができる．
> (2) 粗銅をアノードとし，硫酸銅溶液で電解してカソードに得られる銅が電気銅である．
> (3) 電解加工は，加工電極をアノードとし，被加工金属をカソードとして，両極間の間げきを小さくして電気分解を行い，被加工金属を溶解加工する方法である．
> (4) CDやDVDなどのプレス用原盤は，電気めっきにより作製される．
> (5) アルミニウムは，溶融した氷晶石に酸化アルミニウムを溶かして電解し，製造する．この場合，アルミニウムはカソードに生成する．

【解答】 (3)

STEP 2

(1) 界面電気化学

二つの異なる物質の界面における電気二重層の性質や，二相が相対的に動く現象などは界面電気化学という分野です．界面電気化学で二つの異なる液体の間に生じる現象を利用する方法に，電気浸透，電気泳動および電気透析があります．

(a) 電気浸透

電気浸透は，対向する陽極と陰極を多孔質の膜で仕切った容器に陶土など

を含んだ溶液を入れ，電極間に直流電圧を印加すると第 9.17 図のように水分が陰極の方へ移動していく現象です．この電気浸透は，コンクリートや陶土などの水分の除去などに応用されます．

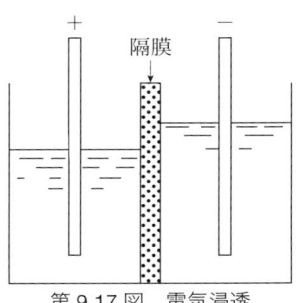

第 9.17 図　電気浸透

(b)　電気泳動

電気泳動は，第 9.18 図のように陽極と陰極が設けてある容器に微粒子が分散している液を入れ電圧を印加すると，分散している微粒子が一方の電極に向かって移動する現象です．この電気泳動は液体だけでなく，微粒子が分散している気体でも生じます．

電気集じん機，静電塗装および静電植毛などは，電気泳動を利用しています．

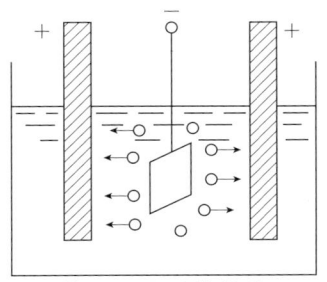

第 9.18 図　電気泳動

(c)　電気透析

電気透析は第 9.19 図に示すように，陽極と陰極が対向して設けてある容器に，二つのイオン交換膜で容器を三つの部分に分けたもので行います．中央部分に電解質溶液，陽陰の電極がある部分に水を入れて直流電圧を加えます．電離した電解質の陽イオンは陰極へ，陰イオンは陽極へ移動し，時間の

経過により中央部分に入れた溶液の電解質が取り除かれます．この電気透析は，医療や生化学，あるいは海水の淡水化などへ応用されています．

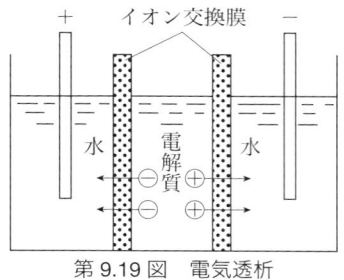

第 9.19 図　電気透析

> **練習問題 1**
>
> 　電解槽を 2 枚の隔膜で 3 室に仕切り，中央室に電解質を含む液を入れ，左右の室に水および電極を入れて直流電圧を加えると，中央室の電解質が外側の室へ移動する．このような現象を　　　　という．
> 　上記の記述中の空白箇所に記入する字句を答えよ．

【解答】　電気透析

STEP 3 総合問題

【問題1】 食塩水を電気分解して，水酸化ナトリウム NaOH（か性ソーダ）と塩素 Cl_2 を得るプロセスは食塩電解と呼ばれる．食塩電解の工業プロセスとして，現在，わが国で採用されているものは， (ア) である．

この食塩電解法では，陽極側と陰極側を仕切る膜に (イ) イオンだけを選択的に透過する隔膜が用いられている．外部電源から電流を流すと，陽極側にある食塩水と陰極側にある水との間で電気分解が生じてイオンの移動が起こる．陽極側で生じた (ウ) イオンが隔膜を通して陰極側に入り， (エ) となる．

上記の記述中の空白箇所(ア)，(イ)，(ウ)および(エ)に当てはまる語句を答えよ．

	(ア)	(イ)	(ウ)	(エ)
(1)	イオン交換膜法	陽	ナトリウム	NaOH
(2)	イオン交換膜法	陰	塩 素	O_2
(3)	イオン交換膜法	陰	ナトリウム	NaOH
(4)	隔膜法	陽	塩 素	Cl_2
(5)	隔膜法	陰	水 酸	NaOH

【問題2】 水の電気分解は次の反応により進行する．

$$2H_2O \rightarrow 2H_2 + O_2$$

このとき，アルカリ水溶液中では陽極（アノード）において，次の反応により酸素が発生する．

$$4OH^- \rightarrow O_2 + 2H_2O + 4e^-$$

いま，5.36〔kA・h〕の電気量が流れたとき，理論的に得られる酸素の質量〔kg〕の値として，正しいのは次のうちどれか．

ただし，酸素の原子量は 16，ファラデー定数は 26.8〔A・h/mol〕とする．

(1) 0.4　(2) 0.8　(3) 6.4　(4) 1.6　(5) 32

【問題3】 ニッケル－カドミウム電池の放電反応は，次の式で表される．

$$Cd + 2NiOOH + 2H_2O \rightarrow Cd(OH)_2 + 2Ni(OH)_2$$

いま，この電池のカドミウムが 5.6〔g〕放電したとき，得られる電気量〔A・h〕として，正しいのは次のうちどれか．ただし，カドミウムの原子量

は112，ファラデー定数は26.8〔A・h/mol〕とする．
(1) 1.19 (2) 2.68 (3) 5.36 (4) 10.4 (5) 26.8

【問題4】 鉛蓄電池の放電反応は次のとおりである．
$$Pb + 2H_2SO_4 + PbO_2 \to PbSO_4 + 2H_2O + PbSO_4$$
（負極）　　（正極）（負極）　　　　　　　　（正極）

この電池を一定の電流で2時間放電したところ，鉛の消費量は63〔g〕であった．このとき流した電流〔A〕の値として，最も近いのは次のうちどれか．
ただし，鉛の原子量は210，ファラデー定数は26.8〔A・h/mol〕とする．
(1) 1.3 (2) 2.7 (3) 5.4 (4) 11 (5) 16

【問題5】 トタンの電気めっきは，硫酸亜鉛系の電解液の中で陽極に亜鉛，陰極にめっきを施す鋼帯の薄板を接続して行う．陽極と陰極間に3〔A〕の電流を4時間流したとき，薄板に析出する亜鉛の量〔g〕の値として，最も近いのは次のうちどれか．
ただし，亜鉛の原子価は2価，原子量は65.4，電流効率は65〔％〕，ファラデー定数 $F = 9.65 \times 10^4$ 〔C/mol〕とする．
(1) 0.07 (2) 0.13 (3) 0.39 (4) 7.9 (5) 9.5

【問題6】 燃料電池は，水素と酸素の化学反応を利用したものである．燃料電池の電圧が0.8〔V〕，電流効率が90〔％〕であるとき，次の(a)および(b)に答えよ．
ただし，水素の原子量は1.0，ファラデー定数は96 500〔C/mol〕とする．
(a) 反応によって20〔kg〕の水素が消費されたとき，燃料電池から得られた電気量〔kA・h〕の値として，最も近いのは次のうちどれか．
(1) 360 (2) 482 (3) 580 (4) 724 (5) 900
(b) このとき得られた電気エネルギー〔kW・h〕の値として，最も近いのは次のうちどれか．
(1) 386 (2) 520 (3) 580 (4) 720 (5) 910

第10章
自動制御

第10章 Lesson 1 自動制御の基礎事項

STEP 0　事前に知っておくべき事項

- 電気コタツのオンオフ制御
- エアコン

覚えるべき重要ポイント

- フィードバック制御
- フィードフォワード制御
- シーケンス制御
- ブロック図

STEP 1

(1) 自動制御

制御は「ある目的に適合するように，制御対象に所要の操作を加えること」と JIS Z 8116 で定義され，操作を直接または間接に人が行うのが手動制御，制御系を構成して自動的に行われるのが自動制御であるとされています．

自動制御の一例として，第 10.1 図に示すような電気炉があります．電気炉は，金属の熱処理，セラミックの焼成，食品の殺菌等に幅広く用いられています．電気炉は，熱電対で炉内の温度を検出しながら，温度制御部でサイリスタの導通角を変えてヒータの電流を制御して，炉内の温度を用途に応じたパターンに従うように自動制御します．

自動制御を制御信号の流れによって分けると，フィードバック制御，フィードフォワード制御およびシーケンス制御になります．

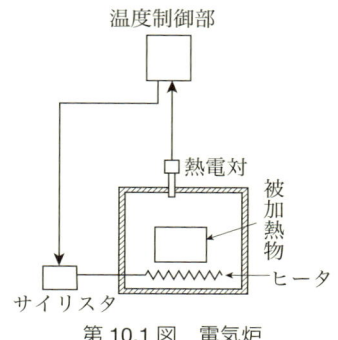

第 10.1 図　電気炉

(2) **フィードバック制御**

フィードバック制御とは，ある操作による結果を原因側に戻し，連続的に修正動作を行わせる閉ループ制御のことをいいます．

フィードバック制御系は，使用分野で大別すると，サーボ機構，プロセス制御系，自動調整装置の三つに分類されます．

(a) サーボ機構

サーボ機構は，物体の位置や方位，姿勢などの機械的な変位を制御量とする制御系のことで，目標値の変化に追従させることを目的としています．

サーボ機構の一例として，上空の目標物に向けてアンテナの方向を制御するアンテナの方位制御があります．なお，物体の機械的な変位に限らず，目標値の任意の変化に追従させるような制御系は総称してサーボ系といわれます．

(b) プロセス制御

プロセス制御は，製品の処理や加工の生産過程などにおいて，温度や圧力，流量，液面の高さなどの状態を制御量とする制御系のことで，制御量を乱す外乱の抑制を主目的としています．

プロセス制御の一例として燃焼炉の炉内の温度を熱電対で計測しながらバーナの出力を調整して炉内の温度を所定のパターンで制御するものがあります．

(c) 自動調整装置

自動調整装置は，電圧や周波数，速度，張力などを制御量とし，これらを一定に保つことを目的とするような制御系のことです．

AVR（Automatic Voltage Regulator）と呼ばれる自動電圧調整装置は，電源電圧の変動に影響されない一定電圧を供給できるようにした自動調整装置です．

(3) フィードフォワード制御

フィードフォワード制御は，外乱を検出したとき，それが制御量に影響を及ぼす前にそれを打ち消すような操作を行う制御のことをいいます．フィードフォワード制御には目標値がないので，フィードバック制御と組み合わせて使用されます．

フィードフォワード制御の一例として，加熱蒸気でタンク内の水を加熱して所定温度の温水を供給する温水供給装置があります．フィードフォワード制御は，温水温度の低下を予知し，先回りして制御を行います．

(4) シーケンス制御

シーケンス制御は「あらかじめ定められた順序又は手続きに従って制御の各段階を逐次進めていく制御」とされています．

シーケンス制御で温水加熱装置を構成した場合，まずタンク内に一定量の水を入れ，次いで一定時間蒸気で加熱し，最後に温度センサで温度を見てタンク下流の弁を開き送り出すことになります．このシーケンス制御の一連の操作でも，ほぼ一定温度の温水を得ることができます．

しかしシーケンス制御は，想定外の温度を変化させる外乱が入ってきた場合，訂正動作を行わないから最初に設定した温度の温水を得ることはできません．したがってシーケンス制御だけでは一定温度の温水を安定供給することができない場合が生じます．

このため，今ではシーケンス制御だけで制御系が構成されることはなく，メインループがシーケンス制御であっても，サブループの中にフィードバック制御が組み込まれたシーケンス制御が通常は用いられます．

練習問題 1

自動制御系には，フィードフォワード制御系とフィードバック制御系がある．

常に制御対象の ア に着目し，これを時々刻々検出し， イ との差を生じればその差を零にするような操作を制御対象に加える制御が ウ 制御系である．外乱によって エ に変動が生じれば，これを検出し修正動作を行うことが可能である．この制御システムは エ を構成するが，一般には時間的な遅れを含む制御対象を エ 内に含むため，安定性の面で問題を生じることもある．しかしながら，はん用性の面で優れているため，定値制御や追値制御を実現する場合，基本になる制御である．

上記の記述中の空白箇所(ア)，(イ)，(ウ)および(エ)に記入する語句を答えよ．

【解答】 (ア) 制御量，(イ) 目標値，(ウ) フィードバック，(エ) 閉ループ

STEP 2

(1) フィードバック制御のブロック図

フィードバック制御の基本構成をブロック図で表すと，第 10.2 図のようになります．制御対象の制御量は，検出部で検出されフィードバック信号として調節部に入力されます．調節部では，制御対象の目標値が設定された設定部の基準入力と比較され，その差が動作信号として調節器に送られます．調節部の出力によって操作部で操作量が決定され，制御対象に加えられます．

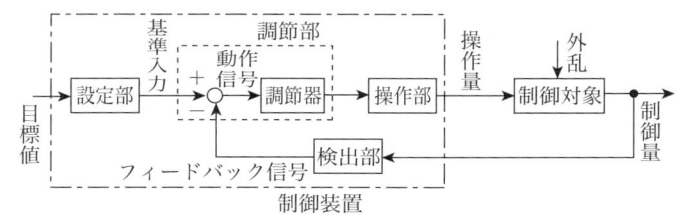

第 10.2 図 フィードバック制御のブロック図

(2) フィードフォワード制御のブロック図

フィードフォワード制御の基本構成をブロック図で表すと，第 10.3 図の

ようになります．フィードフォワード制御では，制御対象を乱す外乱も検出部で検出し，フィードフォワード信号として調節部に供給します．このため，外乱による制御量の変化を予知し，先回りして制御量を目標値に維持する制御を行うことができます．実際の制御量はフィードバックループの検出部で検出し，フィードバック信号として比較訂正動作を行います．

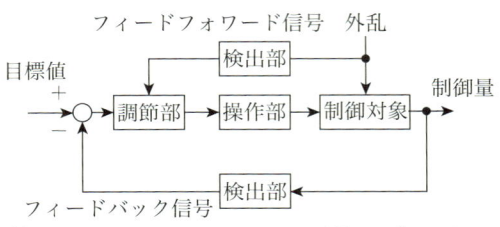

第10.3図 フィードフォワード制御のブロック図

練習問題 1

以下に示す図は，制御系の基本的構成のブロック図である．制御対象の出力信号である ア が検出部によって検出される．その検出部の出力が比較器で イ と比較され，その差が調節部に加えられる．その調節部の出力によって操作部で ウ が決定され，制御対象に加えられる．このような制御方式を エ 制御と呼ぶ．

上記の記述中の空白箇所(ア)，(イ)，(ウ)および(エ)に記入する語句を答えよ．ただし，(ア)，(イ)および(ウ)は図の中の信号である．

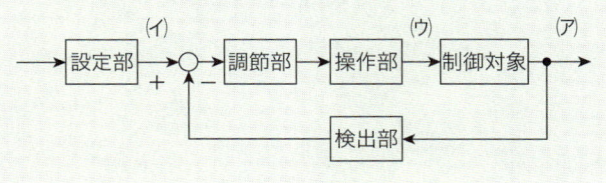

【解答】 (ア) 制御量, (イ) 基準入力, (ウ) 操作量, (エ) フィードバック

第10章 Lesson 2 電気回路のブロック図

STEP 0 事前に知っておくべき事項

- ブロック図

覚えるべき重要ポイント

- 抵抗回路
- RC 回路
- RL 回路
- RLC 回路

STEP 1

(1) 抵抗回路

抵抗 R_1 〔Ω〕と R_2 〔Ω〕を接続した回路に，第 10.4 図に示すように電圧 $e_i(t)$ 〔V〕を印加したとき流れる電流を $i(t)$ 〔A〕と仮定すると，電圧 $e_i(t)$ 〔V〕および抵抗 R_2 〔Ω〕の両端電圧 $e_o(t)$ 〔V〕はそれぞれ次のように表されます．

$$e_i(t) = (R_1 + R_2) i(t) \quad \text{〔V〕}$$

$$e_o(t) = R_2 i(t) \quad \text{〔V〕}$$

時間変数 t の入力および出力は正弦波関数のため，$e_i(j\omega)$，$e_o(j\omega)$ で表されます．

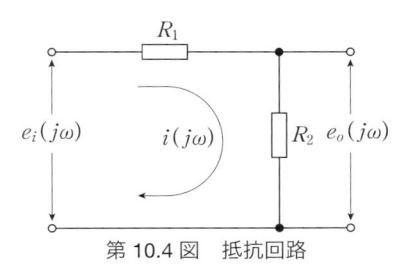

第 10.4 図　抵抗回路

電圧 $e_i(j\omega)$ 〔V〕を入力，電圧 $e_o(j\omega)$ 〔V〕を出力とすると，第 10.4 図の抵抗回路をブラックボックスと考えると第 10.5 図のようなブロック図で

表すことができます．

$$e_i(j\omega) \longrightarrow \boxed{G(j\omega)} \longrightarrow e_o(j\omega)$$

第 10.5 図　周波数伝達関数

$G(j\omega)$ を周波数伝達関数といい，第 10.4 図の場合 $G(j\omega)$ は①式のように表されます．

$$G(j\omega) = \frac{e_o(j\omega)}{e_i(j\omega)} = \frac{R_2 \cdot i(j\omega)}{(R_1 + R_2) \cdot i(j\omega)} = \frac{R_2}{R_1 + R_2} \qquad ①$$

(2) RC 回路

抵抗 R 〔Ω〕と静電容量 C 〔F〕を接続した回路に，第 10.6 図に示すように電圧 $e_i(j\omega)$ 〔V〕を印加したとき流れる電流を $i(j\omega)$ 〔A〕と仮定すると，電圧 $e_i(j\omega)$ 〔V〕および静電容量 C 〔F〕の両端電圧 $e_o(j\omega)$ 〔V〕は角周波数を ω 〔rad/s〕として，それぞれ次のように表されます．

$$e_i(j\omega) = \left(R + \frac{1}{j\omega C}\right) \cdot i(j\omega) \ \text{〔V〕}$$

$$e_o(j\omega) = \frac{1}{j\omega C} \cdot i(j\omega) \ \text{〔V〕}$$

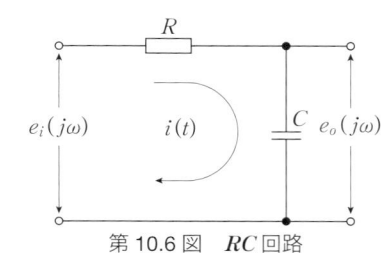

第 10.6 図　RC 回路

周波数伝達関数 $G(j\omega)$ は②式のように表されます．

$$G(j\omega) = \frac{e_o(j\omega)}{e_i(j\omega)} = \frac{\dfrac{1}{j\omega C} \cdot i(j\omega)}{\left(R + \dfrac{1}{j\omega C}\right) \cdot i(j\omega)} = \frac{1}{1 + j\omega CR} \qquad ②$$

(3) RL 回路

抵抗 R 〔Ω〕とインダクタンス L 〔H〕を接続した回路に，第 10.7 図に示

すように電圧 $e_i(j\omega)$〔V〕を印加したとき流れる電流を $i(j\omega)$〔A〕と仮定すると，電圧 $e_i(j\omega)$〔V〕および抵抗 R〔Ω〕の両端電圧 $e_o(j\omega)$〔V〕は角周波数を ω〔rad/s〕として，それぞれ次のように表されます．

$$e_i(j\omega) = (R+j\omega L)i(j\omega) \text{〔V〕}$$

$$e_o(j\omega) = Ri(t) \text{〔V〕}$$

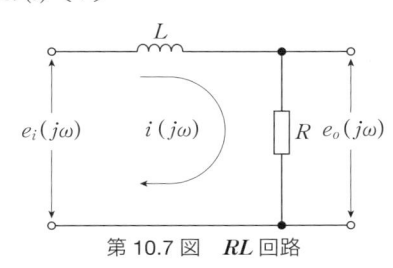

第 10.7 図　RL 回路

周波数伝達関数 $G(j\omega)$ は次式のように表されます．

$$G(j\omega) = \frac{e_o(j\omega)}{e_i(j\omega)} = \frac{R \cdot i(j\omega)}{(R+j\omega L) \cdot i(j\omega)} = \frac{R}{R+j\omega L}$$

(4)　**RLC 回路**

抵抗 R〔Ω〕，インダクタンス L〔H〕および静電容量 C〔F〕を直列接続した回路に，第 10.8 図に示すように電圧 $e_i(j\omega)$〔V〕を印加したとき流れる電流を $i(j\omega)$〔A〕と仮定すると，電圧 $e_i(j\omega)$〔V〕および静電容量 C〔F〕の両端電圧 $e_o(j\omega)$〔V〕は，それぞれ次のように表されます．

$$e_i(j\omega) = \left(R+j\omega L+\frac{1}{j\omega C}\right) \cdot i(j\omega) \text{〔V〕}$$

$$e_o(j\omega) = \frac{1}{j\omega C} \cdot i(j\omega) \text{〔V〕}$$

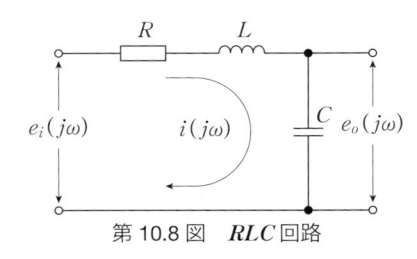

第 10.8 図　RLC 回路

周波数伝達関数 $G(j\omega)$ は③式のように表されます．

$$G(j\omega) = \frac{e_o(j\omega)}{e_i(j\omega)} = \frac{\dfrac{1}{j\omega C} \cdot i(j\omega)}{\left(R + j\omega L + \dfrac{1}{j\omega C}\right) \cdot i(j\omega)}$$

$$= \frac{1}{(j\omega)^2 LC + j\omega CR + 1}$$

$$= \frac{1}{1 - \omega^2 LC + j\omega CR} \quad\quad ③$$

練習問題 1

図に示すように抵抗 R〔Ω〕とインダクタンス L〔H〕を接続した回路において,角周波数を ω〔rad/s〕として電圧 $e_i(j\omega)$〔V〕を入力インダクタンス L〔H〕の両端電圧 $e_o(j\omega)$〔V〕とする周波数伝達関数 $G(j\omega)$ の記号式を求めよ.

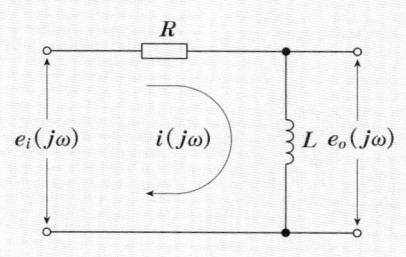

【解答】 $G(j\omega) = \dfrac{j\omega L}{R + j\omega L}$

STEP 2

(1) 補償要素の周波数伝達関数

サーボ系などの特性を改善するための補償要素の回路を第 10.9 図に示します.抵抗 R_1〔Ω〕と R_2〔Ω〕が接続され,抵抗 R_1〔Ω〕と並列に静電容量 C_1〔F〕のコンデンサも接続されています.

第10.9図　補償要素の回路

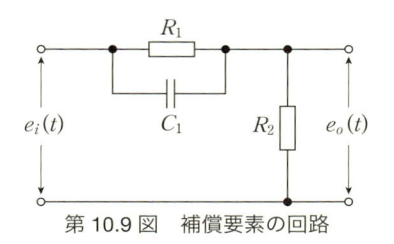

電圧 $e_i(j\omega)$〔V〕を印加したとき流れる電流を $i(j\omega)$〔A〕と仮定すると，電圧 $e_i(j\omega)$〔V〕および抵抗 R_2〔Ω〕の両端電圧 $e_o(j\omega)$〔V〕は角周波数を ω〔rad/s〕として，それぞれ次のように表されます．

$$e_i(j\omega) = \left(\frac{R_1 \times \dfrac{1}{j\omega C_1}}{R_1 + \dfrac{1}{j\omega C_1}} + R_2 \right) \cdot i(j\omega) = \left(\frac{R_1}{1+j\omega C_1 R_1} + R_2 \right) \cdot i(j\omega) \text{〔V〕}$$

$$e_o(j\omega) = R_2 i(j\omega) \text{〔V〕}$$

電圧 $e_i(j\omega)$〔V〕を入力，電圧 $e_o(j\omega)$〔V〕を出力とする周波数伝達関数 $G(j\omega)$ は，次式のように表されます．

$$G(j\omega) = \frac{e_o(j\omega)}{e_i(j\omega)} = \frac{R_2 \cdot i(j\omega)}{\left(\dfrac{R_1}{1+j\omega C_1 R_1} + R_2 \right) \cdot i(j\omega)}$$

$$= \frac{(1+j\omega C_1 R_1) R_2}{R_1 + (1+j\omega C_1 R_1) R_2} = \frac{R_2 + j\omega C_1 R_1 R_2}{R_1 + R_2 + j\omega C_1 R_1 R_2}$$

$$= \frac{\dfrac{R_2}{R_1+R_2} + j\omega C_1 R_1 \cdot \dfrac{R_2}{R_1+R_2}}{1 + j\omega C_1 R_1 \cdot \dfrac{R_2}{R_1+R_2}}$$

$$= \frac{\alpha(1+j\omega T)}{1+j\omega \alpha T}$$

ただし，係数 $\alpha = \dfrac{R_2}{R_1+R_2}$，時定数 $T = C_1 R_1$ とする．

練習問題 1

図に示すように抵抗 R_1〔Ω〕と R_2〔Ω〕と静電容量 C_1〔F〕の回路において,角周波数を ω〔rad/s〕として電圧 $e_i(t)$〔V〕および $e_o(t)$〔V〕を,それぞれ入力および出力としたとき,周波数伝達関数 $G(j\omega)$ は以下のような形で表される.このときの係数 α と時定数 T〔s〕を求めよ.

$$G(j\omega) = \frac{e_o(j\omega)}{e_i(j\omega)} = \frac{1+j\omega T}{1+j\omega \alpha T}$$

【解答】 $\alpha = \dfrac{R_1 + R_2}{R_2}, \quad T = C_1 R_2$

第10章 Lesson 3 一次遅れ要素の特性

STEP 0 事前に知っておくべき事項

- 電気回路の周波数伝達関数

覚えるべき重要ポイント

- 一次遅れ要素の基本形
- 一次遅れ要素のゲイン
- ゲイン曲線
- 位相曲線
- ボード線図

STEP 1

(1) 一次遅れ要素の基本形

抵抗 R〔Ω〕とインダクタンス L〔H〕からなる第 10.10 図に示す回路の周波数伝達関数 $G(j\omega)$ は④式のように表されます．

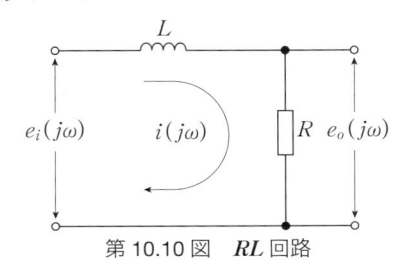

第 10.10 図　RL 回路

$$G(j\omega) = \frac{e_o(j\omega)}{e_i(j\omega)} = \frac{R}{R+j\omega L} \qquad ④$$

一次遅れ要素の周波数伝達関数 $G(j\omega)$ の基本形は，ゲイン定数を K，時定数を T〔s〕として⑤式のように表されます．

$$G(j\omega) = \frac{K}{1+j\omega T} \qquad ⑤$$

337

したがって,④式の周波数伝達関数 $G(j\omega)$ を,⑤式の基本形に変形すると⑥式のようになり,ゲイン定数が $K=1$,時定数が $T=\dfrac{L}{R}$ 〔s〕であることが明らかになります.

$$G(j\omega) = \frac{e_o(j\omega)}{e_i(j\omega)} = \frac{R}{R+j\omega L} = \frac{1}{1+j\omega \dfrac{L}{R}} = \frac{K}{1+j\omega T} \qquad ⑥$$

(2) 一次遅れ要素のゲイン

一次遅れ要素のゲイン g〔dB〕は次の⑦式のように表されます.

$$g = 20\log_{10}|G(j\omega)| \text{〔dB〕} \qquad ⑦$$

この⑦式に⑥式の一次遅れ要素の周波数伝達関数 $G(j\omega)$ を代入すると⑧式のようになります.

$$\begin{aligned}
g &= 20\log_{10}|G(j\omega)| = 20\log_{10}\frac{K}{\sqrt{1+(\omega T)^2}} \\
&= 20\log_{10}K - 20\log_{10}(1+\omega^2 T^2)^{\frac{1}{2}} \text{〔dB〕}
\end{aligned} \qquad ⑧$$

ゲイン定数 $K=1$ のとき $\log_{10}1 = 0$ であるから,⑧式は次式のようになります.

$$\begin{aligned}
g &= 20\log_{10}K - 20\log_{10}(1+\omega^2 T^2)^{\frac{1}{2}} = -20\log_{10}(1+\omega^2 T^2)^{\frac{1}{2}} \\
&= -10\log_{10}(1+\omega^2 T^2) \text{〔dB〕}
\end{aligned}$$

ωT の範囲を,$\omega T = 0$,$\omega T < 1$,$\omega T = 1$ および $\omega T \gg 1$ に分けて考えると次のようになります.

$\omega T = 0$ のとき,ゲイン $g = 0$〔dB〕になります.

$$\begin{aligned}
g &= -10\log_{10}(1+\omega^2 T^2) = -10\log_{10}(1+0) = -10\log_{10}0 \\
&= 0 \text{〔dB〕}
\end{aligned}$$

$\omega T < 1$ のとき,ゲイン g〔dB〕は次のように近似されます.

$$\begin{aligned}
g &= -10\log_{10}(1+\omega^2 T^2) \fallingdotseq -10\log_{10}1 \\
&= 0 \text{〔dB〕}
\end{aligned}$$

$\omega T = 1$ のとき,ゲイン g〔dB〕は次のようになります.

$$\begin{aligned}
g &= -10\log_{10}(1+\omega^2 T^2) = -10\log_{10}(1+1) = -10\log_{10}2 \\
&\fallingdotseq -3 \text{〔dB〕}
\end{aligned}$$

$\omega T > 1$ のとき,ゲイン g〔dB〕は次のようになります.

$$g = -10\log_{10}(1+\omega^2 T^2) \text{ [dB]}$$

$\omega T \gg 1$ のとき，ゲイン g [dB] は次のように近似されます．

$$g = -10\log_{10}(1+\omega^2 T^2) \fallingdotseq -10\log_{10}(\omega T)^2$$
$$= -20\log_{10}\omega T \text{ [dB]} \quad\quad ⑨$$

(3) ゲイン曲線

⑨式に，$\omega T = 10$ および $\omega T = 100$ の値を代入してゲイン g [dB] を求めると，次のようになります．

$\omega T = 10$ のとき，

$$g = -20\log_{10}\omega T = -20\log_{10}10 = -20 \text{ [dB]}$$

$\omega T = 100$ のとき，

$$g = -20\log_{10}\omega T = -20\log_{10}100 = -40 \text{ [dB]}$$

以上の結果から，横軸を対数目盛にとった ωT，縦軸をゲイン g [dB] として曲線を描くと第 10.11 図のようになります．

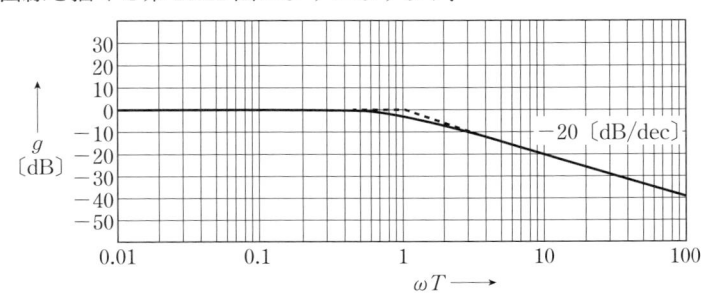

第 10.11 図 ゲイン曲線

(4) 一次遅れ要素の位相

一次遅れ要素の位相角 θ [°] は，⑩式のように周波数伝達関数 $G(j\omega)$ を実部 Re と虚部 Im に分け，その比を⑪式のように $\tan^{-1}$（アークタンジェント）で表したものです．

$$G(j\omega T) = \frac{K}{1+j\omega T} = \frac{K}{1+j\omega T} \times \frac{1-j\omega T}{1-j\omega T}$$

$$= \frac{K}{1+\omega^2 T^2} - j\frac{\omega T K}{1+\omega^2 T^2} = \text{Re} - j\text{Im} \quad\quad ⑩$$

位相角 θ [°] は，

$$\theta = \tan^{-1}\frac{-\mathrm{Im}}{\mathrm{Re}} = \frac{\dfrac{-\omega TK}{1+\omega^2 T^2}}{\dfrac{K}{1+\omega^2 T^2}} = \tan^{-1}(-\omega T) \ [°] \qquad \text{⑪}$$

(5) 位相曲線

一次遅れ要素の位相角 θ [°] を示す⑪式に，ωT の主要点の値を代入して位相角 θ [°] を求めます．

$\omega T = 0$ のとき，
$$\theta = \tan^{-1}(-\omega T) = \tan^{-1}(-0) = 0°$$
$\omega T = 0.01$ のとき，
$$\theta = \tan^{-1}(-\omega T) = \tan^{-1}(-0.01) = -0.57°$$
$\omega T = 1$ のとき，
$$\theta = \tan^{-1}(-\omega T) = \tan^{-1}(-1) = -45°$$
$\omega T = 10$ のとき，
$$\theta = \tan^{-1}(-\omega T) = \tan^{-1}(-10) = -84°$$
$\omega T = 100$ のとき，
$$\theta = \tan^{-1}(-\omega T) = \tan^{-1}(-100) = -89°$$
$\omega T = \infty$ のとき，
$$\theta = \tan^{-1}(-\omega T) = \tan^{-1}(-\infty) = -90°$$

以上の結果から，横軸を対数目盛にとった ωT，縦軸を位相角 θ [°] として曲線を描くと第 10.12 図のようになります．

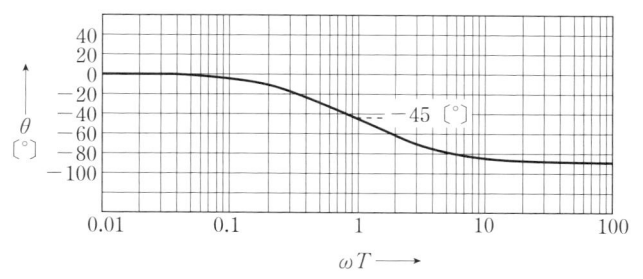

第 10.12 図　位相曲線

(6) ボード線図

ボード線図は第 10.13 図に示すように，第 10.11 図のゲイン曲線と第 10.12

図の位相曲線を一つのグラフの中に描いたものです．横軸の ωT を共通にして縦軸にゲイン g〔dB〕と位相角 θ〔°〕をとり，左側にゲイン g〔dB〕の目盛，右側に位相角 θ〔°〕の目盛をそれぞれ入れます．角周波数 $\omega=\dfrac{1}{T}$ を折れ点周波数といいます．

このボード線図は，一次遅れ要素の特性を見るときに用いられます．

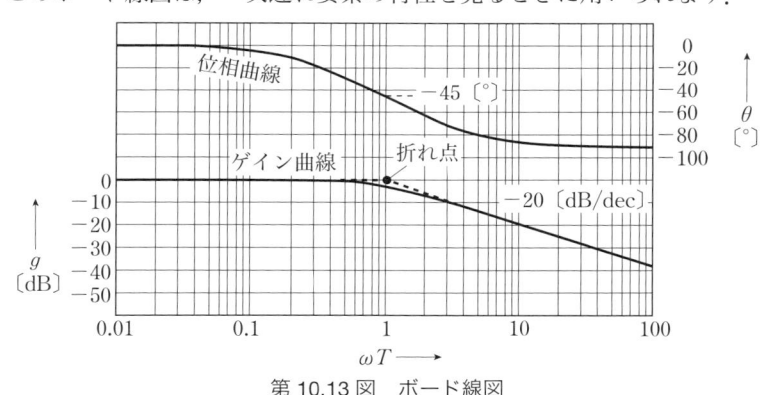

第 10.13 図　ボード線図

練習問題 1

ある一次遅れ要素のゲイン g〔dB〕が，角周波数が ω〔rad/s〕，時定数が T〔s〕として次のように与えられたとき，$\omega T=3$ のときのゲイン〔dB〕を計算せよ．

$$g = 20\log_{10}\dfrac{1}{\sqrt{1+(\omega T)^2}} = -10\log_{10}(1+\omega^2 T^2) \ 〔dB〕$$

【解答】　-10〔dB〕

STEP 2

(1) ベクトル軌跡

一次遅れ要素の基本形の周波数伝達関数 $G(j\omega)$ は，すでに⑤式で表したように角周波数 ω〔rad/s〕を変数とする関数です．この複素数の関数を実数部 Re と虚数部 Im に分けると既出の⑩式のようになります．

$$G(j\omega) = \frac{K}{1+j\omega T} \quad \text{⑤}$$

$$G(j\omega) = \frac{K}{1+j\omega T} = \frac{K}{1+j\omega T} \times \frac{1-j\omega T}{1-j\omega T}$$

$$= \frac{K}{1+\omega^2 T^2} - j\frac{\omega TK}{1+\omega^2 T^2} = \text{Re} - j\text{Im} \quad \text{⑩}$$

⑩式において,角周波数 ω 〔rad/s〕を変化させたときの $G(j\omega)$ の軌跡がベクトル軌跡です.

この⑩式に角周波数 $\omega = 0$ 〔rad/s〕および $\omega = \infty$ を代入したときの値は,それぞれ⑫式,⑬式のようになります.

$$G(0) = \frac{K}{1+\omega^2 T^2} - j\frac{\omega TK}{1+\omega^2 T^2} = \frac{K}{1+0^2 \times T^2} - j\frac{0 \times TK}{1+0^2 \times T^2} = K \quad \text{⑫}$$

$$G(\infty) = \frac{K}{1+\omega^2 T^2} - j\frac{\omega TK}{1+\omega^2 T^2} = \frac{K}{1+\infty^2 \times T^2} - j\frac{\infty \times TK}{1+\infty^2 \times T^2} = 0 \quad \text{⑬}$$

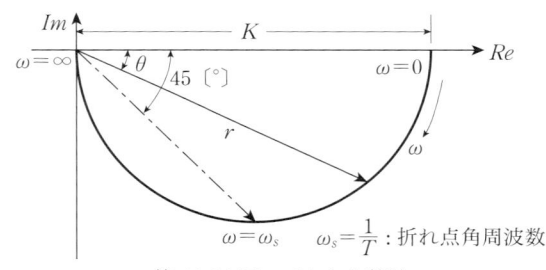

第 10.14 図　ベクトル軌跡

この結果に基づき,出力 $G(j\omega)$ の軌跡を描くと第 10.14 図のようになります.角周波数 ω 〔rad/s〕を 0 から ∞ に向けて変化させると,座標の第 4 象限で直径 K の半円を描いて変化し,角周波数 $\omega = \infty$ 〔rad/s〕で 0 になることがわかります.このベクトル軌跡で,位相角が $\theta = 45°$ のときは,⑩式の実数部 Re と虚数部 Im が等しく,折れ点角周波数 ω_s 〔rad/s〕といい,時定数 T の逆数になります.

$$\text{折れ点角周波数 } \omega_s = \frac{1}{T} \text{ 〔rad/s〕}$$

練習問題 1

以下の式に示す周波数伝達関数 $G(j\omega)$ のベクトル軌跡で，位相角が $\theta = -60°$ のときの角周波数 ω 〔rad/s〕を計算せよ．

$$G(j\omega) = \frac{0.1}{1+j0.01\omega}$$

【解答】 173〔rad/s〕

【ヒント】 $\theta = \tan^{-1}\dfrac{-\beta}{\alpha}$

第10章 Lesson 4 伝達関数の合成

STEP 0 事前に知っておくべき事項

- 周波数伝達関数

覚えるべき重要ポイント

- 伝達関数
- ブロック図の合成
- 複数の伝達関数の合成
- 二重フィードバックループの合成
- 二次遅れ要素の伝達関数

STEP 1

(1) 伝達関数

伝達関数 $G(s)$ は，周波数伝達関数 $G(j\omega)$ の変数 $j\omega$ を s に代えたものです．したがって第 10.18 図(a)に示すような RL 回路の周波数伝達関数 $G(j\omega)$ が次式のように表されたとき，伝達関数 $G(s)$ は変数 $j\omega$ を s に代えた⑭式のように表されます．

$$G(j\omega) = \frac{e_o(j\omega)}{e_i(j\omega)} = \frac{R}{R+j\omega L} = \frac{K}{1+j\omega T}$$

$$G(s) = \frac{E_o(s)}{E_i(s)} = \frac{R}{R+Ls} = \frac{K}{1+Ts} \qquad ⑭$$

(a) RL回路

(b) 周波素伝達関数

(c) 伝達関数

第 10.15 図

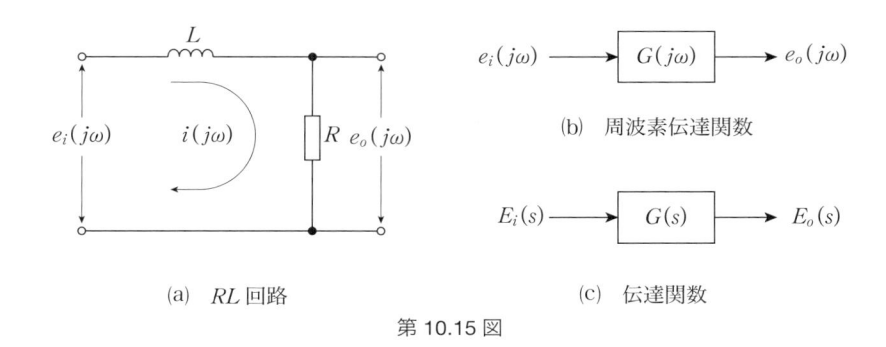

　周波数伝達関数 $G(j\omega)$ を第 10.15 図(b)のようにブロック図で表したとき，入力は電圧 $e_i(j\omega)$〔V〕，出力は電圧 $e_o(j\omega)$〔V〕でした．伝達関数 $G(s)$ のブロック図は，第 10.15 図(c)のようになります．これは入力各値の初期値を零としてそれぞれラプラス変換したものです．したがってラプラス変換を用いると，RL 回路から伝達関数 $G(s)$ を直接求めることもできます．ラプラス変換は積分を用いる数学ですので省略しますが，興味のある方は数学の本を開いてみてください．

(2) ブロック図の合成

(a) 直列接続の合成

　二つの伝達関数 $G_1(s)$ および $G_2(s)$ を第 10.16 図(a)のように直列接続したとき，第 10.16 図(b)のように一つの伝達関数とみなした合成伝達関数 $G_3(s)$ は⑮式のように伝達関数 $G_1(s)$ と $G_2(s)$ の積になります．

$$G_3(s) = G_1(s) \cdot G_2(s) \qquad ⑮$$

(a) 直列接続

(b) 合成伝達関数

第 10.16 図

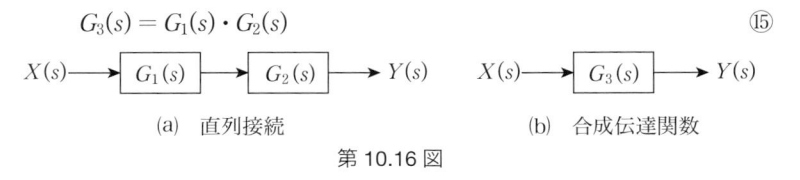

　図(a)において伝達関数 $G_1(s)$ の出力を $Z(s)$ とすると，伝達関数 $G_2(s)$ の出力 $Y(s)$ は次のように表されます．

$$Y(s) = Z(s) \cdot G_2(s) = X(s) \cdot G_1(s) \cdot G_2(s)$$

　この式から合成伝達関数 $G_3(s)$ は次式のように伝達関数 $G_1(s)$ と $G_2(s)$ の積になり⑮式が求まります．

$$G_3(s) = \frac{Y(s)}{X(s)} = \frac{X(s) \cdot G_1(s) \cdot G_2(s)}{X(s)} = G_1(s) \cdot G_2(s)$$

(b) 並列接続の合成

二つの伝達関数 $G_1(s)$ および $G_2(s)$ を第 10.17 図(a)のように並列接続したとき，第 10.17 図(b)のように一つの伝達関数とみなす合成伝達関数 $G_3(s)$ は⑯式に示すように伝達関数 $G_1(s)$ と $G_2(s)$ の和になります．

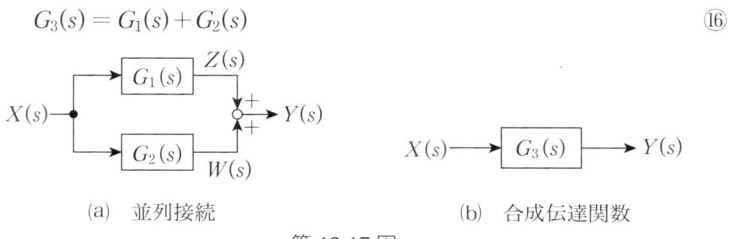

$$G_3(s) = G_1(s) + G_2(s) \qquad ⑯$$

(a) 並列接続   (b) 合成伝達関数

第 10.17 図

図(a)において伝達関数 $G_1(s)$ および $G_2(s)$ の出力をそれぞれ $Z(s)$ および $W(s)$ とすると，合成の出力 $Y(s)$ は次のように表されます．

$$Y(s) = Z(s) + W(s) = X(s) \cdot G_1(s) + X(s) \cdot G_2(s)$$

この式から合成伝達関数 $G_3(s)$ は，次式のように伝達関数 $G_1(s)$ と $G_2(s)$ の和になり⑯式が求まります．

$$G_3(s) = \frac{Y(s)}{X(s)} = \frac{X(s) \cdot G_1(s) + X(s) \cdot G_2(s)}{X(s)} = G_1(s) + G_2(s)$$

(c) フィードバック接続の合成

伝達関数 $G_1(s)$ とフィードバックループの伝達関数 $G_2(s)$ を第 10.18 図(a)のようにフィードバック接続したとき，第 10.18 図(b)のように一つの伝達関数とみなす合成伝達関数 $G_3(s)$ は⑰式のようになります．

$$G_3(s) = \frac{G_1(s)}{1 + G_1(s) G_2(s)} \qquad ⑰$$

(a) フィードバック接続   (b) 合成伝達関数

第 10.18 図

伝達関数 $G_1(s)$ の入力 $Z(s)$ は，伝達関数 $G_2(s)$ の出力が $Y(s)G_2(s)$ であるから次のように表されます．

$$Z(s) = X(s) - Y(s)G_2(s)$$

全体の出力 $Y(s)$ は，

$$Y(s) = Z(s)G_1(s) = (X(s) - Y(s)G_2(s))G_1(s)$$
$$= X(s)G_1(s) - Y(s)G_2(s)G_1(s)$$

整理して

$$Y(s)(1 + G_1(s)G_2(s)) = X(s)G_1(s)$$

この式から合成伝達関数 $G_3(s)$ は次式のように表されます．

$$G_3(s) = \frac{Y(s)}{X(s)} = \frac{G_1(s)}{1 + G_1(s)G_2(s)}$$

なお第 10.18 図(a)では，フィードバックループの加合せ点の符号が － ですので，⑰式の分母が $1 + G_1(s)G_2(s)$ になりますが，加合せ点の符号が ＋ であれば，⑱式のように分母は $1 - G_1(s)G_2(s)$ になります．

$$G_3(s) = \frac{Y(s)}{X(s)} = \frac{G_1(s)}{1 - G_1(s)G_2(s)} \qquad ⑱$$

(3) 複数の伝達関数の合成

伝達関数 $G_1(s)$，$G_2(s)$ および $G_3(s)$ が第 10.19 図(a)のように接続されているとき，一つの伝達関数に合成する手順は以下のように行います．

まず，直列接続の伝達関数 $G_1(s)$ および $G_2(s)$ を一つの伝達関数 $G_4(s) = G_1(s)G_2(s)$ に合成すると，第 10.19 図(b)のようなブロック図になります．

第 10.19 図(b)の伝達関数はフィードバック接続であるから，第 10.19 図(c)のような全体の合成伝達関数 $G_5(s)$ は次式のようになります．

$$G_5(s) = \frac{G_4(s)}{1 + G_4(s)G_3(s)} = \frac{G_1(s)G_2(s)}{1 + G_1(s)G_2(s)G_3(s)}$$

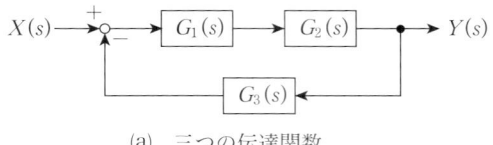

(a) 三つの伝達関数

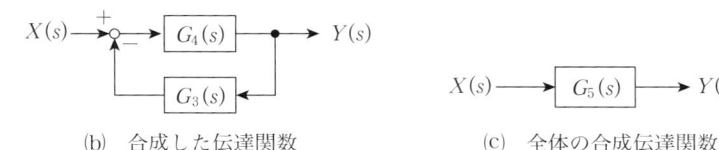

(b) 合成した伝達関数　　　　(c) 全体の合成伝達関数

第 10.19 図

(4) 二重フィードバックループの合成

フィードバックループが二重になっている第 10.20 図(a)のような場合，一つの伝達関数に合成する手順は以下のように行います．

内側のフィードバックループの伝達関数を，第 10.20 図(b)のように一つの伝達関数 $G_4(s)$ に合成すると，伝達関数 $G_4(s)$ は次式のようになります．

$$G_4(s) = \frac{G_2(s)}{1+G_2(s)\,G_3(s)}$$

第 10.20 図(b)において，伝達関数 $G_1(s)$ と $G_4(s)$ は直列接続であるから，第 10.20 図(c)のように一つの伝達関数 $G_5(s)$ に合成すると，伝達関数 $G_5(s)$ は次式のようになります．

$$G_5(s) = G_1(s)\,G_4(s) = G_1(s) \times \frac{G_2(s)}{1+G_2(s)\,G_3(s)} = \frac{G_1(s)\,G_2(s)}{1+G_2(s)\,G_3(s)}$$

第 10.20 図(c)の伝達関数は直結フィードバック接続であるから，第 10.20 図(d)のように一つにまとめた全体の合成伝達関数 $G_6(s)$ は次式のようになります．

$$G_6(s) = \frac{G_5(s)}{1+G_5(s)} = \frac{\dfrac{G_1(s)\,G_2(s)}{1+G_2(s)\,G_3(s)}}{1+\dfrac{G_1(s)\,G_2(s)}{1+G_2(s)\,G_3(s)}}$$

$$= \frac{G_1(s)\,G_2(s)}{1+G_1(s)\,G_2(s)+G_2(s)\,G_3(s)}$$

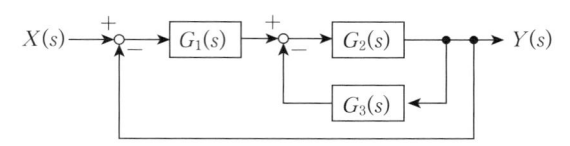

(a) 二重フィードバックループの伝達関数

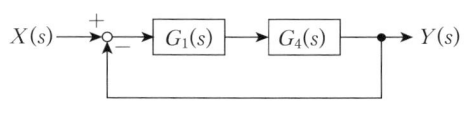

(b) 合成した伝達関数

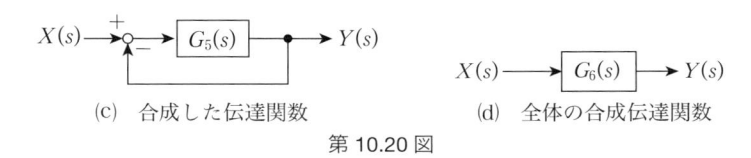

(c) 合成した伝達関数　　　　(d) 全体の合成伝達関数

第 10.20 図

練習問題 1

ブロック図で示す図の制御系において，$X(s)$ と $Y(s)$ 間の合成伝達関数 $Y(s)/X(s)$ を示す式を求めよ．

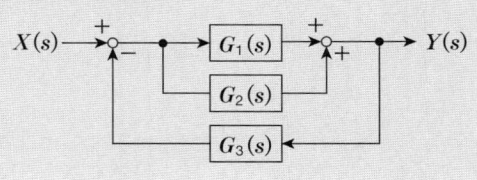

【解答】　$\dfrac{Y(s)}{X(s)} = \dfrac{G_1(s) + G_2(s)}{1 + (G_1(s) + G_2(s))\, G_3(s)}$

STEP 2

(1) 二次遅れ要素の伝達関数

抵抗 R〔Ω〕，インダクタンス L〔H〕および静電容量 C〔F〕を直列接続した回路において，第 10.21 図(a)に示すように周波数伝達関数 $G(j\omega)$ は⑲式のようになり，ブロック図は第 10.21 図(b)のように表されます．

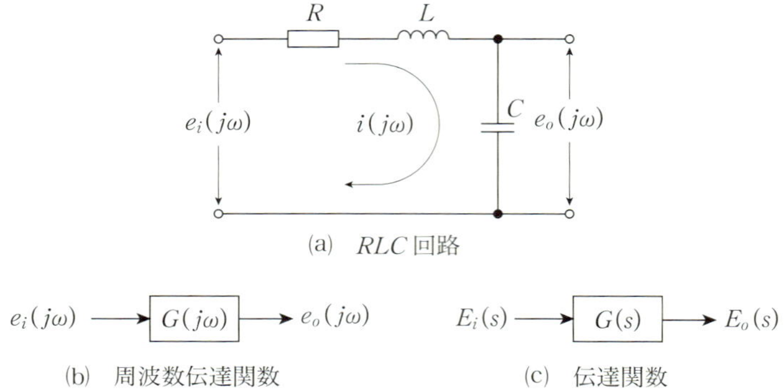

(a) RLC 回路

(b) 周波数伝達関数　　(c) 伝達関数

第 10.21 図

$$G(j\omega) = \frac{e_o(j\omega)}{e_i(j\omega)} = \frac{\frac{1}{j\omega C} \cdot i(j\omega)}{\left(R + j\omega L + \frac{1}{j\omega C}\right) \cdot i(j\omega)}$$

$$= \frac{1}{(j\omega)^2 LC + j\omega CR + 1} \quad \text{⑲}$$

⑲式の周波数伝達関数 $G(j\omega)$ の変数 $j\omega$ を s に代えた⑳式が RLC 回路の伝達関数 $G(s)$ になり，ブロック図は第 10.21 図(c)のようになります．

$$G(s) = \frac{E_o(s)}{E_i(s)} = \frac{1}{LCs^2 + CRs + 1} \quad \text{⑳}$$

二次遅れ要素の基本形の伝達関数 $G(s)$ は，係数を K，固有角周波数を ω_n〔rad/s〕，減衰定数を ζ（ゼータと読みます）とすると，㉑式のように表されます．したがって⑳式の伝達関数 $G(s)$ の分母分子を LC で割って基本形に変形すると，係数 K，固有角周波数 ω_n〔rad/s〕および減衰定数 ζ を求めることができます．

$$G(s) = \frac{K\omega_n^2}{s^2 + 2\zeta\omega_n s + \omega_n^2} \quad \text{㉑}$$

$$G(s) = \frac{1}{LCs^2 + CRs + 1} = \frac{\frac{1}{LC}}{s^2 + \frac{CR}{LC}s + \frac{1}{LC}}$$

$$= \frac{\left(\frac{1}{\sqrt{LC}}\right)^2}{s^2+2\cdot\frac{R}{2}\sqrt{\frac{C}{L}}\cdot\frac{1}{\sqrt{LC}}s+\left(\frac{1}{\sqrt{LC}}\right)^2} = \frac{K\omega_n^2}{s^2+2\zeta\omega_n s+\omega_n^2}$$

この式から⑳式の伝達関数 $G(s)$ で表される RLC 回路は，係数が $K=1$，固有角周波数が $\omega_n = \dfrac{1}{\sqrt{LC}}$ 〔rad/s〕，減衰定数が $\zeta = \dfrac{R}{2}\sqrt{\dfrac{C}{L}}$ の特性を有していることになります．

> **練習問題 1**
>
> 図 1 のブロック図で表されるフィードバック制御系を，図 2 のブロック図のように合成すると，合成伝達関数 $G(s)$ は次のような式で表される．式の係数 a および b を求めよ．
>
> $$G(s) = \frac{Y(s)}{X(s)} = \frac{K\omega_n^2}{s^2+2\zeta\omega_n s+\omega_n^2} = \frac{a}{s^2+bs+a}$$ 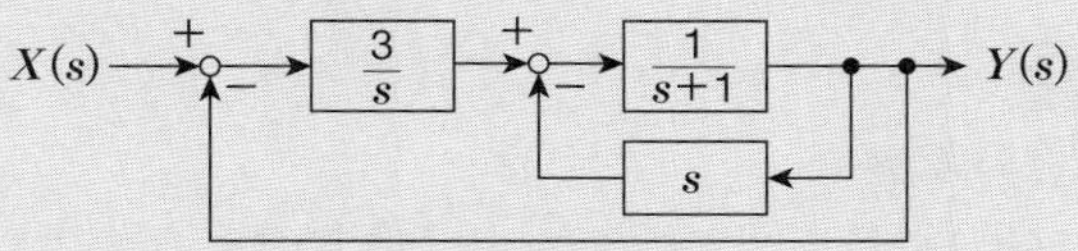
>
> 図 1 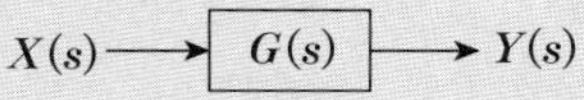
>
> 図 2

【解答】 $a=1.5,\ b=0.5$

第10章 Lesson 5 制御系の応答

STEP 0 事前に知っておくべき事項

- 一次遅れ要素の伝達関数
- 二次遅れ要素の伝達関数

覚えるべき重要ポイント

- インパルス信号
- ステップ信号
- ランプ信号
- インパルス応答
- ステップ応答

STEP 1

(1) **伝達関数の応答**

伝達関数が $G(s)$ の第 10.22 図に示すような制御系の出力は $Y(s) = X(s)G(s)$ になります．出力 $Y(s)$ は s の関数ですので，時間 t の関数である実際の出力 $y(t)$ は，$Y(s)$ を逆ラプラス変換することで求めることができます．伝達関数 $G(s)$ の制御系は，異なる入力 $X(s)$ に対する出力 $Y(s)$ も同じように表され，時間 t の関数である出力 $y(t)$ も出力 $Y(s)$ を逆ラプラス変換することで求めることができます．

$$X(s) \longrightarrow \boxed{G(s)} \longrightarrow Y(s)$$

第 10.22 図　伝達関数の出力

制御系の特性を判定するため用いられる入力に，インパルス入力，単位ステップ入力およびランプ信号などがあります．

(2) **インパルス信号**

インパルス信号は第 10.23 図に示すように，針のような衝撃波を想定したもので継続時間 a が短いが値が $1/a$ と大きく，波形の面積が 1 になる信号

です．このインパルス信号は数学的にはδ(デルタと読みます)関数といわれ，関数$\delta(t)$として㉒式のように定義されています．

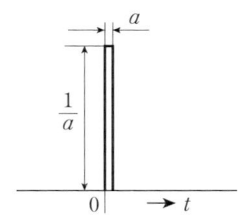

第10.23図　インパルス信号

$$\delta(t) \begin{cases} \dfrac{1}{a} : 0 < t < a \\ 0 : t < 0 \text{ および } a < t \end{cases} \qquad ㉒$$

この㉒式の関数$\delta(t)$のラプラス変換値は1です．インパルス信号を入力することをインパルス入力といい，このとき伝達関数の入力は$X(s) = 1$になります．なおラプラス変換については，微積分の十分な数学力を必要としますので途中経過を省略します．

(3) **インパルス応答**

一次遅れ要素の伝達関数$G(s)$に，$X(s) = 1$のインパルス入力を与えたときの出力$Y(s)$は次式のようになります．

$$Y(s) = X(s)\,G(s) = 1 \times \frac{K}{1+Ts} = \frac{K}{1+Ts} = \frac{K}{T} \cdot \frac{1}{s + \dfrac{1}{T}}$$

時間tの関数である出力$y(t)$は，この式を逆ラプラス変換することで求めることができ，途中経過を省略して結果を示すと次式のような指数関数になります．

$$y(t) = \frac{K}{T} e^{-\frac{1}{T}t}$$

この式に時間$t = 0$および$t = \infty$を代入したときの値は，それぞれ次式のようになります．

$$y(0) = \frac{K}{T} e^{-\frac{1}{T} \times 0} = \frac{K}{T} e^0 = \frac{K}{T}$$

$$y(\infty) = \frac{K}{T}e^{-\frac{1}{T}\times\infty} = \frac{K}{T}e^{-\infty} = 0$$

この結果に基づき，ゲイン定数 K と時定数 T の比を $\frac{K}{T}=1$ として，出力 $y(t)$ のグラフを描くと第 10.24 図のようになります．

出力 $y(t)$ は，時間 $t=0$ のときは 1.0 ですが，時間 t〔s〕が経過すると 0 に収束していくことがわかります．

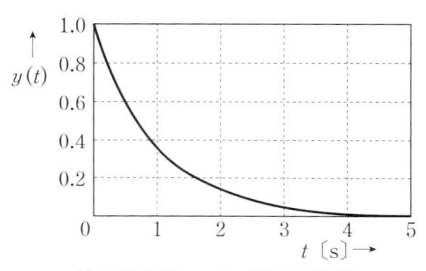

第 10.24 図　インパルス応答

(4) **ステップ信号**

ステップ信号は第 10.25 図に示すように，時間 $t=0$ で高さが 1 になる入力信号です．この段差状のステップ信号は数学的にはステップ関数 $u(t)$ として㉓式のように定義されています．

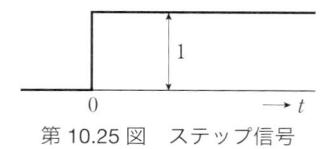

第 10.25 図　ステップ信号

$$u(t)\begin{cases} 0 : t<0 \\ 1 : t\geqq 0 \end{cases} \quad ㉓$$

この㉓式の単位ステップ関数 $u(t)$ のラプラス変換値は $\frac{1}{s}$ ですから，伝達関数の入力は $X(s)=\frac{1}{s}$ になります．

(5) ステップ応答

一次遅れ要素の伝達関数 $G(s)$ に，$X(s) = \dfrac{1}{s}$ のステップ入力を与えたときの出力 $Y(s)$ は㉔式のようになります．

$$Y(s) = X(s)\,G(s) = \frac{1}{s} \times \frac{K}{1+Ts} = \frac{K}{s(1+Ts)} \quad \text{㉔}$$

逆ラプラス変換をしやすくするために㉔式を部分分数に展開します．

$$Y(s) = \frac{K}{s(1+Ts)} = \frac{\dfrac{K}{T}}{s\left(s+\dfrac{1}{T}\right)} = \frac{A}{s} + \frac{B}{s+\dfrac{1}{T}}$$

$$= \frac{A\left(s+\dfrac{1}{T}\right)+Bs}{s\left(s+\dfrac{1}{T}\right)} = \frac{(A+B)s+\dfrac{A}{T}}{s\left(s+\dfrac{1}{T}\right)} \quad \text{㉕}$$

㉕式の中の係数 A および B の関係は，次の式になり，これらの関係から係数が $A = K$, $B = -K$ と求まります．

$A + B = 0$

$\dfrac{K}{T} = \dfrac{A}{T}$

したがって㉔式は，㉖式のような部分分数に分けることができます．

$$Y(s) = \frac{K}{s(1+Ts)} = \frac{A}{s} + \frac{B}{s+\dfrac{1}{T}} = \frac{K}{s} - \frac{K}{s+\dfrac{1}{T}} \quad \text{㉖}$$

ステップ応答の時間 t の関数 $y(t)$ は，㉖式から途中経過を省略して結果を示すと㉗式のような指数関数になります．

$$y(t) = K\left(1 - e^{-\frac{1}{T}t}\right) \quad \text{㉗}$$

この㉗式に時間 $t = 0$ および $t = \infty$ を代入したときの値は，それぞれ次のようになります．

$$y(0) = K\left(1-e^{-\frac{1}{T}\times 0}\right) = K(1-e^0) = 0$$

$$y(\infty) = K\left(1-e^{-\frac{1}{T}\times \infty}\right) = K(1-0) = K$$

この結果に基づき，ゲインを $K=1$ として，出力 $y(t)$ のグラフを描くと第 10.26 図のようになります．出力 $y(t)$ は，時間 $t=0$ のときは 0 ですが，時間 t〔s〕が経過すると 1.0 に収束していくことがわかります．

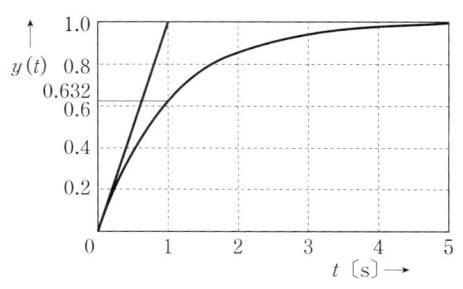

第 10.26 図　ステップ応答

第 10.26 図のステップ応答の出力 $y(t)$ から，一次遅れ要素の伝達関数 $G(s)$ の時定数は $T=1$〔s〕であることがわかります．時定数 T〔s〕は，出力 $y(t)$ が，最終値の 63.2〔%〕に達する時間で，最終値が 1.0 とすれば 0.632 になる時間です．また時定数は，出力 $y(t)$ の接線の方程式に時間 $t=0$ を代入して求めた直線が，最終値の 1.0 に交わる時間を読み取ることで求めることもできます．

練習問題 1

流体が流れる調節弁の開度を大きくしたとき，最初，流量に変化はないが，しばらくすると急に流体の流量が増加し，そのあとゆっくりした流量の変化となり，最後に調節弁の開度に応じた一定値に落ち着く．これをプロセスの□□□応答という．

上記の記述中の空白箇所の語句を答えよ．

【解答】　ステップ

STEP 2

(1) ランプ信号

ランプ信号は第10.27図に示すように，時間 t に対して一定の増加率で大きくなる入力信号です．このランプ信号の関数 $f(t)$ は，次式に示すように傾きが a の一次関数です．

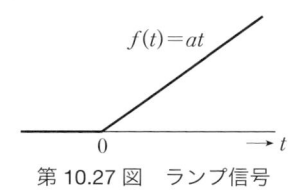

$$f(t) = at$$

第10.27図 ランプ信号

$$f(t) = at$$

この式の一次関数 $f(t)$ のラプラス変換値は $\dfrac{a}{s^2}$ ですから，伝達関数の入力は $X(s) = \dfrac{a}{s^2}$ になります．

(2) 二次遅れ要素の応答

二次遅れ要素の次式に示すような伝達関数 $G(s)$ に，ステップ入力 $X(s) = \dfrac{1}{s}$ を与えたときの出力 $Y(s)$ は㉘式のようになります．

$$G(s) = \frac{K\omega_n^2}{s^2 + 2\zeta\omega_n s + \omega_n^2}$$

$$Y(s) = X(s) \cdot G(s) = \frac{1}{s} \cdot \frac{K\omega_n^2}{s^2 + 2\zeta\omega_n s + \omega_n^2} \qquad ㉘$$

出力 $Y(s)$ をラプラス逆変換した出力 $y(t)$ は，減衰定数 ζ の大きさによって次のような出力になります．

① $\zeta = 0$ のとき持続振動または単振動
② $0 < \zeta < 1$ のとき不足制動
③ $\zeta = 1$ のとき臨界振動
④ $\zeta > 1$ のとき過制動

減衰定数が $\zeta = 0.1$ から $\zeta = 1.5$ までの六つの出力 $y(t)$ は，時間が十分に経過した最終の定常値を 1.00 として，第10.28図のような波形図になります．

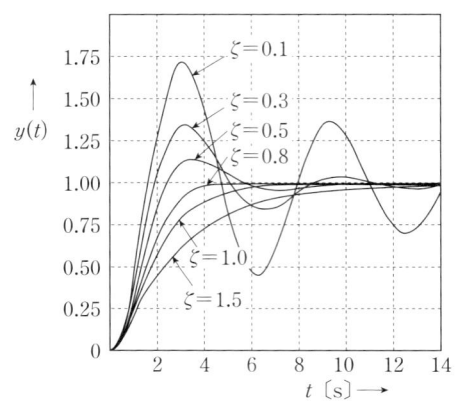

第 10.28 図　二次遅れ要素のステップ応答

　減衰定数が $0<\zeta<1$ の範囲の一つの応答の波形図を描くと，第 10.29 図のようになります．波形はステップ入力が入って最終値の半分の 0.5 に出力が上昇するまでの時間を遅れ時間 T_d〔s〕，0.1 から 0.9 になるまでの時間を立上り時間 T_r〔s〕，ステップ入力が入って最初に最終値の 1.0 を通り過ぎて波形がピークを記録するまでの時間を行過ぎ時間 T_p〔s〕，その行過ぎ量を p，波形が最終値の ± 0.05 までに減衰する時間を整定時間 T_s〔s〕とそれぞれ定義されています．

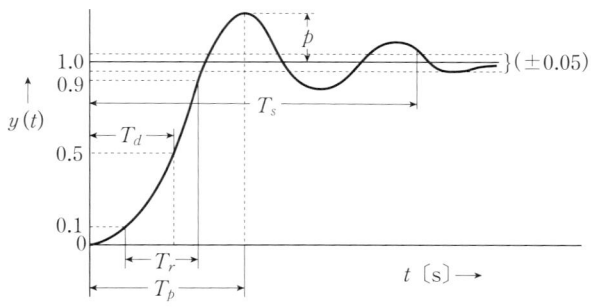

T_s〔s〕：整定時間
T_d〔s〕：遅れ時間
T_p〔s〕：行過ぎ時間
T_r〔s〕：立上り時間
p：行過ぎ量

第 10.29 図　$0<\zeta<1$ のステップ応答

練習問題 1

あるフィードバック制御系にステップ入力を加えたとき，出力の過渡応答は図のようになった．図中の過渡応答に関する諸量の時間(ア)，(イ)および(ウ)を答えよ．

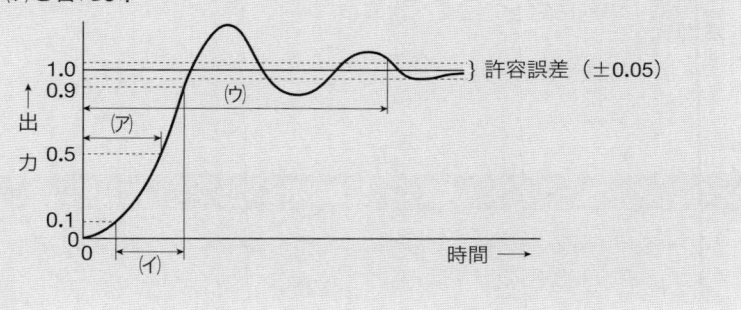

【解答】　(ア)　遅れ時間，　(イ)　立上り時間，　(ウ)　整定時間

第10章 Lesson 6 制御系の安定判別

STEP 0 事前に知っておくべき事項

- 周波数伝達関数
- 伝達関数

覚えるべき重要ポイント

- 特性方程式による安定判別
- ナイキスト線図の安定判別
- ボード線図の安定判別
- ラウスの安定判別

STEP 1

(1) 安定判別のブロック図

　自動制御の目的は制御量を目標値に一致させることですが，この目的を達成させるためには制御系が安定に動作することが必要です．制御系が安定していれば，目標値の変更や外乱の侵入によって制御系内に変化が生じても時間の経過とともに制御系は一定の状態に落ち着きます．これに対し，変化が時間の経過とともに増大して発散する場合，制御系は不安定になってしまいます．制御系の安定と不安定の臨界状態が安定限界です．

　フィードバック制御系では，構成によっては不安定になるおそれがありますので，設計に当たっては制御系を安定に動作させるための条件を明らかにしておくことが必要です．制御系の安定性を判別するのが制御系の安定判別法です．安定性を判断する場合，フィードバック制御系は，第10.30図のように二つの伝達関数 $G(s)$ および $H(s)$ に合成したブロック図で安定判別を行います．

第 10.30 図　フィードバック制御系

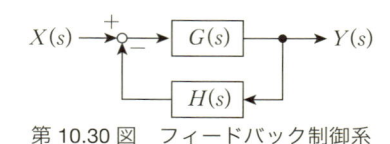

(2) 特性方程式による安定判別

制御系の安定判別を行うために，第 10.30 図のように合成された二つの伝達関数を，さらに一つの伝達関数 $W(s)$ に合成すると第 10.31 図のようになり，伝達関数 $W(s)$ は㉙式のようになります．

第 10.31 図　合成伝達関数

$$W(s) = \frac{Y(s)}{X(s)} = \frac{G(s)}{1+G(s)H(s)} \qquad ㉙$$

㉚式のように㉙式の伝達関数 $W(s)$ の分母を 0 としたものを特性方程式といいます．

$$1+G(s)H(s) = 0 \qquad ㉚$$

制御系の安定判別は，変数 s に関する㉚式の特性方程式の根を求めることによって行い，根によって以下のように三つに安定性が判断されます．

① 根の実数部がすべて負であれば安定．
② 根の実数部が一つでも正であれば不安定．
③ 根が純虚数の場合は振動が持続する．

(3) ナイキスト線図の安定判別

ナイキストの安定判別は，第 10.30 図において開ループ伝達関数 $G(s)H(s)$ の変数 s を $j\omega$ に換えた開ループ周波数伝達関数 $G(j\omega)H(j\omega)$ のベクトル軌跡を描いたナイキスト線図から判別します．

ナイキスト線図は，一例を第 10.32 図に示しますが，開ループ周波数伝達関数 $G(j\omega)H(j\omega)$ の角周波数 ω〔rad/s〕を 0 から ∞ まで変化させたベクトル軌跡です．このベクトル軌跡と Re 軸との交点によって制御系が安定か不安定かを判定します．安定限界の座標点 $(-1, j0)$ の左側をベクトル軌跡が通るとき，制御系は不安定であり，右側をベクトル軌跡が通るとき，制御系は安定であると判別されます．したがって第 10.32 図に描かれた三つのベク

トル軌跡のうちの一つの制御系だけが安定であることになります．

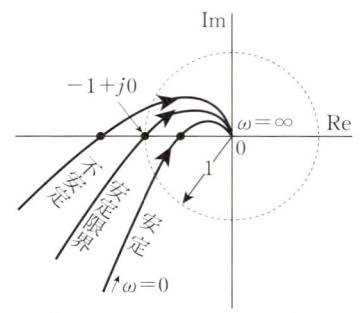

第10.32図　ナイキスト線図

(4) ボード線図の安定判別

ボード線図による安定判別は，開ループ周波数伝達関数 $G(j\omega)H(j\omega)$ のボード線図を描いて行います．まずボード線図のゲイン曲線が 0 〔dB〕のときの角周波数 ω 〔rad/s〕を読み取ります．その後，角周波数 ω 〔rad/s〕から位相曲線の位相角 θ 〔°〕を求めます．その位相角 θ 〔°〕が $-180°$ より絶対値で小さければ制御系は安定，大きければ不安定と判別します．

例えば第10.33図のボード線図では，ゲイン曲線が 0 〔dB〕のときの角周波数は $\omega = 4$ 〔rad/s〕と読み取ることができます．この $\omega = 4$ 〔rad/s〕の角周波数のときの位相曲線の位相角は，$\theta = -90°$ になっています．したがって位相角 $\theta = -90°$ は，$-180°$ より絶対値で小さく，ボード線図が第10.33図のように描かれる制御系は安定ということになります．

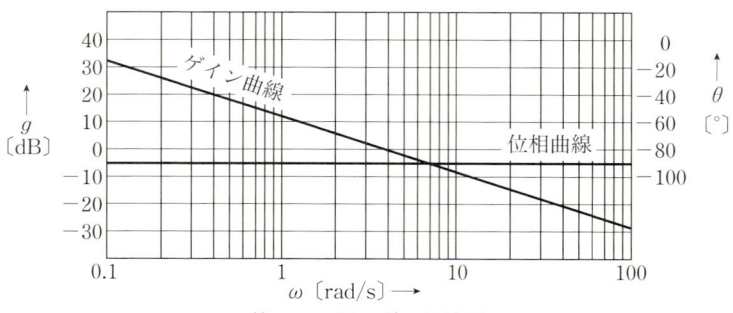

第10.33図　ボード線図

練習問題1

あるフィードバック制御系において，開ループ周波数伝達関数 $G(j\omega)H(j\omega)$ の角周波数 ω 〔rad/s〕を 0 から ∞ まで変化させたナイキスト線図を描いたら図に示すような曲線になった．この制御系が安定か不安定か，あるいは安定限界かを判定せよ．

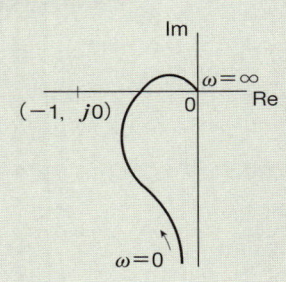

【解答】 安定

STEP-2

(1) ラウスの安定判別

ラウスの安定判別は，まず㉛式の変数 s に関する特性方程式を，㉜式のように変数 s の乗数の高い順に並べた代数方程式として表します．その後㉜式の係数から，㉝式のようなラウス数列をつくります．そのラウス数列の数値の符号から安定判別を行います．

$$1 + G(s)H(s) = 0 \qquad ㉛$$

$$s^n + a_1 s^{n-1} + \cdots\cdots + a_{n-1} s + a_0 = 0 \qquad ㉜$$

s^n	1	a_2	a_4	a_6	$\cdots$
s^{n-1}	a_1	a_3	a_5	a_7	$\cdots$
s^{n-2}	a_{31}	a_{32}	a_{33}	a_{34}	$\cdots$
s^{n-3}	a_{41}	a_{42}	a_{43}	a_{44}	$\cdots$
$\vdots$	$\vdots$	$\vdots$	$\vdots$	$\vdots$	$\ddots$

㉝

ただし

$$a_{31} = \frac{a_1 a_2 - a_3}{a_1}, \quad a_{32} = \frac{a_1 a_4 - a_5}{a_1}, \quad \cdots\cdots$$

$$a_{41} = \frac{a_{31}a_3 - a_1 a_{32}}{a_{31}}, \quad a_{42} = \frac{a_{31}a_5 - a_1 a_{33}}{a_{31}}, \quad \cdots\cdots$$

$\cdots\cdots\cdots\cdots\cdots\cdots$

㉝式のラウス数列が以下の二つの条件を満たしていれば，㉜式の代数方程式の根の実数部はすべて負になり，制御系は安定であることになります．

①係数 $a_1, a_2, a_3, a_4, a_5, a_6, a_7 \cdots\cdots$ がすべて正である．
②第1列の要素 $a_1, a_{31}, a_{41} \cdots\cdots$ がすべて正である．

例えば代数方程式が㉞式の場合，ラウス数列は㉟式のように表されます．代数方程式の係数がすべて正で，ラウス数列の第1列の要素もすべて正ですから，㉞式の代数方程式で表される制御系は安定であることになります．

$$s^5 + 4s^4 + 8s^3 + 9s^2 + 6s^1 + 2 = 0 \tag{㉞}$$

s^5	1	8	6
s^4	4	9	2
s^3	23/4	22/4	0
s^2	119/23	2	0
s^1	390/119	0	0
s^0	2	0	0

(㉟)

練習問題1

図に示すような直結フィードバック制御系において，安定かどうかをラウスの判別法を用いて判断するときの代数方程式を求めよ．

$X(s) \longrightarrow + \bigcirc \longrightarrow \boxed{\dfrac{10}{s(1+0.25s)(1+s)}} \longrightarrow Y(s)$

【解答】 $s^3 + 5s^2 + 4s + 40 = 0$

STEP-3 総合問題

【問題1】 ある一次遅れ要素のゲインが

$$20\log_{10}\frac{1}{\sqrt{1+(\omega T)^2}} = -10\log_{10}(1+\omega^2 T^2) \ \text{[dB]}$$

で与えられるとき，その特性をボード線図で表す場合を考える．

角周波数 ω〔rad/s〕が時定数 T〔s〕の逆数と等しいとき，これを (ア) 角周波数という．

ゲイン特性は $\omega \ll \dfrac{1}{T}$ の範囲では 0〔dB〕，$\omega \gg \dfrac{1}{T}$ の範囲では角周波数が 10 倍になるごとに (イ) 〔dB〕減少する直線となる．また，$\omega = \dfrac{1}{T}$ におけるゲインは約 -3〔dB〕であり，その点における位相は (ウ) 〔°〕の遅れである．

上記の記述中の空白箇所(ア),(イ)および(ウ)に記入する語句または数値として，正しいものを組み合わせたのは次のうちどれか．

	(ア)	(イ)	(ウ)
(1)	折れ点	20	45
(2)	固有	10	90
(3)	折れ点	10	45
(4)	固有	10	45
(5)	折れ点	20	90

【問題2】 図1に示す RL 回路において，端子 a, a′ 間に図2に示すような単位階段状のステップ電圧 $e_i(t)$〔V〕を加えたとき，流れる電流 $i(t)$〔A〕は図3のようになった．この回路の抵抗 R〔Ω〕，インダクタンス L〔H〕の値および入力を $e_i(t)$〔V〕，出力を抵抗 R〔Ω〕の両端電圧 $e_o(t)$ としたときの周波数伝達関数 $G(j\omega)$ の式の組み合わせで正しいものは次のうちどれか．

図1

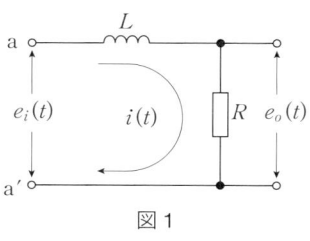

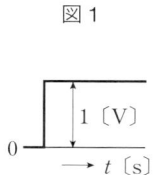

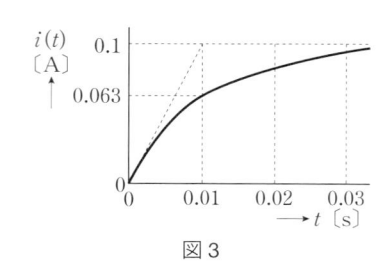

図2

図3

	R 〔Ω〕	L 〔H〕	$G(j\omega)$
(1)	10	0.1	$\dfrac{1}{10+j0.01\omega}$
(2)	10	0.01	$\dfrac{1}{1+j0.1\omega}$
(3)	100	0.01	$\dfrac{1}{10+j0.01\omega}$
(4)	10	0.1	$\dfrac{1}{1+j0.01\omega}$
(5)	100	0.01	$\dfrac{1}{100+j0.01\omega}$

【問題3】 図は,負荷に流れる電流 i_L〔A〕を電流センサで検出して制御するフィードバック制御系である.

減算器では,目標値を設定する電圧 v_r〔V〕から電流センサの出力電圧 v_f〔V〕を減算して,誤差電圧 $v_e = v_r - v_f$ を出力する.

電源は,減算器から入力される入力電圧(誤差電圧)v_e〔V〕に比例して出力電圧 v_p〔V〕が変化し,入力信号 v_e〔V〕が 1〔V〕のときには出力電圧 v_p〔V〕が 80〔V〕となる.

負荷は，抵抗値が $R=2$〔Ω〕の抵抗器である．

電流センサは，検出電流（負荷を流れる電流）i_L〔A〕が 40〔A〕のときに出力電圧 v_f〔V〕が 8〔V〕となる．

この制御系において目標値設定電圧 v_r〔V〕を 9〔V〕としたときに負荷に流れる電流 i_L〔A〕の値は，次のうちどれか．

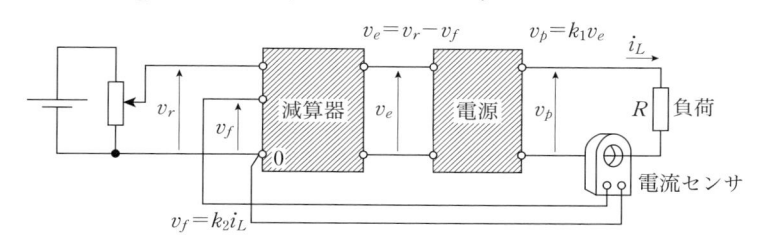

(1) 12 (2) 24 (3) 36 (4) 40 (5) 72

【問題 4】 図 1 は，調節計の演算回路などによく用いられる周波数伝達関数のブロック図である．次の(a)および(b)に答えよ．

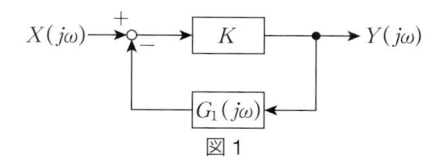

図 1

(a) 図 2 は，図 1 の周波数伝達関数 $G_1(j\omega)$ の構成を示し，静電容量 C〔F〕と抵抗 R〔Ω〕の回路である．この回路の入力電圧 $e_i(t)$〔V〕に対する出力電圧 $e_o(t)$〔V〕の周波数伝達関数 $G_1(j\omega) = \dfrac{e_o(t)}{e_i(t)}$ を表す式として，正しいのは次のうちどれか．

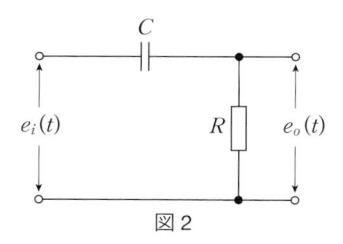

図 2

(1) $\dfrac{1}{CR+j\omega}$ (2) $\dfrac{j\omega CR}{1+j\omega CR}$ (3) $\dfrac{CR}{CR+j\omega}$

(4) $\dfrac{CR}{1+j\omega CR}$ (5) $\dfrac{1}{1+j\omega CR}$

(b) 図 1 のブロック図において,閉ループ周波数伝達関数 $G(j\omega) = \dfrac{Y(j\omega)}{X(j\omega)}$ のゲイン K が非常に大きな場合の近似式として,正しいのは次のうちどれか.

(1) $1+j\omega CR$ (2) $1+\dfrac{CR}{j\omega}$ (3) $\dfrac{1+CR}{j\omega CR}$

(4) $1+\dfrac{1}{j\omega CR}$ (5) $\dfrac{1}{1+j\omega CR}$

【問題 5】 図 1 および図 2 の回路について,次の(a)および(b)に答えよ.

(a) 図 1 は,抵抗 R〔Ω〕と静電容量 C_1〔F〕による一次遅れ要素の回路である.この回路の入力電圧に対する出力電圧の周波数伝達関数を $G(j\omega) = \dfrac{1}{1+j\omega T_1}$ として表したとき,T_1〔s〕を示す式として,正しいのは次のうちどれか.

ただし,入力電圧の角周波数は ω〔rad/s〕とする.

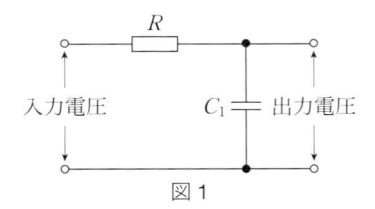

図 1

(1) $T_1 = C_1 R$ (2) $T_1 = \dfrac{1}{C_1 R}$

(3) $T_1 = 1 + C_1 R$

(4) $T_1 = \dfrac{C_1}{1+C_1 R}$ (5) $T_1 = \dfrac{1+C_1}{C_1 R}$

(b) 図 2 は,図 1 の回路の過渡応答特性を改善するために静電容量 C_2〔F〕

を付加した回路である．この回路の周波数伝達関数を $G(j\omega) = \dfrac{1+j\omega T_3}{1+j\omega T_2}$ で表したとき，T_2〔s〕および T_3〔s〕を示す式として，正しいものを組み合わせたのは次のうちどれか．

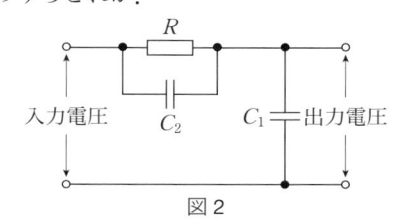

図2

(1) $T_2 = C_2 R$ $\qquad T_3 = C_1 R$

(2) $T_2 = C_1 R$ $\qquad T_3 = C_2 R$

(3) $T_2 = C_1 R$ $\qquad T_3 = (C_1 + C_2) R$

(4) $T_2 = (C_1 + C_2) R$ $\qquad T_3 = C_2 R$

(5) $T_2 = \left(\dfrac{1}{C_1} + \dfrac{1}{C_2}\right) R$ $\qquad T_3 = C_2 R$

【問題6】 開ループ周波数伝達関数が $G(j\omega) = \dfrac{20}{j\omega(1+j0.2\omega)}$ で表される制御系がある．

変数 ω を 0 から ∞ まで変化させたとき，$G(j\omega)$ の値は図のようなベクトル軌跡となる．次の(a)および(b)に答えよ．

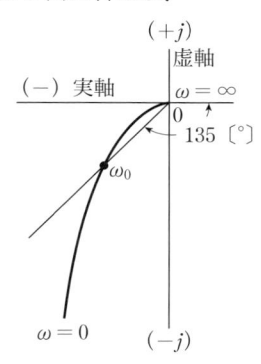

(a) この系の位相角が $-135°$ となる角周波数 ω〔rad/s〕の値として，正し

いのは次のうちどれか．
(1) 2.5　(2) 5　(3) 8　(4) 10　(5) 20

(b) 位相角が $-135°$ となる角周波数 ω [rad/s] におけるゲイン $|G(j\omega)|$ の値として，最も近いのは次のうちどれか．
(1) 0.45　(2) 1.41　(3) 2.82　(4) 4.62　(5) 9.78

第11章
情報

第11章 Lesson 1 コンピュータ

STEP 0 事前に知っておくべき事項

- パソコン
- インターネット

覚えるべき重要ポイント

- コンピュータのブロック図
- クロック発生回路
- 主記憶装置
- 補助記憶装置

STEP 1

(1) 情報化社会のコンピュータ

情報化社会の現代は，コンピュータ（電子計算機）が産業，経済，金融，など社会のすべての分野で利用されています．コンピュータは半導体技術の発展によって年々，性能が向上し，小形化され，個人使用のパソコン（パーソナルコンピュータ：Personal Computer）として，大企業から中小企業を含め一般家庭にも普及しています．パソコンはインターネット（Internet）などの情報通信ネットワークと結びつき，情報化社会に変貌させました．

コンピュータは，1と0の組み合わせである大量のディジタルデータをプログラムの動作指令に基づいてディジタル回路で高速で処理します．コンピュータは連係する複数のディジタル回路からなり，ディジタル回路は論理回路で構成されています．

(2) コンピュータの構成

コンピュータは，第11.1図に示すように制御装置，演算装置，記憶装置，入力装置，および出力装置の五つの装置から構成されます．

(3) 中央処理装置

制御装置と演算装置の二つを合わせたものが中央処理装置（CPU：

Central Processing Unit）です．制御装置は，コンピュータを構成するほかの装置を制御し，演算装置は，四則演算，論理演算，比較および判断などを実行します．

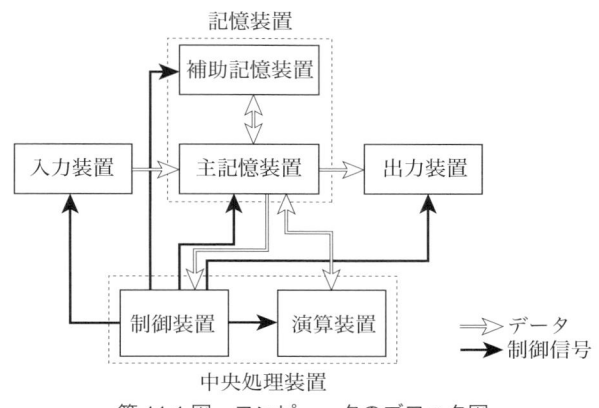

第 11.1 図　コンピュータのブロック図

(a) クロック発生回路

第 11.1 図の各装置には，クロック発生回路が発生したクロックパルスが供給されており，各装置間のデータのやり取りは，そのクロックパルスに同期して行われます．クロックパルスは，クロック発生回路の水晶振動子が発生した第 11.2 図に示すような正確な時間間隔の連続パルスです．クロックパルスの周波数が高いほど，各装置間のデータのやり取りは高速で行うことができます．したがってクロックパルスの周波数が高いほど CPU の性能を高められ，高性能であることになります．1 クロックの周期 T〔s〕がサイクルタイム，1 秒当たりの動作クロック数が動作周波数 f〔Hz〕，CPU が 1 命令当たりに使用する平均クロック数が CPI（Cycles Per Instruction）です．

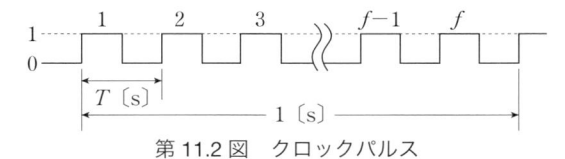

第 11.2 図　クロックパルス

(4) **記憶装置**

記憶装置は主記憶装置と補助記憶装置からなり，入力装置からのプログラムやデータ，あるいは，演算装置の演算結果を記憶します．

(a) 主記憶装置

主記憶装置には，半導体メモリ（Integrated Circuit Memory）が用いられています．半導体メモリは，第 11.3 図に示すように RAM（Random Access Memory）と ROM（Read Only Memory）に大別されます．RAM は電源を切ると記憶している情報が失われますが，ROM は電源を切っても記憶している情報は失われません．

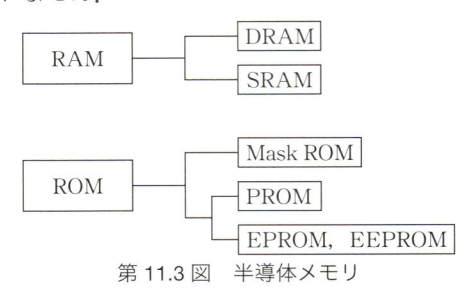

```
         ┌─ DRAM
  RAM ──┤
         └─ SRAM

         ┌─ Mask ROM
  ROM ──┼─ PROM
         └─ EPROM，EEPROM
```

第 11.3 図　半導体メモリ

(i) DRAM（Dynamic Random Access Memory）

DRAM は，時間が経過すると放電して蓄えられた情報を失うため，記憶内容を保持するには常にデータの再書き込み（リフレッシュ動作）が必要です．コンピュータのメインメモリはこの DRAM で構成されます．

(ii) SRAM（Static Random Access Memory）

SRAM は，読み込み・書き出し時以外に，リフレッシュを行わなくてもデータを保持できるメモリです．

(iii) Mask ROM

Mask ROM は，製造時にデータを記憶したフォトマスクを使用してデータを書き込んだ ROM です．読み出し専用で書き込みはできません．

(iv) PROM（Programmable ROM）

PROM は ROM ライタでプログラムを書き込んだ後は，記録内容は読み取れるが書き込みはできない ROM として機能します．PROM は，ユーザが永久的に使う業務プログラムの実行に適しています．

(v) EPROM（Erasable Programmable ROM）

EPROM はユーザがデータやプログラムなどの書き込み・書き換え・消去が可能な ROM です．記憶内容の消去は，IC パッケージ上部のシリコンチップが見える石英ガラス窓から強い紫外線を照射して行います．

(vi) EEPROM（Electrically Erasable Programmable ROM）

EEPROMは，電圧を読み取りのときより高くすることで記憶内容の消去や再書き込みが可能になっています．その高い電圧は内部で発生させることができ，EPROMのように消去や書き換えのときに装置から取り外す必要がありません．

(b) 補助記憶装置

CPUの命令で必要なプログラムやデータは，いったん主記憶装置に格納されます．演算処理の結果が得られても，電源が切られると，主記憶装置である半導体メモリが記憶しているプログラムやデータは消失してしまいます．このため電源を切っても，主記憶装置が記憶しているプログラムやデータをバックアップして記憶しておく補助記憶装置が必要となります．補助記憶装置には，磁気ディスク，光ディスク，光磁気ディスク，半導体ディスク，磁気テープなどがあります．

なかでもハードディスクは代表的な補助記憶装置です．ハードディスクは，密閉された容器のなかで複数枚の磁気ディスクを高速回転させ，磁気ヘッドを取り付けたアームを所望の位置に素早く移動させ，データの書き込みや読み出しを行います．

(5) 入出力装置

入力装置は，データやプログラムを取り込み，出力装置は，処理結果を外部に出力する役割をそれぞれ担います．

練習問題1

記憶装置には，読み取り専用として作られたROMと読み書きができるRAMがある．ROMには，製造過程においてデータを書き込んでしまう (ア) ROM，電気的にデータの書き込みと消去ができる (イ) ROMなどがある．また，RAMには，電源を切らない限りフリップフロップ回路などでデータを保持する (ウ) RAMと，データを保持するために一定時間内にデータを再書き込みする必要のある (エ) RAMがある．

上記の記述中の空白箇所(ア)，(イ)，(ウ)および(エ)に当てはまる語句を答えよ．

【解答】　(ア) Mask，(イ) EEP，(ウ) S，(エ) D

STEP 2

(1) 通信ネットワーク

通信ネットワークは，規模から分類するとLAN（Local Area Network）とWAN（Wide Area Network）に大別されます．

LANは，構内情報通信網とも呼ばれ同一構内の通信ネットワークを構成します．会社，工場，学校，ビル，フロアなどの限定された範囲に適用される通信ネットワークです．LANは，ユーザが自由にネットワークを構成することが可能であり，送信側と受信側との間に通信路の確保が不要なコネクションレス形の通信形態が取られています．

WANは，電気通信事業者が提供する通信ネットワークであって，広域情報通信網とも呼ばれます．WANは，通信に先立って送信側と受信側との間に通信路を確保するコネクション形の通信形態をとります．

練習問題 1

コンピュータネットワークには，地域的な広がりと運用形態により，(ア) と (イ) に分けられる．

(ア) は構内情報通信網とも呼ばれ，会社，工場，学校，ビル，フロアなど同一構内の通信ネットワークを構成します．

(イ) は広域情報通信網とも呼ばれ，電気事業者が提供する通信ネットワークを構成します．

上記の記述中の空白箇所(ア)および(イ)に当てはまる語句を答えよ．

【解答】 (ア) LAN, (イ) WAN

第11章 Lesson 2 数体系

STEP 0 事前に知っておくべき事項

- 日常生活の10進数
- 1年12ヵ月の12進数

覚えるべき重要ポイント

- 2進数　16進数
- 基数変換
- 2進数の演算

STEP 1

(1) 進数

日常に使用される数は10進数ですが，コンピュータなどのディジタル機器では基本的に2進数で動作しています．内部で必要に応じて2進数のデータが2進化10進数や16進数に変換されます．例えば，10進数の表示装置では，2進数のデータを2進化10進数に変換し，表示装置に供給されて10進数の各桁の表示を行うようになっています．

10進数の数に対応する各進数の基本的な値を第11.1表に示します．

第 11.1 表 数体系

10 進数	2 進数	16 進数	2 進化 10 進数
0	0	0	0
1	1	1	1
2	10	2	10
3	11	3	11
4	100	4	100
5	101	5	101
6	110	6	110
⋮	⋮	⋮	⋮
⋮	⋮	⋮	⋮
10	1010	A	1 0000
11	1011	B	1 0001
⋮	⋮	⋮	⋮
15	1111	F	1 0101
16	10000	10	1 0110

進数の表示例として，例えば 10 進数の 94 は，2 進数では 1011110，16 進数では 5E，2 進化 10 進数（BCD コード：Binary Coded Decimal）では 1001 0100 ですが，表示するときには，次式に示すようにそれぞれかっこで囲って右下に進数を表す数や記号（2 進化 10 進数では BCD）を書きます．

$$(94)_{10} = (1011110)_2 = (5E)_{16} = (1001\ 0100)_{BCD}$$

(2) **10 進数の変換**

(a) 10 進数から 2 進数への変換

10 進数から 2 進数への変換は，1 になるまで 10 進数を 2 で割り続けます．

例えば，10 進数 94 の 2 進数への変換は，第 11.4 図のように 94 を 2 で割ると，47 になり，余りは 0 になります．割った 2 を 94 の横に，47 を 94 の下に，余りの 0 を 47 の右横に書きます．さらに 47 をまた 2 で割ると，23 になり，余りは 1 で同じように書き込みます．このように 10 進数を 2 で割り続けて最後に 2 を 2 で割ると，1 になり余りは 0 になります．この最後の 1 を先頭にして余りを並べた 1011110 が 10 進数の 94 を 2 進数に変換した値になります．

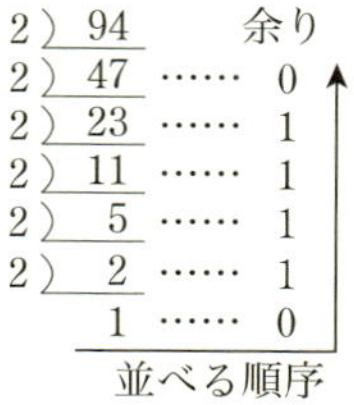

```
2 ) 94      余り
2 ) 47 …… 0
2 ) 23 …… 1
2 ) 11 …… 1
2 )  5 …… 1
2 )  2 …… 1
      1 …… 0
```
　　　　　　並べる順序
　　　　　第 11.4 図

$(94)_{10} = (1011110)_2$

(b)　10 進数から 16 進数への変換

10 進数から 16 進数への変換は，15 以下になるまで 10 進数を 16 で割り続けます．

例えば，10 進数 94 の 16 進数への変換は，第 11.5 図のように 94 を 16 で割ると 5 となり，余りは 14 になります．余りの 14 は 16 進数で表すと E です．5 は 15 以下ですので，5 を先頭にして余りの E を並べた 5E が 10 進数の 94 を 16 進数に変換した値になります．

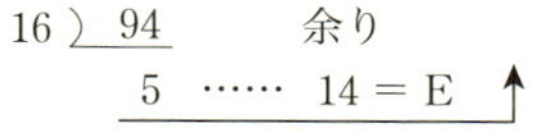

```
16 ) 94      余り
      5 …… 14 = E
```
　　　　　第 11.5 図

$(94)_{10} = (5E)_{16}$

(c)　10 進数から 2 進化 10 進数への変換

2 進化 10 進数は，BCD コードといい，10 進数の各桁を 4 桁の 2 進数で表現するものです．

例えば，10 進数 94 の 2 進数は $(1011110)_2$ ですが，十の位の 9 を 2 進数で表現すると $(1001)_2$，一の位の 4 を 4 桁の 2 進数で表現すると $(0100)_2$ となります．これを並べた $(1001\ 0100)_{BCD}$ が 10 進数 94 を BCD に変換した値となります．

$(94)_{10} = (1011110)_2 = (1001\ 0100)_{BCD}$

(3)　2 進数の変換

(a)　2 進数から 10 進数への変換

2 進数から 10 進数への変換は，2 進数の各桁の値と，ウェイトを掛けたものを合計します．

例えば，2進数の $(1011110)_2$ のウェイトは第11.6図のようになります．

$$\begin{matrix} (& 1 & 0 & 1 & 1 & 1 & 1 & 0 &)_2 \\ & \vdots & \vdots & \vdots & \vdots & \vdots & \vdots & \vdots & \\ & 2^6 & 2^5 & 2^4 & 2^3 & 2^2 & 2^1 & 2^0 & \leftarrow \text{ウェイト} \end{matrix}$$

第11.6図　2進数のウェイト

2進数の各桁の値と第11.6図に示されたウェイトを掛けて次式のように合計すると，2進数は10進数に変換されます．

$$(1011110)_2 = 1\times2^6 + 0\times2^5 + 1\times2^4 + 1\times2^3 + 1\times2^2 + 1\times2^1 + 0\times2^0$$
$$= 64+0+16+8+4+2+0$$
$$= 94$$

$(1011110)_2 = (94)_{10}$

(b)　2進数から16進数への変換

2進数から16進数への変換は，2進数を最下桁から4桁ずつに区切り，区切った4桁の2進数を16進数に変換します．変換された値を最上桁から並べると16進数になります．

例えば，2進数 $(1011110)_2$ の16進数への変換は，まず最下桁から4桁で区切り，101と1110に分けます．これらを16進数にするとそれぞれ $(101)_2 = (5)_{16}$，$(1110)_2 = (E)_{16}$ になります．5と，Eを並べて $(5E)_{16}$ になります．なお第11.7図のように101の前に0を付けて0101にすれば，4桁になり混乱や誤りを防ぐことができます．

$$\begin{matrix} & \text{ゼロをつけ4桁にする} \\ & \downarrow \\ & \underbrace{0\ 1\ 0\ 1}_{5}\ \underbrace{1\ 1\ 1\ 0}_{14=E} \end{matrix}$$

第11.7図　16進数への変換

$(1011110)_2 = (5E)_{16}$

(4) 16進数の変換

(a)　16進数から10進数への変換

16進数から10進数への変換は，16進数の各桁の値とウェイトを掛けたものを合計します．

例えば，16進数 $(5E)_{16}$ の5の桁は 16^1 のウェイトを持っており，Eの桁は 16^0 のウェイトを持っています．このウェイトと各桁の値を掛けて次式の

ように合計をすると，16進数の $(5E)_{16}$ は10進数に変換されます．

$(5E)_{16} = 5 \times 16^1 + E \times 16^0 = 5 \times 16 + 14 \times 1 = 94$

$(5E)_{16} = (94)_{10}$

(b) 16進数から2進数への変換

16進数から2進数への変換は，16進数の各桁を4桁の2進数で表し，変換された値を最上桁から並べると2進数になります．

例えば，16進数 $(5E)_{16}$ の5とEをそれぞれ2進数に変換すると，$(5)_{16} = (101)_2$ と $(E)_{16} = (1110)_2$ になります．この101と1110を並べた1011110が変換された2進数です．

$(5E)_{16} = (1011110)_2$

> **練習問題1**
>
> コンピュータに用いられている数の基数変換で，誤っているのは次のうちどれか．
>
> (1) 10進数の $(23)_{10}$ を2進数に変換すると $(10111)_2$ になる．
> (2) 10進数 $(23)_{10}$ を2進化10進数に変換すると $(00100011)_{BCD}$ になる．
> (3) 16進数の $(C3)_{16}$ を10進数に変換すると $(123)_{10}$ になる．
> (4) 2進数の $(1101)_2$ を10進数に変換すると $(13)_{10}$ になる．
> (5) 2進数の $(1101)_2$ を16進数に変換すると $(D)_{16}$ になる．

【解答】 (3)

STEP 2

(1) 小数点数字の2進数変換

小数点表示の10進数を2進数へ変換するには，小数点以下が0になるまで小数点表示の10進数に2を掛けます．

例えば第11.8図のように，10進数 $(0.875)_{10}$ に2を掛けて $(1.750)_{10}$，桁上がりに1を除いて，$(0.750)_{10}$ に2を掛けて $(1.500)_{10}$．また，桁上がりした1を除いて，$(0.500)_{10}$ に2を掛け $(1.000)_{10}$ になり，小数点以下が0になります．桁上がりした三つの1を並べると10進数の $(0.875)_{10}$ から2進数に変換された $(0.111)_2$ になります．

```
    0.875        0.750        0.500
  ×    2       ×    2       ×    2
    1.750        1.500        1.000
      ↓            ↓            ↓
      1            1            1
```
第 11.8 図　小数点数字の 2 進数変換

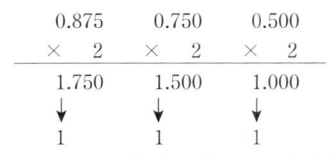

$(0.875)_{10} = (0.111)_2$

(2) 2 進数の演算

(a) 加算

2 進数の加算は，最下桁をそろえて $1+1=0$（1 桁上がり），$1+0=1$，$0+1=1$，$0+0=0$ の計算を桁上がりの値も加えながら最上桁まで行います．

例えば，2 進数の 1001101 と 10001 の加算は，第 11.9 図のように合計値 101111 が算出されます．

```
      1001101
  +     10001
      1011110
```
第 11.9 図　加算

$(77)_{10} + (17)_{10} = (1001101)_2 + (10001)_2 = (1011110)_2 = (94)_{10}$

(b) 減算

2 進数の減算は，最下桁をそろえて $1-1=0$，$1-0=1$，$0-1=1$（借り），$0-0=0$ の計算を最上桁まで行います．

例えば，2 進数の 1001101 から 10001 の減算は，第 11.10 図のように減算値 111100 が算出されます．

```
      1001101
  −     10001
       111100
```
第 11.10 図　減算

$(77)_{10} - (17)_{10} = (1001101)_2 - (10001)_2 = (111100)_2 = (60)_{10}$

(c) 2 の補数を用いた減算

2 の補数を用いる場合は，加算として計算をすることができます．最上桁が桁上がりすると ＋（プラス），桁上がりしなければ −（マイナス）となります．2 の補数の求め方は次のようになります．

①各桁の0と1を入れ換え
②1を加える

例えば，2進数10001の2の補数は101111であるから10001の減算は，第11.11図(b)のように1001101と101111の加算として計算し，算出した1111100の先頭の1を無視した値が減算値111100になります．

```
10001 ┐
01110 ┘①0と1を入れ換え        1001101
01111 ┘②1を加える          +  101111
                          ─────────
                           1̄111100

     (a)                   (b)  減算
            第11.11図
```

$(77)_{10} - (17)_{10} = (1001101)_2 + (\boxed{1}01111)_2 = (\boxed{1}111100)_2 = (60)_{10}$

練習問題1
10進数の5.375を2進数に変換せよ．

【解答】 $(101.011)_2$

第11章 Lesson 3 論理回路

STEP 0 事前に知っておくべき事項

- 2進数
- 2進数の演算

覚えるべき重要ポイント

- 基本論理回路
- ブール代数の基本法則

STEP 1

(1) 基本論理回路

ディジタル回路の基本は，AND回路，OR回路およびNOT回路で表す論理回路です．論理回路は0と1を使って演算を行います．

(a) AND回路（論理積回路）

AND回路（アンド回路と読みます）は，ANDゲートともいい，入力AおよびBがいずれも1のときのみ出力Xが1になり，それ以外の出力Xは0になる論理回路です．

$$A \cdot B = X$$

論理式内の$A \cdot B$はAアンドBと読みます．

AND回路の図記号および真理値表，タイムチャートは，第11.12図のように表されます．真理値表は，入力A，Bと出力の関係をすべての組み合わせでどのようになるかを表した表です．タイムチャートは，入力AおよびBに対する出力Xの状態を表しており，出力Xは真理値表に一致します．

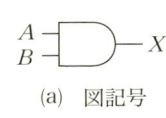

	入力	出力
A	B	X
0	0	0
0	1	0
1	0	0
1	1	1

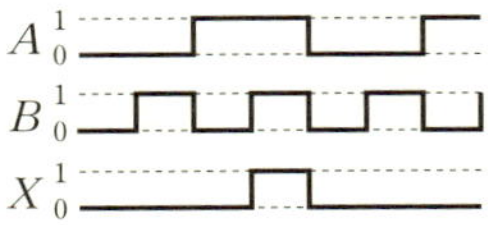

(b) 真理値表

(a) 図記号

(c) タイムチャート

第 11.12 図　AND 回路

(b) OR 回路（論理和回路）

OR 回路（オア回路と読みます）は，OR ゲートともいい，入力 A および B のいずれかが 1 のとき出力 X は 1 になり，入力 A および B がいずれも 0 のときのみ出力 X は 0 になります．

$$A+B=X$$

論理式内の $A+B$ は A オア B と読みます．

OR 回路の図記号および真理値表，タイムチャートは，第 11.13 図のように表されます．

(a) 図記号

	入力	出力
A	B	X
0	0	0
0	1	1
1	0	1
1	1	1

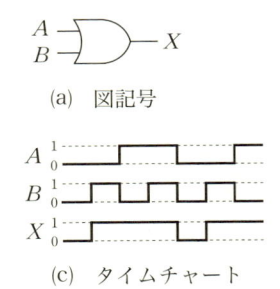

(b) 真理値表

(c) タイムチャート

第 11.13 図　OR 回路

(c) NOT 回路（論理否定回路）

NOT 回路（ノット回路と読みます）は，インバータともいい，入力 A を反転したもの（$\overline{A}$ で表し，A バーと読みます）が出力 X になります．

$$\overline{A}=X$$

NOT 回路の図記号および真理値表，タイムチャートは，第 11.14 図のように表されます．

(a) 図記号

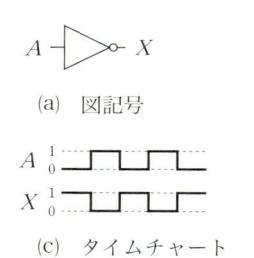

(b) 真理値表

入力	出力
A	X
0	1
1	0

(c) タイムチャート

第 11.14 図　NOT 回路

(d) NAND 回路（論理積否定回路）

NAND 回路（ナンド回路と読みます）は，NAND ゲートともいい，入力 A および B がいずれも 1 のときのみ出力 X が 0 になり，それ以外の出力 X は 1 になります．

$$\overline{A \cdot B} = X$$

NAND 回路の図記号および真理値表，タイムチャートは第 11.15 図のように表され，出力 X は第 11.15 図(b)の等価回路のように AND 回路の出力を反転させたものです．

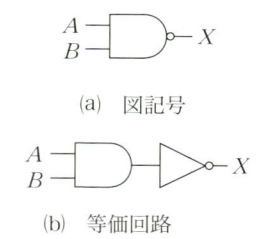

(a) 図記号

(b) 等価回路

(c) 真理値表

入力		参考	出力
A	B	$A \cdot B$	X
0	0	0	1
0	1	0	1
1	0	0	1
1	1	1	0

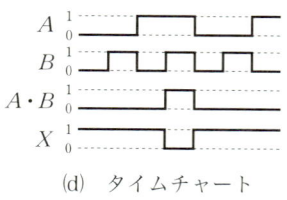

(d) タイムチャート

第 11.15 図　NAND 回路

(e) NOR 回路（論理和否定回路）

NOR 回路（ノア回路と読みます）は，NOR ゲートともいい，入力 A および B がいずれも 0 のときのみ出力 X が 1 になり，それ以外の出力 X は 0 になります．

$$\overline{A+B} = X$$

NOR回路の図記号および真理値表，タイムチャートは第11.16図のように表され，出力Xは第11.16図(b)の等価回路のようにOR回路の出力を反転させたものです．

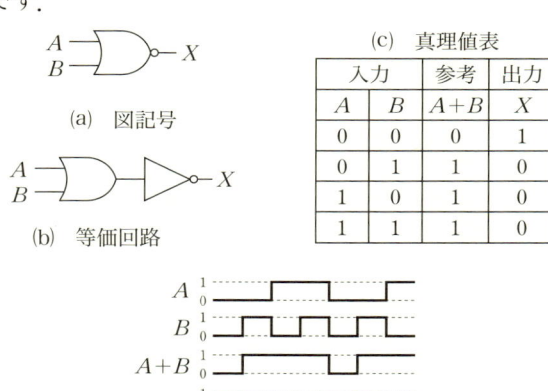

(a) 図記号

(b) 等価回路

(c) 真理値表

入力		参考	出力
A	B	$A+B$	X
0	0	0	1
0	1	1	0
1	0	1	0
1	1	1	0

(d) タイムチャート

第11.16図 NOR回路

(f) EX-OR回路（排他的論理和回路）

EX-OR回路（イクスクルーシブオア回路と読みます）は，EX-ORゲートともいい，入力AおよびBがいずれも0または1でそろっているとき出力Xは0になり，入力AおよびBが0と1で異なるとき出力Xは1になります．

$$A \cdot \overline{B} + \overline{A} \cdot B = X$$

EX-OR回路の図記号および真理値表，タイムチャートは，第11.17図のように表されます．

(a) 図記号

(b) EX-OR の真理値表

入力		参考出力				出力
A	B	$\overline{A}$	$\overline{B}$	$A \cdot \overline{B}$	$\overline{A} \cdot B$	X
0	0	1	1	0	0	0
0	1	1	0	0	1	1
1	0	0	1	1	0	1
1	1	0	0	0	0	0

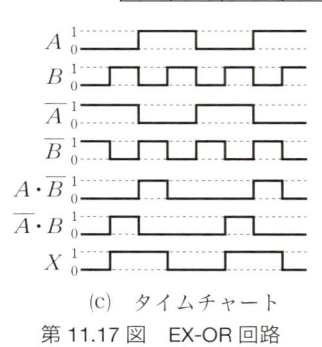

(c) タイムチャート

第 11.17 図　EX-OR 回路

練習問題 1

次の論理回路の論理式，真理値表，タイムチャートを答えよ．

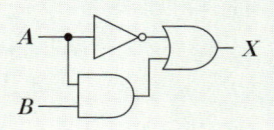

【解答】

$X = \overline{A} + A \cdot B$

A	B	X
0	0	1
0	1	1
1	0	0
1	1	1

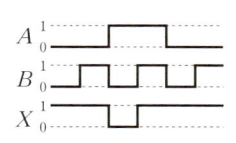

(2) ブール代数の基本法則

2 進数の論理演算を行う演算式をブール代数（論理代数ともいいます）を使って簡略化できます．ブール代数の基本法則と定理は次のように表されます．

同一則	$A+A=A$
	$A \cdot A = A$
交換則	$A+B=B+A$
	$A \cdot B = B \cdot A$
結合則	$A+(B+C)=(A+B)+C$
	$A \cdot (B \cdot C) = (A \cdot B) \cdot C$
分配則	$(A+B)(A+C)=A+B \cdot C$
	$A \cdot B + A \cdot C = A \cdot (B+C)$
吸収則	$1+A=1$
	$0+A=A$
	$1 \cdot A = A$
	$0 \cdot A = 0$
	$A+A \cdot B = A$
	$A \cdot (A+B) = A$
	$A+\overline{A} \cdot B = A+B$
	$A \cdot (\overline{A}+B) = A \cdot B$
否定則	$A+\overline{A}=1$
	$A \cdot \overline{A} = 0$
	$\overline{\overline{A}} = A$
ド・モルガンの定理	$\overline{A+B} = \overline{A} \cdot \overline{B}$
	$\overline{A \cdot B} = \overline{A} + \overline{B}$

練習問題 1

あるディジタルデータの3入力 A, B および C と，その反転入力 $\overline{A}$, $\overline{B}$ および $\overline{C}$ の波形を下図に示すが，A, B および C の論理和 $A+B+C$，論理積 $\overline{A} \cdot \overline{B} \cdot \overline{C}$ の波形を描いてタイムチャートを完成させよ．

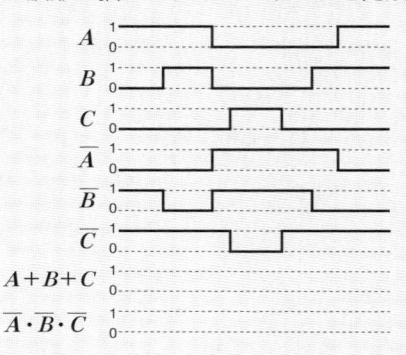

【解答】

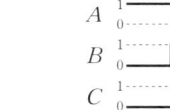

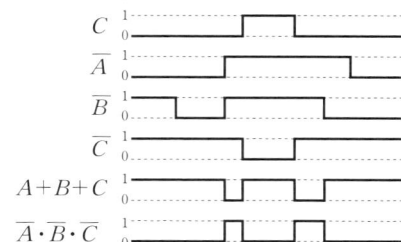

第11章 Lesson 4 論理計算

STEP 0 事前に知っておくべき事項

- ブール代数
- 真理値表

覚えるべき重要ポイント

- 論理回路
- カルノー図

STEP 1

(1) 論理計算

入力が A から D まである論理回路の一例を第11.18図に示しますが，この論理回路の出力 X の論理式は，次式のようになります．

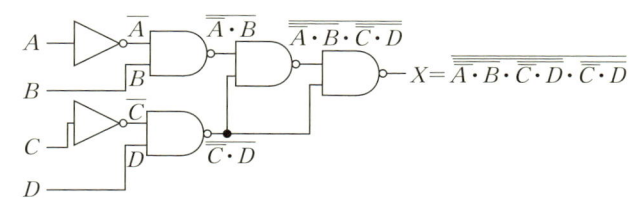

第11.18図

$$X = \overline{\overline{\overline{A} \cdot B} \cdot \overline{\overline{C} \cdot D} \cdot \overline{C \cdot D}}$$

この式をブール代数を用いて整理すると，次式のようになります．

$$X = \overline{\overline{\overline{A} \cdot B} \cdot \overline{\overline{C} \cdot D} \cdot \overline{C \cdot D}}$$

$$= \overline{\overline{(\overline{A} + \overline{B})} \cdot \overline{(\overline{C} + \overline{D})} \cdot \overline{(\overline{C} + \overline{D})}} \quad \leftarrow \text{ド・モルガンの定理}$$

$$= \overline{\overline{(A + \overline{B})} \cdot \overline{(C + \overline{D})} \cdot \overline{(C + \overline{D})}} \quad \leftarrow \text{否定則}$$

$$= \overline{\overline{(A+\overline{B})\cdot(C+\overline{D})}+\overline{(C+\overline{D})}} \quad ←ド・モルガンの定理$$

$$= (A+\overline{B})\cdot(C+\overline{D}) + \overline{C+\overline{D}} \quad ←否定則$$

$$= A+\overline{B}+\overline{C+\overline{D}} \quad ←吸収則$$

$$= A+\overline{B}+\overline{C}\cdot\overline{\overline{D}} \quad ←ド・モルガンの定理$$

$$= A+\overline{B}+\overline{C}\cdot D \quad ←吸収則$$

この結果から第11.18図の論理回路は，第11.19図のように簡略化できます．

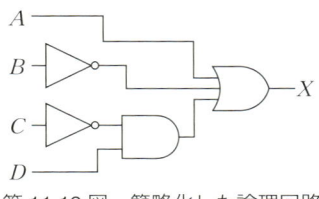

第11.19図　簡略化した論理回路

練習問題 1

次の論理式を簡略化せよ．
$$X=(A+B+C)\cdot(A+B+\overline{C})\cdot(\overline{A}+B+C)\cdot(\overline{A}+\overline{B}+C)$$

【解答】　$X=(A+B)\cdot(\overline{A}+C)$ または $X=\overline{A}\cdot B+B\cdot C+C\cdot A$

STEP 2

(1) カルノー図

論理式の簡略化は，真理値表を別の視点から図にしたカルノー図を用いて行うこともできます．次式より第11.2表に示す真理値表をカルノー図におき換えると第11.20図のように表すことができます．カルノー図の描き方は，

① 第11.2表の出力 X が1になる入力 $\overline{A}\cdot\overline{B}\cdot\overline{C}$，$\overline{A}\cdot B\cdot C$，$A\cdot\overline{B}\cdot\overline{C}$，$\overline{A}\cdot\overline{B}\cdot C$ および $A\cdot\overline{B}\cdot C$ の枠の中に"1"を入れる

② 縦横でとなりあった"1"をループで囲む
　・囲む"1"の数は，1，2，4，8，……の2の乗数個

・"1"は必ず1以上のループに囲まれる

③　ループで囲んだ領域を論理式にして足す

すると第11.21図のようにループ I ，II にすべての"1"が含まれ，それぞれ論理式で $\overline{A} \cdot \overline{C} \cdot \overline{B}$ に表すことができます．したがって第11.21図のようなカルノー図を描くことで，視覚的に簡略化できます．

$$X = A \cdot \overline{B} \cdot C + \overline{A} \cdot B \cdot \overline{C} + A \cdot \overline{B} \cdot \overline{C} + \overline{A} \cdot \overline{B} \cdot \overline{C} + \overline{A} \cdot \overline{B} \cdot C$$

第11.2表　真理値表

入力			出力
A	B	C	X
0	0	0	1
0	0	1	1
0	1	0	1
0	1	1	0
1	0	0	1
1	0	1	1
1	1	0	0
1	1	1	0

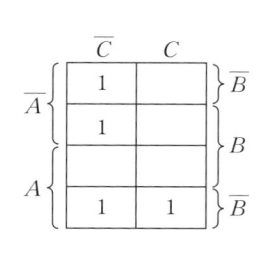

第11.20図 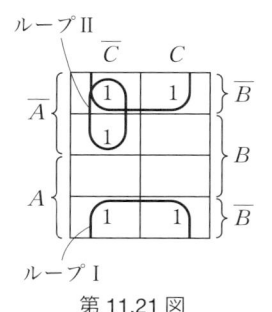　　　　第11.21図

$$X = A \cdot \overline{B} \cdot C + \overline{A} \cdot B \cdot \overline{C} + A \cdot \overline{B} \cdot \overline{C} + \overline{A} \cdot \overline{B} \cdot \overline{C} + \overline{A} \cdot \overline{B} \cdot C$$
$$= \overline{B} + \overline{A} \cdot \overline{C}$$

練習問題 1

4変数のカルノー図を示すが，この図の出力 X の論理式を求めよ．

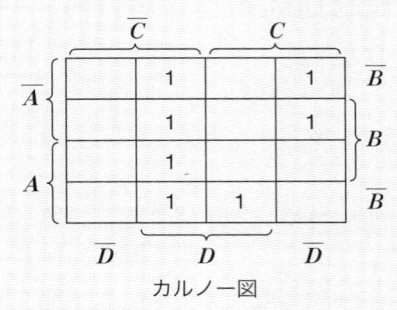

カルノー図

【解答】 $X = \overline{C} \cdot D + \overline{A} \cdot C \cdot \overline{D} + A \cdot \overline{B} \cdot D$

第11章 Lesson 5 フリップフロップ回路

STEP 0 事前に知っておくべき事項

- 基本論理回路

覚えるべき重要ポイント

- SR フリップフロップ
- T フリップフロップ
- D フリップフロップ
- JK フリップフロップ
- レジスタ
- カウンタ

STEP 1

(1) SR フリップフロップ

 SR フリップフロップ（以下，SR-FF という）は，第 11.22 図(a)に示すように二つの NAND 回路と NOT 回路で構成され，第 11.22 図(b)のような図記号で表されます．NAND 回路の一方の入力を他方の NAND 回路の出力に互いに接続することで信号の遅延が生じ，この遅延によって前の状態が保持される保持動作，すなわち記憶動作等が生じます．

 入力 S および R の状態によって生じる出力 Q の現状態の出力 Q と次状態の出力 Q' の状態を第 11.22 図(c)の真理値表で示します．SR-FF では入力 S および R を 1 および 1 にすると，ブール代数に反する Q および $\overline{Q}$ が 0 および 0 または 1 および 1 となるため禁止されています．したがって SR-FF では，禁止動作以外の記憶動作，セット動作およびリセット動作の三つの動作を利用します．

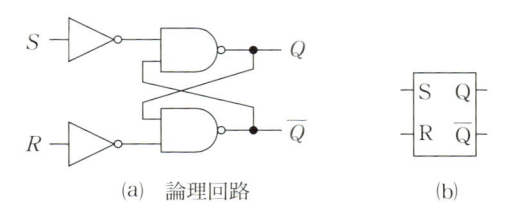

(a) 論理回路　　　　　(b)

(c) 真理値表

入力		出力		詳細動作	動作
		現状態	次状態		
R	S	Q	Q'		
0	0	0	0	0の保持動作	記憶動作
0	0	1	1	1の保持動作	
0	1	0	1	1のセット動作	セット動作
0	1	1	1	1のセット動作	
1	0	0	0	0のセット動作	リセット動作
1	0	1	0	0のセット動作	
1	1	0	*	禁止動作	禁止動作
1	1	1	*	禁止動作	

第 11.22 図

(2) **T フリップフロップ**

T フリップフロップ（以下 T-FF という）は第 11.23 図(a)のように表されます．T-FF は一つの入力 T と，二つの出力 Q および $\overline{Q}$ を有しており，そのタイムチャートは第 11.23 図(b)のようになります．第 11.23 図(c)に示すように入力 T の状態が変わるごとに出力 Q および $\overline{Q}$ の状態が変わるトグル動作を行います．したがって入力 T に，第 11.23 図(b)に示すように一定周期のクロックパルスを入力すると，トグル動作によって出力 Q および $\overline{Q}$ にはクロックパルスの 1/2 の周波数のパルスが出力されることになります．

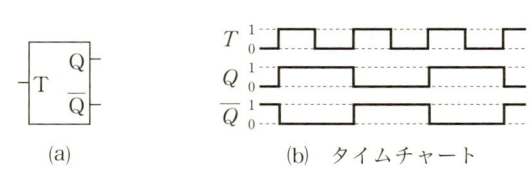

(a)

(b) タイムチャート

(c) 真理値表

入力	出力		詳細動作	動作
	現状態	次状態		
T	Q	Q'		
⊓	0	1	1への反転動作	トグル動作
⊓	1	0	0への反転動作	

第 11.23 図

(3) D フリップフロップ

D フリップフロップ（以下，D-FF という）は，第 11.24 図(a)のように表されます．D-FF はデータの入力 D と，クロックパルスが入力されるクロック CK があり，出力は Q および $\overline{Q}$ です．クロック端子 CK に三角形が付いていますが，これはエッジトリガ形を示しており，クロックパルスが 0 から 1 に立ち上がるときに応答するものです．D-FF はクロックパルスが入ったときの入力端子 D の状態を書き込んで，次にクロックパルスが入るまで出力 Q で保持するものです．第 11.24 図(c)の真理値表で示すように，例えば入力が $D=0$ で出力 Q の現状態が $Q=1$ のときに，クロックパルスが入ると，入力 $D=0$ が出力 Q にセットされ次状態 $Q'=0$ になり次にクロックパルスが入るまで保持されます．すなわち D-FF は，クロックパルスごとに入力 D の状態を出力 Q に書き込んで保持します．

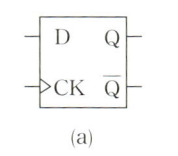

(a) 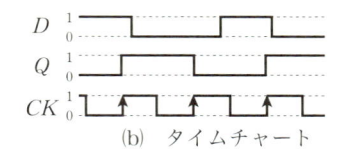 / (b) タイムチャート

(c) 真理値表

入力		出力		詳細動作	動作
		現状態	次状態		
D	CK	Q	Q'		
0	↑	0	0	0のセット動作	0の書込み動作
0	↑	1	0	0のセット動作	
1	↑	0	1	1のセット動作	1の書込み動作
1	↑	1	1	1のセット動作	

第 11.24 図

(4) JK フリップフロップ

JK フリップフロップ（以下，JK-FF という）は，SR-FF，T-FF および D-FF の機能をあわせ持ち，第 11.25 図(a)のように表されます．JK-FF は，二つの入力 J および K，クロック CK，二つの出力 Q および $\overline{Q}$ を有しています．この JK-FF のクロック CK にはエッジトリガ形の三角形に加え○も付いていますので，入力されたクロックパルスが 1 から 0 に立ち下がるときに変化するときに状態が切り換わるフリップフロップです．

入力 $J=0$，$K=0$ のときにクロックパルスが入力されると，出力 Q の現状態 Q が次状態 Q' に維持される保持動作です．

入力が $J=0$，$K=1$ のときにクロックパルスが入力されると，現状態 Q の状態に関係なく次状態では $Q'=0$ になる 0 のセット動作が行われます．

入力が $J=1$，$K=0$ のときにクロックパルスが入力されると，現状態 Q の状態に関係なく次状態では $Q'=1$ になる 1 のセット動作が行われます．

入力が $J=1$，$K=1$ のときにクロックパルスが入力されると，現状態 Q が次状態で入れ換わるトグル動作が行われます．

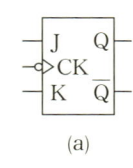

Lesson 5　フリップフロップ回路

```
    ┌───┐
 ──┤ J  Q├──
 ─○┤CK   │
 ──┤ K  Q̄├──
    └───┘
```
(a)

(b) 真理値表

入力			出力		詳細動作	動作
			現状態	次状態		
J	K	CK	Q	Q'		
0	0	↧	0	0	0の保持動作	記憶動作
0	0	↧	1	1	1の保持動作	
0	1	↧	0	0	0のセット動作	リセット動作
0	1	↧	1	0	0のセット動作	
1	0	↧	0	1	1のセット動作	セット動作
1	0	↧	1	1	1のセット動作	
1	1	↧	0	1	1への反転動作	トグル動作
1	1	↧	1	0	0への反転動作	

第 11.25 図

練習問題 1

下記の SR-FF の真理値表において，空欄部(ア)および(イ)に該当する動作を答えよ．

入力		出力		動作
S	R	Q	$\overline{Q}$	
0	0	0	1	(ア)
0	1	0	1	リセット動作
1	0	1	0	セット動作
1	1	*	*	(イ)

【解答】　(ア)　記憶動作，(イ)　禁止動作

STEP 2

(1) **レジスタ**

　レジスタは複数ビットのデータを書き込んで記憶し，記憶したデータを取り出せるようにした回路です．四つの D-FF によって構成した 4 ビットのレ

ジスタを第 11.26 図に示します．このレジスタは，データ入力端子 D_A, D_B, D_C および D_D に入力された 4 ビットのデータを，クロック入力 T に入力されるクロックパルスによって書き込んで，データ出力端子 Q_A, Q_B, Q_C および Q_D に出力します．このため四つの D-FF のクロック CK は共通接続されてクロック入力 T に接続されています．四つの D-FF の入力 D がデータ入力 D_A, D_B, D_C および D_D になり，出力 Q がデータ出力 Q_A, Q_B, Q_C および Q_D になっています．

例えば，このレジスタに 4 ビットのデータ $(D_A\ D_B\ D_C\ D_D) = (0100)_2$ が入力されているとき，クロック入力 T にクロックパルスが入力されると，このデータは書き込まれて，データ出力 $(Q_A\ Q_B\ Q_C\ Q_D) = (0100)_2$ として出力され，次のクロックパルスが入力されるまで保持されます．

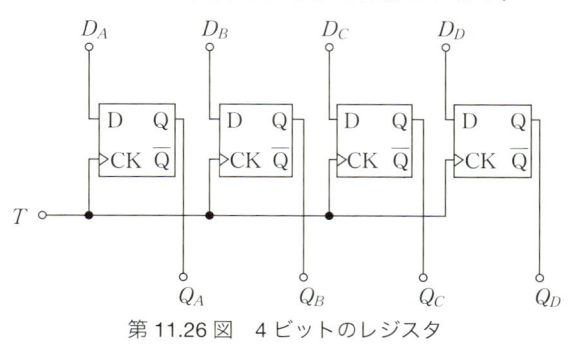

第 11.26 図　4 ビットのレジスタ

(2) カウンタ

カウンタは数を数える動作をする回路をいいます．複数のフリップフロップを接続することでカウントします．

(a) 10 進カウンタ

10 進カウンタの例として四つの JK-FF と AND ゲートおよび OR ゲートによって構成した 10 進カウンタを第 11.27 図に示します．この 10 進カウンタは，クロック入力 T に入力されたクロックパルスの数をカウントして，四つの出力 Q_A, Q_B, Q_C および Q_D で，10 進数の 0 から 9 の値を2 進数 $(Q_D\ Q_C\ Q_B\ Q_A)_2$ の値で出力します．

A，C および D の JK-FF は，入力 J と K が共通接続され電圧 V_{CC} が供給されて "1" になっていますので，それぞれのクロック CK にクロックパル

スが入るとトグル動作を行います．

BのJK-FFは，入力JがDのJK-FFの出力端子$\overline{Q}$に接続され，入力Kに電圧V_{CC}が供給されていますので，入力Jの状態，すなわち出力$\overline{Q}$の出力①が0であれば0のセット動作，1であればトグル動作を行います．

DのJK-FFのクロックCKには，ORゲートの出力②が入力されます．ORゲートの一方の入力はCのJK-FFの出力Q_Cであり，他方の入力はANDゲートの出力です．ANDゲートは，クロック入力端子Tに入力されるクロックパルス，出力端子Q_AおよびQ_Dの出力を論理積して，出力③になりORゲートに供給されます．

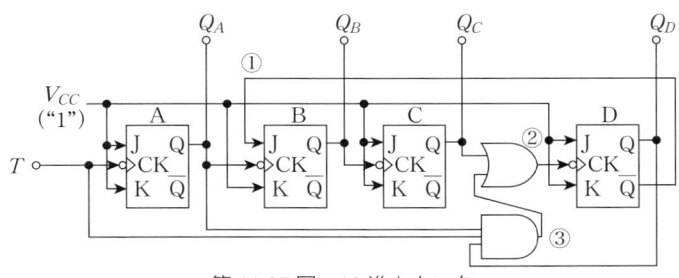

第11.27図　10進カウンタ

(b) 10進カウンタの動作

第11.27図の出力Q_A, Q_B, Q_CおよびQ_Dが，第11.28図に示すタイムチャートの$(Q_D\ Q_C\ Q_B\ Q_A) = (0000)_2$の状態から，クロック入力$T$に，まず1個のクロックパルスが入ります．AのJK-FFは，トグル動作によっての出力端子Q_Aの0は1に切り換わり，$(Q_D\ Q_C\ Q_B\ Q_A) = (0001)_2$になります．

次に2個目のクロックパルスの入力で，AのJK-FFの出力Q_Aの1は0に切り換わり，負論理の駆動クロックとしてBのJK-FFのクロックCKに供給されます．これにより出力端子Q_Bの0は1に切り換わり，全体の出力は$(Q_D\ Q_C\ Q_B\ Q_A) = (0010)_2$になります．

4個目のクロックパルスの入力で，BのJK-FFの出力端子Q_Bの1は0に切り換わり，CのJK-FFのクロックCKに供給され，出力Q_Cの0は1に切り換わり，1はORゲートを通って出力②としてDのJK-FFのクロックCKに供給されます．このとき全体の出力は$(Q_D\ Q_C\ Q_B\ Q_A) = (0100)_2$になります．

8個目のクロックパルスの入力で,出力 Q_A, Q_B, Q_C および出力②の1はすべて0に切り換わり,出力 Q_D の0は1に切り換わります.全体の出力は $(Q_D\,Q_C\,Q_B\,Q_A) = (1000)_2$ になり,D の JK-FF の出力 $\overline{Q}$ は0になるので,出力①は0として B の JK-FF の入力 J に供給されます.

9個目のクロックパルスの入力で,全体の出力は $(Q_D\,Q_C\,Q_B\,Q_A) = (1001)_2$ になり,出力③は0から1になります.

10個目のクロックパルスの入力で,全体の出力が $(Q_D\,Q_C\,Q_B\,Q_A) = (1010)_2$ になることはなく,$(Q_D\,Q_C\,Q_B\,Q_A) = (0000)_2$ にリセットされます.すなわち,A の JK-FF はクロックパルスによるトグル動作によって出力 Q_A の1は0に切り換わり,D の JK-FF は出力②が1から0になることによるトグル動作によって出力端子 Q_D の1は0に切り換わります.

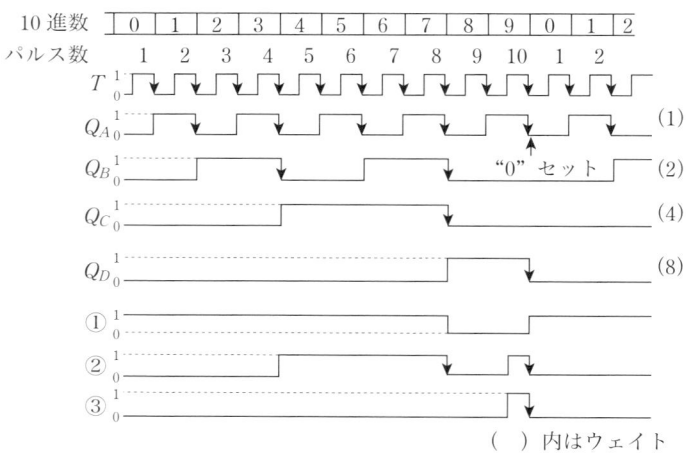

第 11.28 図　10 進カウンタのタイムチャート

練習問題 1

三つの JK-FF で構成したアップダウンカウンタの図を示す．出力 Q_A，Q_B および Q_C は2進数の加算結果を出力し，反転の出力端子 $\overline{Q_A}$，$\overline{Q_B}$ および $\overline{Q_C}$ は2進数の減算結果を出力する．加算の出力端子が $(Q_C\, Q_B\, Q_A) = (101)_2$ の状態から，入力 T に3個のクロックパルスが入ったとき，減算の出力端子 $(\overline{Q_C}\, \overline{Q_B}\, \overline{Q_A})$ の状態を答えよ．

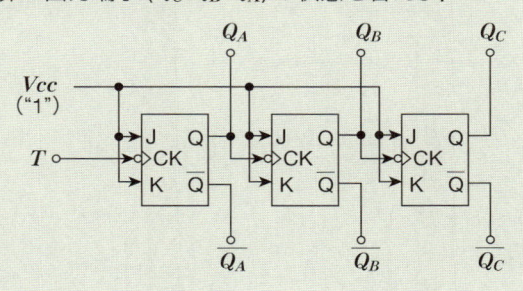

【解答】　$(\overline{Q_C}\, \overline{Q_B}\, \overline{Q_A}) = (111)_2$

STEP 3　総合問題

【問題1】 入力 A, B および C, 出力 X の図のような論理回路がある．出力 X を示す論理式として，正しいのは次のうちどれか．

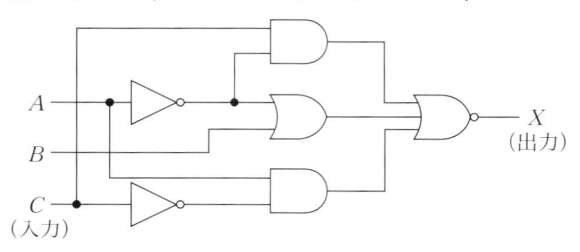

(1) $X = \overline{(\overline{A} \cdot C) + (B + \overline{C}) + (A \cdot \overline{C})}$
(2) $X = A \cdot \overline{B} \cdot C + \overline{A} \cdot \overline{B} \cdot \overline{C}$
(3) $X = A \cdot \overline{B} \cdot C + \overline{B} \cdot C$
(4) $X = A \cdot \overline{B} \cdot C$
(5) $X = A + \overline{B}$

【問題2】 A-D 変換器の入力電圧が 510〔mV〕のとき，2進数のディジタル量が $(11111111)_2$ である．また，入力電圧が -510〔mV〕のとき，2進数のディジタル量が $(00000000)_2$ である．

アナログ量の入力電圧が 330〔mV〕のとき，2進数のディジタル量として，正しいのは次のうちどれか．

(1) $(00110100)_2$　　(2) $(00110101)_2$　　(3) $(01001011)_2$
(4) $(11010010)_2$　　(5) $(10110100)_2$

【問題3】 入力が A, B, C および D の図に示す4変数のカルノー図について，次の(a)および(b)の問に答えよ．

AB \ CD	00	01	11	10
00	1	1	1	1
01	0	0	1	0
11	1	0	0	0
10	0	1	1	0

(a) 上記のカルノー図から出力 X の論理式を求め，正しいものを次の(1)〜(5)のうちから一つ選べ．

(1) $X = \overline{A} \cdot \overline{B} + \overline{B} \cdot C + \overline{A} \cdot B \cdot C \cdot D + A \cdot B \cdot \overline{C} \cdot \overline{D}$

(2) $X = \overline{A} \cdot \overline{B} + \overline{B} \cdot C + \overline{A} \cdot B \cdot C + A \cdot B \cdot \overline{C} \cdot \overline{D}$

(3) $X = \overline{A} \cdot \overline{B} + \overline{B} \cdot D + \overline{A} \cdot B \cdot D + A \cdot B \cdot \overline{C} \cdot \overline{D}$

(4) $X = A \cdot \overline{B} + \overline{B} \cdot D + \overline{A} \cdot C \cdot D + A \cdot B \cdot \overline{C} \cdot \overline{D}$

(5) $X = A \cdot \overline{B} + \overline{B} \cdot \overline{D} + \overline{A} \cdot \overline{C} \cdot D + A \cdot B \cdot \overline{C} \cdot \overline{D}$

(b) (a)で求めた出力 X の論理式を NAND 回路および NOT 回路で実現する論理式として，正しいものを次の(1)〜(5)のうちから一つ選べ．

(1) $X = \overline{(A \cdot B) \cdot (\overline{B} \cdot C) \cdot (\overline{A} \cdot B \cdot C \cdot D) \cdot (A \cdot B \cdot \overline{C} \cdot \overline{D})}$

(2) $X = \overline{(\overline{A} \cdot \overline{B}) \cdot (\overline{B} \cdot C) \cdot (\overline{A} \cdot B \cdot C) \cdot (A \cdot B \cdot \overline{C} \cdot \overline{D})}$

(3) $X = \overline{(\overline{A} \cdot \overline{B}) \cdot (\overline{B} \cdot D) \cdot (\overline{A} \cdot C \cdot D) \cdot (A \cdot B \cdot \overline{C} \cdot \overline{D})}$

(4) $X = \overline{(\overline{A} \cdot \overline{B}) \cdot (\overline{B} \cdot D) \cdot (\overline{A} \cdot B \cdot D) \cdot (A \cdot B \cdot \overline{C} \cdot \overline{D})}$

(5) $X = \overline{(A \cdot \overline{B}) \cdot (\overline{B} \cdot \overline{D}) \cdot (\overline{A} \cdot \overline{C} \cdot D) \cdot (A \cdot B \cdot \overline{C} \cdot \overline{D})}$

【問題4】 2進数および16進数について，次の(a)および(b)に答えよ．

(a) 2進数 A, B が，$A = (10100101)_2$, $B = (11000110)_2$ であるとき，A と B のビットごとの論理演算を考える．A と B の論理和（OR）を16進数で表すと (ア)，A と B の排他的論理和（EX-OR）を16進数で表すと (イ)，A と B の否定的論理積（NAND）を16進数で表すと (ウ) となる．

上記の記述中の空白箇所(ア)，(イ)，および(ウ)に当てはまる数値として，正しいものを組み合わせたのは次のうちどれか．

	(ア)	(イ)	(ウ)
(1)	$(81)_{16}$	$(E7)_{16}$	$(7E)_{16}$

(2) $(81)_{16}$　$(63)_{16}$　$(66)_{16}$
(3) $(81)_{16}$　$(7E)_{16}$　$(E7)_{16}$
(4) $(E7)_{16}$　$(63)_{16}$　$(7E)_{16}$
(5) $(E7)_{16}$　$(81)_{16}$　$(99)_{16}$

(b) 8ビットの固定長で，正負のある2進法の数値を表現する場合，次のような①および②で示す方式がある．

① 最上位ビット（左端のビット，以下MSBという）を符号ビットとして，残りのビットでその数の絶対値を表す方式は，絶対値表示方式と呼ばれる．

この場合，MSB＝0が正（＋），MSB＝1が負（－）と約束すると，10進数の－12は ア となる．

② 7ビット長で表された正の数nに対して，$-n$を8ビット長のnの2の補数で表す方式がある．この方式による場合，10進数の－12は イ となる．

この方式においても，MSB＝1は負の整数，MSB＝0は正の整数を示すことになる．この方式は，2進数の減算に適している．

上記の記述中の空白箇所(ア)および(イ)に当てはまる数値として，正しいものを組み合わせたのは次のうちどれか．

　　　　　　(ア)　　　　　　(イ)
(1)　$(11001000)_2$　$(10000111)_2$
(2)　$(10011100)_2$　$(11111000)_2$
(3)　$(10001100)_2$　$(11110100)_2$
(4)　$(11000100)_2$　$(10000111)_2$
(5)　$(10101000)_2$　$(11111010)_2$

【問題5】 マイクロプロセッサは，図に示すような動作クロックと呼ばれるパルス信号に同期してデータの処理を行う．マイクロプロセッサが1命令当たりに使用する平均クロック数がCPI，1クロックの周期T〔s〕がサイクルタイム，1秒当たりの動作クロック数が動作周波数f〔Hz〕である．次の(a)および(b)の問に答えよ．

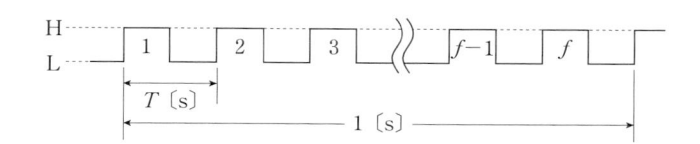

(a) 2.5〔GHz〕の動作クロックを使用するマイクロプロセッサのサイクルタイム〔ns〕の値として，正しいものを次の(1)〜(5)のうちから一つ選べ．
  (1) 0.025　(2) 0.4　(3) 12.5　(4) 250　(5) 400

(b) CPI＝5のマイクロプロセッサにおいて，1命令当たりの平均実行時間が0.02〔μs〕であった．このマイクロプロセッサの動作周波数〔MHz〕の値として，正しいものを次の(1)〜(5)のうちから一つ選べ．
  (1) 0.0125　(2) 0.2　(3) 12.5　(4) 250　(5) 12 500

【問題6】 JK-FF（JK-フリップフロップ）の動作とそれを用いた回路について，次の(a)および(b)に答えよ．

(a) 図1のJK-FFにおいて，入力 J, K における出力 Q（現状態）と，クロックパルスが1から0に変化した変化後の出力 Q'（次状態）を，表1に状態遷移として掲げる．表1の空白箇所(ア)，(イ)，(ウ)，(エ)および(オ)に当てはまる真理値の組み合わせとして，正しいものは次のうちどれか．

表1

入力		現状態	次状態
J	K	Q	Q'
0	0	0	(ア)
0	0	1	1
0	1	0	(イ)
0	1	1	0
1	0	0	(ウ)
1	0	1	(エ)
1	1	0	(オ)
1	1	1	0

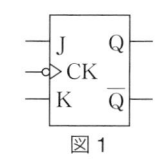

図1

	(ア)	(イ)	(ウ)	(エ)	(オ)
(1)	0	1	0	0	1
(2)	0	0	1	0	0

(3)　0　0　1　1　1
(4)　1　0　1　0　1
(5)　1　0　1　1　0

(b) 2個のJK-FFを用いた図2の回路において，+5〔V〕を"1"，0〔V〕を"0"としたとき，クロックパルス CK に対する回路の出力 Q_1 および Q_2 のタイムチャートとして，正しいのは次のうちどれか．

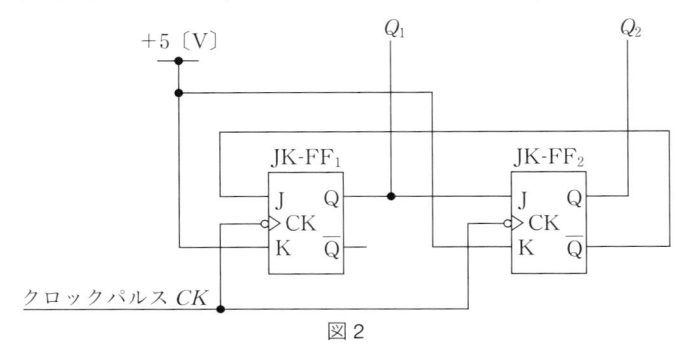

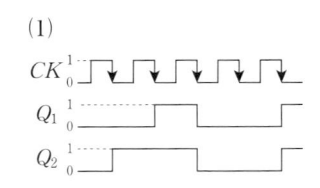

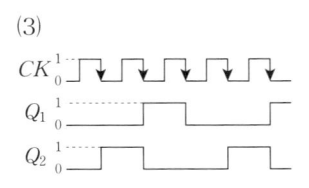

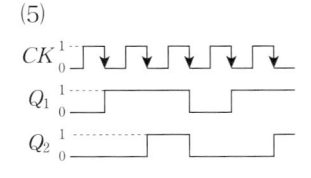

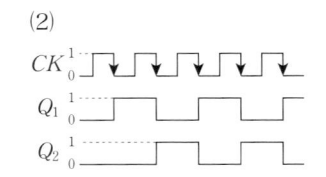

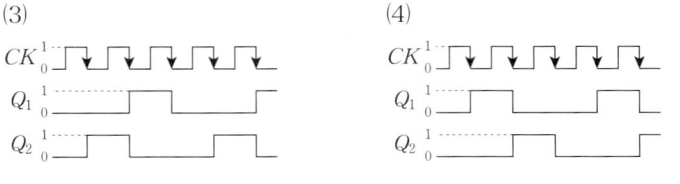

図2

(1)

(2)

(3)

(4)

(5)

第1章　直流機

【問題1】 (3)

電動機の逆起電力 E〔V〕は，電機子電流を I_a〔A〕として

$$E = V - r_a I_a = V - r_a(I - I_f) = V - r_a\left(I - \frac{V}{r_f}\right) \text{〔V〕}$$

電動機の機械出力 P〔W〕は，

$$P = E I_a = \omega T = 2\pi \frac{n}{60} T \text{〔W〕}$$

電動機の発生トルク T〔N・m〕は，上式より，

$$T = \frac{P}{\omega} = \frac{E I_a}{2\pi \dfrac{n}{60}} = \frac{\left\{V - r_a\left(I - \dfrac{V}{r_f}\right)\right\}\left(I - \dfrac{V}{r_f}\right)}{2\pi \dfrac{n}{60}}$$

$$= \frac{30}{\pi n}\left\{V\left(I - \frac{V}{r_f}\right) - r_a\left(I - \frac{V}{r_f}\right)^2\right\} \text{〔N・m〕}$$

【問題2】 (a) ― (5), (b) ― (1)

(a) 分巻巻線に流れる電流 I_f〔A〕は，端子電圧 $V = 200$〔V〕，分巻巻線の抵抗 $r_f = 100$〔Ω〕より

$$I_f = \frac{V}{r_f} = \frac{200}{100} = 2 \text{〔A〕}$$

電機子巻線に流れる電機子電流 I_a〔A〕は，出力電流 $I = 50$〔A〕であるから，

$$I_a = I + I_f = 50 + 2 = 52 \text{〔A〕}$$

発電機の誘導起電力 E_g〔V〕は，ブラシの全電圧降下 $e_b = 2$〔V〕であるから，次のようになります．

$$E_g = V + r_a I_a + e_b = 200 + 52 \times 0.5 + 2 = 228 \text{〔V〕}$$

(b) この発電機を電動機として運転するとき，電機子電流 $I_a{'}$〔A〕は，

$$I_a{'} = I - I_f = 50 - 2 = 48 \text{〔A〕}$$

電動機の逆起電力 E_m〔V〕は，

$$E_m = V - r_a I_a - e_b = 200 - 48 \times 0.5 - 2 = 174 \text{〔V〕}$$

電動機の回転数 n_m〔min^{-1}〕は，発電機のときの回転数 $n_g = 1\,500$〔min^{-1}〕より，次のように求まります．

$$n_m = \frac{E_m}{E_g} n_g = \frac{174}{228} \times 1\,500 \fallingdotseq 1\,145 \text{〔min}^{-1}\text{〕}$$

【問題3】(5)
トルク T_1 で，回転数 $n_1 = 400$〔min^{-1}〕のときの電機子電流を I_1 とすると，トルクが $T_2 = \frac{1}{4} T_1$ に減少したときの電機子電流 I_2 は，比例定数を K_1 として，

$$\frac{T_1}{T_2} = \frac{K_1 I_1^2}{K_1 I_2^2} = \left(\frac{I_1}{I_2}\right)^2$$

よって，

$$I_2 = \sqrt{\frac{T_2}{T_1}} I_1 = \sqrt{\frac{1}{4}} I_1 = \frac{1}{2} I_1$$

定電圧電源に接続され，電機子回路の抵抗による電圧降下は無視することから，逆導起電力は定電圧電源の電圧 V と等しくなり，比例定数を K_2 および K_3，磁束を ϕ_1 および ϕ_2 とすると，回転速度 n_2〔min^{-1}〕は次の比例式から求まります．

$$\frac{V}{V} = \frac{K_2 \phi_1 n_1}{K_2 \phi_2 n_2} = \frac{\phi_1 n_1}{\phi_2 n_2} = \frac{K_3 I_1 n_1}{K_3 I_2 n_2} = \frac{I_1 n_1}{I_2 n_2}$$

よって，

$$n_2 = \frac{I_1}{I_2} n_1 = \frac{I_1}{\frac{1}{2} I_1} n_1 = 2 n_1 = 2 \times 400 = 800 \text{〔min}^{-1}\text{〕}$$

【問題4】(2)
端子電圧 $V_1 = 200$〔V〕，電機子電流 $I_1 = 50$〔A〕で運転しているときの逆導起電力 E_1〔V〕は，電機子回路の抵抗 $r_a = 0.08$〔Ω〕より，

$$E_1 = V_1 - r_a I_1 = 200 - 0.08 \times 50 = 196 \text{〔V〕}$$

この回転速度 $n_1 = 500$〔min^{-1}〕のときの発生トルク T_1〔N・m〕は，

$P_1 = E_1 I_1 = \omega_1 T_1$ の関係より，

$$T_1 = \frac{P_1}{\omega_1} = \frac{E_1 I_1}{2\pi \dfrac{n_1}{60}} = \frac{60 \times 196 \times 50}{2\pi \times 500} \fallingdotseq 187 \,〔\mathrm{N \cdot m}〕$$

回転速度を $\dfrac{1}{2}$ に下げ，$n_2 = \dfrac{1}{2} n_1$ 〔min^{-1}〕にしたときの発生トルク T_2 〔$\mathrm{N \cdot m}$〕は，ただし書きの条件から比例定数を K_1 とすると，次のようにして求めることができます．

$$\frac{T_1}{T_2} = \frac{K_1 n_1{}^2}{K_1 n_2{}^2} = \left(\frac{n_1}{n_2}\right)^2$$

よって，

$$T_2 = \left(\frac{n_2}{n_1}\right)^2 \times T_1 = \left(\frac{250}{500}\right)^2 \times 187 \fallingdotseq 47 \,〔\mathrm{N \cdot m}〕$$

他励電動機の負荷トルクは電機子電流に比例するから，回転速度を 1/2 に下げたときの電機子電流 I_2 〔A〕は，比例定数を K_2 とすると，次のようにして求めることができます．

$$\frac{T_1}{T_2} = \frac{K_2 I_1}{K_2 I_2} = \frac{I_1}{I_2}$$

よって，

$$I_2 = \frac{T_2}{T_1} I_1 = \frac{47}{187} \times 50 = 12.6 \,〔\mathrm{A}〕$$

逆導起電力 E_2 〔V〕は，界磁電流が一定だから磁束 ϕ 〔Wb〕が一定で，比例定数を K_3 とすると，次のようになります．

$$\frac{E_1}{E_2} = \frac{K_3 \phi n_1}{K_3 \phi n_2} = \frac{n_1}{n_2}$$

よって，

$$E_2 = \frac{n_2}{n_1} E_1 = \frac{1}{2} \times 196 = 98 \,〔\mathrm{V}〕$$

以上の結果から，回転速度を 1/2 に下げるための端子電圧 V_2 〔V〕は，次のようになります．

$$V_2 = E_2 + r_a I_2 = 98 + 0.08 \times 12.6 \fallingdotseq 99 \,〔\mathrm{V}〕$$

【問題5】 (4)

全負荷運転時の全電流 I 〔A〕は，定格出力 $P = 2.0$ 〔kW〕，電機子定格電圧 $V = 100$ 〔V〕，効率 $\eta = 0.80$ であるから $P = VI\eta$ より，

$$I = \frac{P}{V\eta} = \frac{2\,000}{100 \times 0.80} = 25 \text{ 〔A〕}$$

電機子電流 I_a 〔A〕は，界磁電流 $I_f = 2$ 〔A〕より，

$$I_a = I - I_f = 25 - 2 = 23 \text{ 〔A〕}$$

全負荷時の 1.5 倍の電機子電流 I_{as} 〔A〕は，

$$I_{as} = 1.5 I_a = 1.5 \times 23 = 34.5 \text{ 〔A〕}$$

始動時に電機子電流を全負荷時の 1.5 倍に抑えるための挿入抵抗 R〔Ω〕は，始動時の逆起電力が零で電機子回路の抵抗 $r_a = 0.15$ 〔Ω〕より，$V = I_{as}(r_a + R)$ の関係から，次のようになります．

$$R = \frac{V}{I_{as}} - r_a = \frac{100}{34.5} - 0.15 ≒ 2.75 \text{ 〔Ω〕}$$

【問題6】 (a) — (3)，(b) — (4)

(a) 界磁電流 I_{f1} 〔A〕で，回転数 $n_1 = 500$ 〔min^{-1}〕，誘導起電力 $E_1 = 190$ 〔V〕，電機子電流 $I_1 = 20$ 〔A〕のときの電機子電圧 V_1 〔V〕は，電機子抵抗 $r_a = 0.4$ 〔Ω〕より，

$$V_1 = E_1 + r_a I_1 = 190 + 0.4 \times 20 = 198 \text{ 〔V〕}$$

(b) 界磁電流 I_{f1} 〔A〕のときの磁束を ϕ_1 〔Wb〕とすると，界磁電流 $I_{f2} = \frac{1}{2} I_{f1}$ 〔A〕のときの磁束 ϕ_2 〔Wb〕は，界磁磁束は界磁電流に比例するから，$\phi_2 = \frac{1}{2} \phi_1$ 〔Wb〕になります．

回転数 $n_2 = 1\,200$ 〔min^{-1}〕で，界磁電流 $I_{f2} = \frac{1}{2} I_{f1}$ 〔A〕のときの誘導起電力 E_2 〔V〕は，電機子回路の比例定数を K として，

$$\frac{E_1}{E_2} = \frac{K\phi_1 n_1}{K\phi_2 n_2} = \frac{\phi_1 n_1}{\frac{1}{2}\phi_1 n_2} = \frac{2n_1}{n_2}$$

よって，
$$E_2 = \frac{n_2}{2n_1}E_1 = \frac{1\,200}{2\times 500}\times 190 = 228 \text{ [V]}$$

このときの機械出力 P_2 [W] は，回転数に比例するので，比例定数を K_2 として，
$$\frac{P_1}{P_2} = \frac{K_2 n_1}{K_2 n_2} = \frac{n_1}{n_2}$$

よって，
$$P_2 = \frac{n_2}{n_1}P_1 = \frac{n_2}{n_1}E_1 I_1 = \frac{1\,200}{500}\times 190 \times 20 = 9\,120 \text{ [W]}$$

電機子電流 I_2 [A] は，$P_2 = E_2 I_2$ より
$$I_2 = \frac{P_2}{E_2} = \frac{9\,120}{228} = 40 \text{ [A]}$$

電機子電圧 V_2 [V] は，
$$V_2 = E_2 + r_a I_2 = 228 + 0.4 \times 40 = 244 \text{ [V]}$$

第2章　誘導機

【問題1】 (4)

定格運転時のトルク T_n [N・m] と，△結線の全電圧始動トルク $T_△$ [N・m] の関係は，
$$T_△ = 1.5 T_n$$

スター結線の始動トルク $T_Y = 300$ [N・m] と，全電圧始動トルク $T_△$ [N・m] の関係は，電圧の2乗に比例するから，
$$T_Y = \left(\frac{1}{\sqrt{3}}\right)^2 T_△ = \frac{T_△}{3}$$

これより全電圧始動トルク $T_△$ [N・m] は，
$$T_△ = 3T_Y = 3\times 300 = 900 \text{ [N・m]}$$

したがって，定格運転時のトルク T_n [N・m] は次のようになります．
$$T_n = \frac{T_△}{1.5} = \frac{900}{1.5} = 600 \text{ [N・m]}$$

【問題2】 (a) — (3), (b) — (5)

(a) 同期速度 n_s [min^{-1}] は，周波数 $f=50$ [Hz]，極数 $p=4$ より，

$$n_s = \frac{120f}{p} = \frac{120 \times 50}{4} = 1\,500$$

定格運転時の滑り s_n [%] は，

$$s_n = \frac{n_s - n_n}{n_s} \times 100 = \frac{1\,500 - 1\,440}{1\,500} \times 100 = 4 \text{ [\%]}$$

定格負荷の 80 [%] のトルク $T_1 = 0.8 T_n$ で運転する場合の滑り s_1 [%] は，ただし書きの条件から，比例定数を K とすると，次の関係が成立します．

$$\frac{s_1}{s_n} = \frac{KT_1}{KT_n} = \frac{T_1}{T_n}$$

以上の関係から，滑り s_1 [%] は次のように求まります．

$$s_1 = \frac{T_1}{T_n} s_n = \frac{0.8 T_n}{T_n} s_n = 0.8 \times 4 = 3.2 \text{ [\%]}$$

(b) 二次巻線回路の 1 相当たりの抵抗値 r_2 [Ω] を 2.5 倍にしたときの滑り s_2 [p.u.] は，比例推移より，

$$\frac{r_2}{s_1} = \frac{2.5 r_2}{s_2} \text{ から } s_2 = \frac{2.5 r_2}{r_2} s_1 = 2.5 s_1 = 2.5 \times 0.032 = 0.08 \text{ [p.u.]}$$

このときの回転速度 n_2 [min^{-1}] は，次のようになります．

$$n_2 = n_s(1 - s_2) = 1\,500 \times (1 - 0.08) = 1\,380 \text{ [min}^{-1}]$$

【問題3】 (a) — (1), (b) — (5)

(a) 同期速度 n_s [min^{-1}] は，周波数 $f=50$ [Hz]，極数 $p=4$ より，

$$n_s = \frac{120f}{p} = \frac{120 \times 50}{4} = 1\,500 \text{ [min}^{-1}]$$

電動機の回転数 n_n [min^{-1}] は，滑り $s_n = 0.04$ [p.u.] より，

$$n_n = n_s(1 - s_n) = 1\,500 \times (1 - 0.04) = 1\,440 \text{ [min}^{-1}]$$

発生トルク T_n [N・m] は，定格出力 $P_n = 15$ [kW] であるから，$P_n = \omega_n T_n$ の関係から，次のように求まります．

$$T_n = \frac{P_n}{\omega_n} = \frac{P_n}{2\pi \frac{n_n}{60}} = \frac{60 P_n}{2\pi n_n} = \frac{60 \times 15 \times 10^3}{2\pi \times 1\,440} \fallingdotseq 99.5 \ [\text{N·m}]$$

(b) 発生トルク $T_1 = \frac{1}{2} T_n$ [N·m] になったときの滑り s_1 [p.u.] には，ただし書きの条件から，比例定数を K とすると，次の関係が成立します．

$$\frac{T_1}{T_n} = \frac{K s_1}{K s_n} = \frac{s_1}{s_n}$$

したがって，滑り s_1 [p.u.] は，

$$s_1 = \frac{T_1}{T_n} s_n = \frac{\frac{1}{2} T_n}{T_n} s_n = \frac{1}{2} s_n = \frac{1}{2} \times 0.04 = 0.02 \ [\text{p.u.}]$$

このときの電動機の回転数 n_1 [min^{-1}] は，

$$n_1 = n_s(1 - s_1) = 1\,500 \times (1 - 0.02) = 1\,470 \ [\text{min}^{-1}]$$

出力 P_0 [W] は，

$$P_0 = \omega_1 T_1 = 2\pi \frac{n_1}{60} \cdot \frac{T_n}{2} = \frac{2\pi \times 1\,470}{60} \times \frac{99.5}{2} \fallingdotseq 7\,655 \ [\text{W}]$$

二次入力 P_2 [W] は，$P_2 : P_0 = 1 : (1 - s_1)$ の関係から，

$$P_2 = \frac{1}{1 - s_1} P_0 = \frac{1}{1 - 0.02} \times 7\,655 \fallingdotseq 7\,814 \ [\text{W}]$$

電動機の効率 η [%] は，一次銅損が $p_{c1} = 190$ [W] より，次のようになります．

$$\eta = \frac{P_0}{P_1} \times 100 = \frac{P_0}{P_2 + p_{c1}} \times 100 = \frac{7\,658}{7\,814 + 190} \times 100 \fallingdotseq 95.7 \ [\%]$$

【問題4】 (a) — (5)，(b) — (5)

(a) 誘導電動機の漏れリアクタンスおよび励磁電流を無視した一次換算1相の等価回路は，第1図のようになります．

第1図

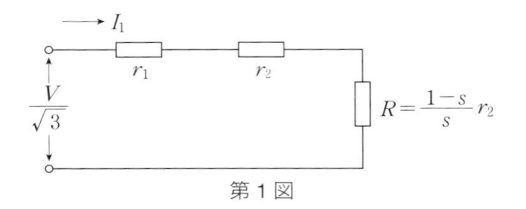

滑り $s = 0.05$ のときの一次電流 I_1〔A〕は，線間電圧 $V = 200$〔V〕，一次1相の抵抗 $r_1 = 0.21$〔Ω〕，一次1相当たりに換算された二次抵抗 $r_2 = 0.25$〔Ω〕より，等価回路から次のように求まります．

$$I_1 = \frac{\frac{V}{\sqrt{3}}}{r_1 + r_2 + \frac{1-s}{s}r_2} = \frac{\frac{V}{\sqrt{3}}}{r_1 + \frac{r_2}{s}} = \frac{\frac{200}{\sqrt{3}}}{0.21 + \frac{0.25}{0.05}} \fallingdotseq 22.2 \text{〔A〕}$$

発生動力 P_0〔kW〕は，1相の等価回路の3倍ですから次のようになります．

$$P_0 = 3I_1^2 R = 3I_1^2 \frac{1-s}{s} r_2$$

$$= 3 \times 22.2^2 \times \frac{1-0.05}{0.05} \times 0.25$$

$$\fallingdotseq 7\,023 \text{〔W〕} \Rightarrow 7.0 \text{〔kW〕}$$

(b) 一次入力 P_1〔kW〕は，ただし書きの条件より，漏れリアクタンスを無視すると

$$P_1 = \sqrt{3}\,VI_1 = \sqrt{3} \times 200 \times 22.2 \fallingdotseq 7\,690 \text{〔W〕}$$

一次銅損 p_{c1}〔W〕は，

$$p_{c1} = 3I_1^2 r_2 = 3 \times 22.2^2 \times 0.21 \fallingdotseq 310 \text{〔W〕}$$

したがって，二次入力 P_2〔kW〕は，

$$P_2 = P_1 - p_{c1} = 7\,690 - 310 = 7\,380 \fallingdotseq 7.4 \text{〔kW〕}$$

【問題5】　(a) — (5)，(b) — (2)

(a) 定格周波数 $f_n = 60$〔Hz〕，極数 $p = 6$ の同期速度 n_s〔min^{-1}〕は，

$$n_s = \frac{120f}{p} = \frac{120 \times 60}{6} = 1\,200 \text{ [min}^{-1}\text{]}$$

定格回転数 $n_n = 1\,140$ [min^{-1}] で運転中の滑り s_n [p.u.] は,

$$s_n = \frac{n_s - n_n}{n_s} = \frac{1\,200 - 1\,140}{1\,200} = 0.05 \text{ [p.u.]}$$

したがって,回転子の周波数,すなわち滑り周波数 f_2 [Hz] は,次のようになります.

$$f_2 = s_n f_n = 0.05 \times 60 = 3.0 \text{ [Hz]}$$

(b) 一次周波数 $f_1 = 30$ [Hz] にしたときの滑り s_1 [p.u.] は,滑り周波数 $f_2 = 3.0$ [Hz] が一定なので,$f_2 = s_1 f_1$ [Hz] より,

$$s_1 = \frac{f_2}{f_1} = \frac{3.0}{30} = 0.1 \text{ [p.u.]}$$

したがって,一次周波数 $f_1 = 30$ [Hz] にしたときの回転数 n_1 [min^{-1}] は,同期速度が n_{s1} [min^{-1}] に変わるから,次のようになります.

$$n_1 = n_{s1}(1 - s_1) = \frac{120f_1}{p}(1 - s_1) = \frac{120 \times 30}{6} \times (1 - 0.1) = 540 \text{ [min}^{-1}\text{]}$$

【問題6】 (a) — (2), (b) — (3)

(a) 誘導電動機の二次入力 P_2 [W] の記号式は,電流を I [A] として問題文の条件から,次のようになります.

$$P_2 = 3I^2 \frac{r_2}{s} = 3 \cdot \left\{ \frac{\frac{V}{\sqrt{3}}}{\sqrt{\left(r_1 + \frac{r_2}{s}\right)^2 + (x_1 + x_2)^2}} \right\}^2 \cdot \frac{r_2}{s} \fallingdotseq \frac{V^2}{\left(\frac{r_2}{s}\right)^2} \cdot \frac{r_2}{s}$$

$$= \frac{sV^2}{r_2} \text{ [W]}$$

電動機のトルク T [N・m] は,同期角速度を ω_s [rad/s] とすると $P_2 = \omega_s T$ の関係より,k を比例定数として,次のように表されます.

$$T = \frac{P_2}{\omega_s} = \frac{\frac{sV^2}{r_2}}{\omega_s} = \frac{V^2 s}{\omega_s r_2} = kV^2 s \text{ [N・m]}$$

(b) 定格電圧 $V_n = 220$ [V], 回転数 $n_n = 1\,440$ [min^{-1}] で運転しているときの滑り s_n [p.u.] は, 同期速度 $n_s = 1\,500$ [min^{-1}] であるから,

$$s_n = \frac{n_s - n_n}{n_s} = \frac{1\,500 - 1\,440}{1\,500} = 0.04 \text{ [p.u.]}$$

電圧を $V_1 = 200$ [V] に下げたときの滑り s_1 [p.u.] は, トルク T [N・m] が変化しないから, 次のようにして求めることができます.

$$\frac{T}{T} = \frac{kV_1^2 s_1}{kV_n^2 s_n} = \frac{V_1^2 s_1}{V_n^2 s_n} = 1$$

より,

$$s_1 = \left(\frac{V_n}{V_1}\right)^2 s_n = \left(\frac{220}{200}\right)^2 \times 0.04 = 0.048 \text{ [p.u.]}$$

したがって, 電圧を $V_1 = 200$ [V] に下げたときの回転数 n_1 [min^{-1}] は, 次のようになります.

$$n_1 = n_s(1 - s_1) = 1\,500 \times (1 - 0.048) \fallingdotseq 1\,428 \text{ [min}^{-1}\text{]}$$

第3章 同期機

【問題1】 (4)

同期発電機の定格電流 I_n [A] は, 定格出力 $P_n = 6$ [MV・A], 定格電圧 $V_n = 6.6$ [kV] より,

$$I_n = \frac{P_n}{\sqrt{3}\,V_n} = \frac{6 \times 10^6}{\sqrt{3} \times 6\,600} \fallingdotseq 525 \text{ [A]}$$

発電機の出力端子を短絡したときに流れる短絡電流 I_s [A] は, 同期インピーダンスが $Z_s = 6.35$ [Ω] より,

$$I_s = \frac{\frac{V_n}{\sqrt{3}}}{Z_s} = \frac{\frac{6\,600}{\sqrt{3}}}{6.35} \fallingdotseq 600 \text{ [A]}$$

したがって, 短絡比 K_s は,

$$K_s = \frac{I_s}{I_n} = \frac{600}{525} \fallingdotseq 1.14$$

【問題 2】(2)

励磁電流 $I_{f1} = 100$〔A〕のときの短絡電流 $I_{s1} = 850$〔A〕なので，励磁電流 $I_{f2} = 500$〔A〕のときの短絡電流 I_{s2} は，

$$I_{s2} = I_{s1} \times \frac{I_{f2}}{I_{f1}} = 850 \times \frac{500}{100} = 4\,250 \text{〔A〕}$$

この発電機の同期インピーダンス Z〔Ω〕は，無負荷電圧 $V_n = 15\,000$〔V〕であるからテブナンの定理より，

$$Z = \frac{\frac{V_n}{\sqrt{3}}}{I_{s2}} = \frac{\frac{15\,000}{\sqrt{3}}}{4\,250} \fallingdotseq 2.04 \text{〔Ω〕}$$

【問題 3】 (a) ― (2), (b) ― (1)

(a) 抵抗器負荷を接続したとき，同期リアクタンス $X = 1.5$〔Ω〕の両端電圧 V_x〔V〕は，無負荷時の相電圧 $E = 115$〔V〕が，$V_r = 100$〔V〕に低下することより，

$$V_x = \sqrt{E^2 - V_x^2} = \sqrt{115^2 - 100^2} \fallingdotseq 56.8 \text{〔V〕}$$

電機子電流 I〔A〕は，$V_x = XI$〔V〕から，

$$I = \frac{V_x}{X} = \frac{56.8}{1.5} \fallingdotseq 37.9 \text{〔A〕}$$

(b) 三相同期発電機の出力 P〔kW〕は，抵抗器負荷の線間電圧 $V = 173$〔V〕より，

$$P = \sqrt{3}\,VI = \sqrt{3} \times 173 \times 37.9 = 11\,357 \text{〔W〕} \fallingdotseq 11 \text{〔kW〕}$$

【問題 4】(3)

発電機 1 相の誘導起電力は，第 2 図に示すように無負荷時の出力端子と中性点間の電圧であり，$E = 400$〔V〕である．

発電機に 1 相当たり $R + jX_L$〔Ω〕の負荷を接続して，$I = 40$〔A〕の電流が流れたとき，発電機の同期リアクタンス $X_d = 4$〔Ω〕を含めた 1 相のインピーダンス Z〔Ω〕は，

$$Z = |\dot{Z}| = \frac{E}{I} = \frac{400}{40} = 10 \text{〔Ω〕}$$

負荷の抵抗 R 〔Ω〕は,リアクタンスが $X_L = 4$ 〔Ω〕より,
$$R = \sqrt{Z^2 - (X_d + X_L)^2} = \sqrt{10^2 - (4+4)^2} = 6 \text{〔Ω〕}$$
負荷1相のインピーダンス Z_R 〔Ω〕は,
$$Z_R = \sqrt{R^2 + X_L{}^2} = \sqrt{6^2 + 4^2} \fallingdotseq 7.2 \text{〔Ω〕}$$
負荷の相電圧 V_R 〔V〕は,
$$V_R = IZ_R = 40 \times 7.2 = 288 \text{〔V〕}$$
したがって,発電機の出力端子間電圧 V 〔V〕は,
$$V = \sqrt{3}\,V_R = \sqrt{3} \times 288 \fallingdotseq 499 \text{〔V〕} \rightarrow 500 \text{〔V〕}$$

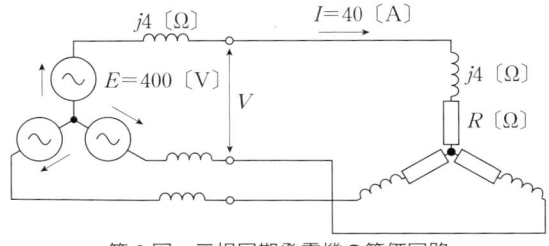

第2図 三相同期発電機の等価回路

【問題5】(4)

定格電流 I 〔A〕は,定格出力 $P = 6\,000$ 〔kV・A〕,定格電圧 $V = 6\,600$ 〔V〕で, $P = \sqrt{3}\,VI$ より,
$$I = \frac{P}{\sqrt{3}\,V} = \frac{6\,000 \times 10^3}{\sqrt{3} \times 6\,600} \fallingdotseq 525 \text{〔A〕}$$
同期リアクタンスの1相の電圧降下 IX_s は, $X_s = 7.26$ 〔Ω〕より,
$$IX_s = 525 \times 6.83 \fallingdotseq 3\,586 \text{〔V〕}$$

内部相差角 δ を $\tan^{-1}$ で表すと,1相の誘導起電力を $\dfrac{E}{\sqrt{3}}$ 〔V〕とする第3図ベクトル図から,
$$\delta = \tan^{-1} \frac{IX_s \cos\theta}{\dfrac{V}{\sqrt{3}} + IX \sin\theta} = \tan^{-1} \frac{3\,586 \times 0.8}{\dfrac{6\,600}{\sqrt{3}} + 3\,586 \times \sqrt{1 - 0.8^2}}$$
$$\fallingdotseq \tan^{-1} 0.48$$

第3図　電流基準のベクトル図

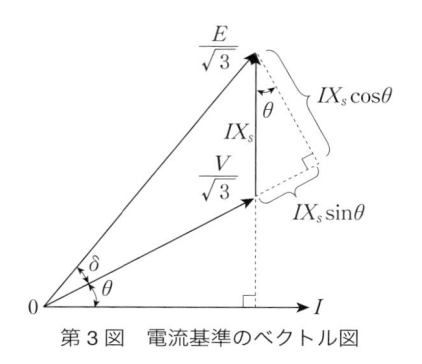

【問題6】　(a) — (3),　(b) — (1)

(a) 三相同期電動機が，定格電圧 $V = 3\,300$ 〔V〕，負荷電流 $I = 100$ 〔A〕，力率 $\cos\phi = 1$ で運転しているとき，1相当たりの内部誘導起電力 $\dfrac{E}{\sqrt{3}}$ 〔V〕は，第4図のベクトル図から同期リアクタンスが $X = 11$ 〔Ω〕より，

$$\dfrac{E}{\sqrt{3}} = \sqrt{\left(\dfrac{V}{\sqrt{3}}\right)^2 + (XI)^2} = \sqrt{\left(\dfrac{3\,300}{\sqrt{3}}\right)^2 + (11 \times 100)^2} \fallingdotseq 2\,200 \text{〔V〕}$$

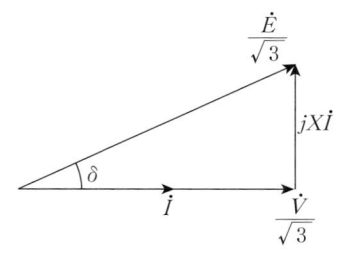

第4図　電流基準のベクトル図

(b) 界磁電流を1.5倍にしたとき，1相当たりの内部誘導起電力 $\dfrac{E'}{\sqrt{3}}$ 〔V〕は，

$$\dfrac{E'}{\sqrt{3}} = 1.5 \times \dfrac{E}{\sqrt{3}} = 1.5 \times 2\,200 = 3\,300 \text{〔V〕}$$

界磁電流を1.5倍にして力率角が ϕ' になったとき絶対値の負荷電流 I' 〔A〕は，出力が同じで負荷電流の有効電流 $I = 100$ 〔A〕は変わらないから，

$$I' = \dfrac{I}{\cos\phi'} \text{〔A〕}$$

同期リアクタンスの両端電圧 V_L〔V〕は,

$$V_L = XI' = \frac{XI}{\cos\phi'} \text{〔V〕}$$

両端電圧 V_L〔V〕の定格電圧 $\frac{V}{\sqrt{3}}$〔V〕に対する垂直成分電圧 V_v〔V〕は,

$$V_v = V_L\cos\phi' = \frac{XI}{\cos\phi'} \cdot \cos\phi' = XI = 11 \times 100 = 1\,100 \text{〔V〕}$$

負荷角 δ' の $\sin\delta'$ は,

$$\sin\delta' = \frac{V_v}{\dfrac{E'}{\sqrt{3}}} = \frac{1\,100}{3\,300} = 0.333$$

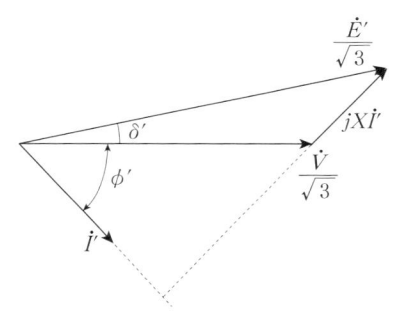

第5図 端子電圧基準のベクトル図

第4章 電動機応用

【問題1】(1)

面積1〔km²〕に,1時間当たり70〔mm/h〕の降雨があるとき,貯水池に集められる水量 V〔m³〕は,

$$V = 1\,000 \times 1\,000 \times 0.070 = 70\,000 \text{〔m³/h〕}$$

この水量 V〔m³/h〕を30台のポンプで揚水するとき,ポンプ1台の分担揚水量 Q〔m³/s〕は,

$$Q = \frac{V}{3\,600 \times 30} = \frac{70\,000}{3\,600 \times 30} \fallingdotseq 0.648 \text{〔m³/s〕}$$

ポンプの駆動用電動機の所要出力 P〔kW〕は,ポンプ効率が $\eta_p = 0.85$,

422

余裕係数が $K=1.3$, 全揚程が $H=13$ [m] より, ポンプの駆動用電動機の出力 P [kW] は,

$$P = \frac{9.8KQH}{\eta} = \frac{9.8 \times 1.3 \times 0.648 \times 13}{0.85} \fallingdotseq 126 \text{ [kW]}$$

【問題2】 (3)

揚水ポンプ用電動機の出力 $P=5$ [kW] と1分間の揚水量 Q [m³/min] の関係は, 実揚程 $H=10$ [m], 総揚程の倍数 $K=1.1$, 効率 $\eta=0.7$ より,

$$P = \frac{KQH}{6.12\eta} \text{ [kW]}$$

揚水量 Q [m³/min] の揚水ポンプを時間 t [min] 駆動して, 容積 $V=100$ [m³] のタンクが満水になったとすると, 出力 P [kW] と揚水容積 V [m³] の関係は, 上式に時間 t [min] をかけて,

$$P \times t = \frac{KQH}{6.12\eta} \times t = \frac{KVH}{6.12\eta} \text{ [kW·min]}$$

したがって, タンクが満水になる所要時間 t [min] は, 上式より,

$$t = \frac{KVH}{6.12\eta P} = \frac{1.1 \times 100 \times 10}{6.12 \times 0.7 \times 5} \fallingdotseq 51.4 \text{ [min]}$$

【問題3】 (4)

第6図のように, 巻上機の巻胴の直径 $D=0.6$ [m] で, 回転数 $n=60$ [min⁻¹] のとき, 1秒間に巻き上げられる速度 V [m/s] は, 巻胴の円周に回転数をかけたものであるから,

$$v = \pi D \frac{N}{60} = \pi \times 0.6 \times \frac{60}{60} \fallingdotseq 1.88 \text{ [m/s]}$$

第6図　巻上装置

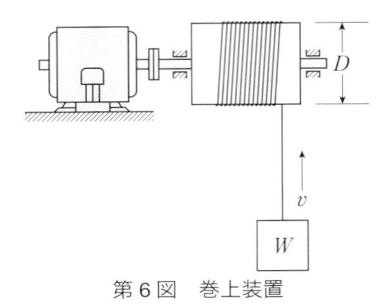

したがって，巻胴を駆動する電動機の必要な動力 P〔kW〕は，荷重が $W=1$〔t〕，機械効率が $\eta=0.8$ より，

$$P=\frac{9.8Wv}{\eta}=\frac{9.8\times1\times1.88}{0.8}\fallingdotseq23.0\ \text{〔kW〕}$$

【問題4】　(3)

つりあい重りの質量 W_B〔kg〕は，かごの質量を W_C〔kg〕とすると，定格積載質量 $W_N=1\,500$〔kg〕だから，

$$W_B=W_C+0.5W_N\ \text{〔kg〕}$$

エレベータ実質質量 W〔kg〕は，

$$W=W_N+W_C-W_B=W_N+W_C-(W_C+0.5W_N)=0.5W_N$$
$$=0.5\times1\,500=750\ \text{〔kg〕}$$

エレベータ用電動機の出力 P〔kW〕は，昇降速度 $V=120$〔m/min〕，機械効率 $\eta=0.77$〔p.u.〕より

$$P=\frac{WV}{6\,120\eta}=\frac{750\times120}{6\,120\times0.77}\fallingdotseq19.1\ \text{〔kW〕}$$

【問題5】　(4)

送風機用電動機の所要出力 P〔kW〕は，風量 $Q=900$〔m³/min〕，風圧 $H=1\,450$〔Pa〕，送風効率 $\eta=0.6$〔p.u.〕，余裕率 $K=1.3$ より，

$$P=\frac{KQH}{60\,000\eta}=\frac{1.3\times900\times1\,450}{60\,000\times0.6}\fallingdotseq47.1\ \text{〔kW〕}$$

【問題6】 (a)―(4), (b)―(3)

(a) 慣性モーメント$J = 90$〔kg・m²〕のはずみ車が，回転数$n_1 = 1\,500$〔min⁻¹〕で回転しているときの運動エネルギーE_1〔kJ〕は，

$$E_1 = \frac{1}{2}J\omega_1^2 = \frac{1}{2}J\left(2\pi\frac{n_1}{60}\right)^2 = \frac{1}{2}\times 90\times\left(2\pi\times\frac{1\,500}{60}\right)^2$$

$$\fallingdotseq 1\,110\times 10^3 = 1\,110\,〔kJ〕$$

(b) 減速して回転数$n_2 = 1\,200$〔min⁻¹〕になったときの運動エネルギーE_2〔kJ〕は，

$$E_2 = \frac{1}{2}J\omega_2^2 = \frac{1}{2}J\left(2\pi\frac{n_2}{60}\right)^2 = \frac{1}{2}\times 90\times\left(2\pi\times\frac{1\,200}{60}\right)^2$$

$$\fallingdotseq 710\times 10^3 = 710\,〔kJ〕$$

回転数が減速して放出したエネルギーE〔kJ〕は，

$$E = E_1 - E_2 = 1\,110 - 710 = 400\,〔kJ〕$$

時間$t = 5$〔s〕で放出した平均出力P〔kW〕は，$Pt = E$より，

$$P = \frac{E}{t} = \frac{400}{5} = 80\,〔kW〕$$

第5章　変圧器

【問題1】 (1)

第7図に示すように変圧器の一次側を星形結線，二次側を三角結線にしたとき，一次側1相の巻線電圧E_1〔V〕は，線間電圧$V_1 = 6\,600$〔V〕であるから，

$$E_1 = \frac{V_1}{\sqrt{3}} = \frac{6\,600}{\sqrt{3}}\,〔V〕$$

第7図

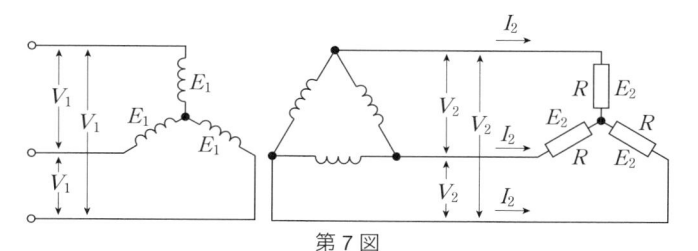

二次側の負荷電流 $I_2 = 20$ 〔A〕であるから，抵抗 $R = 10$ 〔Ω〕の両端電圧 E_2 〔V〕は，
$$E_2 = I_2 R = 20 \times 10 = 200 \text{ 〔V〕}$$
変圧器の二次側電圧 V_2 〔V〕は，
$$V_2 = \sqrt{3}\, E_2 = \sqrt{3} \times 200 = 200\sqrt{3} \text{ 〔V〕}$$
単相変圧器の巻数比 a は，
$$a = \frac{E_1}{V_2} = \frac{\dfrac{6\,600}{\sqrt{3}}}{200\sqrt{3}} = 11$$
になります．

【問題2】 (1)
△－△結線1バンクの容量 P_1 〔kV・A〕は，単相変圧器の容量 $P_n = 300$ 〔kV・A〕より，
$$P_1 = 3P_n = 3 \times 300 = 900 \text{ 〔kV・A〕}$$
V－V結線2バンクの容量 P_2 は，V結線の容量 $P_v = \sqrt{3}\, P_n$ より，
$$P_2 = 2P_v = 2 \times \sqrt{3} \times 300 ≒ 1\,039 \text{ 〔kV・A〕}$$
増加できる容量 P 〔kV・A〕は，
$$P = P_2 - P_1 = 1\,039 - 900 = 139 \text{ 〔kV・A〕}$$

【問題3】 (a)－(4)，(b)－(3)
(a) 変圧器の巻数比 a は，定格一次電圧 $V_{1n} = 6\,300$ 〔V〕，定格二次電圧 $V_{2n} = 210$ 〔V〕より，
$$a = \frac{V_{1n}}{V_{2n}} = \frac{6\,300}{210} = 30$$

変圧器の百分率抵抗降下 p 〔%〕は，一次巻線抵抗 $r_1 = 2.78$ 〔Ω〕，二次巻線抵抗 $r_2 = 0.00287$ 〔Ω〕，定格二次電流 $I_{2n} = 476$ 〔A〕より，
$$p = \frac{I_{2n}\left(\dfrac{r_1}{a^2} + r_2\right)}{V_{2n}} \times 100 = \frac{476 \times \left(\dfrac{2.78}{30^2} + 0.00287\right)}{210} \times 100 ≒ 1.35 \text{ 〔%〕}$$

百分率リアクタンス降下 q 〔%〕は，一次漏れリアクタンス $x_1 = 7.25$ 〔Ω〕，

二次漏れリアクタンス $x_2 = 0.00735$ 〔Ω〕より，

$$q = \frac{I_{2n}\left(\dfrac{x_1}{a^2}+x_2\right)}{V_{2n}} \times 100 = \frac{476 \times \left(\dfrac{7.25}{30^2}+0.00735\right)}{210} \times 100 = 3.49 \text{〔\%〕}$$

変圧器の百分率インピーダンス降下 Z〔%〕は，

$$\%Z = \sqrt{p^2+q^2} = \sqrt{1.35^2+3.49^2} \fallingdotseq 3.74 \text{〔\%〕}$$

(b) 二次側に力率 $\cos\theta = 0.8$（遅れ）の定格負荷を接続しているときの電圧変動率 ε〔%〕は，

$$\varepsilon = p\cos\theta + q\sin\theta = 1.35 \times 0.8 + 3.49 \times \sqrt{1-0.8^2} = 3.17 \text{〔\%〕}$$

【問題4】　(a) — (3)，(b) — (5)

(a) 負荷率が $\alpha = \dfrac{3}{4}$ のとき，鉄損 p_i〔W〕と銅損 p_c〔W〕が等しいから，負荷率 α と全負荷銅損 p_{co}〔W〕の関係は，

$$p_i = p_c = \alpha^2 p_{co}$$

このときの効率 $\eta = 98.4$〔%〕は，定格容量 $P_n = 75$〔kV・A〕，力率 $\cos\theta = 1$ であるから次のように表されます．

$$\eta = \frac{\alpha P_n \cos\theta}{\alpha P_n \cos\theta + p_i + \alpha^2 p_{co}} \times 100 = \frac{\alpha P_n \cos\theta}{\alpha P_n \cos\theta + 2p_i} \times 100$$

したがって鉄損 p_i〔W〕は，上式より，

$$p_i = \frac{1}{2}\left\{\left(\frac{100}{\eta_m}-1\right)\alpha P_n \cos\theta\right\} = \frac{1}{2}\left\{\left(\frac{100}{98.4}-1\right) \times \frac{3}{4} \times 75 \times 10^3 \times 1\right\}$$

$$\fallingdotseq 457 \text{〔W〕}$$

(b) 変圧器を全負荷力率 100〔%〕で運転したときの銅損は，全負荷銅損 p_{co} であるから，$p_i = p_c = \alpha^2 p_{co}$ より，

$$p_{co} = \frac{p_i}{\alpha^2} = \frac{457}{\left(\dfrac{3}{4}\right)^2} \fallingdotseq 812 \text{〔W〕}$$

【問題5】　(a) — (5)，(b) — (5)

(a) 変圧器の全負荷銅損を p_{co}〔W〕，鉄損を p_i〔W〕とすると，最大効率の

$\eta_m = 98.8$〔%〕のとき，銅損が鉄損の大きさに一致して等しくなっており，定格容量 $P_n = 200$〔kV·A〕，負荷率 $\alpha = \dfrac{2}{3}$，力率 $\cos\theta = 1$ であるから次のように表されます．

$$\eta_m = \frac{\alpha P_n \cos\theta}{\alpha P_n \cos\theta + p_i + \alpha^2 p_{co}} \times 100 = \frac{\alpha P_n \cos\theta}{\alpha P_n \cos\theta + 2p_i} \times 100$$

したがって鉄損 p_i〔W〕は，上式より，

$$p_i = \frac{1}{2}\left\{\left(\frac{100}{\eta_m} - 1\right)\alpha P_n \cos\theta\right\} = \frac{1}{2}\left\{\left(\frac{100}{98.8} - 1\right) \times \frac{2}{3} \times 200 \times 10^3 \times 1\right\}$$

$$\fallingdotseq 810 \text{〔W〕}$$

最大効率 98.8〔%〕が得られるときの銅損は，鉄損 $p_i = 810$〔W〕と同じとなっています．

(b) 変圧器の全負荷銅損 p_{co}〔W〕は，$p_i = \alpha^2 p_{co}$ より，

$$p_{co} = \frac{p_i}{\alpha^2} = \frac{810}{\left(\dfrac{2}{3}\right)^2} \fallingdotseq 1\,823 \text{〔W〕}$$

全日効率 η_d〔%〕は，変圧器を負荷率 $\alpha = 1$ で運転する時間が $T = 8$〔h〕，負荷の力率が $\cos\theta = 0.8$ だから，

$$\eta_d = \frac{\alpha P_n \cos\theta T}{\alpha P_n \cos\theta T + 24 p_i + \alpha^2 p_{co} T} \times 100$$

$$= \frac{1 \times 200 \times 10^3 \times 0.8 \times 8}{1 \times 200 \times 10^3 \times 0.8 \times 8 + 24 \times 810 + 1^2 \times 1\,823 \times 8} \times 100$$

$$\fallingdotseq 97.4 \text{〔%〕}$$

【問題6】　(a) — (3)，(b) — (5)

(a) 変圧器 A は定格容量 $P_A = 30$〔kV·A〕で，負荷 $P_a = 5$〔kW〕，力率 $\cos\theta_a = 1$，鉄損 $p_{iA} = 200$〔W〕，全負荷銅損 $p_{cA} = 550$〔W〕，変圧器 B は定格容量 $P_B = 50$〔kV·A〕で，負荷 $P_b = 50$〔kW〕，力率 $\cos\theta_b = 1$，鉄損 $p_{iB} = 300$〔W〕，全負荷銅損 $p_{cB} = 800$〔W〕ですから，単独運転時損失の合計 p_{L1}〔W〕は次のようになります．

$$p_{L1} = p_{iA} + \left(\frac{P_a}{P_A}\right)^2 p_{cA} + p_{iB} + \left(\frac{P_b}{P_B}\right)^2 p_{cB}$$

$$= 200 + \left(\frac{5}{30}\right)^2 \times 550 + 300 + \left(\frac{50}{50}\right)^2 \times 800 \fallingdotseq 1\,315 \,\text{[W]}$$

(b) 並行運転時の変圧器 A の分担負荷 P_{a1}〔kV・A〕を求めます．変圧器 B のパーセントインピーダンス%Z_B = 3.0〔%〕を，変圧器 A の基準容量のパーセントインピーダンス%Z_{BA}〔%〕に直すと次のようになります．

$$\%Z_{BA} = \frac{\%Z_B}{P_B} P_A = \frac{3}{50} \times 30 = 1.8 \,\text{[\%]}$$

変圧器 A の分担負荷 P_{a1}〔kV・A〕は，

$$P_{a1} = \frac{\%Z_{BA}}{\%Z_A + \%Z_{BA}}(P_a + P_b) = \frac{1.8}{3+1.8} \times (5+50) \fallingdotseq 20.6 \,\text{[kV・A]}$$

変圧器 B の分担負荷 P_{b1}〔kV・A〕は，

$$P_{b1} = P_a + P_b - P_{a1} = 5 + 50 - 20.6 = 34.4 \,\text{[kV・A]}$$

したがって，並行運転時損失の合計 p_{L2}〔W〕は次のようになります．

$$p_{L2} = p_{iA} + \left(\frac{P_{a1}}{P_A}\right)^2 p_{cA} + p_{iB} + \left(\frac{P_{b1}}{P_B}\right)^2 p_{cB}$$

$$= 200 + \left(\frac{20.6}{30}\right)^2 \times 550 + 300 + \left(\frac{34.4}{50}\right)^2 \times 800 \fallingdotseq 1\,138 \,\text{[W]}$$

以上の結果から，軽減できる電力損失 p_L〔W〕は次のようになります．

$$p_L = p_{L1} - p_{L2} = 1\,315 - 1\,138 = 177 \,\text{[W]}$$

第6章 パワーエレクトロニクス

【問題 1】 (5)

サイリスタを用いた単相半波整流回路で，電圧と電流の位相が同相になっているので，負荷は純抵抗です．このとき，サイリスタの制御角を α とすると，直流平均電圧 V_d〔V〕は，次のように $\theta = \alpha$ から $\theta = \pi$ までの定積分で導かれます．

$$V_d = \frac{1}{2\pi}\int_\alpha^\pi \sqrt{2}\,V\sin\theta\,d\theta = \frac{\sqrt{2}}{2\pi}V[-\cos\theta]_\alpha^\pi$$

$$= \frac{\sqrt{2}}{2\pi} V\{-\cos\pi - (-\cos\alpha)\} = \frac{\sqrt{2}}{2\pi} V(1+\cos\alpha)$$

$$\fallingdotseq 0.45V \frac{1+\cos\alpha}{2} \ \text{[V]}$$

上式の結果に,制御角 $\alpha = 0$ を代入すると,

$$V_{dm} = 0.45V \frac{(1+\cos\alpha)}{2} = 0.45V \times \frac{1+\cos 0}{2} = 0.45V \ \text{[V]}$$

となり,直流平均電圧は最大値 $V_d = 0.45V$ [V] になります.

なお,定積分を知らなくても,式の結果を公式として暗記しておれば答えを引き出すことができます.

【問題2】(3)

ダイオードDは,IGBTがオフ状態のときもインダクタンス L に蓄えている電磁エネルギーを電流として,抵抗 R [Ω] に連続して流すための素子で,還流ダイオードともいいます.ダイオードDに流れる電流 i_D [A] の波形は,第8図に示すように電流 i_R [A] の波形からIGBTがオフの部分を切り取ったものになります.

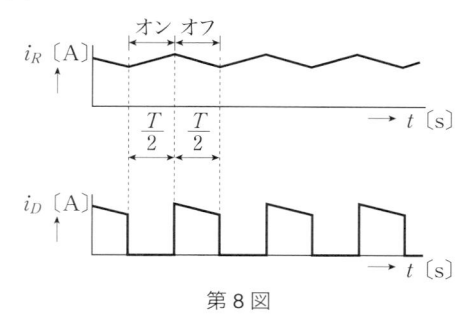

第8図

【問題3】(2)

抵抗負荷の直流電圧の平均値 V_d [V] は,交流電圧の実効値を $V_a = 100$ [V],制御角を α とすると次のように表されます.

$$V_d = \frac{\sqrt{2}\ V_a E}{\pi}(1+\cos\alpha) = 0.45V_a(1+\cos\alpha) \ \text{[V]}$$

制御角 α〔°〕が次の値のときの平均値 V_d〔V〕は，
$\alpha = 0°$ のとき
$$V_d = 0.45\,V_d(1+\cos\alpha) = 0.45 \times 100 \times (1+\cos 0°) = 90\,〔\text{V}〕$$
$\alpha = 45°$ のとき
$$V_d = 0.45\,V_d(1+\cos\alpha) = 0.45 \times 100 \times (1+\cos 45°) = 76.8\,〔\text{V}〕$$
$\alpha = 90°$ のとき
$$V_d = 0.45\,V_d(1+\cos\alpha) = 0.45 \times 100 \times (1+\cos 90°) = 45.0\,〔\text{V}〕$$
$\alpha = 135°$ のとき
$$V_d = 0.45\,V_d(1+\cos\alpha) = 0.45 \times 100 \times (1+\cos 135°) = 13.2\,〔\text{V}〕$$
$\alpha = 180°$ のとき
$$V_d = 0.45\,V_d(1+\cos\alpha) = 0.45 \times 100 \times (1+\cos 180°) = 0\,〔\text{V}〕$$

制御角 α〔°〕に対する直流電圧の平均値 V_d〔V〕のグラフは，以上の結果からグラフの数値を読み取って(2)であることがわかります．

〈参考〉
$$V_d = \frac{1}{\pi}\int_\alpha^\pi v_a d\omega t = \frac{1}{\pi}\int_\alpha^\pi \sqrt{2}\,V_a \sin\omega t d\omega t = \frac{\sqrt{2}\,V_a}{\pi}[-\cos\omega t]_\alpha^\pi$$
$$= \frac{\sqrt{2}\,V_a}{\pi}(-\cos\pi+\cos\alpha) = \frac{\sqrt{2}\,V_a}{\pi}(1+\cos\alpha)$$
$$= 0.45\,V_a(1+\cos\alpha)\,〔\text{V}〕$$

【問題4】 (a) ― (4), (b) ― (1)

(a) 平滑リアクトルは電磁エネルギーを蓄える効果があり抵抗負荷を流れる電流は一定となります．このため正の半周期の電圧を整流する二つのサイリスタが制御角 $\frac{\pi}{3}$〔rad〕でターンオンした後，負の半周期の電圧を整流する二つのサイリスタが制御角 $\frac{4\pi}{3}$〔rad〕でターンオンするまで電圧の位相が $\omega t = \pi$ の零クロス点を通過してもターンオフしません．

負の半周期の電圧を整流する二つのサイリスタが制御角 $\frac{4\pi}{3}$〔rad〕でターンオンすると，次の正の半周期の電圧を整流する二つのサイリスタが

制御角 $\frac{7\pi}{3}$ 〔rad〕でターンオンするまで電圧の位相が $\omega t = 2\pi$ の零クロス点を通過してもターンオフしません.

したがって,整流電圧 e_d〔V〕およびサイリスタの電流 i_T〔A〕の波形は(4)のようになります.

(b) 誘導性負荷の直流電圧 E_d〔V〕の式は

$$E_d = \frac{1}{\pi}\int_\alpha^{\pi+\alpha} e_d d\omega t = \frac{1}{\pi}\int_\alpha^{\pi+\alpha} \sqrt{2}\,E\sin\omega t d\omega t = \frac{\sqrt{2}\,E}{\pi}[-\cos\omega t]_\alpha^{\pi+\alpha}$$

$$= \frac{\sqrt{2}\,E}{\pi}\{-\cos(\pi+\alpha)+\cos\alpha\} = \frac{2\sqrt{2}\,E}{\pi}\cos\alpha \fallingdotseq 0.9E\cos\alpha \text{〔V〕}$$

上式に $\alpha = \frac{\pi}{2}$ を代入すると,直流電圧は $E_d = 0$〔V〕になります.

$$E_d = 0.9E\cos\alpha = 0.9E\cos\frac{\pi}{2} = 0 \text{〔V〕}$$

【問題5】 (a) ― (5), (b) ― (3)

(a) 制御角が $\alpha = 30° = \frac{\pi}{6}$〔rad〕のときの負荷電圧 E_{30}〔V〕は,

$$E_{30} = V\cdot\sqrt{1-\frac{\alpha}{\pi}+\frac{\sin 2\alpha}{2\pi}} = V\sqrt{1-\frac{\frac{\pi}{6}}{\pi}+\frac{\sin\left(2\times\frac{\pi}{6}\right)}{2\pi}}$$

$$= V\sqrt{1-0.167+0.138} \fallingdotseq V\sqrt{0.971} \text{〔V〕}$$

このときの抵抗負荷の消費電力 P_{30}〔W〕は,抵抗を R〔Ω〕とすると,

$$P_{30} = \frac{E_{30}^2}{R} = \frac{0.971V^2}{R} \text{〔W〕}$$

制御角が $\alpha = 90° = \frac{\pi}{2}$〔rad〕のときの負荷電圧 E_{90}〔V〕は,

$$E_{90} = V\cdot\sqrt{1-\frac{\alpha}{\pi}+\frac{\sin 2\alpha}{2\pi}} = V\sqrt{1-\frac{\frac{\pi}{2}}{\pi}+\frac{\sin\left(2\times\frac{\pi}{2}\right)}{2\pi}}$$

$$= V\sqrt{1-\frac{1}{2}} = V\sqrt{0.5} \ [\text{V}]$$

抵抗負荷の消費電力 P_{90} [W] は,

$$P_{90} = \frac{E_{90}{}^2}{R} = \frac{0.5\,V^2}{R} \ [\text{W}]$$

発熱量の倍率 n は,抵抗負荷の消費電力に比例するから次のようになります.

$$n = \frac{P_{30}}{P_{90}} = \frac{\dfrac{0.971\,V^2}{R}}{\dfrac{0.5\,V^2}{R}} = 1.942$$

(b) 基本波力率が1で遅れ角が0°の場合,電圧と電流が同相なので,サイリスタがターンオフして電流が零になったとき,電圧も零になっています.基本波力率が0で遅れ角が90°の場合,電圧と電流の位相差は90°ですので,サイリスタがターンオフして電流が零になったとき,電圧は最大値になっています.したがって,基本波力率角(遅れ)が大きくなるほどターンオフ直後のサイリスタに印加される電圧の絶対値は大きくなりますので,(3)が誤っていることになります.

【問題6】 (a) ― (2), (b) ― (3)

(a) 一つのダイオードで発生する損失 P_d [W] は,ダイオードの順電圧降下が $V_F = 1.0$ [V],直流電流が $I_d = 36$ [A] で,通電期間が1サイクルの $\dfrac{1}{3}$ であるから次のようになります.

$$P_d = \frac{1}{3}V_F I_d = \frac{1}{3} \times 1.0 \times 36 = 12 \ [\text{W}]$$

(b) 出力電圧 V_d [V] は,入力交流電圧 $V_L = 200$ [V],周波数 $f = 50$ [Hz],交流側のリアクトルのインダクタンス $L_L = 5.56 \times 10$ [H] を与えられた式に代入して次のようになります.

$$V_d = \frac{3\sqrt{2}}{\pi}V_L - \frac{3}{\pi}X \cdot I_d - 2V_F$$

$$= \frac{3\sqrt{2}}{\pi} V_L - \frac{3}{\pi} \cdot (2\pi f L_L) \cdot I_d - 2V_F$$

$$= \frac{3\sqrt{2}}{\pi} \times 200 - \frac{3}{\pi} \times 2\pi \times 50 \times 5.56 \times 10^{-4} \times 36 - 2 \times 1.0$$

$$\fallingdotseq 262 \text{ [V]}$$

第7章 照明

【問題1】 (4)

千鳥式に配置された放電灯1灯の分担面積 A [m²] は,街路の幅 $W = 16$ [m], 放電灯の間隔 $L = 30$ [m] より,

$$A = \frac{W}{2} \times 2L = \frac{16}{2} \times 2 \times 30 = 480 \text{ [m}^2\text{]}$$

街路面の平均照度 $E = 15$ [lx] のときの放電灯の光束 F [lm] は,照明率が $U = 0.30$ [p.u.],減光補償率が $D = 1.5$ [p.u.] より,$E = \frac{FU}{AD}$ [lx] から,

$$F = \frac{EAD}{U} = \frac{15 \times 480 \times 1.5}{0.30} = 36\,000 \text{ [lm]}$$

放電灯の出力 P [W] は,効率が $p = 60$ [lm/W] より次のようになります.

$$P = \frac{F}{p} = \frac{36\,000}{60} = 600 \text{ [W]}$$

【問題2】 (a) — (2), (b) — (5)

(a) 白色紙のB面から出る光束 F_1 [lm] は,均等放射光源の光束 $F_0 = 6\,000$ [lm],光束の利用率 $\alpha = 0.6$,白色紙の透過率 $\tau = 0.4$ より,

$$F_1 = \alpha \tau F_0 = 0.6 \times 0.4 \times 6\,000 = 1\,440 \text{ [lm]}$$

白色紙のB面の光束発散度 M [lm/m²] は,面積が $S = 5$ [m²] ですから次のようになります.

$$M = \frac{F_1}{S} = \frac{1\,440}{5} = 288 \text{ [lm/m}^2\text{]}$$

(b) 白色紙のB面の輝度 L [cd/m²] は,光束発散度 M [lm/m²] との関係が,

$M = \pi L$ より次のようになります．

$$L = \frac{M}{\pi} = \frac{288}{\pi} \fallingdotseq 91.7 \ [\mathrm{cd/m^2}]$$

【問題3】 (a) ― (5), (b) ― (2)

(a) 直線光源の光束発散度 M 〔lm/m²〕は，直線光源の単位長さ当たりの光束 $F = 3\,000$ 〔lm/m〕で，管径 $d = 0.038$ 〔m〕より，次のようになります．

$$M = \frac{F}{2\pi r \times 1} = \frac{F}{2\pi \frac{d}{2}} = \frac{F}{\pi d} = \frac{3\,000}{\pi \times 0.038} \fallingdotseq 25.1 \times 10^3 \ [\mathrm{lm/m^2}]$$

(b) 光源直下の床面の水平面照度 E_h 〔lx〕は，光源の床面上の高さを $h = 3$ 〔m〕とすると，次のようになります．

$$E_h = \frac{F}{2\pi h} = \frac{3\,000}{2\pi \times 3} \fallingdotseq 159 \ [\mathrm{lx}]$$

【問題4】 (a) ― (1), (b) ― (5)

(a) 円筒内面の平均照度 E_n 〔lx〕は，円筒半径 r 〔m〕，長さ1〔m〕の円筒内面の光束 $F = 3\,000$ 〔lm〕であるから次のようになります．

$$E_n = \frac{F}{S} = \frac{F}{2\pi r \times 1} = \frac{3\,000}{2\pi \times \sqrt{2^2 + 2^2} \times 1} \fallingdotseq 169 \ [\mathrm{lx}]$$

(b) P点の水平面照度 E_h 〔lx〕は，平均照度が法線照度であり，鉛直に対する光源とP点を結ぶ角が $\theta = 45°$ であるから次のようになります．

$$E_h = E_n \cos\theta = 169 \times \frac{1}{\sqrt{2}} \fallingdotseq 120 \ [\mathrm{lx}]$$

【問題5】 (a) ― (1), (b) ― (5)

(a) 第9図のように光源AとP点を結ぶ鉛直角を θ とすれば，P点の法線照度 E_n 〔lx〕，水平面照度 E_h 〔lx〕および鉛直面照度 E_v 〔lx〕の関係は，

第9図

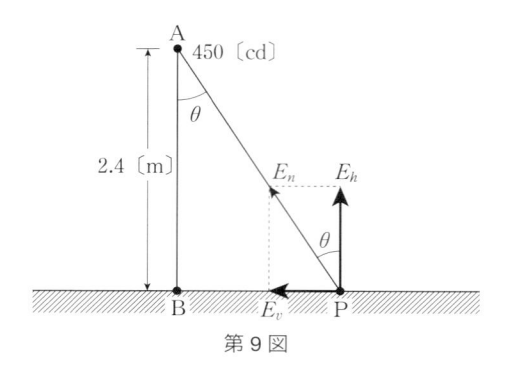

$E_h = E_n \cos\theta$, $E_v = E_n \sin\theta$, $E_h = 3E_v$ 〔lx〕であるから,

$$\frac{E_v}{E_h} = \frac{E_n \sin\theta}{E_n \cos\theta} = \tan\theta = \frac{1}{3}$$

BP間の距離 x〔m〕は,BA間の高さ $h = 2.4$〔m〕であるから次のようになります.

$$x = h\tan\theta = 2.4 \times \frac{1}{3} = 0.8 \text{〔m〕}$$

(b) P点の水平面照度 E_h〔lx〕は,A点の光源の光度 $I = 450$〔cd〕であるから次のようになります.

$$E_h = \frac{I}{\left(\sqrt{h^2+x^2}\right)^2}\cos\theta = \frac{I}{h^2+x^2} \cdot \frac{h}{\sqrt{h^2+x^2}}$$

$$= \frac{450}{2.4^2+0.8^2} \times \frac{2.4}{\sqrt{2.4^2+0.8^2}} \fallingdotseq 66.7 \text{〔lx〕}$$

【問題6】 (a) — (1),(b) — (2)

(a) 光源Aの光度 I_A〔cd〕は,全光束 $F = 6\,000$〔lm〕で立体角 $\omega = 4\pi$〔sr〕より,

$$I_B = \frac{F}{\omega} = \frac{6\,000}{4\pi} \fallingdotseq 477 \text{〔cd〕}$$

光源AによるP点の水平面照度 E_{hA}〔lx〕は,床面から光源Aまでの高さ $h = 2$〔m〕,O点とP点間の距離 $d = 1.5$〔m〕より,鉛直に対する角を α として,次のようになります.

$$E_{hA} = \frac{I_B}{\left(\sqrt{h^2+d^2}\right)^2}\cos\alpha = \frac{I_B}{h^2+d^2} \cdot \frac{h}{\sqrt{h^2+d^2}}$$

$$= \frac{477}{(2^2+1.5^2)} \times \frac{2}{\sqrt{2^2+1.5^2}} \fallingdotseq 61 \text{ [lx]}$$

(b) 光源Bの光度 $I_B(\theta) = 1\,000\cos\theta$ [cd] の角度 θ を，鉛直に対する角 α に変換すると，$\theta = \dfrac{\pi}{2} - \alpha$ なので

$$I_B(\alpha) = 1\,000\cos\left(\frac{\pi}{2}-\alpha\right)$$

$$= 1\,000\left(\cos\frac{\pi}{2}\cos\alpha + \sin\frac{\pi}{2}\sin\alpha\right)$$

$$= 1\,000\sin\alpha \text{ [cd]}$$

光源BによるP点の水平面照度 E_{hB} [lx] は，

$$E_{hB} = \frac{I_B(\alpha)}{\left(\sqrt{h^2+d^2}\right)^2}\cos\alpha = \frac{1\,000}{h^2+d^2}\sin\alpha\cos\alpha$$

$$= \frac{1\,000hd}{(h^2+d^2)^2} = \frac{1\,000\times2\times1.5}{(2^2+1.5^2)^2} = 76.8 \text{ [lx]}$$

光源Aと光源Bの両方を点灯したときのP点の水平面照度 E_h [lx] は，次のようになります．

$$E_h = E_{hA} + E_{hB} = 61.0 + 76.8 \fallingdotseq 138 \text{ [lx]}$$

第8章　電熱

【問題1】 (5)

電熱線の長さ l [m] は，定格出力 $P = 1\,000$ [W]，直径 $d = 0.7$ [mm] 表面電力密度 $\alpha = 5\times10^4$ [W/m²] で，電熱線の表面積を S [m²] とすると，$P = \alpha S = \alpha\pi dl$ の関係から，次のように求まります．

$$l = \frac{P}{\alpha\pi d} = \frac{1\,000}{5\times10^4\times\pi\times0.7\times10^{-3}} \fallingdotseq 9.09 \text{ [m]}$$

【問題2】 (4)

容積 4.5 [L] の水の質量は $m = 4.5$ [kg] であり，この水を温度 $\theta_1 = 20$ [℃]

から $\theta_2 = 100$ 〔℃〕まで加熱するのに必要な熱量 Q_1 〔kJ〕は，水の比熱 $c = 4.186$ 〔kJ/kg・K〕より，
$$Q_1 = cm(\theta_2 - \theta_1) = 4.186 \times 4.5 \times (100 - 20) ≒ 1\,507 〔kJ〕$$
温度 $\theta_2 = 100$ 〔℃〕になった水を，蒸発させるのに必要な熱量 Q_2 〔kJ〕は，水の気化熱が $q = 2\,256$ 〔kJ/kg〕より，
$$Q_2 = mq = 4.5 \times 2\,256 = 10\,152 〔kJ〕$$
電熱装置の出力 P 〔kW〕，効率 $\eta = 0.70$，蒸発させる時間 $T = 3$ 〔h〕および全熱量 $Q = Q_1 + Q_2$ 〔kJ〕の関係は，1〔kW・h〕$= 3\,600$〔kJ〕より，
$$3\,600 PT\eta = Q_1 + Q_2$$
となります．

したがって，電熱装置の出力 P 〔kW〕は次のようになります．
$$P = \frac{Q_1 + Q_2}{3\,600 T\eta} = \frac{1\,507 + 10\,152}{3\,600 \times 3 \times 0.70} ≒ 1.54 〔kW〕$$

【問題3】 (1)
ニクロム線の抵抗 R 〔Ω〕は，直径 $d = 0.05$ 〔cm〕，長さ $l = 300$ 〔cm〕，抵抗率 $\rho = 110$ 〔$\mu\Omega$・cm〕より，
$$R = \rho \frac{l}{S} = \rho \frac{l}{\pi \cdot \left(\frac{d}{2}\right)^2} = 110 \times 10^{-6} \times \frac{300}{\pi \times \left(\frac{0.05}{2}\right)^2} ≒ 16.8 〔\Omega〕$$

消費電力 P 〔W〕は，電流 $I = 5$ 〔A〕より，
$$P = I^2 R = 5^2 \times 16.8 = 420 〔W〕$$
消費電力 $P = 420$〔W〕は単位を変えると $P = 420$〔J/s〕であるから，毎秒の発熱量は，$Q = 0.420$〔kJ/s〕になります．

【問題4】 (3)
質量 $m = 600$ 〔kg〕の鋳鋼を，温度 $\theta_1 = 20$ 〔℃〕から $\theta_2 = 1\,535$ 〔℃〕まで加熱する熱量 Q_1 〔kJ〕は，鋳鋼の比熱が $c = 0.67$ 〔kJ/(kg・K)〕より，
$$Q_1 = cm(\theta_2 - \theta_1)$$
$$= 0.67 \times 600 \times (1\,535 - 20) = 609\,030 〔kJ〕$$
温度が $\theta_2 = 1\,535$ 〔℃〕になった鋳鋼を溶解させるのに必要な熱量 Q_2 〔kJ〕

は，鋳鋼の溶解潜熱が $q = 314$ [kJ/kg] より，
$$Q_2 = qm$$
$$= 314 \times 600 = 188\,400 \text{ [kJ]}$$

電気炉の出力 P [kW]，電気炉の効率 $\eta = 0.80$，溶解時間 $T = 0.5$ [h] および溶解に要する全熱量 $Q = Q_1 + Q_2$ [kJ] の関係は，1 [kW・h] $= 3\,600$ [kJ] より，
$$3\,600PT\eta = Q_1 + Q_2$$
となります．

したがって，電気炉の出力 P [kW] は，次のようになります．
$$P = \frac{Q_1 + Q_2}{3\,600T\eta} = \frac{609\,030 + 188\,400}{3\,600 \times 0.5 \times 0.80} ≒ 554 \text{ [kW]}$$

【問題5】 (a)－(3)，(b)－(2)

(a) 質量 $m_1 = 90$ [kg] の木材を，温度 $\theta_2 = 100$ [℃] まで加熱する熱量 Q_1 [kJ] は，温度 $\theta_1 = 20$ [℃] での含水量 $m_2 = 63$ [kg] で，木材の比熱 $c_1 = 1.25$ [kJ/(kg・K)] より，
$$Q_1 = c_1(m_1 - m_2)(\theta_2 - \theta_1) = 1.25 \times (90 - 63) \times (100 - 20)$$
$$= 2.7 \times 10^3 \text{ [kJ]}$$

木材に含まれている水 $m_2 = 63$ [kg] を，温度 $\theta_2 = 100$ [℃] まで加熱する熱量 Q_2 [kJ] は，水の比熱が $c_2 = 4.19$ [kJ/(kg・K)] より，
$$Q_2 = c_2 m_2 (\theta_2 - \theta_1) = 4.19 \times 63 \times (100 - 20) ≒ 21.118 \times 10^3 \text{ [kJ]}$$

木材の含水量 $m_2 = 63$ [kg] を，含水量 $m_3 = 4.5$ [kg] まで低下させるのに必要な熱量 Q_3 [kJ] は，水の蒸発潜熱 $q = 2.26 \times 10^3$ [kJ/kg] より，
$$Q_3 = q(m_2 - m_3) = 2.26 \times 10^3 \times (63 - 4.5) = 132.2 \times 10^3 \text{ [kJ]}$$

したがって，乾燥に要する全熱量 Q [kJ] は，次のようになります．
$$Q = Q_1 + Q_2 + Q_3 = 2.7 \times 10^3 + 21.118 \times 10^3 + 132.2 \times 10^3$$
$$≒ 156 \times 10^3 \text{ [kJ]}$$

(b) 乾燥器の出力 $P = 20$ [kW]，総合効率 $\eta = 0.55$，乾燥に要する時間 T [h] および乾燥に要する全熱量 Q [kJ] の関係は，1 [kW・h] $= 3\,600$ [kJ] より，
$$3\,600PT\eta = Q$$

となります．

したがって，乾燥に要する時間 T 〔h〕は，次のようになります．
$$T = \frac{Q}{3\,600P\eta} = \frac{156 \times 10^3}{3\,600 \times 20 \times 0.55} ≒ 3.93 \rightarrow 4 \text{〔h〕}$$

【問題6】 (a)-(3), (b)-(3)

(a) 温度 $\theta_1 = 20$ 〔℃〕，体積 $V = 0.400$ 〔m^3〕の水を，温度 $\theta_2 = 90$ 〔℃〕まで上昇させるのに必要な Q 〔kJ〕は，水の比熱 $c = 4.18$ 〔kJ/(kg・K)〕，密度 $\rho = 1.00 \times 10^3$ 〔kg/m^3〕より，
$$Q = c\rho V(\theta_2 - \theta_1) = 4.18 \times 1.00 \times 10^3 \times 0.400 \times (90 - 20)$$
$$≒ 1.17 \times 10^5 \text{〔kJ〕}$$

出力 $P = 4.8$ 〔kW〕の電気温水器を用いた場合，加熱に必要な時間 t 〔h〕は，電気温水器の総合効率 $\eta = 0.90$ で，1〔kW〕= 3 600〔kJ〕より，$3\,600Pt\eta = Q$ の関係から次のようになります．
$$t = \frac{Q}{3\,600P\eta} = \frac{1.17 \times 10^8}{3\,600 \times 4.8 \times 10^3 \times 0.90} ≒ 7.52 \text{〔h〕}$$

(b) ヒートポンプユニットの成績係数（COP）は，電気給湯器の消費電力 $P' = 1.4$ 〔kW〕で，加熱時間 $t' = 6$ 〔h〕より次のようになります．
$$\text{COP} = \frac{Q}{3\,600P't'} = \frac{1.17 \times 10^5}{3\,600 \times 1.40 \times 6} ≒ 3.87$$

第9章 電気化学

【問題1】 (1)

食塩水 NaCl を電気分解して水酸化ナトリウム NaOH と塩素 Cl_2 を得る方法にはイオン交換膜法が用いられます．

第10図のようにイオン交換膜で陽極側と陰極側を仕切り，陽イオンのみを透過させます．陽極側および陰極側では，以下のような化学反応が生じ，陽極側では塩素ガス Cl_2，陰極側では水酸化ナトリウム NaOH と水素ガス H_2 がそれぞれ得られます．

（陽極） $2Cl^- \rightarrow Cl_2 + 2e^-$

（陰極） $2Na^+ + 2OH^- + 2H^+ + 2e^- \rightarrow 2NaOH + H_2$

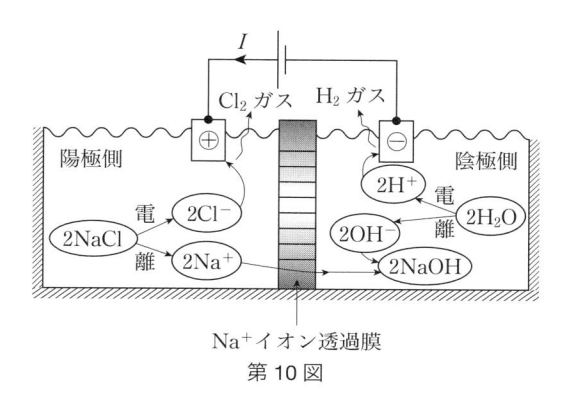

図中ラベル：
- I
- Cl_2 ガス
- H_2 ガス
- 陽極側
- 陰極側
- 電離
- $2NaCl$
- $2Cl^-$
- $2Na^+$
- $2H^+$
- $2OH^-$
- $2H_2O$
- $2NaOH$
- 電離
- Na^+イオン透過膜

第10図

【問題2】(4)

化学式から二つの酸素原子が結合して酸素分子になるから，酸素の原子価は，$n = 2$ です．電気量 $r = 5.36$ 〔kA・h〕と，流れた電流 I 〔A〕および通電時間 t 〔s〕の関係は，

$$r = I \times 10^{-3} \times \frac{t}{3\,600} = \frac{It}{3\,600} \times 10^{-3} = 5.36 \text{〔kA・h〕}$$

理論的に得られる酸素の質量 w 〔kg〕は，酸素の原子量が $m = 16$，原子価が $n = 2$，電気量が $r = 5.36$ 〔kA・h〕であるから，ファラデーの法則より次のようになります．

$$w = \frac{1}{96\,500} \cdot \frac{m}{n} \cdot I \cdot t = \frac{1}{96\,500} \cdot \frac{m}{n} \times 3\,600 \times r$$

$$= \frac{1}{26.8} \times \frac{16}{2} \times 5.36 \times 10^3 = 1\,600 \risingdotseq 1.6 \text{〔kg〕}$$

【問題3】(2)

カドミウムの原子価は，化学式より $n = 2$ 価であることがわかります．カドミウムの放電量 $w = 5.6$ 〔g〕，原子量 $m = 112$ および電気量 r 〔A・h〕の関係は，電流を I 〔A〕，通電時間を t' 〔h〕とするとファラデーの法則より，

$$w = \frac{1}{26.8} \cdot \frac{m}{n} \cdot I \cdot t' = \frac{1}{26.8} \cdot \frac{m}{n} \cdot r$$

得られる電気量 r 〔A・h〕は，上式より次のようになります．

$$r = 26.8 \times \frac{n}{m} \times w = 26.8 \times \frac{2}{112} \times 5.6 = 2.68 \ [\text{A} \cdot \text{h}]$$

【問題 4】 (3)

化学反応式から硫酸鉛 $PbSO_4$ は 2 価の四酸化硫黄 $SO_4{}^{2-}$ と鉛が結合したものであるから，鉛の原子価は $n = 2$ 価であることになります．

鉛の消費量 $w = 63$ 〔g〕，原子量 $m = 210$，原子価 $n = 2$，放電時間 $t' = 3$ 〔h〕および電流 I 〔A〕の関係は，ファラデーの法則より，

$$w = \frac{1}{26.8} \cdot \frac{m}{n} \cdot I \cdot t'$$

流した電流 I 〔A〕は，上式から次のようになります．

$$I = \frac{26.8 nw}{mt'} = \frac{26.8 \times 2 \times 63}{210 \times 3} = 5.36 \ [\text{A}] \rightarrow 5.4 \ [\text{A}]$$

【問題 5】 (5)

薄板に析出する亜鉛 w 〔g〕は，原子量 $m = 65.4$，原子価 $n = 2$ 価，電流 $I = 3$ 〔A〕，電流の通電時間 $t = 4$ 〔h〕，電流効率 $\eta = 0.65$ であるから，ファラデーの法則より次のようになります．

$$w = \frac{1}{96\,500} \cdot \frac{m}{n} \cdot I \cdot t \cdot \eta$$

$$= \frac{1}{96\,500} \times \frac{65.4}{2} \times 3 \times 4 \times 3\,600 \times 0.65 \fallingdotseq 9.5 \ [\text{g}]$$

【問題 6】 (a) — (2)，(b) — (1)

(a) 水素 $w = 20$ 〔kg〕の消費によって燃料電池から得られる電気量 r 〔kA・h〕は，水素の原子量 $m = 1$，原子価 $n = 1$，電流効率 $\eta = 0.9$ 〔p.u.〕で，電流を I 〔A〕，通電時間を t' 〔h〕として，ファラデーの法則より，次のようになります．

$$w \cdot \eta = \frac{1}{96\,500} \cdot \frac{m}{n} \cdot I \times 3\,600 t' = \frac{1}{26.8} \cdot \frac{m}{n} \cdot I \cdot t' = \frac{1}{26.8} \cdot \frac{m}{n} \cdot r$$

よって

$$r = \frac{26.8wn\eta}{m} = \frac{26.8 \times 20 \times 10^3 \times 1 \times 0.9}{1} \fallingdotseq 482 \times 10^3 = 482 \text{ [kA·h]}$$

(b) 得られた電気エネルギー W [kW·h] は，電気量が $r = 482$ [kA·h] で燃料電池の電圧が $V = 0.8$ [V] より，次のようになります．

$$W = rV = 482 \times 10^3 \times 0.8 = 386 \times 10^3 \fallingdotseq 386 \text{ [kW·h]}$$

第10章　自動制御

【問題1】 (1)

角周波数 $\omega = \dfrac{1}{T}$ を折れ点角周波数といいます．

ゲインは $g = -10\log_{10}\{1+(\omega T)^2\}$ なので，$\omega \gg \dfrac{1}{T}$ の範囲，すなわち $\omega T \gg 1$ の範囲では，以下のように近似されます．

$$g \fallingdotseq -10\log_{10}(\omega T)^2 = -20\log_{10}\omega T$$

したがって，角周波数 ω [rad/s] が10倍になるごとにゲイン g は20 [dB] 減少します．また，①式で示される一次遅れ要素の周波数伝達関数 $G(j\omega)$ は，②式のゲインの中に含まれます．

$$G(j\omega T) = \frac{1}{1+j\omega T} \quad\quad ①$$

$$20\log_{10}|G(j\omega)| = 20\log_{10}\frac{1}{\sqrt{1+(\omega T)^2}} \quad\quad ②$$

また $\omega = \dfrac{1}{T}$ のときのゲイン g は，②式に $\omega T = 1$ を代入すると，-3 [dB] であることがわかります．

$$g = 20\log_{10}\frac{1}{\sqrt{1+(\omega T)^2}} = 20\log_{10}\frac{1}{\sqrt{2}} = 20\log_{10}2^{-\frac{1}{2}}$$

$$= -\frac{1}{2} \times 20\log_{10}2 = -10\log_{10}2$$

$$\fallingdotseq -3 \text{ [dB]}$$

位相 θ は，①式の周波数伝達関数 $G(j\omega)$ を次式のように実数部 Re と虚数部 Im に分けて，$\tan^{-1}$ から求めます．$\omega T = 1$ を代入して位相 θ が求まり，

45°の遅れであることがわかります．

$$G(j\omega T) = \frac{1}{1+j\omega T} = \frac{1}{1+j} = \frac{1}{1+j} \times \frac{1-j}{1-j} = \frac{1}{2} - j\frac{1}{2}$$

$$\theta = \tan^{-1}\frac{-\mathrm{Im}}{\mathrm{Re}} = \tan^{-1}\frac{-\frac{1}{2}}{\frac{1}{2}} = \tan^{-1}-1 = -45°$$

【問題2】 (4)
図1の入力 $e_i(t)$ 〔V〕および出力 $e_o(t)$ は次のように表されます．

$e_i(t) = (R+j\omega L)i(t)$ 〔V〕

$e_o(t) = Ri(t)$ 〔V〕

したがって周波数伝達関数 $G(j\omega)$ は，次のようになります．

$$G(j\omega) = \frac{e_o(j\omega)}{e_i(j\omega)} = \frac{R \cdot i(j\omega)}{(R+j\omega L)i(j\omega)} = \frac{R}{R+j\omega L} = \frac{1}{1+j\omega \frac{L}{R}}$$

$$= \frac{1}{1+j\omega T}$$

図3において，電流 $i(t)$ が定常値 $I = 0.1$ 〔A〕の 63 〔%〕になる電流値から時定数が $T = 0.01$ 〔s〕であることが読み取れます．

図3の電流波形を見ると，時間 t 〔s〕が十分に経過した電流の定常値は $I = 0.1$ 〔A〕であることがわかります．したがって，回路の抵抗 R 〔Ω〕はステップ電圧の値が $V = 1$ 〔V〕であるから，次のように求まります．

$$R = \frac{V}{I} = \frac{1}{0.1} = 10 \text{ 〔Ω〕}$$

したがって，インダクタンス L 〔H〕は，先に求めた周波数伝達関数 $G(j\omega)$ の式中の時定数 T 〔s〕と抵抗 R 〔Ω〕の関係から，次のように求まります．

$T = \frac{L}{R}$ 〔s〕より，

$L = TR = 0.01 \times 10 = 0.1$ 〔H〕

周波数伝達関数 $G(j\omega)$ は時定数 $T=0.01$ 〔s〕ですから次のようになります.

$$G(j\omega) = \frac{1}{1+j\omega T} = \frac{1}{1+j\omega \times 0.01} = \frac{1}{1+j0.01\omega}$$

【問題3】 (4)

比例定数 k_1 は，入力電圧 $v_e=1$ 〔V〕のとき，出力電圧 $v_p=80$ 〔V〕より，

$$k_1 = \frac{v_p}{v_e} = \frac{80}{1} = 80$$

比例定数 k_2 は，負荷電流が $i_L=40$ 〔A〕のとき，電流センサの出力電圧が $v_f=8$ 〔V〕より，

$$k_2 = \frac{v_f}{i_L} = \frac{8}{40} = 0.2$$

出力電圧 v_p〔V〕と，目標値設定電圧 v_r〔V〕の関係は，以上の関係を代入して，

$$v_p = k_1 v_e = k_1(v_r - v_f) = k_1(v_r - k_2 i_L) = k_1\left(v_r - k_2 \frac{v_p}{R}\right)$$

上式を移行して整理すると，

$$v_p = \frac{k_1 v_r}{1 + k_1 k_2 \frac{1}{R}}$$

目標値設定電圧が $v_r=9$ 〔V〕のときの出力電圧 v_p〔V〕は，

$$v_p = \frac{k_1 v_r}{1 + k_1 k_2 \frac{1}{R}} = \frac{80 \times 9}{1 + 80 \times 0.2 \times \frac{1}{2}} = 80 \text{〔V〕}$$

負荷電流 i_L〔A〕は，

$$i_L = \frac{v_p}{R} = \frac{80}{2} = 40 \text{〔A〕}$$

となります.

【問題4】 (a) — (2), (b) — (4)

(a) 図2のCR回路の周波数伝達関数 $G_1(j\omega)$ は，流れる電流を $i(j\omega)$ 〔A〕と仮定すると，次のようになります．

$$G_1(j\omega) = \frac{e_o(j\omega)}{e_i(j\omega)} = \frac{R \cdot i(j\omega)}{\left(\frac{1}{j\omega C} + R\right)i(j\omega)} = \frac{j\omega CR}{1+j\omega CR}$$

(b) 図1のブロック図の閉ループ周波数伝達関数 $G(j\omega)$ は，フィードバック接続の合成伝達関数のことであり，記号式は次のように表されます．

$$G(j\omega) = \frac{K}{1+KG_1(j\omega)} = \frac{K}{1+K\dfrac{j\omega CR}{1+j\omega CR}} = \frac{(1+j\omega CR)K}{1+j\omega CR+j\omega CRK}$$

$$= \frac{(1+j\omega CR)K}{1+j\omega CR(1+K)}$$

ここで，ゲイン K が非常に大きいとすると，閉ループ周波数伝達関数 $G(j\omega)$ は次のように近似されます．

$$G(j\omega) = \frac{(1+j\omega CR)K}{1+j\omega CR(1+K)} \fallingdotseq \frac{(1+j\omega CR)K}{j\omega CRK} = 1 + \frac{1}{j\omega CR}$$

【問題5】 (a) — (1), (b) — (4)

(a) 抵抗 R〔Ω〕および静電容量 C_1〔F〕を流れる電流を $i(j\omega)$〔A〕とすると，入力電圧 $e_i(j\omega)$〔V〕および出力電圧 $e_o(j\omega)$〔V〕は，

$$e_i(j\omega) = \left(R + \frac{1}{j\omega C_1}\right) \cdot i(j\omega)$$

$$e_o(j\omega) = \frac{1}{j\omega C_1} \cdot i(j\omega)$$

周波数伝達関数 $G(j\omega)$ は，

$$G(j\omega) = \frac{e_o(j\omega)}{e_i(j\omega)} = \frac{\dfrac{1}{j\omega C_1} \cdot i(j\omega)}{\left(R + \dfrac{1}{j\omega C_1}\right) \cdot i(j\omega)} = \frac{\dfrac{1}{j\omega C_1}}{R + \dfrac{1}{j\omega C_1}} = \frac{1}{1+j\omega C_1 R}$$

$$= \frac{1}{1+j\omega T_1}$$

この周波数伝達関数 $G(j\omega)$ から時定数 T_1 〔s〕は，次のようになります．

$$T_1 = C_1 R$$

(b) 図 2 の回路も同じようにして周波数伝達関数 $G(j\omega)$ を求めます．

抵抗 R 〔Ω〕と並列に C_2 〔F〕を付加したときに流れる電流を図 1 の回路と同じように $i(j\omega)$ 〔A〕とすると，入力電圧 $e_i(j\omega)$ 〔V〕は，

$$e_i(j\omega) = \left(\frac{\dfrac{R}{j\omega C_2}}{R + \dfrac{1}{j\omega C_2}} + \frac{1}{j\omega C_1} \right) \cdot i(j\omega) = \left(\frac{R}{1+j\omega C_2 R} + \frac{1}{j\omega C_1} \right) \cdot i(j\omega)$$

出力電圧 $e_o(j\omega)$ 〔V〕は，

$$e_o(j\omega) = \frac{1}{j\omega C_1} \cdot i(j\omega)$$

周波数伝達関数 $G(j\omega)$ は，

$$G(j\omega) = \frac{e_o(j\omega)}{e_i(j\omega)} = \frac{\dfrac{1}{j\omega C_1} \cdot i(j\omega)}{\left(\dfrac{R}{1+j\omega C_2 R} + \dfrac{1}{j\omega C_1} \right) \cdot i(j\omega)}$$

$$= \frac{\dfrac{1}{j\omega C_1}}{\dfrac{R}{1+j\omega C_2 R} + \dfrac{1}{j\omega C_1}} = \frac{\dfrac{1}{j\omega C_1}}{\dfrac{j\omega C_1 R + 1 + j\omega C_2 R}{j\omega C_1 (1+j\omega C_2 R)}}$$

$$= \frac{1+j\omega C_2 R}{1+j\omega (C_1+C_2) R} = \frac{1+j\omega T_3}{1+j\omega T_2}$$

T_2 〔s〕および T_3 〔s〕を示す式は，上式より，次のようになります．

$$T_2 = (C_1 + C_2) R$$
$$T_3 = C_2 R$$

【問題6】 (a) — (2)，(b) — (3)

(a) 開ループ周波数伝達関数 $G(j\omega)$ を，以下のように実数部 Re と虚数部

447

Im の成分に分けます．

$$G(j\omega) = \frac{20}{j\omega(1+j0.2\omega)} = \frac{20}{-0.2\omega^2+j\omega} \times \frac{-0.2\omega^2-j\omega}{-0.2\omega^2-j\omega}$$

$$= -\frac{4\omega^2}{(0.2\omega^2)^2+\omega^2} - j\frac{20\omega}{(0.2\omega^2)^2+\omega^2}$$

ベクトル軌跡から明らかなように，上式の実数部 Re と虚数部 Im の値が等しいとき，角周波数 ω 〔rad/s〕の位相角が $-135°$ になります．

$$\frac{4\omega^2}{(0.2\omega^2)^2+\omega^2} = \frac{20\omega}{(0.2\omega^2)^2+\omega^2}$$

したがって位相角が $-135°$ となる角周波数 ω 〔rad/s〕は，上式より $4\omega^2 = 20\omega$ の関係から，$\omega = 5$ 〔rad/s〕になります．

(b) 開ループ周波数伝達関数 $G(j\omega)$ の絶対値に角周波数 ω 〔rad/s〕に $\omega = 5$ 〔rad/s〕の値を代入したゲイン $|G(j\omega)|$ は次のようになります．

$$|G(j\omega)|_{\omega=5} = \left|\frac{20}{j\omega(1+j0.2\omega)}\right| = \frac{20}{\sqrt{(0.2\omega^2)^2+\omega^2}}$$

$$= \frac{20}{\sqrt{(0.2\times 5^2)^2+5^2}} \fallingdotseq 2.82$$

第11章 情報

【問題1】 (4)

論理回路を論理式に置き換えると，次のようになります（第11図参照）．

$$X = \overline{\overline{A}\cdot C + \overline{A} + B + A\cdot \overline{C}}$$

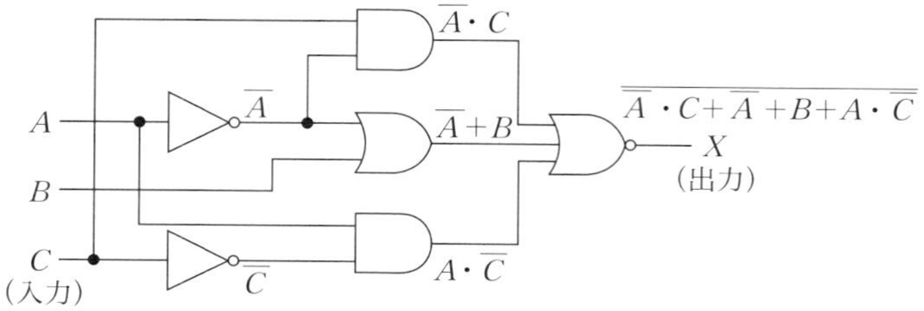

第11図

この論理式を吸収則，同一則およびド・モルガンの定理を用いて整理すると次のようになります．

$$X = \overline{\overline{A} \cdot C + \overline{A} + B + A \cdot \overline{C}} = \overline{\overline{A}(C+1) + B + A \cdot \overline{C}}$$
$$= \overline{\overline{A} + B + A \cdot \overline{C}} = \overline{B + \overline{A} + A \cdot \overline{C}} = \overline{B + \overline{A} + \overline{C}} = \overline{\overline{A} + B + \overline{C}}$$
$$= \overline{\overline{A}} \cdot \overline{B} \cdot \overline{\overline{C}}$$
$$= A \cdot \overline{B} \cdot C$$

【問題2】 (4)

入力電圧が510〔mV〕のときのディジタル出力 $(11111111)_2$ を10進数で表すと,

$$(11111111)_2 = (FF)_{16} = 15 \times 16^1 + 15 \times 16^0 = (255)_{10}$$

また,入力電圧が -510〔mV〕のときのディジタル出力は,

$$(00000000)_2 = (00)_{16} = (0)_{10}$$

したがって,1ビットが表すアナログ量の大きさ v〔mV〕は,

$$v = \frac{510-(-510)}{255} = 4 \text{〔mV〕}$$

アナログ量の入力電圧が330〔mV〕のときの10進数の値 d は,

$$d = \frac{330-(-510)}{v} = \frac{840}{4} = 210$$

この10進数の値 d を2進数のディジタル量に変換すると,次のようになります.

$$d = (210)_{10} = (D2)_{16} = (11010010)_2$$

【問題3】 (a) — (4), (b) — (3)

(a) カルノー図の領域を示す図に直すと第12図のようになります.

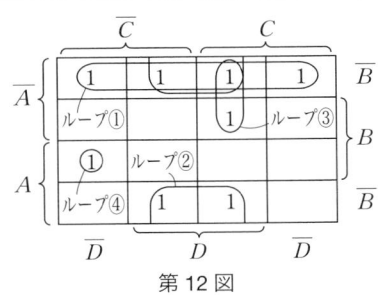

第12図

各領域の論理式は以下のとおりです.

ループ①の四つの要素の論理式は $\overline{A} \cdot \overline{B}$

ループ②の四つの要素の論理式は $\overline{B} \cdot D$

ループ③の二つの要素の論理式は $\overline{A} \cdot C \cdot D$

ループ④の一つの要素の論理式は $A \cdot B \cdot \overline{C} \cdot \overline{D}$

　以上の結果からカルノー図が示す出力 X の論理式は次のようになります.

$$X = \overline{A} \cdot \overline{B} + \overline{B} \cdot D + \overline{A} \cdot C \cdot D + A \cdot B \cdot \overline{C} \cdot \overline{D}$$

(b) (a)で求めた論理式 X をド・モルガンの定理を使って NAND 回路および NOT 回路で実現する式に変形すると，次のようになります.

$$X = \overline{A} \cdot \overline{B} + \overline{B} \cdot D + \overline{A} \cdot C \cdot D + A \cdot B \cdot \overline{C} \cdot \overline{D}$$

$$= \overline{\overline{\overline{A} \cdot \overline{B}} + \overline{\overline{B} \cdot D} + \overline{\overline{A} \cdot C \cdot D} + \overline{A \cdot B \cdot \overline{C} \cdot \overline{D}}}$$

$$= \overline{(\overline{\overline{A} \cdot \overline{B}}) \cdot (\overline{\overline{B} \cdot D})} + \overline{(\overline{\overline{A} \cdot C \cdot D}) \cdot (\overline{A \cdot B \cdot \overline{C} \cdot \overline{D}})}$$

$$= \overline{(\overline{\overline{A} \cdot \overline{B}}) \cdot (\overline{\overline{B} \cdot D}) \cdot (\overline{\overline{A} \cdot C \cdot D}) \cdot (\overline{A \cdot B \cdot \overline{C} \cdot \overline{D}})}$$

【問題4】　(a) — (4)，(b) — (3)

(a) A と B の論理和（OR），排他的論理和（EX-OR）および否定的論理積（NAND）を，第1表から第3表の結果に基づいて2進数で算出し，それを16進数に変換すると次のようになります.

論理和（OR）
$A = 10100101$
$B = \underline{11000110}$
　　$(11100111)_2 = (E7)_{16}$ ←(ア)

排他的論理和（EX-OR）
$A = 10100101$
$B = \underline{11000110}$
　　$(01100011)_2 = (63)_{16}$ ←(イ)

否定的論理積（NAND）
$A = 11000011$
$B = \underline{10100101}$
　　$(01111110)_2 = (7E)_{16}$ ←(ウ)

第1表 OR

入力		結果
0	0	0
0	1	1
1	0	1
1	1	1

第2表 EX-OR

入力		結果
0	0	0
0	1	1
1	0	1
1	1	0

第3表 NAND

入力		結果
0	0	1
0	1	1
1	0	1
1	1	0

(b) (ア) 10進数の12を，2進数の7ビット表示に直すと

$(12)_{10} = (0001100)_2$

10進数の -12 を，2進数の8ビット表示に直すと，左端が"1"で

$(-12)_{10} = (10001100)_2$

(イ) 2進数 $(0001100)_2$ の2の補数は，各ビットの"0"と"1"を反転させたあと，"1"を加える．

$(1110011)_2 + (1)_2 = (1110100)_2$

したがって，10進数の -12 は，左端が"1"であるから，

$(-12)_{10} = (11110100)_2$

【問題5】 (a) — (2), (b) — (4)

(a) 動作クロックの周波数が $f = 2.5$ 〔GHz〕のサイクルタイム T 〔ns〕は，

$$T = \frac{1}{f} = \frac{1}{2.5 \times 10^9} = 0.4 \times 10^{-9} = 0.4 \text{〔ns〕}$$

(b) CPI＝5 で1命令当たりの平均実行時間が 0.02 〔μs〕のとき，サイクルタイム T_1 〔μs〕は

$$T_1 = \frac{0.02 \times 10^{-6}}{5} = 0.004 \times 10^{-6} = 4 \times 10^{-9}$$

マイクロプロセッサの動作クロック周波数 f_1 〔MHz〕は，

$$f_1 = \frac{1}{T_1} = \frac{1}{4 \times 10^{-9}} = 250 \times 10^{-6} = 250 \text{〔MHz〕}$$

【問題6】 (a) — (3), (b) — (4)

(a) 図1のJK-FFは，クロック入力CKにエッジトリガ形を示す三角形のほかに○も付いていますので，入力されたクロックパルスが1から0に変

化するときに状態が切り換わる負論理のフリップフロップです.

　(ア)は, $J=0$, $K=0$ より, 出力の現状態が次状態に維持される保持動作ですので $Q=Q'=0$ になります.

　(イ)は, $J=0$, $K=1$ より, 出力の状態に関係なく次状態では0になる0のセット動作ですので $Q'=0$ になります.

　(ウ)は, $J=1$, $K=0$ より, 出力 $Q=0$ の状態に関係なく次状態では1になる1のセット動作ですので $Q'=1$ になります.

　(エ)も, $J=1$, $K=0$ より, 出力の状態に関係なく次状態では1になる1のセット動作ですので $Q'=1$ になります.

　(オ)は, $J=K=1$ より, クロックパルスが入力されると, 現状態 $Q=0$ が次状態で入れ替わるトグル動作ですので $Q'=1$ になります.

(b)　クロックパルス CK によって変化する条件を吟味すると, (4)のタイムチャートが適合することがわかります. 第13図に示す(4)のタイムチャートの①～⑤において, クロックパルス CK によって変化するJK-FFの出力を見てみます.

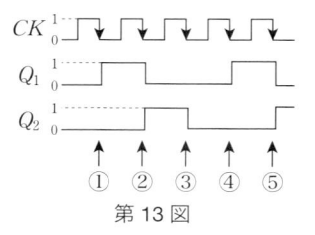

第13図

　①のとき JK-FF_1 の入力が $J=\overline{Q_2}=1$, $K=1$ だから, クロックパルス CK が入力されるとトグル動作を行いますので, 出力 Q_1 は0から1に切り換わります. JK-FF_2 の入力は $J=Q_1=0$, $K=1$ だから, クロックパルス CK が入力されると, 0のセット動作を行いますので, 出力 Q_2 の0はそのまま維持されます.

　②のとき JK-FF_1 の入力が $J=\overline{Q_2}=1$, $K=1$ だから, クロックパルス CK が入力されるとトグル動作を行いますので, 出力 Q_1 は1から0に切り換わります. JK-FF_2 の入力は $J=Q_1=1$, $K=1$ だから, クロックパルス CK が入力されると, トグル動作を行いますので, 出力 Q_2 は0から1に切り換わります.

③のとき JK-FF$_1$ の入力が $J=\overline{Q_2}=0$，$K=1$ だから，クロックパルス CK が入力されると 0 のセット動作を行いますので，出力 Q_1 の 0 はそのまま維持されます．JK-FF$_2$ の入力が $J=Q_1=0$，$K=1$ だから，クロックパルス CK が入力されると，0 のセット動作を行いますので，出力 Q_2 は 1 から 0 に切り換わります．

　④のとき JK-FF$_1$ の入力は $J=\overline{Q_2}=1$，$K=1$ だから，クロックパルス CK が入力されるとトグル動作を行いますので，出力 Q_1 は 0 から 1 に切り換わります．JK-FF$_2$ の入力は $J=Q_1=0$，$K=1$ だから，クロックパルス CK が入力されると，0 のセット動作を行いますので，出力 Q_2 の 0 はそのまま維持されます．

　⑤のとき JK-FF$_1$ の入力は $J=\overline{Q_2}=1$，$K=1$ だから，クロックパルス CK が入力されるとトグル動作を行いますので，出力 Q_1 は 1 から 0 に切り換わります．JK-FF$_2$ の入力は $J=Q_1=1$，$K=1$ だから，クロックパルス CK が入力されると，トグル動作を行いますので，出力 Q_2 は 0 から 1 に切り換わります．

索 引

あ

アーク加熱 269
アーク熱の利用 282
アーク炉 278
アクセプタ 180
アボガドロ数 296
アラゴの円板 40
圧縮 284
安定限界 360
安定判別法 360

い

イオン 295
イオン化列 297
イオン交換膜法 315
イオン伝導 299
イクスクルーシブオア回路 387
インターネット 372
インバータ 198, 385
インバータ制御 212
インバータの原理 199
インバータの分類 199
インバータ方式 239
インパルス応答 353
インパルス信号 352
インピーダンスボルト 159
インピーダンスワット 159
位相曲線 340, 362
一次遅れ要素 337
一次遅れ要素の位相 339
一次遅れ要素のゲイン 338
一次側換算の等価回路 52
一次銅損 56
一次入力 55
一次巻線 141
色温度 228

う

ウェイト 379
運動エネルギー 110

え

エアコンの暖房運転 287
エアコンの冷房運転 285
エッジトリガ形 397
エルー炉 279
エレベータのしくみ 121
エレベータ用電動機の出力 122
液化 263
液化熱 264
演算装置 372
演色性 228
鉛直面照度 246, 249, 250, 252
円筒形回転子 84
円筒光源 247, 251
塩浴炉 278

お

オア回路 385
屋外照明 256
折れ点角周波数 342

か

かご形誘導電動機 43
カーバイド炉 279
カーボランダム炉 277
カウンタ 400
カルノー図 392
界磁コイル 9
界磁制御法 32
界面電気化学 320
回生制動 32, 64
回転界磁形同期発電機 79
回転子 83
回転磁界 41
回転子の回転数 47
回転電機子形同期発電機 80
回転導体 3
外乱 328
化学当量 297
化学変化 299
化合物 294
加極性 143
角速度 47
重ね巻 11
可視光線 226
可変電圧可変周波数制御 72

454

還元	307
還元反応	299
慣性モーメント	110
間接式抵抗炉	277
完全拡散光源	243
感熱	263
還流ダイオード	200

き

ギャップ	9
記憶装置	373
記憶動作	395
気化	262
気化熱	264
機械出力	56
機械損	34
器具効率	254
基準入力	329
輝度	243
規約効率	34
逆相制動	33, 65
逆阻子三端子サイリスタ	185
逆変換回路	198
球光源	243, 246
吸収則	389
吸収率	243
吸熱	284
凝固	263
凝固熱	264
極数変換制御	70
曲線抵抗	129
虚数部	341
距離の逆2乗の法則	242
金属塩電解	316
金属表面処理	318

く

グラム当量	297
クリプトル炉	278
クレーン	117
グロー点灯管	238
グローブ	246
クロック発生回路	373
空げき	9
偶力	7

け

ゲイン	338
ゲイン曲線	339, 362

ゲイン定数	337
ゲートターンオフサイリスタ	185
蛍光灯	230
蛍光ランプ	230, 231
蛍光ランプの点灯装置	237
結合則	389
減極性	143
減光補償率	255
減衰定数	350
原子	294
原子価	296
原子核	294
原子量	295
検出部	329
元素	294
顕熱	263

こ

こう配抵抗	129
コイルの起電力	136
コンピュータの構成	372
降圧形	141
降圧形単巻変圧器	146
降圧チョッパ回路	206
降圧チョッパの原理	205
高圧水銀ランプ	233
高圧ナトリウムランプ	234
広域情報通信網	376
交換則	389
合成伝達関数	345
光束	241
光束発散度	242
光度	241
拘束試験	68
構内情報通信網	376
効率	34, 254
黒鉛化炉	276
固定子	82
固定損	66
固有角周波数	350

さ

サーボ機構	327
サイリスタ	182
サイリスタ始動法	98
最大効率	168
裁断	204
鎖交磁束	138
酸化	307

酸化反応	299
三相インバータ	201
三相インバータの出力電圧	203
三相インバータの制御信号	202
三相全波整流回路	194
三相短絡曲線	100
三相同期発電機	88
三相半波整流回路	193

し

しゅう動接触	45
シーケンス制御	328
ジュール損	56
ジュール熱の利用	282
磁化	41
磁気吸引力	42
磁気結合	50
磁気相互作用	10, 42, 46
磁気反発力	42
磁極	46
磁束	136
磁束の変化率	136
磁束密度	4
磁力線	136
自己始動法	97
自己消弧形素子	188
自己容量	146
自動制御	326
自動調整装置	327
自励式	199
実効値の誘導起電力	142
実数部	341
実測効率	34
実揚程	114
室の平均照度	255
時定数	335, 342
始動電動機法	98
始動補償器始動	62
周速度	4
周波数制御	70
周波数伝達関数	332
主記憶装置	374
出発抵抗	129
出力装置	375
瞬時式	141
順変換回路	198
昇圧形	141
昇圧形単巻変圧器	145
昇圧チョッパ	207
昇圧チョッパの昇圧電圧	209
昇圧チョッパの電圧波形	208
昇華	263
照度	241
照明率	254
食塩電解	315
進数	377
真性半導体	180
真理値表	384
浸透の深さ	270

す

ずい道抵抗	129
ステッピングモータ	213
ステップ応答	355
ステップ信号	354
スリップリング	45, 84
水平面照度	246, 249, 250, 252
水溶液電解	315
水溶液の電気分解	300
滑り	42, 47
滑りの比例式	58

せ

セット動作	395
セパレータ	306
制御	326
制御装置	372
制御対象	329
制御量	329
制動	32
制動機	48
制動法	63
正弦波整流	12
成績係数	286, 287
整定時間	358
整流	12
整流回路	190
整流環	3
整流曲線	12
整流子	3, 7
赤外線加熱	272
析出	302
絶縁ゲートバイポーラトランジスタ	186
絶縁変圧器	147
設定部	329
全日効率	169
全電圧始動	61
全波整流	213

全負荷銅損	159
全揚程	114
潜熱	264
線路容量	145

そ

増加運動エネルギー	110
走行抵抗	129
操作部	329
操作量	329
送風機	125
双方向三端子サイリスタ	183
損失の種類	33
損失揚程	114

た

ターンオン	183
ダイオード	180
タイムチャート	384
太陽電池	309
対流	262
他励機	17
他励式	199
他励電動機	17, 24
他励発電機	17
炭化けい素炉	277
単相制動	65
単相全波整流回路	192
単相半波整流回路	191, 196
単相ブリッジ整流回路	192
単巻変圧器	145
短絡電流	156
短絡比	100

ち

チョッパ	204
チョッパ制御	210
チョッパの出力波形	204
チョッピング	204
蓄熱	288
中央処理装置	372
中性子	294
調節器	329
調節部	329
直接式抵抗炉	276
直接負荷損	66
直線導体	2, 6
直巻機	19
直巻電動機	20, 26

直巻発電機	19
直流機	9
直流機の分類	16

て

デューティ比	205
低圧ナトリウムランプ	234
低周波始動法	98
抵抗回路	331
抵抗加熱	268
抵抗制御法	31
抵抗炉	276
鉄損	33, 157
電圧形	199
電圧形インバータ	200
電圧制御法	31
電圧変動率	155
電鋳	318
電解	299
電解加工	319
電解研磨	319
電解採取	317
電解質	298
電解精製	301
電解精錬	301, 316
電界効果トランジスタ	185
電気泳動	321
電気化学当量	297
電気加熱	267
電気浸透	320
電気鉄道	128
電気透析	321
電気分解	299
電気めっき	318
電機子	10
電機子の作用	10
電機子の誘導起電力	10
電機子反作用	13
電機子反作用の軽減対策	14
電機子巻線	11
電子	294
電磁波	226
電磁波の速度	226
電磁誘導	41, 50
電磁誘導作用	10
電磁力	6, 10
電車	128
電車用電動機の出力	130
電池の種類	305

電動機の始動制御·················30
電動機の整流·····················12
電動機の速度制御·················31
電流形··························199
電流比··························144
電力・光束変換率················254
点光源······················241, 245
天井クレーン···················118
伝達関数························344
伝導····························262

と

トグル動作······················396
ドナー··························180
ド・モルガンの定理··············389
トライアック···················183
トランジスタ···················181
トルク····························7
同一則··························389
同期化電流·······················92
同期機··························78
同期調相機······················102
同期電動機のV曲線··············102
同期電動機の原理·················81
同期電動機の始動法···············97
同期電動機の出力·················96
同期電動機の等価回路·············94
同期電動機の内部相差角···········96
同期電動機のベクトル図···········94
同期発電機の原理·················79
同期発電機の出力·················91
同期発電機の等価回路·············88
同期発電機の内部相差角···········90
同期発電機の並列運転·············91
同期発電機の並列運転の条件·····92
同期発電機のベクトル図···········89
同期ワット······················56
等価回路···················49, 148
透過光束························242
透過率··························243
動作信号························329
銅損·····························34
導体円板·························40
導通····························183
導電率··························270
特殊演色評価数··················228
特殊かご形回転子·················44
特性方程式······················361
特性方程式による安定判別········361

突極形回転子····················84

な

ナイキスト線図··················361
ナイキスト線図の安定判別········361
ナンド回路······················386
鉛蓄電池························311
波巻·····························11

に

ニッケル－カドミウム電池········312
ニッケル－水素電池··············312
二次遅れ要素····················349
二次遅れ要素の応答··············357
二次側抵抗一括の等価回路········53
二次周波数······················51
二次抵抗始動····················63
二次抵抗制御····················71
二次電池························306
二次銅損·························56
二次入力·························56
二次巻線························141
二次誘導起電力··················51
二重かご形······················44
二重フィードバックループの合成··348
二次励磁制御····················72
二巻線変圧器···················141
入力装置························375

ね

熱抵抗··························265
熱伝導率························265
熱容量··························265
熱流························263, 265
熱量····························266
燃焼加熱························267
燃料電池························308

の

ノア回路························386
ノット回路······················385

は

はずみ車························109
はずみ車効果····················109
パーセントインピーダンス·······154
パーセント抵抗··················152
パーセントリアクタンス·········153
パーソナルコンピュータ·········372

バイポーラトランジスタ	185	プラッギング	65
パルス幅変調方式	201, 211	ブレークオーバ電圧	183
パルスモータ	213	フレミングの左手の法則	6
バルブデバイス	188	フレミングの右手の法則	2
ハロゲンランプ	235	プロセス制御	327
パワーMOSFET	186	ブロック図	329
配光曲線	243	ブロック図の合成	345
排他的論理和回路	387	風圧	125
白熱電球	235	負荷出力	57
波長	226	負荷容量	145
発光ダイオード	236	負荷率	168
発電機の整流	12	深溝かご形	44
発電制動	32, 64	複数の伝達関数の合成	347
反射光束	242	複巻機	22
反射率	243	複巻電動機	22
半導体	180	複巻発電機	22

ひ

		分子	295
		分担電流	172
ヒートポンプ	284	分担容量	172
ビーム加熱	274	分配則	389
比較訂正動作	330	分巻機	18
比透磁率	270	分巻電動機	19, 25
比熱	263	分巻電動機の始動抵抗	31
光トリガサイリスタ	184	分巻電動機の始動電流	30
光の3原色	227	分巻発電機	18
否定則	389		
非電解質	298	**へ**	
百分率インピーダンス	101	ベクトル軌跡	341, 342
百分率インピーダンス降下	154	平円板光源	249
百分率抵抗降下	152	平均演色評価数	228
百分率リアクタンス降下	153	平衡三相交流	40
標準の光	228	変圧器の極性	142
標準比視感度	227	変圧器の結線	161
表皮効果	270	変圧器の原理	139
漂遊負荷損	34, 66	変圧器の効率	167
		変圧器の短絡試験	158

ふ

		変圧器の並行運転	170
ファラデー定数	297	変圧器の無負荷試験	156
ファラデーの法則	303	変圧器の用途	139
フィードバック信号	329	変圧器容量	146
フィードバック制御	327, 329		
フィードフォワード信号	330	**ほ**	
フィードフォワード制御	328, 329	ボード線図	340, 362
フィラメント	235	ボード線図の安定判別	362
ブール代数	388	方形波電圧	199
ブラシ	3, 7, 84	方形波電流	199
ブラシレスDCモータ	211	放射	262
ブラシレス同期発電機	85	放射束	241
ブラシレス同期発電機の励磁機	86	放電ランプ	230

索引

放熱	284
法線照度	246, 248, 250, 252
膨張	284
補極	14
補償巻線	14
補償要素の周波数伝達関数	334
補助記憶装置	375
保持動作	398
保守率	255

ま

マトリックスコンバータ	215
巻上装置の出力	118
巻数比	143
巻線形回転子	45
巻線形誘導電動機	71
巻線抵抗の測定	68

み

水電解	315
水の比熱	263

む

無限長光源	251
無効横流	93
無停電電源装置	216
無負荷試験	67
無負荷損	157
無負荷飽和曲線	99

め

メタルハライドランプ	234

も

モーメント	7
モル	296
目標値	329

ゆ

ユニポーラトランジスタ	186
融解	262
融解塩電解	302
融解熱	264
有機電解液	312
誘電加熱	271
誘導加熱	270
誘導起電力	2, 4, 79, 142
誘導機の種類	43
誘導性負荷の位相制御	196

誘導性負荷の電流波形	200
誘導電動機	40, 48
誘導電動機の原理	42
誘導電動機の効率	66
誘導電動機の試験	67
誘導電動機の始動特性	60
誘導電動機の始動法	61
誘導電動機の制動法	63
誘導電動機の損失	66
誘導電動機の二次効率	66
誘導発電機	48
誘導炉	281

よ

陽極酸化処理	319
陽極泥	301
陽子	294
揚水時間	114
揚水ポンプ	113
揺動炉	280
溶融塩電解	302, 320
溶融塩の電気分解	302
予熱始動方式	238

ら

ラウスの安定判別	363
ラピッドスタート方式	238
ランプ信号	357

り

リアクトル始動	62
リセット動作	395
リチウムイオン電池	312
理想的な変圧器	144
立体角	240
臨界状態	360

れ

レジスタ	399
レドックスフロー形電池	313
励磁回路移動の等価回路	52
励磁回路省略の等価回路	53
列車抵抗	128

ろ

論理計算	391
論理式	391
論理積回路	384
論理積否定回路	386

論理代数 ……………………………… 388
論理否定回路 ………………………… 385
論理和回路 …………………………… 385
論理和否定回路 ……………………… 386

わ

和動複巻電動機 ………………………27

A

AND 回路 ……………………………… 384
AND ゲート …………………………… 384

B

BCD コード …………………………… 379

C

COP …………………………… 286, 287
CPU …………………………………… 372

D

D-FF …………………………………… 397
DRAM ………………………………… 374
D フリップフロップ ………………… 397

E

EEPROM ……………………………… 375
EPROM ………………………………… 374
EX-OR 回路 …………………………… 387
EX-OR ゲート ………………………… 387

F

FET ……………………………………… 185

G

GTO ……………………………………… 185

H

HID ランプ …………………………… 233

I

IGBT …………………………………… 186

J

JK-FF …………………………………… 398
JK フリップフロップ ………………… 398

L

LAN …………………………………… 376

LED …………………………………… 236

M

Mask ROM …………………………… 374
MOSFET ……………………………… 186

N

NAND 回路 …………………………… 386
NAND ゲート ………………………… 386
NOR 回路 ……………………………… 386
NOR ゲート …………………………… 386
NOT 回路 ……………………………… 385
n 形半導体 …………………………… 180

O

OR 回路 ………………………………… 385
OR ゲート ……………………………… 385

P

PROM …………………………………… 374
PWM 方式 …………………………… 201, 211
p 形半導体 …………………………… 180

R

RAM …………………………………… 374
RC 回路 ……………………………… 332
RLC 回路 …………………………… 333
RL 回路 ……………………………… 332
ROM …………………………………… 374

S

SRAM …………………………………… 374
SR-FF …………………………………… 395
SR フリップフロップ ………………… 395

T

T-FF …………………………………… 396
T フリップフロップ ………………… 396

V

VVVF 制御 ……………………………… 72
V－V 結線 …………………………… 164
V－V 結線のベクトル図 …………… 165
V－V 結線の利用率 ………………… 166

W

WAN …………………………………… 376

Y

- Y−△ 結線 ……………………………… 163
- Y−△ 始動 ………………………………・61
- Y−Y 結線 ……………………………… 162

数字

- 10 進数 ………………………………… 378
- 16 進数 ………………………………… 380
- 2 進数 …………………………………… 379
- 2 進数の演算 …………………………… 382

記号

- △−△ 結線 ……………………………… 161
- △−Y 結線 ……………………………… 163

小国　誠一
●著者略歴
　1977 年　大阪工業大学卒業
　1981 年　エネルギー管理士試験合格
　1988 年　第一種電気主任技術者試験合格

●職歴
　大阪大学工学部文部技官
　関西電力学園講師
　専門学校講師等

© Seiichi Oguni　2013

電験 3 種合格への道 123　機械
2013 年 9 月 17 日　第 1 版第 1 刷発行

著　者　小　国　誠　一
発行者　田　中　久米四郎
発　行　所
株式会社　電　気　書　院
www.denkishoin.co.jp
振替口座　00190-5-18837
〒 101-0051
東京都千代田区神田神保町 1-3 ミヤタビル 2F
電話（03）5259-9160
FAX（03）5259-9162

ISBN978-4-485-11923-5　C3354　　　　　　日経印刷株式会社
Printed in Japan

◆万一，落丁・乱丁の際は，送料当社負担にてお取り替えいたします。
◆正誤のお問合せにつきましては，書名を明記の上，編集部宛に郵送・FAX（03-5259-9162）いただくか，当社ホームページの「お問い合わせ」をご利用ください。電話での質問はお受けできません。正誤以外の詳細な解説・受験指導は行っておりません。

JCOPY　〈(社)出版者著作権管理機構　委託出版物〉

本書の無断複写（電子化含む）は著作権法上での例外を除き禁じられています。複写される場合は，そのつど事前に，(社)出版者著作権管理機構（電話: 03-3513-6969，FAX: 03-3513-6979，e-mail: info@jcopy.or.jp）の許諾を得てください。
また本書を代行業者等の第三者に依頼してスキャンやデジタル化することは，たとえ個人や家庭内での利用であっても一切認められません。

合格したい人のための月刊誌

B5判・毎月12日発売・送料100円
通常号 定価1,550円（税込）
特大号 定価1,850円（税込）

電気計算

●電験第3種／電験第2種／エネ管（電気）など
資格試験の情報が満載

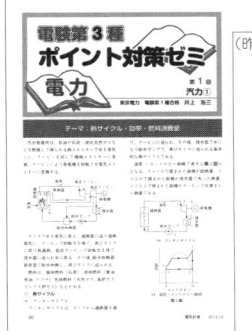

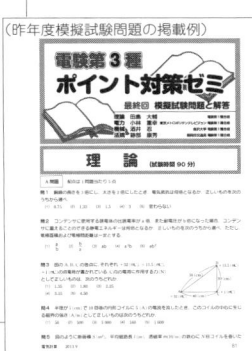

●平成26年度電験第3種
ポイント対策ゼミ掲載スケジュール

月号	理論	電力	機械	法規
12	静電気	汽力①	照明、電気化学	事業法
1	磁気	汽力②、原子力	自動制御	工事士法・用安法
2	直流回路	その他発電	情報	技術基準・解釈①
3	単相交流	水力	パワエレ	技術基準・解釈②
4	三相交流	電気材料、変電①	直流機	技術基準・解釈③
5	電子理論・その他	変電②	誘導機	技術基準・解釈④、施設・管理①
6	電子回路①	送電	同期機	施設・管理②
7	電子回路②	地中送電	変圧器	施設・管理③
8	電気計測	配電	電動機応用、電熱	施設・管理④
9	模擬試験			

編集の都合により、内容変更の場合があります。

●専門外の方でも読める実務記事やニュースも！
　学校でも教えてくれない技術者としての常識、一般の書籍では解説されていない盲点、先端技術などを初級技術者、専門外の方が読んでもわかるように解説．電気に関する常識を身に付けるため、話題に乗り遅れないためにも必見の記事を掲載します．

少しでも安く、少しでもお得に購読してほしい！
特別価格の年間購読をご用意しております

お買い忘れることもなく、発売日には、ご自宅・ご勤務先などご指定の場所へお届けする、便利でお得な定期購読をおすすめします。

電気計算を弊社より直接定期購読された方限定の優待ポイント

Point 1 購読料金がダンゼン割り引き
3年購読の場合、定価合計との比較で、8,100円もお得です

Point 2 送料をサービス
購読期間中の送料はすべてサービスします

Point 3 追加料金は一切不要
購読期間中に定価や税率の改正等があっても追加の請求はしません

電気計算を弊社より直接定期購読された方限定の優待ポイント

1年（12冊） 18,900円（送料・税込）（定価合計 18,900円）
1冊当たり 1,575円　定価合計と同じですが、送料がお得

2年（24冊） 35,000円（送料・税込）（定価合計 37,800円）
1冊当たり 1,458円　およそ 7.5%OFF とチョットお得

3年（36冊） 48,600円（送料・税込）（定価合計 56,700円）
1冊当たり 1,350円　およそ 14.3%OFF とダンゼンお得

定期購読のお申込みは、小社に直接ご注文ください

○電　話　　03-5259-9160
○ファクス　03-5259-9162
○インターネット　http://www.denkishoin.co.jp/

本誌は全国の大型書店にて発売されています．また、ご予約いただければどこの書店でもお取り寄せできます．
書店にてお買い求めが不便な方は、小社に電話・ファクシミリ・インターネット等で直接ご注文ください．

電験第3種 過去問マスタ

テーマ別でがっつり学べる
平成24年〜10年の15年分を収録

平成25年版 テーマ別・見開き構成 だから学習しやすい!

理論の15年間
ISBN978-4-485-11841-2
A5判／428ページ
定価2,520円

電力の15年間
ISBN978-4-485-11842-9
A5判／344ページ
定価2,310円

機械の15年間
ISBN978-4-485-11843-6
A5判／456ページ
定価2,520円

法規の15年間
ISBN978-4-485-11844-3
A5判／357ページ
定価2,310円

表記の定価は、5％税込価格です。

各科目をテーマ毎に収録
問題は左頁 解答は右頁
出題年度を記載

　電験第3種の問題において、平成24年より平成10年までの過去15年間の問題を、各テーマごとに分類し編集したものです．

　各科目ごとに問題をいくつのテーマ，いくつかの章にわけ、さらに問題の内容を系統ごとに並べて収録しています．

　各章ごとにどれだけの問題が出題されているか一目瞭然で把握でき、また出題傾向や出題範囲の把握にも役立ちます．

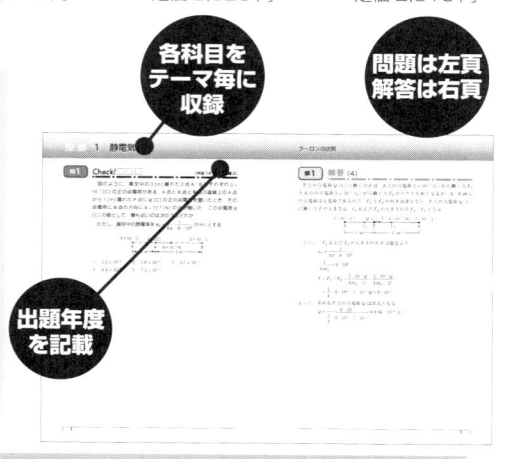

この書籍は、毎年、当年の試験問題を収録した翌年の試験対応版が発行されます．過去問題の征服は合格への第一歩．新しい問題集で学習されることをお勧めします．
（表示しているコード、ページ数は毎年変わります。価格は予告なしに変更することがあります）

全国の書店でお求めいただけます．電話・FAX・ホームページにてもお申し込みいただけます．
ご注文1回につき送料が300円かかります．
電気書院　営業部　TEL：03-5259-9160　FAX：03-5259-9162　ホームページ：http://www.denkishoin.co.jp/

多くの受験者に大好評の書籍

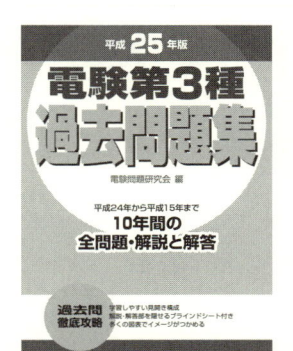

平成25年版 電験第3種 過去問題集

電験問題研究会 編
B5判／1109ページ　定価2,520円（5%税込）
ISBN978-4-485-12123-8

平成24年から平成15年まで
10年間の全問題・解説と解答

科目ごとに新しい年度の順に編集．
各科目ごとの出題傾向や出題範囲の把握に役立ちます．また，各々の問題に詳しい解説と，できるだけイメージが理解できるよう図表をつけることにより，解答の参考になるようにしました．
学習時にはページをめくることなく本を置いたまま学習できるよう，問題は左ページに，解説・解答は右ページにまとめてあります．
本を開いたままじっくり問題を分析することも，右ページを付録のブラインドシートで隠すことにより，本番の試験に近い形で学習できます．

過去問徹底攻略
- 学習しやすい見開き構成
- 解説・解答部を隠せるブラインドシート付き
- 多くの図表でイメージがつかめる

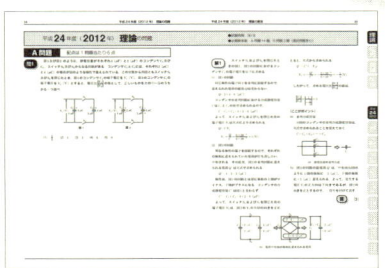

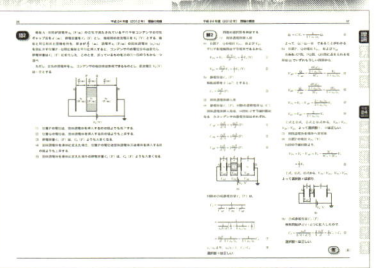

この書籍は，毎年，当年の試験問題を収録した翌年の試験対応版が発行されます．過去問題の征服は合格への第一歩，新しい問題集で学習されることをお勧めします．
（表示しているコード，ページ数は毎年変わります．価格は予告なしに変更することがあります）

全国の書店でお求めいただけます．電話・FAX・ホームページにてもお申し込みいただけます．
ご注文1回につき送料が300円かかります．
電気書院　営業部　TEL：03-5259-9160　FAX：03-5259-9162　ホームページ：http://www.denkishoin.co.jp/

はじめての受験者・計算問題が苦手な受験者に最適

電験3種計算問題早わかり
図形化解法マスタ

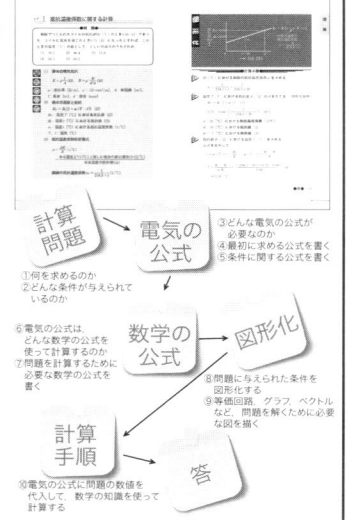

計算問題を征服するには，電気の公式や数学の公式をマスタしなければなりません．

本書では，電気の公式や数学の公式を覚えていても，なかなか解けない計算問題を，ほかの参考書・問題集などにある解答・解法とは全く異なるユニークな【図形化解法】を使い，4科目で出題される計算問題の考え方・解き方を取り上げて解説しています．

電気計算編集部 著
A5判／230ページ
定価2,100円（5％税込）
ISBN978-4-485-12019-4

公式と重要事項を覚えて得点UP！

電験第3種
よくでる公式と重要事項

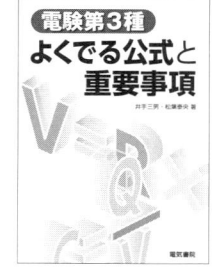

井手三男／松葉泰央　著
A5判　472ページ　定価2,730円（5％税込）
ISBN978-4-485-12015-6

本書は，中学・高校の基礎レベルの数学が理解でき，基本的な学習が一通り終わっている受験者，的を絞りきれずに学習に行き詰まってしまった受験者，公式を何処まで覚えていいかわからない受験者を対象としいます．出題テーマごとによくでる公式や重要事項がまとめられているので，効率のよい学習ができます．公式・重要事項はひと目でわかるようになっており，公式や重要事項から例題の学習ができるように構成されています．

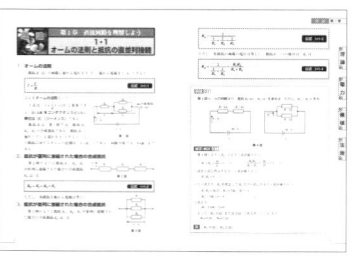

全国の書店でお求めいただけます．電話・FAX・ホームページにてもお申し込みいただけます．
ご注文1回につき送料が300円かかります．
電気書院　営業部　TEL：03-5259-9160　FAX：03-5259-9162　ホームページ：http://www.denkishoin.co.jp/

本当の基礎知識が身につく
基礎マスターシリーズ

- 図やイラストを豊富に用いたわかりやすい解説
- ユニークなキャラクターとともに楽しく学べる
- わかったつもりではなく，本当の基礎力が身に付く

初学者がつまずきやすいのは，難しい事柄よりやさしい事柄のほうが多いのです．このことは，知っている人なら誰もが当然と思うような基礎をきちんと解説した書があれば，苦労や時間の無駄を大きく減らすことができるということです．本シリーズは，こうしたことから，初学者の立場に立った分かりやすい解説を心がけています．

オペアンプの基礎マスター
堀 桂太郎 著
- A5 判
- 212 ページ
- 定価 2,520 円（税込）
- コード 61001

多くの電子回路に応用されているオペアンプ．そのオペアンプの応用を学ぶことは，同時に，電子回路についても学ぶことになります．

電磁気学の基礎マスター
堀 桂太郎 監修
粉川 昌巳 著
- A5 判
- 228 ページ
- 定価 2,520 円（税込）
- コード 61002

電気・電子・通信工学を学ぶ方が必ず習得しておかなければならない，電気現象の基本となる電磁気学をわかりやすく解説しています．電磁気の心が分かります．

やさしい電気の基礎マスター
堀 桂太郎 監修
松浦 真人 著
- A5 判
- 252 ページ
- 定価 2,520 円（税込）
- コード 61003

電気図記号，単位記号，数値の取り扱い方から，直流回路計算，単相・三相交流回路の基礎的な計算方法まで，わかりやすく解説しています．

電気・電子の基礎マスター
堀 桂太郎 監修
飯髙 成男 著
- A5 判
- 228 ページ
- 定価 2,520 円（税込）
- コード 61004

電気・電子の基本である，直流回路／磁気と静電気／交流回路／半導体素子／トランジスタ＆IC増幅器／電源回路をわかりやすく解説しています．

電子工作の基礎マスター
堀 桂太郎 監修
櫻木 嘉典 著
- A5 判
- 242 ページ
- 定価 2,520 円（税込）
- コード 61005

実際に物を作ることではじめてつかめる"電気の感覚"．
本書は，ロボットの製作を通してこの感覚を養えるよう，電気・電子の基礎技術，製作過程を丁寧に解説しています．

電子回路の基礎マスター
堀 桂太郎 監修
船倉 一郎 著
- A5 判
- 244 ページ
- 定価 2,520 円（税込）
- コード 61006

エレクトロニクス社会を支える電子回路の技術は，電気・電子・通信工学のみならず，情報・機械・化学工学など様々な分野で重要なものになっています．こうした電子回路の基本を幅広く，わかりやすく解説．

燃料電池の基礎マスター
田辺 茂 著
- A5 判
- 142 ページ
- 定価 2,100 円（税込）
- コード 61007

電気技術者のために書かれた，目からウロコの1冊．燃料電池を理解するために必要不可欠な電気化学の基礎から，燃料電池の原理・構造まで，わかりやすく解説しています．

シーケンス制御の基礎マスター
堀 桂太郎 監修
田中 伸幸 著
- A5 判
- 224 ページ
- 定価 2,520 円（税込）
- コード 61008

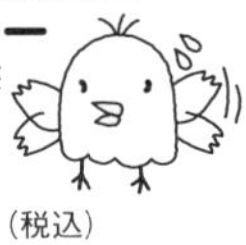

シーケンス制御は，私たちの暮らしを支える縁の下の力持ちのような存在．普段，意識しないからこそ難しく感じる謎が，読み進むにつれ段々と解けていくよう解説．

半導体レーザの基礎マスター
伊藤 國雄 著
- A5 判
- 220 ページ
- 定価 2,520 円（税込）
- コード 61009

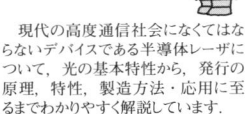

現代の高度通信社会になくてはならないデバイスである半導体レーザについて，光の基本特性から，発行の原理，特性，製造方法・応用に至るまでわかりやすく解説しています．

全国の書店でお買い求めいただけます．書店にてのお買い求めが不便な方は，電気書院営業部までご注文ください．（電話＝03-5259-9160　ホームページ＝http://www.denkishoin.co.jp）
表記の定価は，5％税込価格です．

これならわかる 回路計算に強くなる本
紙田公 著
A5判　284頁　定価3,675円（5％税込）
ISBN978-4-485-11616-6

ディメンション，瞬時値の計算，正方向を決めるなど，回路計算の基礎をまず説明し，交流計算の手法，平衡三相回路，不平衡三相回路，ベクトル軌跡，四端子回路と四端子定数，ひずみ波交流，対称座標法，過渡現象，進行波について図解しています．

電気の公式ウルトラ記憶法
関根康明 著
B6判　166頁　定価1,470円（5％税込）
ISBN978-4-485-12008-8

楽しみながら理解するため，読み物を読むように覚えることができ，重要なところでは問題も取りあげ，理解度が深まるようになっています．通勤・通学のバスの中，会社・学校での休み時間，家に帰ってからのちょっとした時間に，楽しく公式が覚えられます．

電験第3種かんたん数学
石橋千尋 著
A5判　167頁　定価2,100円（5％税込）
ISBN978-4-485-12010-1

第3種主任技術者試験に出題される，計算問題を解くために必要な数学にまとを絞り，できるだけ要点をおさえ，わかりやすく解説しました．重要な部分，初めて受験する人にとって理解することが難しい箇所，よく出題される問題に使われる数学の解法パターンなどを，Q&A方式でとりあげて解説してあります．

電験第3種デルデル用語早わかり
電気計算編集部 編
A5判　338頁　定価2,625円（5％税込）
ISBN978-4-485-12007-1

合格に必要な用語1,400余語を厳選収録．用語の概念，意味，使い方など図をまじえて初学者にもわかるよう解説しました．科目別，かつ系統的に配列されており，用語辞典プラス参考書として活用できます．特にA問題の解答には絶大な威力を発揮します．

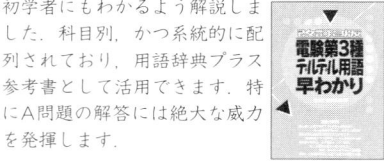

電験第3種計算問題ポケットブック
石橋千尋 著
B6判　215頁　定価1,995円（5％税込）
ISBN978-4-485-12011-8

本書は，電験第3種に頻繁に出題される重要な計算問題だけを取り上げ，計算を解くのに必要な知識を『重点』と『ワンポイントアドバイス』で易しく，手軽に学習できるように，コンパクトに整理してあります．導出過程まで学習すべき公式にはその導き方を記載しました．

電験第3種論説・空白ハンドブック
石橋千尋 著
A5判　472頁　本体2,835円（5％税込）
ISBN9978-4-485-12012-5

本書は，新しい試験制度に適した論説・空白問題の要点を短期間につかむことができるよう，過去の問題を整理・分析して重要な出題パターンを抽出し，それを理解するために覚えておきたい要点を集大成してあります．論説・空白問題を徹底的に学習することで得点をプラスできます．